土建类专业精品课程配套教材

建筑工程定额与预算

第 2 版

主　编　宋　芳　余连月
副主编　秦艳萍　李春玲
参　编　陈　丽　林冠宏　李　玲　莫荣锋
　　　　黄　冰　黄锦欢　阳利君　罗春群

机械工业出版社

本书主要介绍了建设工程定额计价原理，施工图预算的编制依据和方法，建筑装饰装修工程工程量计算方法，建筑装饰装修工程费用组成及计价方法等。本书根据国家和广西颁布的新规范、新标准编写而成，集规则、公式、方法为一体，突出建筑装饰装修工程施工图预算编制实践操作环节，编入与实际工程紧密结合的实例，并配有完整的施工图预算编制实例，具有实用性、综合性、先进性、操作性强的特点。

本书注重实践技能的培养与训练，符合高职高专学生的学习规律和培养目标，是建筑工程技术、工程造价、工程监理及相关专业的适用教材，也可供本科院校、中专、函授及在岗土建类工程技术人员学习参考。

为方便教学，本书配有电子课件，凡使用本书作为教材的教师可登录机械工业出版社教育服务网 www.cmpedu.com 注册下载。咨询电话：010-88379375。

图书在版编目（CIP）数据

建筑工程定额与预算/宋芳，余连月主编．—2版．—北京：机械工业出版社，2015.2（2025.1重印）

土建类专业精品课程配套教材

ISBN 978-7-111-49265-8

Ⅰ.①建… Ⅱ.①宋…②余… Ⅲ.①建筑经济定额-高等学校-教材②建筑预算定额-高等学校-教材 Ⅳ.①TU723.3

中国版本图书馆 CIP 数据核字（2015）第 024366 号

机械工业出版社（北京市百万庄大街22号　邮政编码100037）

策划编辑：覃密道　责任编辑：覃密道

版式设计：常天培　责任校对：程俊巧　张莉娟

封面设计：张　静　责任印制：单爱军

保定市中画美凯印刷有限公司印刷

2025年1月第2版·第24次印刷

184mm×260mm ·19印张·470千字

标准书号：ISBN 978-7-111-49265-8

定价：55.00元

电话服务　　　　　　　　网络服务

客服电话：010-88361066　　机　工　官　网：www.cmpbook.com
　　　　　010-88379833　　机　工　官　博：weibo.com/cmp1952
　　　　　010-68326294　　金　书　网：www.golden-book.com

封底无防伪标均为盗版　　机工教育服务网：www.cmpedu.com

第 2 版前言

定额计价法是确定工程造价的计价模式之一，也是工程量清单计价法的基础，该计价方式还将在建设工程的各阶段发挥作用。

本书在内容上对建筑装饰装修工程的定额计价方法进行了全面、系统地讲述，主要内容包括：建设工程定额计价原理，建筑装饰装修工程施工图预算的编制依据和方法，建筑装饰装修工程工程量计算方法，建筑装饰装修工程费用组成及计价方法等。

本书在编写时采用的规范和标准主要有：2013 年《广西壮族自治区建筑装饰装修工程消耗量定额》、《建筑工程建筑面积计算规范》（GB/T 50353—2013）、《混凝土结构施工图平面整体表示方法制图规则和构造详图》11G101 系列图集和相关造价文件。

本书按照高职高专学生学习建筑装饰装修工程施工图预算的认知规律进行编写。在介绍定额计价原理和方法的基础上，通过实务案例和综合案例说明实际操作中的有关问题及解决方法，使学习者全面、系统地掌握建筑装饰装修工程定额计价的相关规定及施工图预算的编制。本书通俗易懂，图文并茂，案例翔实，具有实用性、综合性、先进性、操作性强的特点，是建筑工程技术、工程造价、工程监理及相关专业的适用教材，也可供本科院校、中专、函授及在岗土建类工程技术人员学习参考之用。

本书由广西建设职业技术学院宋芳、余连月担任主编，秦艳萍、李春玲担任副主编，广西建设职业技术学院陈丽、李玲、林冠宏，南宁职业技术学院莫荣锋、广西水利电力职业技术学院黄冰、桂林理工大学高等职业学院黄锦欢、广西交通职业技术学院阳利君、广西生态工程职业技术学院罗春群参加编写。全书由广西建设工程造价管理总站莫良善担任主审。

编写过程中，参考和引用了大量文献资料，得到了有关单位与专家学者的大力支持，在此表示衷心感谢！由于时间仓促，编者水平有限，书中难免有不妥之处，敬请读者、同行批评指正。

编　者

目 录

第2版前言
第1章　绪论 ………………………………… 1
 1.1　本课程研究的内容与任务 ……… 1
 1.2　基本建设概述 …………………… 2
 1.3　建筑工程计价概述 ……………… 5
第2章　建筑工程定额 …………………… 8
 2.1　建筑工程定额概述 ……………… 8
 2.2　施工定额 ………………………… 11
 2.3　预算定额 ………………………… 21
第3章　人工、材料、施工机械
   台班单价 ………………………… 26
 3.1　人工工资单价 …………………… 26
 3.2　材料单价 ………………………… 27
 3.3　施工机械台班单价 ……………… 31
第4章　消耗量定额的组成与应用 …… 35
 4.1　消耗量定额的组成 ……………… 35
 4.2　消耗量定额的应用 ……………… 40
第5章　施工图预算的编制 ……………… 49
 5.1　施工图预算的编制方法 ………… 49
 5.2　工程量计算概述 ………………… 52
 5.3　广西建筑装饰装修工程消耗量
   定额总则 ………………………… 54
第6章　建筑面积计算 …………………… 55
第7章　建筑装饰装修工程工程量
   计算 ……………………………… 79
 7.1　土（石）方工程 ………………… 79
 7.2　桩与地基基础工程 ……………… 92
 7.3　砌筑工程 ………………………… 102
 7.4　混凝土及钢筋混凝土工程 ……… 114
 7.5　木结构工程 ……………………… 157
 7.6　金属结构工程 …………………… 160
 7.7　屋面及防水工程 ………………… 166
 7.8　保温、隔热、防腐工程 ………… 173
 7.9　楼地面工程 ……………………… 178
 7.10　墙、柱面工程 ………………… 184
 7.11　天棚工程 ……………………… 193
 7.12　门窗工程 ……………………… 197
 7.13　油漆、涂料、裱糊工程 ……… 202
 7.14　其他装饰工程 ………………… 206
 7.15　脚手架工程 …………………… 212
 7.16　垂直运输工程 ………………… 220
 7.17　模板工程 ……………………… 222
 7.18　混凝土运输及泵送工程 ……… 232
 7.19　建筑物超高增加费 …………… 233
 7.20　大型机械设备基础、安拆及
    进退场费 ……………………… 236
 7.21　材料二次运输 ………………… 237
 7.22　成品保护工程 ………………… 240
第8章　建筑装饰装修工程费用 ……… 241
 8.1　建筑装饰装修工程的费用组成 … 241
 8.2　建筑装饰装修工程费用的计算 … 247
附录 ……………………………………… 256
 附录A　办公楼建筑装饰装修工程施工图
    预算编制 ……………………… 256
 附录B　关于调整建设工程定额人工费及
    有关费率的通知 ……………… 295
参考文献 ………………………………… 297

第1章 绪　　论

1.1　本课程研究的内容与任务

一、本课程研究的内容

"建筑工程定额与预算"是建筑类专业的一门专业课，是建筑企业进行现代化管理的基础。其主要研究建筑产品的生产成果与生产消耗之间的数量关系及建筑产品价格的构成因素。

本课程从研究完成一定建筑产品生产消耗的规律着手，通过合理地确定建筑产品的消耗数量标准（定额）及建筑产品价格构成因素来准确地确定建筑工程预算造价（预算），并在此基础上，结合当前建筑市场经济竞争机制的需要，达到提高建筑工程投标报价的技巧和水平、加强建筑企业管理和经济核算能力的目的。

建筑产品的生产需要消耗一定的人力、物力、财力，它受到管理体制、管理水平、社会生产力等诸多因素的影响。在一定生产力水平条件下，完成单位合格建筑产品与其生产消耗之间存在着一定的数量关系，如何用科学的方法，合理地确定这两者之间的关系，并把完成单位建筑产品的生产消耗（人工、材料、机械台班）用定量的形式表示出来。这就是本书定额部分所要研究的内容。

建筑产品是商品，它具有商品的属性，其价值也要通过货币的形式表现出来。我们不仅要从实物形态来研究建筑产品的生产消耗，还要从货币形态来研究建筑产品价格的构成因素及其计算方法。这就是本书预算部分研究的内容。

二、本课程的任务

当建筑产品与生产消耗之间的数量关系及建筑产品价格构成因素经国家权力机关确定颁发后，如何正确地执行和使用定额、合理地运用建筑产品价格的费用组成来正确计算出建筑产品价格（即建筑工程造价），以达到降低工程成本、节约建设资金和提高投资效益的目的，这就是本课程的首要任务。其次，在正确合理确定与控制建筑工程造价的基础上，进一步掌握投标报价的编制技巧及投标报价的策略、方法。

三、本课程与其他课程的关系

要学好"建筑工程定额与预算"课程，必须先要学好"建筑材料""建筑识图与房屋构造""混凝土结构与砌体结构""混凝土结构施工图平法识读""建筑施工技术""建筑施工组织"等相关课程的内容。另外本课程是一门技术性、实践性和政策性较强的课程，在学习的过程中应坚持理论联系实际，突出以应用为重点，加强培养实际动手能力，采用边学边练、学练结合的学习方法。

1.2 基本建设概述

一、基本建设的概念

基本建设也称工程建设,是指固定资产扩大再生产的新建、扩建、改建、恢复工程及与之相关的其他工作。实质上,基本建设是形成新的固定资产的经济活动过程,即把一定的物质资料(如建筑材料、机器设备等),通过购置、建造和安装等活动转化为固定资产,形成新的生产能力或使用效益的过程。与此相关的其他工作,如征用土地、勘察设计、筹建机构和生产职工培训等也属于基本建设。

所谓固定资产,是指在社会再生产过程中,使用一年以上,单位价值在规定限额以上的主要劳动资料和其他物质资料,如建筑物、构筑物、运输设备、电器设备等。凡不同时具备使用年限和单位价值限额两项条件的劳动资料均为低值易耗品。

二、基本建设项目的划分

为了工程建设管理和确定工程造价的需要,基本建设项目划分为建设项目、单项工程、单位工程、分部工程和分项工程 5 个基本层次,如图 1-1 所示。

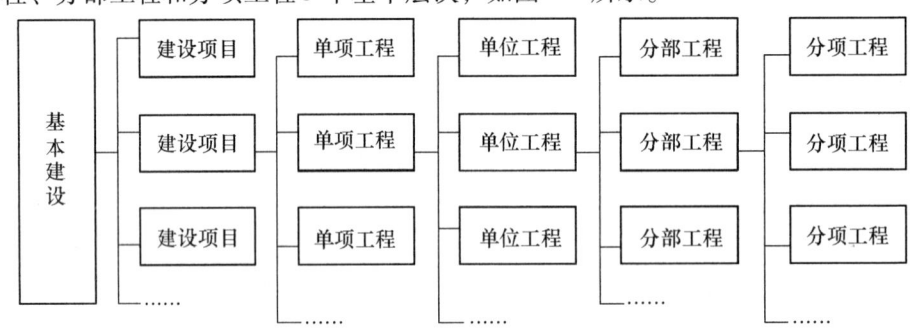

图 1-1 基本建设项目划分示意图

1. 建设项目

建设项目是指有经过有关部门批准的立项文件和设计任务书,按一个总体设计组织施工、经济上实行独立核算、管理上具有独立组织形式的基本建设单位。如一座工厂、一所学校、一所医院等均为一个建设项目。一个建设项目由一个或几个单项工程构成。

2. 单项工程

单项工程是指在一个建设项目中具有独立的设计文件,建成后可以独立发挥生产能力和使用效益的项目,是建设项目的组成部分。如一个工厂的车间、办公楼、宿舍、食堂等,一个学校的教学楼、办公楼、实验楼、学生公寓等都属于单项工程。

单项工程是具有独立存在意义的完整的工程项目,是一个复杂的综合体。一个单项工程由多个单位工程构成。

3. 单位工程

单位工程是指具有独立的设计文件,可以独立组织施工和进行单体核算对象,但建成后不能单独进行生产、发挥效益的工程项目。单位工程是单项工程的组成部分。

在工业与民用建筑中一般包括建筑工程、装饰装修工程、电气照明工程、设备安装工程等多个单位工程。一个单位工程由多个分部工程构成。

4. 分部工程

分部工程是指按结构形式、工程部位、使用材料等的不同而划分的工程项目。如建筑工程单位工程中包括：土（石）方工程、桩与地基基础工程、砌筑工程、混凝土及钢筋混凝土工程、金属结构工程、屋面及防水工程等多个分部工程。

分部工程是单位工程的组成部分，一个分部工程由多个分项工程构成。

5. 分项工程

分项工程是指根据施工方法、使用材料以及结构构件规格等的不同而划分的工程项目。如混凝土及钢筋混凝土分部工程中的带形基础、独立基础、满堂基础、设备基础、矩形柱、异形柱等均属分项工程。

分项工程是工程量计算的基本元素，是工程项目划分的基本单位，所以工程量均按分项工程计算。

如图 1-2 所示为某大学扩建项目的划分实例。

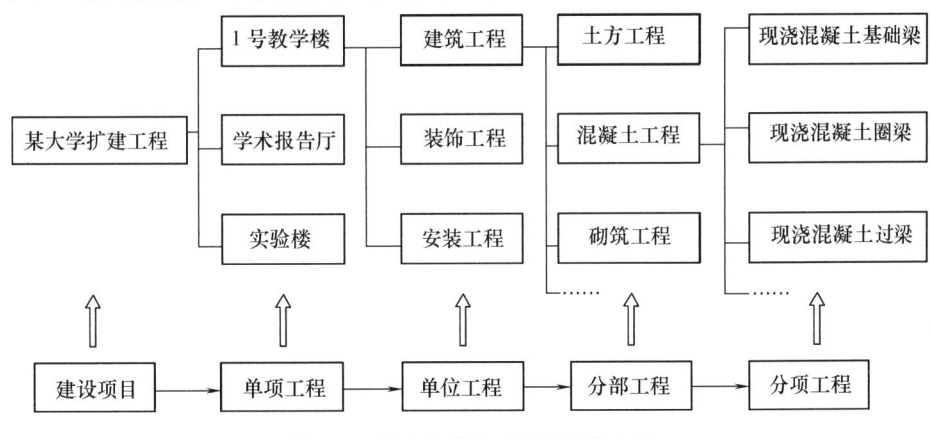

图 1-2　某大学扩建项目的划分实例

三、建筑工程计价文件的分类

建筑工程计价文件包括投资估算、设计概算、施工图预算、招标控制价、投标价、施工预算、竣工结算与竣工决算等。

1. 投资估算

投资估算是指建设项目在可行性研究、立项阶段由可行性研究单位或建设单位估计计算，用以确定建设项目的投资控制额的基本建设预算文件。

投资估算一般比较粗略，仅作投资估算控制用，其方法是根据建设规模结合估算指标进行估算，一般根据平方米指标、立方米指标或产量指标等指标进行估算。如某城市拟建经济型地铁 20km，经调查同类型地铁估计每千米约需资金 4.5 亿元，共需资金 20km × 4.5 亿元/km = 90 亿元。再如某单位拟建教学楼 2 万 m²，每 m² 约需资金 1000 元，共需资金 2000 万元。投资估算在通常情况下应将资金打足，以保证以后建设项目的顺利实施，防患于未然。

2. 设计概算

设计概算是指建设项目在设计阶段由设计单位根据设计图纸进行计算的，用以确定建设项目概算投资，进行设计方案比较，进一步控制建设项目投资的基本建设预算文件。

设计概算根据施工图纸设计深度的不同,其概算的编制方法也有所不同。设计概算的编制方法有三种:根据概算指标编制概算;根据类似工程预算编制概算;根据概算定额编制概算。

在方案设计阶段和修正设计阶段,根据概算指标或类似工程预算编制概算;在施工图设计阶段可根据概算定额编制概算。

3. 施工图预算

施工图预算是指在施工图设计完成之后、工程开工之前,根据施工图纸及相关资料编制的,用以确定工程预算造价及工料的基本建设造价文件。由于施工图预算是根据施工图纸及相关资料编制的,所以施工图预算确定的工程造价更接近实际。

4. 招标控制价、投标价

招标控制价、投标价的编制方法与施工图预算的编制方法相同,但编制依据不同。

招标控制价是招标人根据国家或省级、行业建设主管部门颁发的有关计价依据和办法,以及拟定的招标文件和招标工程量清单,结合工程具体情况编制的招标工程的最高投标限价。国有资金投资的工程建设项目应实行工程量清单招标,并应编制招标控制价。招标人在发布招标文件时公布招标控制价的整套文件。若投标人的投标价超过招标控制价,则就是废标。

投标价,是指投标人投标时响应招标文件要求所报出的工程造价。

5. 施工预算

施工预算是指在施工准备阶段,单位工程开工前,由施工企业或施工项目部以施工图预算为目标,根据施工图计算的分项工程量、施工定额、施工组织设计等资料计算和确定拟建工程所需的人工、材料、机械台班消耗量及其相应费用的技术经济文件。

编制施工预算是加强企业内部经济核算,提高企业经营管理水平的重要措施。

6. 竣工结算

竣工结算是指工程承包方在单位工程竣工后,根据合同、设计变更、技术核定单、现场费用签证等竣工资料编制的确定工程竣工结算造价的经济文件。它是工程承包方与发包方办理工程竣工结算的重要依据。

7. 竣工决算

竣工决算是指建设项目竣工验收后,建设方根据竣工结算以及相关技术经济文件编制的用以确定整个建设项目从筹建到竣工投产全过程实际总投资的经济文件。

建筑工程计价文件在工程建设程序的不同阶段,有不同的内容和形式,如图1-3所示。

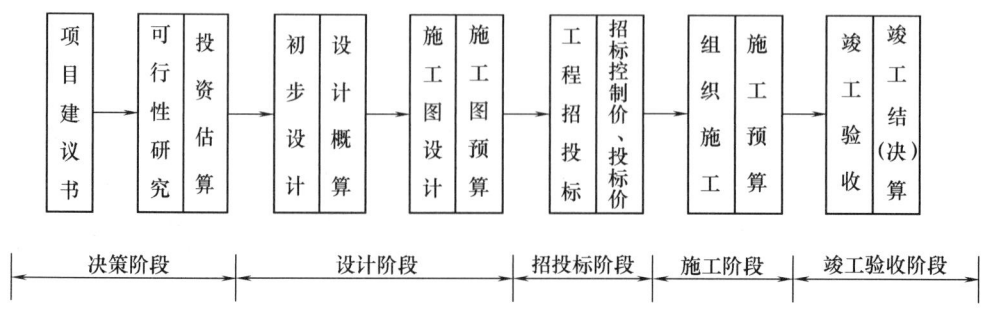

图1-3 建筑工程计价文件与建设程序的关系

1.3 建筑工程计价概述

一、工程造价的含义

工程造价是指工程产品的建造价格，工程泛指一切建设工程。在市场经济条件下，工程造价有两种含义：第一种含义是指建设一项工程预期开支或实际开支的全部固定资产投资费用，也就是一项工程通过建设形成相应的固定资产、无形资产所需一次性费用的总和。显然，这一含义是从投资者——业主的角度来定义的。第二种含义是指工程价格，即为建成一项工程，预计或实际在建设各阶段（土地市场、设备市场、技术劳务市场以及有形建筑市场等）交易活动中所形成的工程价格之和。显然，工程造价的第二种含义是以市场经济为前提，以工程发包与承包的价格为基础的。本教材中工程造价特指施工发承包工程价格。

二、我国现行建设项目总投资的构成

我国现行建设项目总投资的构成如图1-4所示。图中的建设项目总投资主要是指在项目可行性研究阶段用于财务分析时的总投资构成。

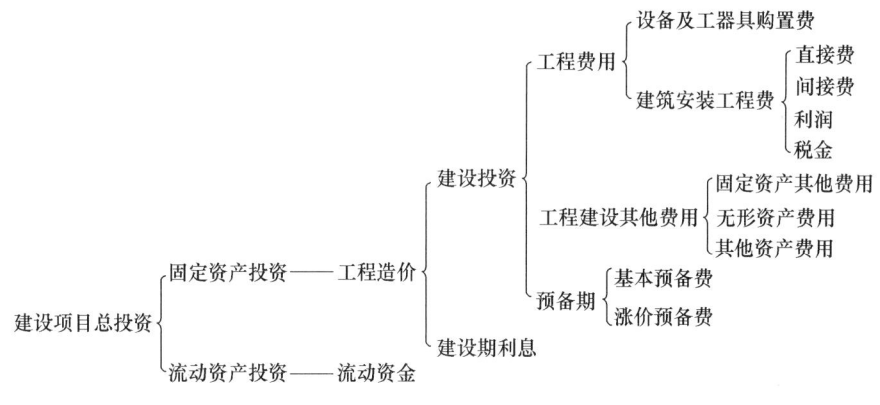

图1-4 我国现行建设项目总投资的构成

三、建筑工程计价的概念

建筑工程计价，就是对建筑工程产品价格的计算。建筑产品具有建设地点的固定性、施工的流动性、产品的单件性，施工周期长、涉及部门广等特点，每个建筑产品都必须单独设计和独立施工才能完成，即使使用同一套图纸，也会因建设地点和时间的不同，地质和地貌构造的不同，各地消费水平的不同，人工、材料单价的不同，以及各地规费收取标准的不同等诸多因素影响，带来建筑产品价格的不同。所以，每个建筑产品必须单独计价，且建筑产品价格必须由特殊的计价方式来确定。建筑工程产品的价格由成本、利润及税金组成。

四、建筑工程计价的特点

1. 计价的单件性

建筑工程产品的个体差别性决定了每项工程都必须单独计算工程造价。

2. 计价的多次性

建设工程是按建设程序分阶段进行的，相应地也要在不同的建设阶段多次计价，以保证造价计算的准确性，多次计价是个逐步深化、逐步细化和逐步接近实际造价的过程。其过程如图1-5所示。

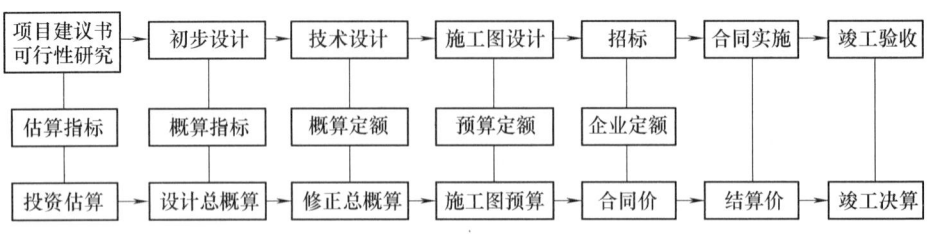

图1-5 计价的多次性示意图

3. 计价的组合性

建设工程项目的组合性决定了计价的组合性，其计算过程和计算组合是：分项工程单价——分部工程造价——单位工程造价——单项工程造价——建设项目造价。

五、建筑工程计价的方式

1. 定额计价方式

定额计价方式是我国长期以来在工程价格形成中采用的一种计价方式。定额计价方式中最常用的方法是"工料单价法"。

工料单价法是利用国家或地方颁布的建筑安装工程消耗量定额以及配套的取费标准，根据施工图计算各分项工程的工程量，然后查套建筑安装工程消耗量定额，用分项工程的工程量分别乘以消耗量定额子目中的人工、材料、机械台班消耗量指标并汇总，得出单位工程的人工、材料、机械台班消耗量，再以各消耗量分别乘以当时当地人工、材料、机械台班单价并汇总，得出单位工程的人工费、材料费、机械费，汇总形成单位工程直接费，在此基础上再计算企业管理费、利润、规费和税金等费用，最后汇总形成建筑产品的工程造价。

2. 工程量清单计价方式

工程量清单计价方式是国际上通用的计价方式，也是我国目前广泛推行的先进的计价方式。按国家规定，使用国有资金投资的建设工程发承包，必须采用工程量清单计价方式。工程量清单计价方式是由招标人编制工程量清单，并作为招标文件的组成部分提供给投标人，由投标人根据企业自身情况自主报价，并经评审低价中标的工程造价计价方式。

工程量清单是载明建设工程分部分项工程项目、措施项目、其他项目的名称和相应数量以及规费项目、税金项目等内容的明细清单。工程量清单由具有编制能力的招标人或受其委托，具有相应资质的工程造价咨询人编制。编制时，按照《建设工程工程量清单计价规范》，国家或省级、行业建设主管部门颁发的计价依据和办法，建设工程设计文件，与建设工程项目有关的标准、规范、技术资料，招标文件及其补充通知、答疑纪要，施工现场情况、工程特点及常规施工方案等其他相关资料进行编制。

工程量清单计价方式的实施，实质上是建立了一种强有力而行之有效的竞争机制，由于施工企业在投标竞争中必须报出合理低价才能中标，所以对促进施工企业改进技术、加强管理、提高劳动效率和市场竞争力会起到积极的推动作用。

本教材着重讲述工料单价法计价方法。

思考与习题

1. 基本建设项目是如何划分的？试举例说明它们之间的关系。
2. 建筑工程计价文件有几种？它们与基本建设程序之间的关系如何？
3. 建筑工程计价的方式有几种？简述工料单价法计价方法。

第 2 章 建筑工程定额

2.1 建筑工程定额概述

一、建筑工程定额的相关概念

1. 定额的概念

"定"就是规定,"额"就是额度,"定额"就是规定的数额或额度,是社会物质生产部门在生产经营活动中,根据一定时期的生产水平和产品质量要求,为完成一定数量的合格产品所需消耗的人力、物力和财力的数量标准。这个标准是国家权力机关或地方权力机关制定的。

2. 建筑工程定额的概念

建筑工程定额是指在正常的施工生产条件下,为完成一定计量单位的合格建筑工程产品所消耗的人工、材料、机械台班和资金的数量标准。"正常的施工生产条件"是指绝大多数企业和施工队组,在合理的劳动组织、合理地使用材料和机械的条件下进行生产,施工过程遵守国家现行的施工规范、规程和标准。

建筑工程定额反映一定时期社会生产力的水平,通过研究建筑产品消耗人工、材料和机械台班的数量及其节约的途径,以提高劳动生产率。

3. 定额水平

定额水平是指规定消耗在单位产品上的劳动、机械和材料数量的多寡,是按照一定施工程序和工艺条件下规定的施工生产中活劳动和物化劳动的消耗水平。定额的水平应直接反映劳动生产率水平,反映劳动和物质消耗水平。定额水平与劳动生产率水平变动方向一致,与劳动和物质消耗水平变动方向相反。即劳动生产率水平越高,定额水平越高,劳动和物质消耗越少。

二、工程定额的分类

1. 按生产要素分类

(1) 劳动消耗定额 劳动消耗定额也称人工定额,它是指在正常施工技术条件和合理劳动组织条件下为生产单位合格产品所需消耗的工作时间标准,或在一定的工作时间中应该生产的产品数量标准。

(2) 材料消耗定额 材料消耗定额是指在正常的施工条件和合理使用材料的条件下,生产单位质量合格的建筑产品,必需消耗一定品种、规格的建筑材料(包括半成品、燃料、配件、水、电等)的数量标准。

(3) 机械台班定额 机械台班定额指在正常施工条件下,某种机械为生产单位合格产品(工程实体或劳务)所需消耗的机械工作时间标准,或在单位时间内该机械应该完成的产品数量标准。

2. 按定额的用途分类

（1）施工定额　施工定额是以同一性质的施工过程或工序为测定对象，确定建筑安装工人在正常的施工条件下，为完成某种单位合格产品所需消耗的人工、材料和机械台班的数量标准。施工定额由劳动定额、材料消耗定额、机械台班消耗定额组成。

施工定额是施工企业组织生产和加强内部管理使用的一种定额，属于生产性定额。施工定额也是工程定额中分项最细、定额子目最多的一种定额，是工程定额中的基础定额。

（2）预算定额　预算定额也称消耗量定额，它是指在正常的施工生产条件下，为完成一定计量单位的合格的分项工程或结构构件所需消耗的人工、材料、机械台班的数量标准，是一种计价性定额。

预算定额是编制施工图预算、或招标控制价的依据，也是编制投标报价的参考依据。

从编制程序上看，预算定额是以施工定额为基础综合扩大编制的，同时预算定额也是编制概算定额的基础。

（3）概算定额　概算定额是指生产一定计量单位的合格的扩大分项工程或结构构件所需消耗的人工、材料、机械台班的数量标准。它是综合扩大的消耗量定额，也是一种计价性定额。概算定额是初步设计阶段编制设计概算的依据，也可作为编制概算指标和估算指标的依据。

（4）概算指标　概算指标是在概算定额的基础上进一步综合扩大，通常以 $100m^2$（建筑面积）或座、m（构筑物）为计量单位，规定所需消耗的人工、材料及机械台班的数量标准。它可作为初步设计阶段编制设计概算、可行性研究编制投资估算的依据。

（5）估算指标　估算指标比概算指标更加综合扩大，往往是以独立的单项工程或完整的工程项目为计算对象。估算指标是项目建议书和可行性研究阶段编制投资估算的依据，是合理确定项目投资的基础。

上述定额的特点对比见表 2-1。

表 2-1　各种定额的特点对比

项目	施工定额	预算定额	概算定额	概算指标	估算指标
研究对象	工序	分项工程	扩大的分项工程或结构构件	整个建筑物或构筑物	独立的单项工程或完整的工程项目
用途	编制施工预算	编制施工图预算	编制设计概算	编制初步设计概算	编制投资估算
项目划分	最细	细	粗	较粗	最粗
定额水平	平均先进水平	平均水平			
定额性质	生产性定额	计价性定额			

3. 按编制单位和执行范围分类

（1）全国统一定额　全国统一定额是由国家建设行政主管部门综合全国工程建设中技术和施工组织管理的情况编制，并在全国范围内普遍执行的定额。全国统一定额反映一定时期社会生产力水平的一般状况，可作为编制地区单位估价表、确定工程造价、编制招标工程或招标控制价的基础，亦可作为编制企业定额和投标报价的参考。

（2）行业统一定额　行业统一定额是考虑到各行业部门专业工程技术特点（如生产工艺或其使用要求特殊）以及施工生产和管理水平编制的，由国务院行业主管部门发布。一般只在本行业部门内和相同专业性质的范围内使用，如矿井建设工程定额、铁路建设工程定额。

（3）地区统一定额　地区统一定额是指由各省、自治区、直辖市编制颁发的定额。地区统一定额主要是考虑地区性特点，对全国统一定额水平做适当调整补充编制的。由于各地区不同的气候条件、经济技术条件、物质资源条件和交通运输条件等，构成对定额项目、内容和水平的影响，是地区统一定额存在的客观依据。地区统一定额，如《广西壮族自治区建筑装饰装修工程消耗量定额》，只能在本行政区划内使用。

（4）企业定额　企业定额是指由施工单位考虑本企业具体情况，参照国家、行业或地区定额的水平制定的定额。此类定额的制定与编制需经一定的审批程序，报主管业务部门备案。企业定额只在本企业内部使用，亦可用于投标报价，是企业素质的一个标志。企业定额水平一般应高于国家现行定额，只有这样，才能满足生产技术发展、企业管理和市场竞争的需要。

（5）补充定额　补充定额是指随着设计、施工技术的发展，现行定额不能满足需要的情况下，为了补充缺项所编制的定额。有地区补充定额和一次性补充定额两种。补充定额需要按照一定的编制原则、程序和方法进行编制，并且只能在一定的范围内使用，其中地区补充定额可以作为以后修订地区统一定额的依据。

三、工程定额的特性

1. 科学性

工程定额的科学性是指工程定额和生产力发展水平相适应，反映出工程建设中生产消耗的客观规律，真实地反映和评价工程造价，且在理论、方法和手段上适应现代科学和信息社会发展的需要。

工程定额的科学性，首先表现在用科学的态度制定定额，尊重客观实际，力求定额水平合理；其次是表现在制定定额的技术方法上，利用现代科学管理的成就，形成一套系统的、完整的、在实践中行之有效的方法；第三是表现在定额制定和贯彻的一体化，制定是为了提供贯彻的依据，贯彻是为了实现管理的目标，也是对定额的信息反馈。

2. 系统性

工程定额是由多种定额结合而成的有机整体，有鲜明的层次和明确的目标。按其主编单位和执行范围的不同，我国的定额可分为全国统一定额、各专业部门的定额、各地区的定额、各企业的定额等。工程定额的系统性是由工程建设的特点决定的。

3. 统一性

工程定额的统一性，主要是由国家宏观调控职能决定的。从定额的制定、颁布和贯彻使用来看，统一性表现为有统一的程序、统一的原则、统一的要求和统一的用途。

4. 权威性和指导性

工程定额的权威性，是指建设工程定额经过一定的程序和授权单位审批颁发，具有较强的权威性。这种权威性在一些情况下具有经济法规性质和执行的强制性。权威性反映统一的意志和统一的要求，反映定额的严肃性。

工程定额权威性的客观基础是它的科学性。对于相对比较稳定的定额，如工程量计算规则、工料机定额消耗量,赋予其一定的强制性,不论使用者和执行者主观上愿不愿意,都必须按规则和定额执行;而对于相对比较活跃的定额,如基础单价、各项费用取费率,赋予其一定的指导性,可以在一定的变化幅度内参照执行。

5. 稳定性和时效性

工程定额的稳定性,是指任何一种建设工程定额都是一定时期技术发展和管理水平的反映,因而在一段时期内都表现出稳定的状态。不同的定额,稳定的时间有长有短。一般来讲,工程量计算规则比较稳定,能保持十几年;工料机定额消耗量相对稳定在五年左右;基础单价、各项费用取费率等相对稳定的时间更短一些。保持稳定性是维护权威性所必需的,是有效地贯彻定额所必需的。

工程定额的稳定性是相对的,当定额与已经发展了的生产力不相适应时,它原有的作用就会逐步减弱以致消失,这时就要重新编制或修订定额了。

2.2 施工定额

施工定额是以同一性质的施工过程或工序为测定对象,确定建筑安装工人在正常的施工条件下,为完成某种单位合格产品所需消耗的人工、材料和机械台班的数量标准。施工定额属于生产性定额。

施工定额是直接用于施工管理中的一种定额,是建筑安装企业的生产定额,它是国家、省、市、自治区业务主管部门或施工企业,在定性和定量分析施工过程的基础上,采用技术测定方法制定出统一的劳动消耗、机械台班消耗和材料消耗的一种定额。施工定额按其组成内容包括劳动定额、施工机械台班消耗定额和材料消耗定额三部分。

一、劳动定额

1. 劳动定额的概念及表现形式

劳动定额也称人工定额,它是指在正常施工技术条件和合理劳动组织条件下生产单位合格产品所需消耗的工作时间标准,或在一定的工作时间内应该生产产品的数量标准。

劳动定额的表现形式有两种:时间定额和产量定额。

(1) 时间定额 时间定额是完成单位产品所必须消耗的工日数,它以正常的施工技术和合理的劳动组织为条件,以一定技术等级的工人小组或个人完成质量合格的产品为前提。

按现行规定,一个工人工作 8h 为 1 个工日。

如某定额规定:浇捣 $1m^3$ 混凝土带形基础(工作内容包括混凝土水平运输、清理、润湿模板、浇捣、振捣、养护),其时间定额是 0.669 工日。

时间定额的计算公式是:

$$单位产品的时间定额(工日) = \frac{1}{每工日产量}$$

或 $$单位产品的时间定额(工日) = \frac{完成一定数量的产品所需消耗的工日数}{完成合格产品的数量}$$

如果以小组来计算,则为:

$$单位产品的时间定额(工日) = \frac{小组成员工日数总和}{小组产量}$$

时间定额以工日/m³、工日/m²、工日/t 等为单位,时间定额便于计算完成某一分部(项)工程所需的总工日数,便于核算工资,便于编制施工进度计划和计算分项工期。

(2) 产量定额　产量定额是以正常的施工技术和合理的劳动组织为条件,由一定技术等级的工人小组或个人在单位时间(一个工日)内完成合格产品的数量标准。

产量定额的计算方法是:

$$每工日的产量定额 = \frac{1}{单位产品的时间定额(工日)}$$

或

$$每工日的产量定额 = \frac{完成产品的数量}{完成产品所消耗的工日数}$$

产量定额常以 m³/工日、m²/工日、t/工日等为单位,产量定额便于分配施工任务,考核工人劳动效率和签发任务单。

产量定额与时间定额互为倒数。即:

$$时间定额 = \frac{1}{产量定额}$$

2. 劳动定额的编制方法

(1) 技术测定法

1) 技术测定法的基本概念。技术测定法是指用计时观察法或其他方法获得工时消耗数据,进而制定劳动消耗定额。技术测定法一般先测算分析出完成单位产品所消耗的定额时间,定额时间包括:基本工作时间、辅助工作时间、不可避免中断时间、准备与结束的工作时间、休息时间。它的计时单位可以是秒、分钟或小时等。然后根据定额时间计算出劳动定额单位产品消耗的时间定额(工日)。

基本工作时间是指工人直接完成一定产品的施工工艺过程所必须消耗的时间。通过基本工作,使劳动对象直接发生变化:可以使材料改变外形,如钢筋弯曲加工;可以改变材料的结构与性质,如混凝土制品安装组合成形;可以改变产品的外部及表面的性质,如粉刷、涂装施工等。基本工作时间的长短与工作量的大小成正比,它在时间定额中所占比重最大。

辅助工作时间是指与施工过程的技术操作没有直接关系的工序,为了保证基本工作的顺利进行而做的辅助性工作所消耗的时间。辅助工作不直接导致产品的形态、性质、结构或位置发生变化。如机械上油、小修等,转移工作地等均属于辅助性工作。

不可避免的中断时间是指由于施工工艺特点引起的工作中断所占的时间。如汽车驾驶人在等待汽车装、卸货的时间,安装工人等待起重机吊预制构件的时间等。与施工过程工艺特点有关的中断时间应作为必须消耗的时间,但应尽量缩短此项时间消耗。与施工工艺特点无关的工作中断时间是由于施工组织不合理引起的,属于损失时间,不能作为必须消耗的时间。

准备与结束的工作时间是指为完成某施工过程所必须进行的准备工作和收工前扫尾工作时间,如工人从工地仓库取工具、工作地点布置、交接班时间、研究施工图纸、接受技术交底、验收交工时间等。它的时间长短与提供的工作量大小无关,但往往与工作内容有关。

休息时间是指工人在施工过程中为保持体力所必需的短暂休息和生理需要的时间消耗。如喝水、上厕所时间等。

2) 时间定额的计算方法。时间定额一般采用下列公式计算:

定额时间 = 基本工作时间 + 辅助工作时间 + 不可避免中断时间 + 准备与结束时间 + 休息时间

或

$$\text{定额时间} = \frac{N_{基本} \times 100}{100 - (N_{辅助} + N_{准备} + N_{休息} + N_{中断})}$$

或

$$\text{定额时间} = \frac{N_{基本}}{1 - N_{辅助}(\%) - N_{准备}(\%) - N_{休息}(\%) - N_{中断}(\%)}$$

式中 $N_{基本}$——完成单位产品的基本工作时间；

$N_{辅助}$——辅助工作时间占工作班延续时间的百分比；

$N_{准备}$——准备与结束时间占工作班延续时间的百分比；

$N_{休息}$——休息时间占工作班延续时间的百分比；

$N_{中断}$——不可避免的中断时间占工作班延续时间的百分比。

3）时间定额的计算实例

【例2-1】 通过现场测时资料可知，人工挖土方（二类土）1m³消耗的基本工作时间为65min，辅助工作时间占工作班延续时间的2%，准备与结束工作时间占工作班延续时间的3%，休息时间占工作班延续时间的22%，不可避免的中断时间占工作班延续时间的1%。计算时间定额和产量定额。

【解】 $$\text{定额时间} = \frac{N_{基本} \times 100}{100 - (N_{辅助} + N_{准备} + N_{休息} + N_{中断})}$$

$$= \frac{65 \times 100}{100 - (2 + 3 + 22 + 1)}\text{min} = \frac{6500}{72}\text{min} = 90.28\text{min}$$

$$\text{时间定额} = \frac{90.28}{8 \times 60}\text{工日/m}^3 = 0.188 \text{ 工日/m}^3$$

$$\text{产量定额} = \frac{1}{\text{时间定额}} = \frac{1}{0.188}\text{m}^3/\text{工日} = 5.32\text{m}^3/\text{工日} \approx 5\text{m}^3/\text{工日}$$

（2）比较类推法 比较类推法是以某种精确测定好的同类型或相似类型的典型定额为依据，经分析比较类推出同类型其他相邻项目的定额的方法。例如：已知挖一类土沟槽在不同槽深和槽宽的时间定额，根据各类土耗用工时的比例来推算挖二、三、四类土沟槽的时间定额；又如：已知架设单排脚手架的时间定额，推算架设双排脚手架的时间定额。

比较类推法的计算公式为：

$$t = pt_o$$

式中 t——比较类推同类相邻定额项目的时间定额；

p——各同类相邻项目耗用工时的比例（以典型项目为1）；

t_o——典型项目的时间定额。

【例2-2】 已知挖一类土沟槽在1.5m以内槽深和不同槽宽的时间定额及各类土耗用工时的比例（见表2-2），推算挖三类土沟槽的时间定额。

【解】 设挖三类土、上口宽度0.8m以内的沟槽时间定额为t_3，则：

$$t_3 = p_3 t_o = 2.50 \times 0.167 \text{ 工日/m}^3 = 0.418 \text{（工日/m}^3）$$

设挖三类土、上口宽度1.5m以内的沟槽时间定额为t_4，则：

$$t_4 = p_4 t_o = 2.50 \times 0.144 \text{ 工日/m}^3 = 0.360 \text{（工日/m}^3）$$

设挖三类土、上口宽度3.0m以内的沟槽时间定额为t_5，则：

$$t_5 = p_5 t_o = 2.50 \times 0.133 \text{ 工日/m}^3 = 0.333 \text{（工日/m}^3）$$

表 2-2　挖沟槽时间定额推算表　　　　　　　　（单位：工日/m³）

土 壤 类 别	耗用工时的比例 p	时间定额 t		
		挖沟槽深度 1.5m 以内、上口宽度		
		0.8m 以内	1.5m 以内	3m 以内
一类土（典型项目）	1.00	0.167	0.144	0.133
二类土	1.43	0.239	0.206	0.190
三类土	2.50	0.418	0.360	0.333
四类土	3.75	0.626	0.540	0.499

（3）统计分析法　统计分析法就是将以往施工中所积累的同类型工程项目的工时耗用量加以科学地分析、统计，并考虑施工技术与组织变化的因素，经分析研究后制定劳动定额的一种方法。

采用统计分析法需有准确的原始记录和统计工作基础，并且选择正常的及一般水平的施工单位与班组，同时还要选择部分先进和落后的施工单位与班组进行分析和比较。

（4）经验估工法　经验估工法就是由定额技术人员和具有较丰富施工经验的工程技术人员、技术工人，根据施工实践经验，结合图纸分析、现场观察，考虑施工工艺分解、组织条件和操作方法，直接估计定额指标的一种方法。

采用经验估工法时，必须挑选有丰富经验的、秉公正派的工人和技术人员参加，并且要在充分调查和征求群众意见的基础上确定。在使用中要统计实耗工时，当与所制定的定额相比差异幅度较大时，说明所估计的定额不具有合理性，要及时修订。

以上四种方法是制定劳动定额的方法，在实际工作中常常是相互结合采用的。

3. 劳动定额的内容及应用

表 2-3 为《全国建筑安装工程统一劳动定额》中砌体工程示例。表中数据为各项目的时间定额。

表 2-3　每 1m³ 砌体的劳动定额

工作内容：包括砌墙面艺术形式、墙垛、平碹模板，梁板头砌砖，梁板下塞砖，楼梯间砌砖，留楼梯踏步斜槽，留孔洞，砌各种凹进处，山墙泛水槽，安放木砖、铁件，安装 50kg 以内的预制混凝土门窗过梁、隔板、垫块以及调整立好后的门窗框。

（单位：工日/m³）

项目		混水内墙				混水外墙					序号
		0.5 砖	0.75 砖	1 砖	1.5 砖及以外	0.5 砖	0.75 砖	1 砖	1.5 砖	2 砖及 2 砖以外	
综合	塔吊	1.38	1.34	1.02	0.994	1.5	1.44	1.09	1.04	1.01	一
	机吊	1.59	1.55	1.24	1.21	1.71	1.65	1.3	1.25	1.22	二
砌砖		0.865	0.815	0.482	0.448	0.98	0.915	0.549	0.491	0.458	三
运输	塔吊	0.434	0.437	0.44	0.44	0.434	0.437	0.44	0.44	0.44	四
	机吊	0.642	0.645	0.654	0.654	0.642	0.645	0.652	0.652	0.652	五
调制砂浆		0.085	0.089	0.101	0.106	0.085	0.089	0.101	0.106	0.107	六
编号		12	13	14	15	16	17	18	19	20	

现通过举例,说明劳动定额的应用。

【例2-3】 某工程需砌筑1砖厚双面混水内墙(塔吊)共120m³,计算完成砌筑该砖墙需要综合工日、砌砖工、灰浆工各多少工日?

【解】 查表2-3可知:砌每1m³ 1砖厚双面混水内墙(塔吊)的综合时间定额为1.02工日,砌砖时间定额0.482工日,调制砂浆时间定额0.101工日。则完成砌筑该砖墙:

综合用工 = 120 × 1.02 工日 = 122.4 工日

砌砖工 = 120 × 0.482 工日 = 57.84 工日

灰浆工 = 120 × 0.101 工日 = 12.12 工日

二、施工机械台班消耗定额

1. 施工机械台班消耗定额的概念及表现形式

施工机械台班消耗定额,是指在正常施工条件下,某种机械为生产单位合格产品(工程实体或劳务)所需消耗的机械工作时间,或在单位时间内该机械应该完成的产品数量。它以一台施工机械工作一个工作班(8h)为计量单位,所以又称为施工机械台班定额。

按现行规定,一台施工机械工作8h为1个台班。

施工机械台班消耗定额的表现形式有三种:机械时间定额、机械台班产量定额、配合机械的人工时间定额。

(1) 机械时间定额 机械时间定额是指在正常的施工条件和合理的劳动组织下,完成单位合格产品所必需的机械台班数量。按下式计算:

$$机械时间定额(台班) = \frac{1}{机械台班产量定额}$$

机械时间定额以台班/m³、台班/m²,台班/t等为单位。

(2) 机械台班产量定额 机械台班产量定额是指在正常的施工条件和合理的劳动组织下,每一个机械台班时间中必须完成的合格产品数量。按下式计算:

$$机械台班产量定额 = \frac{1}{机械时间定额(台班)}$$

机械台班产量定额与机械时间定额互为倒数关系。

(3) 配合机械的人工时间定额 配合机械的人工时间定额按照每个机械台班内配合机械工作的工人班组总工日数及完成的合格产品数量来确定,即完成单位合格产品所必须消耗的工作时间。按下式计算:

$$单位产品的时间定额 = 班组总工日数 \times 机械时间定额$$

或

$$单位产品的时间定额(工日) = \frac{班组总工日数}{一个机械台班的产量}$$

2. 施工机械台班定额的编制方法

制定施工机械台班定额时,首先应拟定机械工作的正常施工条件、确定机械的正常生产率和机械正常工作的台班,从而计算机械的时间定额和产量定额等。

(1) 拟定施工机械的正常工作条件 施工机械的正常工作条件,包括施工现场的合理组织和合理的工人编制。

(2) 确定机械纯工作1h正常生产率 机械定额时间包括有效工作时间、不可避免的无负荷工作时间（空转时间）、不可避免的中断时间三部分，其中有效工作时间包括正常负荷下和有根据的降低负荷下的工作时间。

机械纯工作 1h 正常生产率，是在正常施工组织条件下，由具有必需的知识和技能的技术工人操纵机械工作 1h 的生产率。

根据机械工作特点的不同，机械纯工作 1h 正常生产率的计算方法有两种。

①对于循环动作机械，确定机械纯工作 1h 正常生产率的计算公式如下：

$$机械纯工作 1h 循环次数 = \frac{60 \times 60(s)}{一次循环的正常延续时间(s)}$$

机械纯工作 1h 正常生产率 = 机械纯工作 1h 循环次数 × 一次循环生产的产品数量

②对于连续动作机械，确定施工机械纯工作 1h 正常生产率的计算公式如下：

$$连续动作机械纯工作 1h 正常生产率 = \frac{工作时间内生产的产品数量}{工作时间(h)}$$

式中，工作时间内生产的产品数量和工作时间的消耗量，可通过多次现场观测并参考机械产品说明书确定。对于同一机械进行作业属于不同的工作过程，如挖掘机所挖土壤类别的不同，均需分别确定其纯工作 1h 的正常生产率。

（3）确定施工机械的正常利用系数　施工机械的正常利用系数指机械在工作班内对工作时间的利用率。机械的利用系数与机械在工作班内的工作状况有着密切的关系。机械正常利用系数的计算公式如下：

$$机械正常利用系数 = \frac{机械在一个工作班内纯工作时间(h)}{一个工作班延续时间(8h)}$$

（4）计算施工机械台班定额　确定了机械的正常工作条件、机械纯工作 1h 正常生产率和机械的正常利用系数之后，采用下列公式计算施工机械台班定额：

施工机械台班产量定额 = 机械纯工作 1h 正常生产率 × 工作班纯工作时间
= 机械纯工作 1h 正常生产率 × 工作班延续时间 × 机械正常利用系数

$$施工机械时间定额 = \frac{1}{机械台班产量定额}$$

【例 2-4】　某搅拌机搅拌混凝土，每次循环搅拌的时间为：上料 1min，搅拌 2.0min，卸料 0.5min，不可避免中断 0.5min。机械正常利用系数为 0.9，搅拌一次的产量为 0.25m^3。工作方法是人工上料，单轮车运输。劳动组织共 10 人，其中：后台运砂 2 人、运碎石 4 人、运水泥 1 人、配料 1 人；前台出料 1 人、操纵搅拌机 1 人。试求该搅拌机纯工作 1h 正常生产率、机械台班产量定额、机械时间定额、配合机械人工时间定额。

【解】　该搅拌机一次循环的正常延续时间 = (1 + 2.0 + 0.5 + 0.5)min = 4.0min

该搅拌机纯工作 1h 循环次数 = 60/4.0 次 = 15 次

该搅拌机纯工作 1h 正常生产率 = 15 × 0.25m^3/h = 3.75m^3/h

机械台班产量定额 = 3.75 × 8 × 0.9m^3/台班 = 27m^3/台班

机械时间定额 = 1/机械台班产量定额 = 1/27 台班/m^3 = 0.037 台班/m^3

配合机械人工时间定额 = 10 × 0.037 工日/m^3 = 0.37 工日/m^3

3. 施工机械台班定额的内容与应用

表 2-4 为《全国建筑安装工程统一劳动定额》中混凝土楼板梁、连系梁、悬臂梁、过梁安装每台班的劳动定额示例。

表 2-4　混凝土楼板梁、连系梁、悬臂梁、过梁安装每台班的劳动定额

工作内容：15t 以内构件移位、绑扎起吊、对正中心线、安装在设计位置上、校正、垫好垫铁。

（单位：根）

项目	施工方法	楼板梁（t 以内）			连系梁、悬臂梁、过梁（t 以内）			序号
		2	4	6	1	2	3	
高度安装（层以内） 三	履带式	$\frac{0.220}{59}$13	$\frac{0.271}{48}$13	$\frac{0.317}{41}$13	$\frac{0.217}{60}$13	$\frac{0.245}{53}$13	$\frac{0.277}{47}$13	一
	轮胎式	$\frac{0.260}{50}$13	$\frac{0.317}{41}$13	$\frac{0.317}{35}$13	$\frac{0.255}{51}$13	$\frac{0.289}{45}$13	$\frac{0.325}{40}$13	二
	塔式	$\frac{0.191}{68}$13	$\frac{0.236}{65}$13	$\frac{0.277}{47}$13	$\frac{0.188}{69}$13	$\frac{0.213}{61}$13	$\frac{0.241}{54}$13	三
六	塔式	$\frac{0.210}{62}$13	$\frac{0.250}{52}$13	$\frac{0.302}{43}$13	$\frac{0.232}{56}$13	$\frac{0.260}{50}$13	$\frac{0.310}{42}$13	四
七		$\frac{0.232}{56}$13	$\frac{0.283}{46}$13	$\frac{0.342}{38}$13				五
编号		676	677	678	679	680	681	

表 2-4 中，表示一个单机作业的定额定员人数（台班工日）完成的台班产量和时间定额。其表现形式为：

$$\frac{时间定额}{台班产量定额} \quad 或 \quad \frac{时间定额}{台班产量定额}台班工日$$

现通过举例，说明机械台班定额的应用。

【例 2-5】　某六层砖混结构办公楼，塔式起重机安装预制梁，每根梁长 6m，梁截面尺寸为 300mm×700mm，钢筋混凝土自重为 2.5t/m³。试求吊装楼板梁的机械时间定额、人工时间定额和台班产量定额（工人配合）。

【解】　每根楼板梁自重 0.3×0.7×6×2.5t = 3.15t

查表 2-4，因为安装高度为六层以内、每根楼板梁自重为 4t 以内，所以查编号 677 序号四，劳动定额为 $\frac{0.250}{52}$13，则：

台班产量定额 = 52 根/台班

机械时间定额 = 1/52 台班/根 = 0.019 台班/根

人工时间定额 = 13/52 工日/根 = 0.25 工日/根

台班产量定额（工人配合）= 1/0.25 根/工日 = 4 根/工日

三、材料消耗定额

1. 材料消耗定额的概念

材料消耗定额是指在正常的施工条件和合理使用材料的条件下，生产单位质量合格的建筑产品，必须消耗一定品种、规格的建筑材料（包括半成品、燃料、配件、水、电等）的数量标准。

2. 材料的分类

1）根据材料使用次数的不同，建筑材料可分为直接性材料和周转性材料两大类。

①直接性材料也称非周转性材料，指在建筑工程施工中，一次性消耗并直接构成工程实体的材料。如砖、砂、石、钢筋、水泥等。

②周转性材料是指在施工过程中能多次使用、周转的工具性材料，它不直接构成建筑安

装工程的实体。如各种模板、脚手架、挡土板等。

2）根据材料在施工中消耗的性质，可分为必须消耗的材料和损失的材料两类。

①损失的材料属于施工生产中不合理的消耗，在确定材料定额消耗量时不加以考虑。

②必须消耗的材料，是指在合理用料的条件下，生产合格产品所需消耗的材料数量。它包括直接用于建设工程的材料、不可避免的施工废料和不可避免的材料损耗。其中：直接用于建设工程的材料数量，称为材料净用量；不可避免的施工废料和材料损耗数量，称为材料损耗量。例如：场内运输及场内堆放在允许范围内不可避免的损耗、加工制作中的合理损耗及施工操作中的合理损耗等。用公式表示如下：

$$材料总消耗量 = 材料净用量 + 材料损耗量$$
$$= 材料净用量 \times (1 + 材料损耗率)$$
$$材料损耗率 = 材料的损耗量 / 材料净用量$$

3. 材料消耗定额的制定方法

（1）观测法　观测法也称现场测定法，是指在合理使用材料的条件下，在施工现场按一定程序对完成合格产品的材料耗用量进行测定，通过分析、整理，最后得出一定的施工过程单位产品的材料消耗定额。

现场测定法主要用于编制材料损耗定额，也可以提供编制材料净用量定额的数据。其优点是能通过现场观察、测定，取得产品产量和材料消耗的情况，为编制材料定额提供技术根据。

（2）试验法　试验法是指在材料试验室中进行试验和测定数据。例如：以各种原材料为变量因素，求得不同强度等级混凝土的配合比，从而计算出每立方米混凝土的各种材料耗用量。

试验法主要用于编制材料净用量定额。通过试验，能够对材料的结构、化学成分和物理性能及按强度等级控制的混凝土、砂浆配比作出科学的结论，为编制材料消耗定额提供有技术根据的、比较精确的计算数据。但是，试验法不能取得在施工现场实际条件下，由于各种客观因素对材料耗用量影响的实际数据，这是该方法的不足之处。

（3）统计法　统计法是指通过现场进料、用料的大量统计资料进行分析计算，获得材料消耗的数据。这种方法由于不能分清材料消耗的性质，因而不能作为确定材料净用量定额和材料损耗量定额的精确依据。

（4）理论计算法　理论计算法是指根据施工图，运用一定的数学公式，直接计算材料耗用量。理论计算法只能计算出单位产品的材料净用量，材料的损耗量仍要在现场通过实测取得。理论计算法比较准确可靠，对很多分项工程都适用。

用理论计算法确定材料消耗量的方法举例如下：

1）计算 $1m^3$ 不同厚度墙体所用标准砖（普通黏土砖）和砂浆的消耗量。

①标准砖净用量的计算公式：

$$砖净用量(块) = \frac{墙厚砖数 \times 2}{墙厚 \times (砖长 + 灰缝宽) \times (砖厚 + 灰缝宽)}$$

式中，墙厚与墙厚砖数的关系见表2-5。

表2-5　墙厚与墙厚砖数的关系

墙厚/m	0.115	0.18	0.24	0.365	0.49
墙厚砖数	0.5	0.75	1	1.5	2

②砖总消耗量(块) = 砖净用量 × (1 + 砖损耗率)

③砂浆净用量(m^3) = 1 - 砖净用量 × 砖长 × 砖宽 × 砖厚

④砂浆总消耗量(m^3) = 砂浆净用量 × (1 + 砂浆损耗率)

【例 2-6】 用规格为 240mm × 115mm × 53mm 的页岩标准砖砌筑厚度为 365mm 的墙体，计算 $1m^3$ 墙体所用砖和砂浆的总消耗量。已知：灰缝宽 10mm，砖的损耗率为 2%，砂浆的损耗率为 1%。

【解】 砖净用量 = $\dfrac{1.5 \times 2}{0.365 \times (0.24 + 0.01) \times (0.053 + 0.01)}$ 块 = 522 块

砖总消耗量 = 522 × (1 + 2%) 块 = 532 块

砂浆净用量 = (1 - 522 × 0.24 × 0.115 × 0.053) m^3 = 0.236 m^3

砂浆总消耗量 = 0.236 × (1 + 1%) m^3 = 0.238 m^3

2）计算 $100m^2$ 块料面层的材料消耗量。块料指瓷砖、锦砖、缸砖、预制水磨石块、大理石、花岗岩等，块料面层定额一般以 $100m^2$ 为计算单位。

①块料净用量 = $\dfrac{100}{(块料长 + 灰缝宽) \times (块料宽 + 灰缝宽)}$

②块料总消耗量 = 块料净用量 × (1 + 块料损耗率)

③灰缝砂浆净用量 = (100 - 块料净用量 × 块料长 × 块料宽) × 灰缝厚

④灰缝砂浆总消耗量 = 灰缝砂浆净用量 × (1 + 砂浆损耗率)

⑤结合层砂浆总用量 = 100 × 结合层厚度 × (1 + 砂浆损耗率)

【例 2-7】 用水泥砂浆贴规格为 300mm × 300mm × 9mm 的墙面砖，墙面砖灰缝宽为 1mm，灰缝厚为 9mm，1∶3 水泥砂浆结合层厚度为 15mm，墙面砖损耗率为 4%，砂浆损耗率为 2%，计算贴 $100m^2$ 墙面砖中墙面砖与砂浆的消耗量。

【解】 墙面砖净用量 = $\dfrac{100}{(块料长 + 灰缝宽) \times (块料宽 + 灰缝宽)}$

$= \dfrac{100}{(0.3 + 0.001) \times (0.3 + 0.001)}$ 块 = 1104 块

墙面砖总消耗量 = 墙面砖净用量 × (1 + 块料损耗率)

= 1104 × (1 + 4%) 块 = 1148.16 块 ≈ 1149 块

灰缝砂浆净用量 = (100 - 块料净用量 × 块料长 × 块料宽) × 灰缝厚

= (100 - 1104 × 0.3 × 0.3) × 0.009 m^3 = 0.006 m^3

灰缝砂浆总消耗量 = 灰缝砂浆净用量 × (1 + 砂浆损耗率)

= 0.006 × (1 + 2%) m^3 = 0.006 m^3

结合层砂浆总用量 = 100 × 结合层厚度 × (1 + 砂浆损耗率)

= 100 × 0.015 × (1 + 2%) m^3 = 1.530 m^3

(5) 周转性材料消耗量的确定　周转性材料在使用中要经过修理、补充，直至达到规定的使用次数才能报废，报废的材料还有残值，要按规定折价回收。

周转性材料的消耗量是指每使用一次的摊销量，其计算必须考虑一次使用量、周转使用量、回收价值和摊销量之间的关系。

下面以模板为例介绍周转性材料摊销量的计算方法。

1）现浇构件周转性材料（木模板）用量计算方法

①一次使用量的计算。一次使用量是指周转性材料一次使用的基本量，即一次投入量。

周转性材料的一次使用量根据施工图计算,其用量与各分部分项工程部位、施工工艺和施工方法有关。

例如:现浇钢筋混凝土构件模板的一次使用量的计算,需先求构件混凝土与模板的接触面积,再乘以该构件每平方米模板接触面积所需要的材料数量。

②周转使用量的计算。周转使用量是指周转性材料在周转使用和补损的条件下,每周转一次的平均需用量,根据一定的周转次数和每次周转使用的损耗量等因素来确定。

材料周转次数:指周转材料从第一次使用起到报废为止,可以重复使用的次数。周转次数的确定要经现场调查、观测及统计分析,取平均合理的水平。

损耗量是周转性材料使用一次后由于损坏而需补损的数量,故在周转性材料中又称"补损量",按一次使用量的百分数计算,该百分数即为损耗率。

投入使用总量是指周转性材料在其全部周转过程中使用的总量,按下式计算:

投入使用总量 = 一次使用量 + (周转次数 - 1) × 一次使用量 × 损耗率

周转使用量按下式计算:

$$周转使用量 = \frac{投入使用总量}{周转次数}$$

$$= \frac{一次使用量 + (周转次数 - 1) \times 一次使用量 \times 损耗率}{周转次数}$$

$$= 一次使用量 \times \left[\frac{1 + (周转次数 - 1) \times 损耗率}{周转次数}\right]$$

③周转回收量计算。周转回收量是指周转性材料在周转使用后除去损耗部分的剩余数量,即尚可以回收的数量。其计算式为:

$$周转回收量 = \frac{周转使用最终回收量}{周转次数}$$

$$= \frac{一次使用量 - (一次使用量 \times 损耗率)}{周转次数}$$

$$= 一次使用量 \times \left(\frac{1 - 损耗率}{周转次数}\right)$$

④摊销量的计算。摊销量是指完成一定计量单位产品,一次消耗周转性材料的数量。其计算公式为:

摊销量 = 周转使用量 - 周转回收量 × 回收折价率

2) 周转性材料消耗量计算实例

【例 2-8】 某毛石混凝土带形基础为 100m³,其模板接触面积为 354m²,每 1m² 模板用木材为 0.063m³,周转次数为 8 次,损耗率为 10%,回收折价率为 50%。计算木模板的摊销量。

【解】 一次使用量 = 354 × 0.063m³ = 22.30m³

$$周转使用量 = 一次使用量 \times \left[\frac{1 + (周转次数 - 1) \times 损耗率}{周转次数}\right]$$

$$= 22.30 \times \left[\frac{1 + (8 - 1) \times 10\%}{8}\right]m^3 = 4.74m^3$$

$$周转回收量 = 一次使用量 \times \left(\frac{1 - 损耗率}{周转次数}\right)$$

$$= 22.30 \times \left(\frac{1 - 10\%}{8}\right)m^3 = 2.51m^3$$

摊销量 = 周转使用量 - 周转回收量 × 回收折价率 = (4.74 - 2.51 × 50%) m³ = 3.485m³

2.3 预算定额

预算定额又称消耗量定额，是指在正常的施工生产条件下，为完成一定计量单位的合格分项工程或结构构件所消耗的人工、材料、机械台班的数量标准。预算定额是国家及地区编制和颁发的一种计价性定额。

一、预算定额中人工消耗量的确定

预算定额中人工消耗量是指在正常的施工生产条件下，生产一定计量单位的分项工程或结构构件所必须消耗的各种用工数量。人工消耗量的单位是"工日"。

预算定额中人工消耗量的确定有两种方法：一种是以劳动定额为基础确定；另一种是以现场测定资料为基础计算。

1. 以劳动定额为基础计算人工消耗量

预算定额中的人工消耗量是由分项工程所综合的劳动定额各个工序的基本用工、其他用工、人工幅度差三部分组成的。

（1）基本用工 基本用工指完成单位合格产品所必须消耗的技术工种用工，例如：砌砖墙时的砌砖等的用工。按综合取定的工程量和相应劳动定额进行计算，计算公式为：

$$基本用工 = \sum(综合取定的工程量 \times 劳动定额)$$

（2）其他用工 其他用工通常包括：超运距用工、辅助用工。

1）超运距用工。超运距是指劳动定额中已包括的材料、半成品场内水平运输距离与预算定额所考虑的现场材料、半成品堆放地点到操作地点的水平运输距离之差。

$$超运距用工 = \sum(超运距材料数量 \times 超运距劳动定额)$$

$$超运距 = 预算定额取定运距 - 劳动定额已包括的运距$$

2）辅助用工。辅助用工指技术工种在劳动定额内不包括而在预算定额内又必须考虑的用工。例如机械土方工程配合用工、材料加工（筛砂、洗石、淋石灰膏）等。计算公式如下：

$$辅助用工 = \sum(材料加工数量 \times 相应的加工劳动定额)$$

（3）人工幅度差 人工幅度差是预算定额与劳动定额的差额，主要是指在劳动定额中未包括而在正常施工情况下不可避免但又很难准确计量的用工和各种工时损失。如各工种间工序搭接、交叉作业时不可避免的停歇工时消耗；施工机械转移以及水电线路移动造成的间歇工时消耗，工程质量检查和隐蔽工程验收影响操作消耗的工时等。人工幅度差计算公式如下：

$$人工幅度差 = (基本用工 + 超运距用工 + 辅助用工) \times 人工幅度差系数$$

式中 人工幅度差系数一般为 10% ~ 15%。

综上所述，预算定额中人工消耗量的计算公式如下：

$$\begin{aligned}人工消耗量 &= 基本用工 + 超运距用工 + 辅助用工 + 人工幅度差 \\ &= (基本用工 + 超运距用工 + 辅助用工) \times (1 + 人工幅度差系数)\end{aligned}$$

【例 2-9】 完成砌筑 10m³ 砖墙需要基本用工 27 个工日，辅助用工 5 个工日，超运距用工 4 个工日，人工幅度差系数为 10%，计算预算定额中的人工消耗量。

【解】 人工消耗量 = (基本用工 + 超运距用工 + 辅助用工) × (1 + 人工幅度差系数)
= (27 + 4 + 5) × (1 + 10%) 工日/10m³ = 39.6 工日/10m³

2. 以现场测定资料为基础计算人工消耗量

当遇到劳动定额缺项的新工艺、新结构项目，往往需要进行现场测定。可采用计时观察法中的测时法、写实记录法、工作日写实法等方法测定工时消耗数值，再加一定人工幅度差来计算预算定额的人工消耗量。具体方法与劳动定额编制方法中的技术测定法类似。

【例 2-10】 现场测得每焊接1t型钢支架需要基本工作时间54h，辅助工作时间、准备与结束工作时间、不可避免中断时间、休息时间分别占工作延续时间的3%、2%、2%、18%。问题：①试计算每焊接1t型钢支架的人工时间定额和产量定额；②若除焊接外，每t型钢支架的安装、防腐、涂装施工等作业的人工定额为12工日。各项作业人工幅度差系数取10%，试计算预算定额中每t型钢支架分项工程的人工消耗量。

【解】 ①设每t型钢支架焊接的时间定额为N，则：

$$N = \frac{N_{基本}}{1 - N_{辅助}(\%) - N_{准备}(\%) - N_{中断}(\%) - N_{休息}(\%)}$$

$$= \frac{54}{1 - 3\% - 2\% - 2\% - 18\%} h = 72h$$

人工时间定额 = 72/8 工日/t = 9 工日/t

人工产量定额 = 1/9 t/工日 = 0.111 t/工日

②预算定额中每t型钢支架分项工程的人工消耗量 = (9 + 12) × (1 + 10%) 工日 = 23.1 工日

二、预算定额中机械台班消耗量的确定

预算定额中的机械台班消耗量是指在正常施工条件下，生产单位合格产品（分部分项工程或结构件）必须消耗的某种型号施工机械的台班数量。机械台班消耗量的单位是"台班"。

预算定额中机械台班消耗量的确定方法有两种：一种是以劳动定额为基础确定；另一种是以现场实测资料为基础来确定。

1. 以劳动定额为基础确定机械台班消耗量

预算定额中的机械台班消耗量，一般是按《全国建筑安装工程统一劳动定额》中各种机械施工项目所规定的台班产量加机械幅度差进行计算。

（1）综合劳动定额机械耗用台班 综合劳动定额机械耗用台班 = Σ（各工序实物工程量 × 相应的施工机械台班定额）

（2）机械台班幅度差 机械台班幅度差是指《全国建筑安装工程统一劳动定额》规定范围内没有包括而实际中必须增加的机械台班消耗量。一般包括正常施工组织条件下不可避免的机械空转时间，施工技术原因的中断及合理停置时间，因供电供水故障及水电线路移动检修而发生的运转中断时间，因气候变化或机械本身故障影响工时利用的时间，施工机械转移及配套机械相互影响损失的时间，配合机械施工的工人因与其他工种交叉造成的间歇时间，因检查工程质量造成的机械停歇的时间，工程收尾和工作量不饱满造成的机械间歇时间等。

机械幅度差系数为：土方机械25%，打桩机械33%，吊装机械30%。砂浆、混凝土搅

拌机由于按小组配用，以小组产量计算机械台班产量，不另增加机械幅度差。其他分部工程中如钢筋加工、木材、水磨石等各项专用机械的幅度差系数为10%。

综上所述，预算定额的机械台班消耗量按下式计算：

预算定额机械台班消耗量 = 综合劳动定额机械耗用台班 × (1 + 机械幅度差系数)

占比重不大的零星小型机械按劳动定额小组成员计算出机械台班使用量，以"机械费"或"其他机械费"表示，不再列台班数量。

【例2-11】 用挖土机械施工需配备3人，查劳动定额可知产量定额为51.64m³/工日，考虑机械幅度差系数为10%，计算挖1000m³土方挖土机械的台班消耗量。

【解】 挖土机械的台班消耗量 = 1000 ÷ (51.64 × 3) × (1 + 10%)台班/1000m³ = 7.1 台班/1000m³

2. 以现场实测资料为基础确定机械台班消耗量

如遇到劳动定额缺项的项目，在编制预算定额的施工机械台班消耗量时，则需要通过对施工机械现场实地观测得到施工机械台班产量，在此基础上加上适当的机械幅度差，来确定预算定额中的机械台班消耗量。具体方法与施工定额中编制施工机械台班定额的方法类似。

【例2-12】 某反铲挖掘机挖土方（三类土），现场测得挖掘机循环1次的时间为2min，每次循环挖土0.5m³，机械正常利用系数为0.85，机械幅度差系数为25%。计算预算定额中该挖掘机挖土方1000m³的机械台班消耗量。

【解】 ①机械纯工作1h循环次数 = 60/2次 = 30次
②机械纯工作1h正常生产率 = 30 × 0.5m³/h = 15m³/h
③挖掘机台班产量定额 = 15 × 8 × 0.85m³/台班 = 102m³/台班
④挖掘机时间定额 = 1/102台班/m³ = 0.0098台班/m³
⑤预算定额中挖掘机挖土方1000m³的机械台班消耗量为：

机械台班消耗量 = 0.0098 × (1 + 25%) × 1000台班 = 12.25台班

三、预算定额中材料消耗量的确定

1. 材料消耗量的概念

预算定额中的材料消耗量是指在合理和节约使用材料的前提下，生产单位合格产品（分项工程或结构构件）必须消耗的一定品种规格的建筑材料、成品、半成品、配件、燃料、水、电等的数量标准。

预算定额中的材料消耗分为主要材料、辅助材料、周转性材料、其他零星材料消耗四类。其中，周转性材料按不同施工方法、不同材质分别以一次摊销量列出；用量很少、占材料费比重很小的零星材料合并为其他材料费，以元表示。

预算定额中的材料消耗量包括材料净用量和材料损耗量。材料损耗量包括：从工地仓库、现场集中堆放地点或现场加工地点至操作或安装地点的运输损耗、施工操作损耗、施工现场堆放损耗。

2. 材料消耗量的确定方法

预算定额中材料消耗量的确定方法与施工定额中材料消耗量的确定方法一样，这里不再重复。但是预算定额中的材料损耗率与施工定额中的材料损耗率不同，预算定额中材料损耗率的损耗内容和范围比施工定额的更广，必须考虑整个施工现场范围内材料堆放、运输、施工操作过程中的损耗。各地区、各部门都在合理测定和积累资料的基础上编制了材料损耗率

表,材料消耗量的计算公式如下:

$$材料消耗量 = 材料净用量 + 材料损耗量 = 材料净用量 \times (1 + 材料损耗率)$$

【例 2-13】 表 2-6 是 1995 年《全国统一建筑工程基础定额》中砖墙项目的部分定额数据。①若标准砖和砂浆的损耗率分别为 1.65%、1.35%,用理论计算法计算表 2-6 中标准砖的消耗量 X_1 和砂浆的消耗量 X_2。②测时资料已知:砌砖的基本工作时间为 460min,准备与结束时间为 23.5min,休息时间为 13.8min,不可避免中断时间为 9.2min,损失时间为 78min,共砌砖 1000 块。砌 1 砖厚混水砖墙调制砂浆、运输的时间定额分别为:0.156 工日 $/m^3$,0.742 工日 $/m^3$。人工幅度差系数为 10%。计算表 2-6 中的人工消耗量 X_3。

表 2-6 砖墙定额示例

工作内容:调、运、铺砂浆,运砖;砌砖包括窗台虎头砖、腰线、门窗套;安装木砖、铁件等。

(计量单位:$10m^3$)

	定额编号		4-9	4-10	4-11
	项目	单位	标准砖混水砖墙		
			1/2 砖	1 砖	1 砖半
人工	综合工日	工日	20.14	(X_3)	1.63
材料	水泥混合砂浆 M2.5	m^3	(X_2)	2.25	2.04
	标准砖 240mm×115mm×53mm	千块	(X_1)	5.341	5.350
	水	m^3	1.330	1.060	1.07
机械	灰浆搅拌机	台班	0.33	0.38	0.40

【解】 ①定额计量单位为 $10m^3$,所以本题是要计算 1/2 砖厚的 $10m^3$ 墙体所用标准砖和砂浆的消耗量。

$$标准砖净用量 = \frac{墙厚砖数 \times 2}{墙厚 \times (砖长 + 灰缝宽) \times (砖厚 + 灰缝宽)} \times 10$$

$$= \frac{0.5 \times 2}{0.115 \times (0.24 + 0.01) \times (0.053 + 0.01)} \times 10 \; 块 = 5521 \; 块$$

$$标准砖消耗量 \; X_1 = 砖净用量 \times (1 + 砖损耗率)$$

$$= 5521 \times (1 + 1.65\%) \; 块 = 5612 \; 块 = 5.612 \; 千块$$

$$砂浆净用量 = 10 - 砖净用量 \times 砖长 \times 砖宽 \times 砖厚$$

$$= (10 - 5521 \times 0.24 \times 0.115 \times 0.053) \; m^3 = 1.924 \; m^3$$

$$砂浆消耗量 \; X_2 = 砂浆净用量 \times (1 + 砂浆损耗率)$$

$$= 1.924 \times (1 + 1.35\%) \; m^3 = 1.950 \; m^3$$

② X_3 为 1 砖厚 $10m^3$ 墙体的人工消耗量

定额时间 = 基本工作时间 + 准备与结束时间 + 不可避免的中断时间 + 休息时间

$$= (460 + 23.5 + 13.8 + 9.2) \; min = 506.5 \; min$$

查表 2-6 中定额子目 4-10 可知:每 $10m^3$ 砖墙消耗标准砖 5.341 千块,即 $1m^3$ 砖墙消耗标准砖 534 块,所以砌 1000 块砖的墙体积 $= 1000/534 \; m^3 = 1.87 \; m^3$

时间定额 = 完成产品消耗的工日数/产品数量

$$= 506.5 \div (8 \times 60)/1.87 \; 工日/m^3 = 0.564 \; 工日/m^3$$

$$人工消耗量 \; X_3 = (0.564 + 0.156 + 0.742) \times (1 + 10\%) \times 10 \; 工日/m^3 = 16.08 \; 工日/10m^3$$

思考与习题

1. 简述施工定额、预算定额、概算定额、概算指标、估算指标的特点及用途。
2. 施工定额中的人工、材料、施工机械台班消耗量是如何确定的?
3. 预算定额中的人工、材料、施工机械台班消耗量是如何确定的?
4. 用规格为 240mm×115mm×90mm 的多孔页岩砖砌筑厚度为 240mm 的墙体,用理论计算法计算 $10m^3$ 墙体所用砖和砂浆的总消耗量。已知:灰缝宽为 10mm,砖的损耗率为 2%,砂浆的损耗率为 6%。
5. 地面用水泥砂浆贴规格为 200mm×200mm×8mm 的防滑砖,防滑砖灰缝宽为 1mm,防滑砖损耗率为 1.5%,砂浆损耗率为 1%,用理论计算法计算每 $100m^2$ 地面需用防滑砖与灰缝砂浆的消耗量。
6. 外墙面挂贴花岗岩,现场测定资料如下:完成 $1m^2$ 挂贴花岗岩的基本工作时间为 4.5h,辅助工作时间、准备与结束工作时间、不可避免的中断时间、休息时间分别占工作班延续时间的 3%、2%、1.5%、16%,人工幅度差系数为 10%。计算预算定额中每 $100m^2$ 挂贴花岗岩的人工消耗量。
7. 用水磨石机械施工需配备 2 人,查劳动定额可知产量定额为 $4.76m^2$/工日,考虑机械幅度差系数为 10%,计算每 $100m^2$ 水磨石机械台班消耗量。
8. 已知浇捣 $2.5m^3$ 混凝土的基本工作时间为 300min,准备与结束工作时间为 17.5min,休息时间为 11.2min,不可避免中断时间为 8.8min,损失时间为 85min。求浇捣 $1m^3$ 混凝土的时间定额和产量定额。
9. 测时资料表明,斗容量为 $0.5m^3$ 的正铲挖土机完成一个工作循环用时 48s。机械正常利用系数为 0.75,土斗充盈系数为 0.9,计算该挖土机挖土方的产量定额。

第3章 人工、材料、施工机械台班单价

3.1 人工工资单价

一、人工工资单价的概念

按现行有关标准规定，人工工资单价分为计时工资单价和计件工资单价。计时工资单价一般按日工资单价考虑，是指按日工资标准和工作时间（8h/工日）支付给生产工人的劳动报酬。计件工资单价一般按实物量单价考虑，是指按计件单价和完成工作量支付给生产工人的劳动报酬。

二、人工工资单价的组成

按2013年《广西壮族自治区建筑装饰装修工程人工材料配合比机械台班基期价》（以下简称《广西基期价》）的规定，人工工资单价的组成内容包括：基本工资、工资性补贴、生产工人辅助工资、职工福利费、劳动保护费及按规定应由个人缴纳的社会保险费（包括养老保险费、医疗保险费、失业保险费）和住房公积金。

1. 基本工资

基本工资是指发放给生产工人的基本工资。根据有关规定，生产工人基本工资执行岗位工资和技能工资制度。

2. 工资性补贴

工资性补贴是指为了补偿工人额外或特殊的劳动消耗及为了保证工人的工资水平不受特殊条件影响，而以补贴形式支付给工人的劳动报酬。它包括按规定标准发放的物价补贴，煤、燃气补贴，交通费补贴，住房补贴，流动施工津贴及地区津贴等。

3. 辅助工资

辅助工资是指生产工人年有效施工天数以外非作业天数的工资，包括职工学习、培训期间的工资，调动工作、探亲、休假期间的工资，因气候影响的停工工资，女工哺乳时间的工资，病假在六个月以内的工资及产、婚、丧假期的工资。

4. 职工福利费

职工福利费是指按规定标准计提的职工福利费。

5. 生产工人劳动保护费

生产工人劳动保护费是指按规定标准发放的劳动保护用品的购置费及修理费，徒工服装补贴，防暑降温费，在有碍身体健康环境中施工的保健费用等。

6. 社会保险费和住房公积金

社会保险费和住房公积金是指按规定应由个人缴纳的养老保险费、医疗保险费、失业保险费和住房公积金。

人工工资单价组成内容，在各部门、各地区并不完全相同，但其中每一项内容都是根据

有关法规、政策文件的精神，结合本部门、本地区的特点，通过反复测算最终确定的。

三、人工工资单价的计算

根据住房和城乡建设部、财政部《关于印发＜建筑安装工程费用项目组成＞的通知》（建标［2013］44号）规定，日工资单价的计算式为：

$$日工资单价 = \frac{生产工人平均月工资(计时、计件) + 平均月(奖金 + 津贴补贴 + 特殊情况下支付的工资)}{年平均每月法定工作日}$$

式中，年平均每月法定工作日=（全年天数－星期六和星期日天数－法定节日天数）/全年月数=（365－104－10）/12=251/12=20.92天

人工工资单价是变化的，它由政府宏观调控，企业自主报价，通过市场竞争形成价格。一般可用下式计算：

现行人工工资单价＝基期人工单价×计算期人工造价指数/基期人工造价指数

四、人工工资单价的应用

以2013年《广西基期价》为例介绍定额基期人工工资单价的应用。

1)《广西基期价》与2013年《广西壮族自治区建筑装饰装修工程消耗量定额》配套执行。

2)《广西基期价》中列出了基期日工资单价（见表3-1），该基期日工资单价是建筑市场零工价格，只作计日工价格参考，供计价时办理现场签证使用。

3) 2013年《广西壮族自治区建筑装饰装修工程消耗量定额》中列出的定额子目人工费为计件工资单价基期价，计价时按自治区建设行政主管部门发布的调整系数进行调整。

表3-1 建筑市场劳动力基期价

编号	工种名称	单位	单价/元	编号	工种名称	单位	单价/元
000301001	建筑、装饰工程普工	工日	105	000301010	防水工	工日	125
000301002	木工（模板工）	工日	140	000301011	油漆工	工日	120
000301003	钢筋工	工日	125	000301012	管工	工日	110
000301004	混凝土工	工日	120	000301013	电工	工日	110
000301005	架子工	工日	125	000301014	电焊工	工日	125
000301006	砌筑工（砖瓦工）	工日	110	000301015	起重工	工日	110
000301007	抹灰工（一般抹灰）	工日	110	000301016	玻璃工	工日	120
000301008	抹灰、镶贴工	工日	125	000301017	金属制品安装工	工日	125
000301009	装饰木工	工日	135				

3.2 材料单价

一、材料单价的概念

预算定额中的材料单价是指材料从来源地或交货地运至工地仓库或施工现场存放经保管后出库时的价格。

二、材料单价的组成

根据住房和城乡建设部、财政部《关于印发＜建筑安装工程费用项目组成＞的通知》（建标[2013]44号）规定，材料单价包括：材料原价、运杂费、运输损耗费、采购及保管费。

1. 材料原价

材料原价是指材料出厂价或商家供应价格。

在确定材料原价时，凡同一种材料因来源地、交货地、供货单位、生产厂家不同，而有几种材料原价时，根据不同来源地供货数量比例，采取加权平均的方法确定其材料原价。计算公式如下：

$$加权平均材料原价 = \frac{K_1 C_1 + K_2 C_2 + \cdots + K_n C_n}{K_1 + K_2 + \cdots + K_n}$$

式中 K_1，K_2，$\cdots$，K_n——各不同供应点的供应量或各不同使用地点的需求量；

C_1，C_2，$\cdots$，C_n——各不同供应地点的材料原价。

注意：材料出厂时已经包装者，其包装费一般已计入材料原价，不再另行计算，但应扣回包装品的回收值。

2. 运杂费

运杂费是指材料由来源地或交货地运至施工工地仓库或堆放处的全部过程中所支出的一切费用。材料的运杂费包括车船费、出入库费、装卸费、搬运费、堆叠费等。运杂费的取费标准，应根据材料的来源地、运输里程、运输方法、运输工具等，根据国家有关部门或地方政府交通运输管理部门的有关规定结合当地交通运输市场情况确定。

同一种材料有若干个来源地，材料运杂费应按加权平均的方法计算。计算公式如下：

$$加权平均运杂费 = \frac{K_1 T_1 + K_2 T_2 + \cdots + K_n T_n}{K_1 + K_2 + \cdots + K_n}$$

式中 K_1，K_2，$\cdots$，K_n——各不同供应点的供应量或各不同使用地点的需求量；

T_1，T_2，$\cdots$，T_n——各不同供应地点的运杂费。

3. 运输损耗费

运输损耗费是指材料在运输装卸过程中不可避免的损耗。其计算方法如下：

运输损耗费 =（材料原价 + 运杂费）× 运输损耗率(%)

注意：现场交货的材料，不得计算运输损耗费。

不同材料的运输损耗率各不相同，如某地区材料的运输损耗率为：木材0.5%，袋装水泥1.0%，砖1.5%，砂、石1.5%。

4. 采购及保管费

采购及保管费是指为组织采购、供应、保管材料过程中所需的各项费用。采购及保管费包括采购费、仓储费、工地保管费、仓储损耗。具体的费用项目有：人工费、差旅及交通费、办公费、固定资产使用费、工具用具使用费、仓储损耗及其他。采购及保管费一般按材料到库价格以费率取定，其计算公式如下：

采购及保管费 =（材料原价 + 运杂费 + 运输损耗费）× 采购保管费率(%)

在应用2013年《广西基期价》中的采购及保管费率时应注意以下几点：

1）材料的采购保管费率一般为2.5%，其包含的项目有：人工费（1.699%）、差旅及交通费（0.13%）、办公费（0.074%）、固定资产使用费（0.207%）、工具用具使用费（0.08%）、检验试验费（0.068%）、材料仓储损耗（0.136%）、其他（0.106%）。

2）凡向生产厂家购买的金属构件、混凝土预制构件、木构件、铝合金制品、钢门窗、塑料门窗、塑钢门窗、1t超过一万元的材料，采购保管费率为1%。

3）承发包双方采购保管费率的分摊：

①建设单位（甲方）将材料供应到施工现场的，施工单位收采购保管费的40%。

②甲方将材料运到施工现场所在地甲方仓库或车站、码头，施工单位收采购保管费的60%。

③甲方付款订货，施工单位负责提运至施工现场，施工单位收采购保管费的80%。

④甲方指定购货地点，施工单位负责付款的，施工单位收采购保管费的100%。

三、材料单价的计算

1. 材料单价的计算公式

材料单价 = [（材料原价 + 运杂费）×（1 + 运输损耗率）]×[1 + 采购保管费率]

2. 材料单价的计算实例

【例3-1】 某工程需用42.5MPa普通硅酸盐袋装水泥（每袋50kg），选定甲、乙两个供货地点，甲地出厂价476元/t，可供需要量的60%；乙地出厂价450元/t，可供需要量的40%。采用汽车运输，每公里运输单价为0.45元/t，甲地离工地60km，乙地离工地70km。材料的装卸费为15元/t，材料的运输损耗率为1%，材料的采购保管费率为2.5%。水泥纸袋回收率为65%，纸袋回收值按0.40元/个计算。计算水泥单价。

【解】 ①材料原价，按加权平均材料原价计算：

（476×60% + 450×40%）元/t = 465.60元/t

②运杂费 = 加权平均汽车运输费 + 装卸费

= （0.45×60×60% + 0.45×70×40% + 15）元/t = 43.80元/t

③运输损耗费 = （材料原价 + 运杂费）×运输损耗率(%)

= （465.6 + 43.8）×1%元/t = 5.09元/t

④采购及保管费 = （材料原价 + 运杂费 + 运输损耗费）×采购及保管费率(%)

= （465.6 + 43.8 + 5.09）×2.5%元/t = 12.86元/t

⑤包装品回收值。水泥纸袋包装费已包括在材料原价内，不另计算，但包装品回收值应在材料预算价格中扣除。每吨水泥的包装品回收值为：

20×65%×0.4元/t = 5.20元/t

⑥水泥单价 = 材料原价 + 运杂费 + 运输损耗费 + 采购保管费 - 包装品回收值

= （465.6 + 43.8 + 5.09 + 12.86 - 5.2）元/t = 522.15元/t

四、定额基期材料单价的应用

以2013年《广西基期价》为例，介绍定额基期材料单价的应用。

1）《广西基期价》与2013年《广西壮族自治区建筑装饰装修工程消耗量定额》配套执行。

2）《广西基期价》与各市建设工程信息价的关系

①材料（包括商品混凝土）信息价由各市建设工程造价管理站依据当地市场信息编制

发布。

②配合比按《广西基期价》执行,配合比的消耗量不得调整,配合比中的材料单价按当地建设工程造价信息价调整。

3)材料基期价,即定额基期的材料单价。材料基期价是各地区市测算材料价差调整系数的依据,也是预算定额基价编制的依据之一。《广西基期价》中列出了包括金属、塑料、五金制品、水泥、砖瓦、木竹等31类2708种材料的材料基期价,表3-2为其中部分材料基期价示例。

表3-2 部分材料基期价示例

序号	编码	材料名称规格	计量单位	单价/元
1		钢筋		
	010102001	螺纹钢筋 HRB335 φ10以内(综合)	t	4600.00
	010102002	螺纹钢筋 HRB335 φ10以上(综合)	t	4499.00
2		水泥		
	040101001	水泥(综合)	t	345.00
	040105001	普通硅酸盐水泥 32.5MPa	t	306.00
	040106001	普通硅酸盐水泥 42.5MPa	t	352.00
3		砂		
	040201001	砂(综合)	m^3	89.00
	040202001	细砂	m^3	85.00
	040204001	中砂	m^3	88.00
4		砌砖		
	040701001	页岩标准砖 240mm×115mm×53mm	千块	575.00
	040708002	多孔页岩砖 240mm×115mm×90mm	千块	750.00
		⋮		

4)配合比基期价。混凝土、砂浆等半成品的价格是确定分项工程基价的依据之一,它是根据预算定额的配合比用量和地区材料预算价格计算的。混凝土、砂浆的价格(基价)的计算公式如下:

$$基价 = \sum 定额配合比材料用量 \times 相应材料基期价$$

配合比基期价包括砌筑砂浆、抹灰砂浆、特种砂浆、现场普通混凝土、现场防水混凝土等11类761项配合比。表3-3为《广西基期价》中部分配合比基期价示例。

表3-3 砌筑砂浆配合比基期价表示例 (单位:m^3)

定额编号				880100004	880100005	880100021
项目				水泥石灰砂浆		水泥砂浆
				中砂		中砂
				M5	M7.5	M7.5
参考基价/元				212.39	212.26	185.31
编码	名称	单位	单价/元	数量		
040105001	普通硅酸盐水泥 32.5MPa	t	306.00	0.201	0.245	0.263
040504005	石灰膏	m^3	310.00	0.149	0.105	—
040204001	中砂	m^3	88.00	1.180	1.180	1.180
310101065	水	m^3	3.40	0.250	0.265	0.290

使用配合比基期价表,需要注意以下几点说明:

①各种配合比包括组成配合比的材料用量,不包括制作所需人工、机械台班及辅助材料。

②表中的水泥按普通硅酸盐水泥考虑,如实际使用水泥品种不同时,不予调整。

③配合比表中对砂的使用,砌筑砂浆配合比中分别编排细砂和中砂两种配合比,如使用粗砂时套用中砂配合比;抹灰砂浆配合比、耐酸砂浆配合比、防腐砂浆及特种砂浆配合比、特种混凝土不分粗砂、中砂、细砂;混凝土分别编制粗砂、中砂、细砂配合比。

④各种混凝土配合比的材料用量,均以拌合物的立方体积计算。抹灰砂浆配合比的材料用量以实际体积计算,使用时不得再增加虚实体积系数。

⑤各种配合比,均包括原材料操作的损耗在内。

⑥各项配合比,供编制工程计价使用,其材料用量、品种与实际不同时(包括外加剂),不得调整。在实际施工中,各项配合比应按试验部门提供的配合比进行制作。

3.3 施工机械台班单价

一、施工机械台班单价的概念

施工机械台班单价是指施工机械每个台班所必须消耗的人工、材料、燃料动力和应分摊的费用,每台班按 8h 工作制计算。

二、施工机械台班单价的组成

根据住房和城乡建设部、财政部《关于印发<建筑安装工程费用项目组成>的通知》(建标 [2013] 44 号) 规定,施工机械台班单价应由下列七项费用组成:

1. 折旧费

折旧费指施工机械在规定的使用年限内,陆续收回其原值的费用。

2. 大修理费

大修理费指施工机械按规定的大修理间隔台班进行必要的大修理,以恢复其正常功能所需的费用。

3. 经常修理费

经常修理费指施工机械除大修理以外的各级保养和临时故障排除所需的费用。包括为保障机械正常运转所需替换设备与随机配备工具附具的摊销和维护费用,机械运转中日常保养所需润滑与擦拭的材料费用及机械停滞期间的维护和保养费用等。

4. 安拆费及场外运费

安拆费指施工机械(不包括大型机械)在现场进行安装与拆卸所需的人工、材料、机械和试运转费用以及机械辅助设施的折旧、搭设、拆除等费用;场外运费指施工机械(不包括大型机械)整体或分体自停放地点运至施工现场或由一施工地点运至另一施工地点的运输、装卸、辅助材料及架线等费用。

5. 人工费

人工费是指机上司机(司炉)和其他操作人员的工作日人工费及上述人员在施工机械规定的年工作台班以外的人工费。

6. 燃料动力费

燃料动力费指施工机械在运转作业中所消耗的各种燃料及水、电等费用。

7. 税费

税费指施工机械按照国家规定应缴纳的车船使用税、保险费及年检费等。

三、施工机械台班单价的计算

机械台班单价 = 台班折旧费 + 台班大修费 + 台班经常修理费 + 台班安拆费及场外运费 + 台班人工费 + 台班燃料动力费 + 台班税费

1. 台班折旧费

$$台班折旧费 = \frac{机械预算价格 \times (1 - 残值率) \times 贷款利息系数}{耐用总台班}$$

（1）机械预算价格　国产机械预算价格是指机械出厂价格加上从生产厂家（或销售单位）交货地点运至使用单位机械管理部门验收入库的全部费用，包括出厂价格、供销部门手续费和一次运杂费。

进口机械预算价格是由进口机械到岸完税价格加上关税、外贸部门手续费、银行财务费以及由口岸运至使用单位机械管理部门验收入库的全部费用。

（2）残值率　残值率指施工机械报废时其回收的残余价值占机械原值（即机械预算价格）的比率，依据《施工、房地产开发企业财务制度》规定，残值率按照固定资产原值的2%~5%确定。各类施工机械的残值率一般为：运输机械2%，特、大型机械3%，中、小型机械4%，掘进机械5%。

（3）贷款利息系数　贷款利息是为补偿施工企业贷款购置机械设备所支付的利息，从而合理反映资金的时间价值，以大于1的贷款利息系数，将贷款利息（单利）分摊在台班折旧费中。

（4）耐用总台班　耐用总台班指机械在正常施工作业条件下，从投入使用起到报废止，按规定应达到的使用总台班数。机械耐用总台班的计算公式为：

$$耐用总台班 = 大修间隔台班 \times 大修周期$$

大修间隔台班是指机械自投入使用起至第一次大修止或自上一次大修后投入使用起至下一次大修止，应达到的使用台班数。

大修周期即使用周期，是指机械在正常的施工作业条件下，将其寿命期（即耐用总台班）按规定的大修理次数划分为若干个周期。计算公式为：

$$大修周期 = 寿命期大修理次数 + 1$$

2. 台班大修理费

$$台班大修理费 = \frac{一次大修理费 \times 寿命期内大修理次数}{耐用总台班}$$

（1）一次大修理费　一次大修理费指机械设备按规定的大修理范围和修理工作内容，进行一次全面修理所需消耗的工时、配件、辅助材料、油燃料以及送修运输等全部费用。

（2）寿命期大修理次数　寿命期大修理次数指机械设备为恢复原机械功能按规定在使用期限内需要进行的大修理次数。

3. 台班经常修理费

$$台班经常修理费 = \frac{\Sigma(各级保养一次费用 \times 寿命期各级保养总次数) + 临时故障排除费用}{耐用总台班}$$

+ 替换设备台班摊销费 + 工具附具台班摊销费 + 例保辅料费

4. 台班安拆费及场外运费

$$台班安拆费 = \frac{机械一次安拆费 \times 年平均安拆次数}{年工作台班} + 台班辅助设施摊销费$$

$$台班辅助设施摊销费 = [辅助设施一次费用 \times (1 - 残值率)] \div 辅助设施耐用台班$$

$$台班场外运费 = [(一次运输及装卸费 + 辅助材料一次摊销费 + 一次架线费) \times 年平均场外运输次数] \div 年工作台班$$

5. 台班人工费

台班人工费指工作台班以外机上人员人工费用,以增加机上人员的工日数形式列入定额内。按下式计算:

$$台班人工费 = 定额机上人工工日 \times 日工资单价$$

$$定额机上人工工日 = 机上定员工日 \times (1 + 增加工日系数)$$

$$增加工日系数 = (年制度工日 - 年工作台班 - 管理费内非生产天数) \div 年工作台班$$

式中 增加工日系数取定为 0.25。

6. 台班燃料动力费

$$台班燃料动力费 = 台班燃料动力消耗量 \times 各省、市、自治区规定的相应单价$$

7. 台班税费

$$台班税费 = 载重量(或核定吨位) \times [养路费(元/t \cdot 月) \times 12 + 车船使用税(元/t \cdot 年)] \div 年工作台班$$

四、定额基期机械台班单价的应用

以 2013 年《广西基期价》为例,介绍定额基期机械台班单价的应用。

1)《广西基期价》与 2013 年《广西壮族自治区建筑装饰装修工程消耗量定额》配套执行。

2) 机械台班单价按《广西基期价》执行,其中一类费用(包括折旧费、大修理费、经常修理费、安拆费及场外运费、税费)不得调整,人工按广西壮族自治区建设主管部门发布的调整系数调整,动力燃料费按当地建设工程造价信息价调整。

3) 施工机械台班基期价。施工机械台班基期价包括:挖掘机械、桩工机械、混凝土及灰浆机械、铲土机水平运输机械、起重及垂直运输机械、压实及路面机械、清洗筛选及装修机械、钢筋及预应力机械、加工机械、木工机械、切割机打磨机械、焊接机械、冷切及热处理机械、环卫机械、破碎及凿岩机械、钻探机地下工程机械、动力及泵送机械、其他机械共 10 个分部 497 个子目。表 3-4 为《广西基期价》中部分施工机械基期价示例。

在执行施工机械台班基期价时,应注意以下几点:
① 基期价不包括自升式塔式起重机固定式基础、施工电梯基础、混凝土搅拌站基础。
② 基期价人工费计算中,年制度工作日是按现行劳动制度 251 日计算的。
③ 基期价中油料损耗包括加油及过滤损耗,电力损耗包括由变电所或配电电车间至机械之间线路的电力损失。其损耗、损失均包括在台班含量内。

4) 机械停滞费的计算方法:
① 机械停滞台班费 = 台班折旧费 + 台班人工费 + 台班其他费用

机械停滞费 = 机械停滞台班费 × 机械停滞台班数量

②施工机械停滞费是指施工机械非施工企业自身原因停滞期间所发生的费用。

③机械停滞台班数量由建设单位和施工单位根据实际发生的机械停滞台班数量办理签证。

④在一个工程中,机械停滞费总额不得超过该机械的原值。

⑤机械停滞签证每台机械每天不得超过一个台班。

⑥停工一年的,停滞台班数量签证每台机械不得超过年工作台班数。

表3-4 机械台班基期价示例 （单位：台班）

定额编号					990317001	990311002
项目					灰浆搅拌机	混凝土振捣器
					拌筒容量/200L	插入式
					小	中
参考基价/元					90.67	12.27
	编码	名称	单位	单价/元	数量	
人工	000301001	机械台班人工费	元	—	71.25	—
一类费用	992301001	折旧费	元	—	2.960	3.100
	992302001	大修理费	元	—	0.630	0.720
	992303001	经常修理费	元	—	2.520	2.880
	992304001	安拆及场外运输费	元	—	5.470	1.930
	992305001	其他费用	元	—	—	—
动力燃料	120101003	汽油90#	kg	10.69	—	—
	120104001	柴油0#	kg	9.22	—	—
	310101065	水	m³	3.40	—	—
	310101067	电	kW·h	0.91	8.610	4.000
停滞费			元	—	74.21	3.100

思考与习题

1. 什么是人工单价？它由哪些费用组成？
2. 什么是材料单价？它由哪些费用组成？如何计算材料单价？
3. 什么是施工机械台班单价？它由哪些费用组成？
4. 2013年《广西基期价》中，哪些费用不能调整？哪些费用可以调整？如何调整？
5. 某工程需要钢材800t，选定甲、乙、丙三个供货地点。甲厂材料原价4000元/t，购买了100t；乙厂材料原价3800元/t，购买了200t；丙厂材料原价3700元/t，购买了500t。均采用汽车运输，每公里运费0.6元/t。甲、乙、丙厂的运距分别为40km、60km、80km，运输损耗不计。装卸费15元/t，包装无回收价值，采购保管费率为2.5%。计算该钢材单价。

第4章 消耗量定额的组成与应用

4.1 消耗量定额的组成

为了便于确定各分部分项工程的人工、材料和机械台班的消耗量，将消耗量定额按一定的顺序汇编成册，形成消耗量定额手册。每册消耗量定额又按建筑结构、施工顺序、工程内容及材料等分成若干章。每一章又按工程内容、施工顺序等分成若干节。每一节再按工程性质、材料类别等分成若干定额子目。

以下按2013年《广西壮族自治区建筑装饰装修工程消耗量定额》为例介绍消耗量定额的组成。《广西壮族自治区建筑装饰装修工程消耗量定额》由目录、总说明、工程量计算规则总则、建筑面积计算规则、各章说明及相应的工程量计算规则、定额项目表、附录组成。

一、目录

2013年《广西壮族自治区建筑装饰装修工程消耗量定额》分为上下册，共22个分部工程：A.1 土（石）方工程，A.2 桩与地基基础工程，A.3 砌筑工程，A.4 混凝土及钢筋混凝土工程，A.5 木结构工程，A.6 金属结构工程，A.7 屋面及防水工程，A.8 保温、隔热、防腐工程，A.9 楼地面工程，A.10 墙、柱面工程，A.11 天棚工程，A.12 门窗工程，A.13 油漆、涂料、裱糊工程，A.14 其他装饰工程，A.15 脚手架工程，A.16 垂直运输工程，A.17 模板工程，A.18 混凝土运输及泵送工程，A.19 建筑物超高增加费，A.20 大型机械设备基础、安拆及进退场费，A.21 材料二次运输，A.22 成品保护工程。

每个分部工程由若干节组成，每一节由若干定额子目组成，定额内每一定额子目即为一个分项工程，如人工平整场地、人工挖沟槽等，分项工程为最小的组成因素。

二、总说明

总说明介绍消耗量定额的用途、编制依据、适用范围、编制消耗量定额时已考虑和未考虑的因素以及消耗量定额在使用过程中应注意的问题和有关事项的说明。

2013年《广西壮族自治区建筑装饰装修工程消耗量定额》的总说明如下：

1）《广西壮族自治区建筑装饰装修工程消耗量定额》（以下简称本定额）是完成规定计量单位建筑和装饰装修分部分项工程合格产品所需的人工费、材料和机械台班的消耗量标准。

2）本定额适用于广西辖区范围内新建、扩建和改建的工业与民用建筑工程。

3）本定额是编审设计概算、施工图预算、招标控制价、竣工结算、调解处理工程造价纠纷、鉴定工程造价的依据；是合理确定和有效控制工程造价、衡量投标报价合理性的基础；是编制企业定额、投标报价的参考。

4）本定额的编制依据

①《广西壮族自治区建设工程造价管理办法》。

②《房屋建筑与装饰工程工程量计算规范》（GB 50854—2013）。

③《建筑工程建筑面积计算规范》(GB/T 50353—2005)。

④《全国统一建筑工程基础定额》(GJ D-101-95) 和《全国统一建筑工程基础定额编制说明》(土建工程)。

⑤2005年《广西壮族自治区建筑工程消耗量定额》和2005年《广西壮族自治区装饰装修工程消耗量定额》以及有关补充定额。

⑥2004年《全国建筑安装工程统一劳动定额》及广西的补充劳动定额。

⑦现行国家有关产品标准、设计规范、施工及验收规范、技术操作规程、质量评定标准和安全操作规程。

⑧其他法律、法规及有关建筑工程造价管理规定。

5) 本定额是按照广西建筑施工企业正常施工条件、现有的施工机械装备水平、合理的施工工期、施工工艺和劳动组织为基础进行编制的，反映了社会平均消耗水平。

6) 本定额的工作内容，扼要说明了主要施工工序，次要工序虽未具体说明，但均已包含在定额内。

7) 本定额包括施工过程中所需的人工费、材料、半成品和机械台班数量，除定额中有规定允许调整外，不得因具体工程施工组织设计、施工方法及工、料、机等耗量与定额不同时而进行调整换算。如定额中以饰面夹板、实木、木质装饰线条表示的，其材质包括榉木、橡木、柚木、枫木、核桃木、樱桃木、桦木、水曲柳等；部分列有榉木或者柚木等的子目，如实际使用的材质与取定的不符时，可以换算。

8) 本定额人工消耗量的确定。人工消耗量以实物量人工费表现，是完成规定计量单位建筑和装饰装修分部分项工程合格产品所需的人工费用。包括基本工资、工资性津贴、生产工人辅助工资、职工福利费、生产工人劳动保护费以及按规定缴纳个人部分的住房公积金与社会保险费（养老保险费、医疗保险费、失业保险费、工伤保险费、生育保险费）。

9) 本定额材料及配合比消耗量的确定。

①本定额采用的建筑装饰装修材料、成品、半成品均应为符合国家质量标准和相应设计要求的合格产品。

②本定额中的材料消耗量包括施工中消耗的主要材料、辅助材料和零星材料等，并计算了相应的施工场内运输及施工操作的损耗。损耗的内容和范围包括：从工地仓库、现场集中堆放地点或现场加工地点至操作或安装地点的运输损耗、施工操作损耗、施工现场堆放损耗。

③用量很少、占材料费比重很小的零星材料合并为其他材料费，以元表示。

④施工措施性消耗部分，周转性材料按不同施工方法、不同材质分别以一次摊销量列出。

⑤本定额中均已包括材料、成品、半成品，从工地仓库、现场集中堆放地点或现场加工地点至操作或安装地点的水平和垂直运输。如发生再次搬运的，按本定额 A.21 材料二次运输相应子目计算。

10) 本定额的机械台班消耗量的确定。机械台班消耗量是按正常合理的机械配备、机械施工工效，结合现场实际测算确定的。用量很少、占机械费比重很小的其他机械合并为其他机械费，以元表示。

11) 本定额木种分类如下：

一类：红松、水桐木、樟子松。

二类：白松（云杉、冷杉）、杉木、杨木、柳木、椴木。

三类：青松、黄花松、秋子木、马尾松、东北榆木、柏木、苦楝木、梓木、黄菠萝、椿木、楠木、柚木、樟木。

四类：栎木（柞木）、檀木、色木、槐木、荔木、麻栗木（麻栎、青刚）、桦木、荷木、水曲柳、华北榆木。

12）本定额除脚手架、垂直运输定额已注明其适用高度外，其余均按建筑物檐口高度20m以下编制；檐口高度超过20m时，另按本定额A.19建筑物超高增加费相应子目计算。

13）本定额已综合了搭拆3.6m以内简易脚手架用工及脚手架摊销材料，3.6m以上需搭设的装饰装修脚手架按本定额A.15脚手架工程相应子目执行。

14）使用预拌砂浆和干混砂浆。按本定额中相应使用现场搅拌砂浆的子目进行套用和换算，并按以下办法对人工费、材料和机械台班消耗量进行调整：

①使用预拌砂浆。

a. 使用机械搅拌的子目，每1m³砂浆扣减定额人工费41.04元；使用人工搅拌的子目，每1m³砂浆扣减定额人工费50.73元。

b. 将定额子目中的现场搅拌砂浆换算为预拌砂浆。

c. 扣除相应子目中的灰浆搅拌机台班。

②使用干混砂浆。

a. 每1m³砂浆扣减定额人工费17.10元。

b. 每1m³现场搅拌砂浆换算成干混砂浆1.75t及水0.29m³。

c. 灰浆搅拌机台班不变，如用其他方式搅拌亦不增减费用。

15）本定额未列的子目，参照安装、市政、园林工程等定额的相应子目执行。

16）本定额注有××以内或××以下者，均包括××本身；××以外或××以上者，则不包括××本身。

17）工程计价中如发生定额缺项需作补充的，可由建设单位和施工单位根据实际情况作一次性补充定额，报当地建设工程造价管理机构审核，并由当地建设工程造价管理机构报广西壮族自治区建设工程造价管理总站备案。

18）本定额由广西壮族自治区建设工程造价管理总站统一管理，统一解释。

三、建筑面积计算规则

建筑面积计算规则严格、较全面地规定了计算建筑面积的范围和方法。建筑面积是基本建设中重要的经济指标，也是计算其他技术经济指标的基础（详见本书第6章内容）。

四、各章说明

各章说明主要阐述本分部工程编制中的有关问题说明，本分部工程中各分项工程在施工工艺、材料及消耗量定额应用时应注意的事项（详见本书第7章内容）。

五、工程量计算规则

工程量计算规则是按分部工程归类的。工程量计算规则统一规定了各分项工程量计算的处理原则，不管是否完全理解，在没有新的规定出现之前，必须按该规则执行。

工程量计算规则是准确和简化工程量计算的基本保证。因为，在编制定额的过程中就运用了计算规则，在综合定额内容时就确定了计算规则，所以工程量计算规则具有法规性（详见本书第7章内容）。

六、定额项目表

定额项目表是消耗量定额的核心内容,由工作内容、计量单位、项目表、附注组成。定额项目表示例见表 4-1。

表 4-1 定额项目表(《广西壮族自治区建筑装饰装修工程消耗量定额》摘录)

工作内容:调运砂浆、铺砂浆、运砖、清理基槽坑、砌砖等。 (单位:10m³)

定 额 编 号					A3-1	A3-2
项 目					砖基础	
					标准砖	多孔砖
					240mm×115mm×53mm	240mm×115mm×90mm
参考基价/元					4384.78	3750.60
其中	人工费/元				833.91	823.65
	材料费/元				3515.51	2897.94
	机械费/元				35.36	29.01
编码	名 称	单位	单价/元		数 量	
880100004	水泥石灰砂浆中砂 M5	m³	212.39		2.360	1.940
040701001	页岩标准砖 240mm×115mm×53mm	千块	575.00		5.236	—
040708002	多孔页岩砖 240mm×115mm×90mm	千块	750.00		—	3.310
310101065	水	m³	3.40		1.050	1.000
990317001	灰浆搅拌机[拌筒容量 200L]	台班	90.67		0.39	0.32

附注:砌圆弧形砖基础时,每 10m³ 人工费乘以系数 1.1。

1. 工作内容

工作内容位于表头,它规定了各分项工程所包括的施工内容。在列项计算分项工程量时,要注意看表头所包含的工作内容,以免漏项或重项。

例如,定额子目"陶瓷地砖楼地面",其工作内容为:①清理基层、调制水泥砂浆、刷素水泥浆。②抹找平层、试排弹线、锯板修边、铺贴块料、擦缝、清理净面。这些工作内容实际上已包括楼面贴陶瓷地砖的整个施工工艺过程,既包含抹结合层、找平层,又包含贴面层,所以在列项时,就不能再列一项"楼地面水泥砂浆找平层"了,否则就会重项。

又如,定额子目"人工挖孔桩成孔",其工作内容为:①挖土、提土、运土于 50m 以下,排水沟修造、修正桩底。②安装护壁模具,灌浇护壁混凝土。③抽水、吹风、坑内照明、安全设施搭拆。这些工作内容实际上只是"人工挖孔桩成孔(不含入岩)"的施工工艺过程,既未包含护壁钢筋、桩钢筋笼的制作安装,也未包含桩芯混凝土的浇捣,所以在列项计算人工挖孔桩时,还要把这些定额子目都列上,否则就会漏项。

2. 计量单位

计量单位位于表格右上方(少部分位于表格内),表格内的所有数据均以该计量单位为标准。在套用定额时,各分项工程量的计量单位必须与定额中相应项目的计量单位一致,不能随意改变。例如:砖基础的计量单位为"10m³",砖砌台阶的计量单位为"10m²",砖砌明沟的计量单位为"100m"。

3. 项目表

项目表是消耗量定额的主要组成部分,它反映了一定计量单位分项工程的参考基价、人工费、材料费、机械费,以及各种材料消耗量、机械台班消耗量标准等。

(1)项目表的内容 项目表的内容由两大部分组成:一是一定计量单位分项工程的人

工消耗量（2013 年《广西壮族自治区建筑装饰装修工程消耗量定额》以实物量人工费表现，不列工种和人工消耗量）、各种材料消耗量、施工机械台班消耗量（简称"三量"）；二是地区预算价格，即人工单价（2013 年《广西壮族自治区建筑装饰装修工程消耗量定额》以实物量人工费表现，未列人工单价）、材料单价和机械台班单价（简称"三价"）。

将上述"三量"与"三价"分别相乘，得出各分项工程人工费、材料费和机械费，这三种费用之和即为消耗量定额的参考基价。即：

$$定额参考基价 = 人工费 + 材料费 + 机械费$$

人工费 = 综合工日 × 相应人工单价（2013 年《广西壮族自治区建筑装饰装修工程消耗量定额》直接列出人工费）

$$材料费 = \sum（材料消耗量 × 相应材料单价） + 其他材料费$$

$$机械费 = \sum（机械台班消耗量 × 相应机械台班单价） + 其他机械费$$

例如：M5 水泥石灰砂浆砌 10m³ 标准砖基础，由表 4-1 中定额子目 A3-1 可知：

$$人工费 = 833.91 \text{ 元}/10m^3$$

$$材料费 = (2.36 × 212.39 + 5.236 × 575.00 + 1.05 × 3.4) \text{元}/10m^3 = 3515.51 \text{ 元}/10m^3$$

$$机械费 = 0.39 × 90.67 \text{ 元}/10m^3 = 35.36 \text{ 元}/10m^3$$

$$参考基价 = (833.91 + 3515.51 + 35.36) \text{元}/10m^3 = 4384.78 \text{ 元}/10m^3$$

注意：①消耗量定额子目中列出的人工费为基期的人工费（人工基期价），计价时按广西壮族自治区建设行政主管部门发布的当时当地调价文件的调整系数调整。②消耗量定额子目中列出的材料单价为基期的材料单价（材料基期价），计价时按当时当地造价管理机构发布的信息价或市场询价确定，无信息价或市场询价时，可参照定额基期价计算。③消耗量定额子目中列出的机械台班单价为基期的机械台班单价（机械台班基期价），计价时机械台班单价中除机械台班人工费、动力燃料单价可按有关规定调整外，其余均不得调整。

（2）定额子目编号　2013 年《广西壮族自治区建筑装饰装修工程消耗量定额》定额编号由三级编码组成，例如：

A1-6 其中"A"表示建筑装饰装修工程专业，"1"表示第一章土（石）方工程，"6"表示本章第 6 个定额子目。

4. 附注

有些定额项目表的下面列有附注，当符合附注条件时，定额指标应按附注说明进行调整和换算，附注是对表格的补充说明。

例如，由表 4-1 的附注可知："砌圆弧形砖基础，每 10m³ 人工费乘以系数 1.1"。若用 M5 水泥石灰砂浆砌 10m³ 圆弧形标准砖基础，其人工费 = (833.91 × 1.1)元 = 917.30 元。

七、附录

附录一般编在定额的最后或独立为一册。如：《广西壮族自治区建筑装饰装修工程消耗量定额》（下册）的最后是定额的一些附图，《广西基期价》是《广西壮族自治区建筑装饰装修工程消耗量定额》的附录，与上下两册定额一起配套执行。

《广西基期价》的主要内容包括：人工、材料基期价；配合比基期价；施工机械台班基期价；附表一　材料采购及保管费率表；附表二　材料运输损耗率表；附表三　圆（方）钢、螺纹钢规格组合表；附表四　汽车运输装载率表；附表五　材料经仓库比例表；附表六　材料成品、半成品运距取定表。

4.2 消耗量定额的应用

消耗量定额是编制施工图预算，确定工程造价的主要依据，消耗量定额的应用准确与否直接影响到工程造价的确定，为了准确的使用消耗量定额，在使用前应仔细阅读消耗量定额手册中的总说明、各章说明、附注及附录；掌握建筑面积计算规则、各分部分项工程名称、编排顺序及工程量计算规则。

消耗量定额的应用包括消耗量定额的直接套用、消耗量定额的换算、消耗量定额的补充三种形式。

现以 2013 年《广西壮族自治区建筑装饰装修工程消耗量定额》为例介绍消耗量定额的应用。

一、消耗量定额的直接套用

当工程设计图纸中的分项工程项目特征（施工内容、材料品种、规格、工程做法等）与所选套的相应消耗量定额子目的内容一致时，或者虽有局部不同，但消耗量定额说明规定不能调整者，可直接套用消耗量定额，查找定额的参考基价、人工费以及材料、机械台班消耗指标等，计算分项工程所需工料机费、人工费以及材料、机械台班的消耗量等。其计算公式如下：

分项工程工料机费 = 分项工程量 × 定额子目参考基价

分项工程人工费 = 分项工程量 × 定额子目人工费消耗指标

分项工程某种材料消耗量 = 分项工程量 × 定额子目某种材料消耗指标

分项工程某种机械台班消耗量 = 分项工程量 × 定额子目某种机械台班消耗指标

【例 4-1】 M5 水泥石灰砂浆砌多孔页岩砖混水砖墙（墙厚 24cm）237.6m³，砂浆拌合料为：32.5MPa 水泥、石灰膏、中砂、水，砂浆采用现场拌制。根据广西现行定额计算该分项工程工料机费、材料及机械台班的消耗量。

【解】 查 2013 年《广西壮族自治区建筑装饰装修工程消耗量定额》定额子目 A3-11（表 4-2）。

表 4-2 砖墙定额表

工作内容：调运砂浆、铺砂浆、运砖、砌砖、安放木砖、铁件等。

（单位：10m³）

定额编号				A3-10	A3-11
项 目				混水砖墙	
				多孔砖 240mm×115mm×90mm	
				墙体厚度	
				11.5cm	24cm
参考基价/元				4176.16	3987.94
其中	人工费/元			1150.83	998.07
	材料费/元			3001.76	2961.76
	机械费/元			23.57	28.11
编码	名 称	单位	单价/元	数 量	
880100004	水泥石灰砂浆中砂 M5	m³	212.39	1.560	1.940
040708002	多孔页岩砖 240mm×115mm×90mm	千块	750.00	3.556	3.395
310101065	水	m³	3.40	1.010	1.020
990317001	灰浆搅拌机(拌筒容量 200L)	台班	90.67	0.260	0.310

工料机费：237.6/10 × 3987.94 元 = 94753.45 元

材料消耗量：

  M5 水泥石灰砂浆：   237.6/10 × 1.94m^3 = 46.094 m^3

  多孔页岩砖 240mm × 115mm × 90mm：237.6/10 × 3.395 千块 = 80.665 千块

  水（砌砖用）：   237.6/10 × 1.02m^3 = 24.235m^3

机械台班消耗量：

  灰浆搅拌机[拌筒容量200L]：237.6/10 × 0.31 台班 = 7.366 台班

由于砂浆为现场拌制，所以还需计算砂浆中的各种材料消耗量。查《广西基期价》中配合比编号880100004（表3-3），则46.094m^3 M5 水泥石灰砂浆中的材料消耗为：

  普通硅酸盐水泥32.5MPa：46.094 × 0.201t = 9.265t

  石灰膏：   46.094 × 0.149m^3 = 6.868m^3

  中砂：   46.094 × 1.180m^3 = 54.391m^3

  水（拌制砂浆用）：46.094 × 0.250m^3 = 11.524m^3

由于计价时机械台班单价中的机械台班人工费、动力燃料单价可按有关规定调整，所以计价时还需要先计算出机械台班人工费、动力燃料中的各种材料消耗量，然后才能调整机械台班人工费、动力燃料费、机械台班单价。

查《广西基期价》中机械台班基期价编号990317001（表3-4），则灰浆搅拌机7.366台班中机械台班人工费、动力燃料的消耗量为：

  机械台班人工费：7.366 × 71.25 元 = 524.83 元

  电：7.366 × 8.610kW·h = 63.42kW·h

【例4-2】 现浇混凝土条形基础浇捣14.54m^3，混凝土使用泵送商品混凝土（碎石GD40商品普通混凝土C20）。根据广西现行定额计算该分项工程工料机费、材料及机械台班的消耗量。

【解】 查2013年《广西壮族自治区建筑装饰装修工程消耗量定额》定额子目A4-5（表4-3）。

表4-3 建筑物混凝土浇捣定额

工作内容：清理、湿润模板、浇捣、养护。

（单位：10m^3）

定额编号					A4-5	A4-18
项目					条形基础	混凝土柱
					混凝土	矩形
参考基价/元					2887.01	3069.13
其中	人工费/元				203.49	387.03
	材料费/元				2674.07	2666.89
	机械费/元				9.45	15.21
编码	名称		单位	单价/元	数量	
041401026	碎石GD40商品普通混凝土C20		m^3	262.00	10.15	10.15
310101065	水		m^3	3.40	1.010	0.910
021701001	草袋		m^2	4.50	2.520	1.000
990311002	混凝土振捣器[插入式]		台班	12.27	0.770	1.240

工料机费：14.54/10 × 2887.01 元 = 4197.71 元
材料消耗量：
  碎石 GD40 商品普通混凝土 C20： 14.54/10 × 10.15m³ = 14.758m³
  水（浇捣混凝土用）：   14.54/10 × 1.01m³ = 1.469m³
  草袋：   14.54/10 × 2.52m² = 3.664m²
机械台班消耗量：
  插入式振捣器：14.54/10 × 0.77 台班 = 1.12 台班

二、消耗量定额的换算

1. 消耗量定额换算的条件

当工程施工图设计的要求与消耗量定额子目的工程内容、材料规格、施工方法等条件不完全相符时，且消耗量定额规定允许换算或调整，应按照消耗量定额规定的换算方法对定额子目消耗指标进行调整换算，并采用换算后的消耗指标计算该分项工程的资源（人工、材料、机械台班）消耗量。

2. 消耗量定额换算的基本思路

消耗量定额换算的基本思路是：根据工程施工图设计的要求，选定某一消耗量定额子目（或者相近的消耗量定额子目），按消耗量定额规定换入应增加的资源（人工、材料、机械台班），换出应扣除的资源（人工、材料、机械台班）。其计算式为：

换算后资源消耗量 = 分项工程原定额资源消耗量 + 换入资源量 − 换出资源量

在进行消耗量定额换算时应注意以下两个问题：

1）消耗量定额的换算，必须在消耗量定额规定的范围内进行。现行消耗量定额的总说明、分章说明及附注内容中，对消耗量定额换算的范围和方法都有具体的规定。如《广西壮族自治区建筑装饰装修工程消耗量定额》总说明中规定：本定额包括施工过程中所需的人工费、材料、半成品和机械台班数量，除定额中有规定允许调整外，不得因具体工程施工组织设计、施工方法及工、料、机等消耗量与定额不同时进行调整换算。消耗量定额中的规定是进行消耗量定额换算的根本依据，应当严格执行。

2）分项工程换算后，应在其定额编号后面注明一个"换"字，以示区别，如 A3-2 换。

3. 消耗量定额换算的类型

（1）材料配合比的换算 材料配合比的换算包括混凝土、砂浆、保温隔热材料等，由于配合比的不同，引起相应材料消耗量的变化，定额规定必须进行换算。换算的公式为：

换算后的基价 = 原定额参考基价 + 定额消耗量 ×（换入单价 − 换出单价）

1）砂浆配合比的换算。如《广西壮族自治区建筑装饰装修工程消耗量定额》中砌筑工程的定额说明规定：砌体子目中砌筑砂浆标号为 M5.0，与设计要求不同时可以换算。所以当设计要求采用的砂浆配合比、砂浆种类与消耗量定额不符时，就需要换算砂浆配合比、砂浆种类。换算时砂浆消耗指标不变，根据不同砂浆配合比调整材料用量。

【例4-3】 M7.5 水泥砂浆砌标准砖基础 25.86m³，砂浆拌合料为：32.5MPa 水泥、中砂、水，砂浆采用现场拌制。根据广西现行定额计算该分项工程工料机费、材料及机械台班的消耗量。

【解】 查 2013 年《广西壮族自治区建筑装饰装修工程消耗量定额》定额子目 A3 − 1 换（表 4-1），可知定额中的砂浆为"水泥石灰砂浆中砂 M5"，而该分项工程为 M7.5 水泥砂浆,所以需要换算砂浆配合比。查《广西基期价》中配合比编号880100021（表3-3），可知M7.5水泥砂浆单价为185.31元/m^3。

换算后的基价 = 原定额参考基价 + 砂浆消耗指标×（M7.5水泥砂浆单价 –

M5水泥石灰砂浆单价）

= [4384.78 + 2.360×(185.31 – 212.39)]元/$10m^3$ = 4320.87元/$10m^3$

工料机费：25.86/10×4320.87元 = 11173.77元

材料消耗量：

M7.5水泥砂浆：　　　　　　　　　25.86/10×2.360m^3 = 6.103m^3

页岩标准砖240mm×115mm×53mm：25.86/10×5.236千块 = 13.54千块

水（砌砖基础用）：　　　　　　　25.86/10×1.050m^3 = 2.715m^3

机械台班消耗量：

灰浆搅拌机[容量200L]：25.86/10×0.39台班 = 1.009台班

由于砂浆为现场拌制,所以还需计算砂浆中的各种材料消耗量。查表3-3,则6.103m^3 M7.5水泥砂浆中的材料消耗为：

普通硅酸盐水泥32.5MPa：6.103×0.263t = 1.605 t

中砂：　　　　　　　　　　6.103×1.180m^3 = 7.202 m^3

水（拌制砂浆用）：　　　　6.103×0.290m^3 = 1.770m^3

2) 混凝土强度等级的换算。《广西壮族自治区建筑装饰装修工程消耗量定额》中混凝土及钢筋混凝土工程的定额说明规定：①混凝土的强度等级和粗细骨料是按常用规格编制的,如设计规定与定额不同时应进行换算。②现浇混凝土浇捣、构筑物浇捣是按商品混凝土编制的,采用泵送时套用定额相应子目,采用非泵送时,每m^3混凝土人工费增加21元。所以当设计要求采用的混凝土强度等级、种类、粗细骨料与消耗量定额不符时,就需要换算混凝土强度等级、种类、粗细骨料、人工费等。换算时混凝土消耗指标不变。

【例4-4】 现浇C25混凝土矩形柱浇捣48.5m^3,混凝土为现场拌制、非泵送,混凝土拌合料：砾石GD40、中砂、42.5MPa水泥。根据广西现行定额计算该分项工程工料机费、材料及机械台班的消耗量。

【解】 查2013年《广西壮族自治区建筑装饰装修工程消耗量定额》定额子目A4-18换（表4-3）,可知定额中混凝土为"碎石GD40商品普通混凝土C20",而该分项工程的混凝土为C25、现场拌制、非泵送,所以要换算混凝土强度等级、种类、人工费等。查《广西基期价》中配合比编号880500091（表4-4）,可知C25混凝土单价为210.71元/m^3。

换算后的基价 = 原定额参考基价 + 混凝土消耗指标×（C25混凝土单价 –

C20混凝土单价）+ 非泵送混凝土人工费增加

= [3069.13 + 10.15×(210.71 – 262.00) + 10.15×21]元/$10m^3$

= 2761.69元/$10m^3$

工料机费：48.5/10×2761.69元 = 13394.20元

材料消耗量：

C25混凝土：　　　　　48.5/10×10.15m^3 = 49.228m^3

水（浇捣混凝土用）：　48.5/10×0.91m^3 = 4.414m^3

草袋：　　　　　　　　48.5/10×1.00m^2 = 4.85m^2

机械台班消耗量：

插入式振捣器：48.5/10 × 1.24 台班 = 6.014 台班

由于混凝土为现场拌制，所以还需计算混凝土中的各种材料消耗量。查表 4-4，则 49.228m³ C25 混凝土（砾石 GD40、中砂、42.5MPa 水泥）中的材料消耗为：

普通硅酸盐水泥 42.5MPa：49.228 × 0.314t = 15.458t

砾石 10 ~ 40mm：　　　49.228 × 0.819m³ = 40.318m³

中砂：　　　　　　　　49.228 × 0.555m³ = 27.322m³

水（拌制混凝土用）：　49.228 × 0.165m³ = 8.123m³

表 4-4　现场普通混凝土配合比表　　　　　　　　　　　　（单位：m³）

定额编号				880500089	880500090	880500091
项目				砾石 GD40		
				中砂水泥 42.5		
				C15	C20	C25
参考基价/元				188.94	200.54	210.71
编码	名称	单位	单价/元	数量		
040106001	普通硅酸盐水泥 42.5MPa	t	352.00	0.237	0.278	0.314
040308005	砾石 10 ~ 40mm	m³	62.00	0.826	0.821	0.819
040204001	中砂	m³	88.00	0.611	0.582	0.555
310101065	水	m³	3.40	0.160	0.165	0.165

（2）按比例换算　《广西壮族自治区建筑装饰装修工程消耗量定额》中脚手架工程的定额说明规定："安全通道宽度超过 3m 时，应按实际搭设的宽度比例调整定额的人工费、材料及机械台班消耗量"。

【例 4-5】　用于建筑装饰工程、宽度为 4.5m 的安全通道（架子高度 30m）20m 长。根据广西现行定额计算该分项工程的工料机费。

【解】　由于安全通道的宽度 4.5m > 3m，所以应按实际搭设的宽度比例（4.5/3 = 1.5）调整定额的人工费、材料及机械台班消耗量。查 2013 年《广西壮族自治区建筑装饰装修工程消耗量定额》定额子目 A15-53 换（表 4-5）。

换算后的基价 = 原定额参考基价 × 宽度比例
　　　　　　= 1136.82 × 4.5/3 元/10m = 1705.23 元/10m

工料机费 = 20/10 × 1705.23 元 = 3410.46 元

表 4-5　安全通道定额

工作内容：（略）　　　　　　　　　　　　　　　　　　　　　　　（单位：10m）

定额编号			A15-53	A15-54
项目			安全通道配合架子高度	
			30m 以内	40m 以内
参考基价/元			1136.82	1385.37
其中	人工费/元		244.53	249.09
	材料费/元		861.10	1105.09
	机械费/元		31.19	31.19

(3) 乘系数换算 乘系数换算是指在使用某些定额子目时,定额的一部分消耗指标或全部消耗指标乘以规定的系数。此类换算比较多见,方法也较为简单,但在使用时应注意以下几个问题:①要按定额规定的系数进行换算。②要区分定额换算系数和工程量换算系数,前者是换算定额子目中人工、材料、机械台班的消耗指标,后者是换算分项工程量,二者不可混淆。③要正确确定定额子目换算的内容和计算基数。其计算公式为:

定额子目换算消耗指标 = 定额子目原消耗指标 × 调整系数

1) 定额的部分消耗指标乘以规定的系数。《广西壮族自治区建筑装饰装修工程消耗量定额》中墙柱面工程的定额说明规定:"圆弧形、锯齿形、不规则墙面抹灰、镶贴块料、饰面,按相应定额子目人工费乘以系数1.15,材料乘以系数1.05"。

【例4-6】 M5.0水泥石灰砂浆砌圆弧形标准砖基础258.68m^3,砂浆拌合料为:32.5MPa水泥、中砂、石灰膏、水,砂浆采用现场拌制,求该分项工程的工料机费。

【解】 查2013年《广西壮族自治区建筑装饰装修工程消耗量定额》定额子目A3-1换(表4-1),砌圆弧形砖基础时,每10m^3人工费乘以系数1.1。

换算后的基价 = 原定额参考基价 + 换算后人工费 - 原人工费

换算后的基价 = (4384.78 + 833.91 × 1.1 - 833.91)元/10m^3 = 4468.17元/10m^3

工料机费:258.68/10 × 4468.17元 = 115582.62元

【例4-7】 某土方工程施工采用挡土板支撑、人工挖土方、人工将土运至地面、三类土、挖土深度为2.5m,在挡土板支撑下的挖土方工程量为125.6m^3。求该分项工程的工料机费。

【解】 2013年《广西壮族自治区建筑装饰装修工程消耗量定额》土石方工程说明规定:①人工挖土方深度以1.5m为准,如超过1.5m者,需用人工将土运至地面时,应按相应定额子目人工费乘以表4-6所列系数(不扣除1.5m以内的深度和工程量)。②在有挡土板支撑下挖土方时,按实挖体积,人工费乘以系数1.2。

表4-6 系 数 表

深度	2m以内	4m以内	6m以内	8m以内	10m以内
系数	1.08	1.24	1.36	1.50	1.64

查定额子目A1-4换(表4-7),由于该分项工程同时符合说明的两种情况,按人工费乘以系数(1 + 0.24 + 0.2)进行换算。

表4-7 人工挖土方定额

工作内容:挖土、装土、修整边底。 (单位:100m^3)

定 额 编 号		A1-4	A1-5
项 目		人工挖土方深度1.5m以内	
		三类土	四类土
参考基价/元		1631.04	2499.84
其中	人工费/元	1631.04	2499.84
	材料费/元	—	—
	机械费/元	—	—

换算后的基价 = 原定额参考基价 + 换算后人工费 - 原人工费
= [1631.04 + 1631.04 × (1 + 0.24 + 0.2) - 1631.04]元/100m^3
= 2348.70元/100m^3

工料机费：125.6/100×2348.70 元 = 2949.97 元

2）定额全部消耗指标乘以规定的系数。《广西壮族自治区建筑装饰装修工程消耗量定额》中楼地面工程的定额说明规定："楼梯踢脚线按踢脚线子目乘以系数 1.15"。

【例 4-8】 楼梯水泥砂浆踢脚线为 36.58m², 求该分项工程的工料机费。

【解】 查 2013 年《广西壮族自治区建筑装饰装修工程消耗量定额》定额子目 A9-15 换（表 4-8），按踢脚线子目乘以系数 1.15 进行换算。

换算后的基价 = 原定额参考基价 × 系数 1.15
= 2932.63 × 1.15 元/100m² = 3372.52 元/100m²

工料机费 = 36.58/100 × 3372.52 元 = 1233.67 元

表 4-8 水泥砂浆面层定额

工作内容：清理基层，调运砂浆、刷素水泥浆、抹面、压光、养护。　　　　　　　　　　　（单位：100m²）

定额编号				A9-10	A9-15
项目				水泥砂浆面层 楼地面 20mm	水泥砂浆踢脚线
参考基价/元				1337.81	2932.63
其中	人工费/元			600.21	2249.79
	材料费/元			706.77	644.76
	机械费/元			30.83	38.08
编码	名称	单位	单价/元	数量	
880200029	素水泥浆	m³	465.97	0.100	—
880200003	水泥砂浆 1:2	m³	271.41	2.020	1.010
880200005	水泥砂浆 1:3	m³	235.34	—	1.520
021701001	草袋	m²	4.50	22.00	—
310101065	水	m³	3.40	3.800	3.800
990317001	灰浆搅拌机［拌筒容量 200L］	台班	90.67	0.340	0.420

（4）运距的换算　在消耗量定额中，运输定额子目一般分为基本运距定额和增加运距定额（超过基本运距时换算用）。例如：人工运土方，基本运距定额为 20m 以内，运距超过 20m 时按每增加 20m 定额换算。类似定额有：混凝土构件运输、门窗运输、金属构件运输等。

【例 4-9】 预制混凝土小型构件运输 350.46m³, 运距为 5km。根据广西现行定额计算该分项工程工料机费、材料及机械台班的消耗量。

【解】 查定额子目 A4-177（表 4-9），可知小型构件运输的基本定额运距为 1km，该分项工程运距为 5km，需结合每增加 1km 定额子目 A4-178 进行换算。即按定额 A4-177 加定额 A4-178 乘以 4 进行换算。

换算后的基价 = 基本定额参考基价 + 增加定额参考基价 × 增加个数
= (1015.20 + 112.29 × 4) 元/10m³ = 1464.36 元/10m³

工料机费 = 350.46/10 × 1464.36 元 = 51319.96 元

材料消耗量：

周转板枋材：350.46/10 × 0.005m³ = 0.175 m³

机械台班消耗量：

门式起重机[提升质量10t]：350.46/10 × 0.540 台班 = 18.93 台班

载货汽车[转载质量4t]： 350.46/10 × (1.410 + 4 × 0.27) 台班 = 87.27 台班

表 4-9 小型构件运输定额

工作内容：构件装车运输、卸车及成品按指定地点堆放。　　　　　　　　　（单位：10m³）

定额编号				A4-177	A4-178
项目				小型构件运输	
				1km	每增加 1km
参考基价/元				1015.20	112.29
其中	人工费/元			217.17	—
	材料费/元			4.85	—
	机械费/元			793.18	112.29
编码	名称	单位	单价/元	数量	
050209001	周转板枋材	m³	969.00	0.005	—
990508002	门式起重机[提升质量10t]	台班	382.93	0.540	—
990409004	载货汽车[转载质量4t]	台班	415.89	1.410	0.27

(5) 厚度的换算　在消耗量定额中，一些按面积计算工程量的分项工程，常涉及厚度的换算。如《广西壮族自治区建筑装饰装修工程消耗量定额》中墙柱面工程的定额说明规定："抹灰砂浆厚度如设计与定额不同时，定额注明有厚度的子目可按抹灰厚度每增减1mm子目进行调整，定额未注明抹灰厚度的子目不得调整"。定额一般分为基本厚度定额子目和增加厚度定额子目（超过基本厚度时换算用）。

【例 4-10】　现浇 C20 混凝土直形楼梯（板厚 120mm）浇捣 30m²，混凝土为碎石 GD20 商品普通混凝土、泵送。根据广西现行定额计算该分项工程工料机费、材料及机械台班的消耗量。

【解】　查定额子目 A4-49（表4-10），可知混凝土直形楼梯的基本定额厚度为 100mm，该板厚为 120mm，需结合每增减 10mm 定额子目 A4-50 进行换算。即按定额 A4-49 加定额 A4-50 乘以 2 进行换算。

换算后的基价 = 基本定额参考基价 + 增减厚度定额参考基价 × 增加个数

= (678.39 + 37.79 × 2) 元/10m² = 753.97 元/10m²

工料机费 = 30/10 × 753.97 元 = 2261.91 元

材料消耗量：

碎石 GD20 商品普通混凝土 C20：30/10 × (1.98 + 2 × 0.115) m³ = 6.63m³

水（浇捣混凝土用）：　　　　　30/10 × 0.770m³ = 2.31m³

草袋：　　　　　　　　　　　　30/10 × 2.160m² = 6.48m²

机械台班消耗量：

插入式振捣器：30/10 × (0.39 + 2 × 0.02) 台班 = 1.29 台班

表 4-10 混凝土楼梯浇捣定额

工作内容：清理、湿润模板、浇捣、养护。 （单位：10m²）

定 额 编 号					A4-49	A4-50
项 目					混凝土直形楼梯	
					板厚100mm	每增减10mm
参考基价/元					678.39	37.79
其中	人工费/元				142.50	7.41
	材料费/元				531.10	30.13
	机械费/元				4.79	0.25
编码	名 称	单位	单价/元		数 量	
041401026	碎石GD20 商品普通混凝土C20	m³	262.00		1.98	0.115
310101065	水	m³	3.40		0.770	—
021701001	草袋	m²	4.50		2.160	—
990311002	混凝土振捣器[插入式]	台班	12.27		0.390	0.02

三、消耗量定额的补充

施工图纸中的某些工程项目，由于采用了新结构、新材料和新工艺等原因，没有类似定额项目可供套用，就必须编制补充定额项目。

编制补充定额项目的方法有两种：一种是按照消耗量定额的编制方法，计算人工、材料、机械台班消耗指标；另一种是参照同类工序、同类型产品消耗量定额的人工、机械台班消耗指标，而材料消耗量，则按施工图纸进行计算或实际测定。

思考与习题

1. 2013年《广西壮族自治区建筑装饰装修工程消耗量定额》由哪几部分组成？
2. 消耗量定额应用有哪几种形式？
3. 简述消耗量定额换算的条件和换算的类型。
4. 根据2013年《广西壮族自治区建筑装饰装修工程消耗量定额》，计算下列各分项工程的工料机费，材料、机械台班消耗量。

1）人工运土方77.9m³，运距180m。

2）M7.5水泥砂浆砌多孔页岩砖砖基础16.63m³，砂浆拌合料：42.5MPa普通硅酸盐水泥、中砂、水，砂浆采用现场拌制。

3）现浇C10混凝土垫层浇捣34.68m³，混凝土为现场拌制、非泵送，混凝土拌合料：砾石GD20、中砂、32.5MPa水泥。

4）现浇C20混凝土直形楼梯（板厚90mm）浇捣130.1m²，混凝土为碎石GD20商品普通混凝土、非泵送。

5. 根据2013年《广西壮族自治区建筑装饰装修工程消耗量定额》，查找下列各分项工程的定额编号。

1）液压挖掘机（斗容量0.8m³）挖土、5t自卸车运土，运距5km。

2）现浇构件圆钢（Φ10以内）制作安装。

3）改性沥青防水卷材热贴屋面（二层、满铺）。

4）屋面混凝土隔热板铺设（板式架空、砌二皮标准砖巷砖）。

5）双排扣件式钢管外脚手架（20m以内）。

6）框架梁支胶合板模板钢支撑。

7）水泥砂浆铺贴陶瓷地砖（地砖规格：600mm×600mm）。

8）混凝土墙面挂贴大理石（灌缝砂浆30mm）。

9）现浇混凝土楼板天棚抹水泥砂浆。

10）外墙刮防水腻子三遍。

第5章 施工图预算的编制

5.1 施工图预算的编制方法

一、施工图预算的概念

施工图预算是在施工图纸设计完成以后，工程开工前，根据已批准的施工图纸、现行的预算定额、费用定额和地区人工、材料、机械台班等资源价格，在施工方案或施工组织设计已大致确定的前提下，按照规定的计算程序、计算方法进行编制而得的工程造价文件。在广西施工图预算属于工料单价法计价模式，也称定额计价法。

建设工程施工图预算又分为一般土建工程（建筑装饰装修工程）预算、给水排水工程预算、暖通工程预算、电气照明工程预算、工业管道工程预算和特殊构筑物工程预算。本章仅介绍一般土建工程施工图预算的编制方法。

通常的施工图预算、招标标底（或招标控制价）、投标报价、竣工结算等都可以用编制施工图预算的方法确定，只是编制人、编制目的、编制依据不同而已。

二、施工图预算的编制依据

因施工图预算的编制人、编制目的不同，其编制依据也会有所不同。通常情况下，编制施工图预算的主要依据如下：

1. 现行计价定额及办法

现行计价定额及办法，如2013年《广西壮族自治区建筑装饰装修工程消耗量定额》及配套的《广西壮族自治区建筑装饰装修工程费用定额》，以及有关建设工程计价文件规定等。

2. 设计文件及相关资料

设计文件及相关资料包括：施工图纸及说明、与图纸配套使用的各种标准图集、规范以及图纸会审记录、图纸变更等。

3. 招标文件或施工合同

招标文件或施工合同反映了招标人对工程施工的一些要求，如工期、质量、建筑材料等的具体要求，这些因素会影响工程造价的计算。

4. 施工现场情况、施工组织设计或施工方案

施工组织设计或施工方案对工程施工方法、施工机械选择、材料构件的加工和堆放地点都有明确的规定，这些资料直接影响工程量的计算和定额的套用。编制招标控制价时，按常规施工方案。

5. 地区人工工资、材料、机械台班预算价格

计价定额中的人工费、机械台班单价仅限于编制定额时的水平，在编制施工图预算时，要根据当时当地的有关调价文件进行调整。同样，材料价格的变动也较大，必须按照市场价格或工程造价管理机构发布的工程造价信息进行调整。

6. 预算工作手册

预算工作手册包括各种建材五金手册，手册上记载有各种构件的体积、面积、重量等的计算公式和数据，是工具性资料，可供计算工程量时使用。

三、施工图预算的编制步骤与方法

1. 收集资料

按照编制施工图预算的依据要求收集相关资料。包括：现行计价定额及办法、设计文件及相关资料、招标文件或施工合同、施工现场情况及施工方案、地区人工工资、材料、机械台班预算价格、预算工作手册等。

2. 熟悉图纸，了解施工现场和施工组织设计

施工图纸是编制工程预算的基本依据，只有熟悉图纸，才能对工程内容、结构特征、技术要求等有清晰的概念，才能在计量与计价时做到项目全、计量准、速度快。

了解施工现场情况，如：周围环境，交通状况，大宗材料是否有地方堆放，是否需要材料二次运输，是否需要搭设安全通道等。而且要特别注意施工组织设计中影响工程费用的因素，如：土方挖、填、运的状况和施工方法，构件运输的距离，垂直运输方法等，以便正确确定分项工程定额子目，达到预算准确的目的。

3. 列出工程项目并计算工程量

在熟悉图纸和消耗量定额的基础上，根据消耗量定额的项目划分，列出所需计算的分部分项工程项目名称。如果消耗量定额没有列出而图纸上有的项目，则需要补充该项目。通常初学者应按照消耗量定额的项目划分顺序逐项列出，以防止漏项和重项。

计算工程量是编制工程预算的一个重要环节，要严格按照消耗量定额规定的工程量计算规则，结合图纸尺寸逐项进行计算。计算时一定要认真、细致、准确，避免出错。

4. 进行工料机分析，编制工料机汇总表

工程量计算完毕经复核后，套用消耗量定额，查找定额子目的人工费、材料、机械台班消耗指标进行工料机分析，逐项计算每一分项工程所需人工费、材料、机械台班的消耗量。其计算公式为：

分项工程人工费 = 分项工程量 × 定额子目人工费指标

分项工程某种材料消耗量 = 分项工程量 × 定额子目某种材料消耗指标

分项工程某种机械台班消耗量 = 分项工程量 × 定额子目某种机械台班消耗指标

完成每一分项工程的工料机分析后，将工料机分析表中的人工费、各种施工机械台班消耗量和各种材料消耗量，按不同品种和规格分别进行汇总，编制工料机汇总表，施工单位可以据此编制单位工程工料机计划。

如果是用预算软件计算，可直接生成工料机汇总表。

5. 计算分部分项工程费用及单价措施费

分部分项工程费 = ∑(分部分项定额子目工程量 × 相应综合单价)

单价措施费 = ∑(单价措施项目定额子目工程量 × 相应综合单价)

式中，综合单价的计算方法如下：

综合单价 = 人工费 + 材料费 + 机械费 + 管理费 + 利润

人工费按消耗量定额子目中的人工费（包括机械台班中的人工费）计算，自治区建设行政主管部门发布系数时进行相应调整。

$$材料费 = \sum 材料消耗量 \times 材料单价$$
$$机械费 = \sum 机械台班消耗量 \times 机械台班单价$$
$$管理费 = (人工费 + 机械费) \times 管理费费率$$
$$利润 = (人工费 + 机械费) \times 利润费率$$

管理费费率、利润费率的计取详见本书第8章有关内容。

6. 计算总价措施费用

$$总价措施费 = 计算基数 \times 相应费率或按有关规定计算$$

式中，计算基数是分部分项工程费及单价措施项目费中的"人工费+材料费+机械费"。相应费率或有关规定详见本书第8章有关内容。

7. 计算其他项目费用

其他项目费用包括：暂列金额、暂估价、计日工、总承包服务费、停工窝工损失费、机械台班停滞费。这些费用的计算详见本书第8章有关内容。

8. 计算单位工程费用

根据2013年《广西壮族自治区建筑装饰装修工程费用定额》的规定，按照工程造价形成划分，建筑装饰装修工程费由分部分项工程费、措施项目费、其他项目费、规费、税前项目费、税金组成。按照费用定额规定的计算程序、计算方法和取费标准计算出上述各项费用，汇总得出单位工程费用（即工程总造价）。单位工程费用计算通过"单位工程费汇总表"进行，详见本书第8章有关内容。

9. 检查核对

预算编制出来后，必须进行检查核对，以便及时发现差错，提高成果质量。主要检查分项工程有无漏项、重项、错项，工程量计算有无差错，计量单位是否正确，涉及换算的项目是否换算正确，补充项目的单价是否合适，各项费用的取费标准及计算基础是否符合规定等。

10. 编制总说明

总说明一般包括下列内容：

1）工程概况：包括建筑面积、工程特征、计划工期、施工现场实际情况、交通运输情况、自然地理条件、环境保护要求等。

2）工程预算和专业工程分包范围。

3）工程预算的编制依据。包括：

①招标文件编号、施工图名称及编号，是否已考虑图纸会审记录或设计变更。

②依据的预算定额、费用定额和取费标准，有关部门的调价文件号。

③工料机价格的计取依据。

4）工程质量、材料、施工等的特殊要求。

5）招标人自行采购材料的名称、规格、型号、数量等。

6）暂列金额、暂估价的金额数量。

7）其他需要说明的问题。

11. 填写封面、装订签章

将各个计算表格按规定格式及顺序编排装订成册，填写预算书封面，封面中的"工程名称"应填写全称；"编制单位"、"编制人"、"编制人证号"、"审核人"、"审核人证号"应按实际填写并盖章。至此完成施工图预算的编制工作。

四、施工图预算（工料单价法）的表格格式

工料单价法计价表宜采用统一格式，其表格格式详见教材后面的工程实例，表格内容主要包括封面、总说明、单位工程费汇总表、分部分项工程和单价措施项目费用表、总价措施项目费用表、其他项目费用表、暂列金额明细表、材料暂估单价及调整表、专业工程暂估价及结算表、计日工表、总承包服务费计价表、税前项目费用表、规费、税金汇总表、发包人提供主要材料和工程设备一览表等。

5.2 工程量计算概述

一、工程量的概念

工程量是指以自然计量单位或物理计量单位所表示各分项工程或结构构件的实物数量。

物理计量单位是指以物体（分项工程或结构构件）的物理法定计量单位来表示工程的数量。如建筑墙面贴壁纸以"m^2"为计量单位；楼梯栏杆、扶手以"m"为计量单位。

自然计量单位是以物体自身的计量单位来表示的工程数量。如装饰灯具安装以"套"为计量单位；卫生器具安装以"组"为计量单位。

二、正确计算工程量的意义

1）工程量计算的准确与否，直接影响着工程造价，从而影响整个工程建设过程的造价确定与控制。

2）工程量是施工企业编制施工作业计划，合理安排施工进度，组织劳动力、材料和机械的重要依据。

3）工程量是基本建设财务管理和会计核算的重要指标。

三、工程量计算的一般顺序

为了便于工程量的计算和审核，防止重算和漏算的现象，计算工程量时必须按照一定的顺序和方法来进行。

1. 各分部工程之间工程量的计算顺序

（1）规范顺序法　即完全按照定额中分部分项工程的编排顺序进行工程量的计算。其主要优点是能依据定额的项目划分顺序逐项计算，通过工程项目与定额项目之间的对照，能清楚地反映出已算和未算项目，防止漏项，并有利于工程量的整理与报价，此法较适合于初学者。

（2）施工顺序法　即根据各建筑、装饰工程项目的施工工艺特点，按其施工的先后顺序，同时考虑到计算的方便，由基层到面层或从下至上逐层计算。此法打破了定额分章的界限，计算工作流畅，但对使用者的专业技能要求较高。

（3）统筹原理计算法　即通过对定额的项目划分和工程量计算规则进行分析，找出各分项工程之间的内在联系，运用统筹法原理，合理安排计算顺序，从而达到以点带面、简化计算、节省时间的目的。此法通过统筹安排，使各分项工程的计算结果互相关联，并将后面要重复使用的基数先计算出来，避免计算时的"卡壳"现象。如为了便于计算墙面装饰工

程量时扣除门窗洞口面积,可以先计算门窗洞口工程量;天棚面积工程量可以楼地面工程量为基数计算等。

建筑工程工程量计算的参考顺序可排列为:门窗构件统计→混凝土及钢筋混凝土→砌筑工程→土(石)方工程→金属结构工程→构件运输与安装工程→屋面及防水工程→防腐、保温、隔热工程。

装饰装修工程工程量计算的参考顺序可排列为:门窗工程→楼地面工程→天棚工程→墙、柱面工程→油漆、涂料、裱糊工程→其他装饰工程。

2. 同一分部工程中不同分项工程之间的计算顺序

同一分部工程中不同分项工程之间的计算顺序,可按定额编排顺序或按施工顺序计算。

3. 同一分项工程的计算顺序

(1)按顺时针方向计算 即从施工平面图左上角开始,由左而右、先外后内顺时针环绕一周,再回到起点,这一方法适用于计算外墙面装饰、外墙脚手架等项目。

(2)先横后竖、先上后下、先左后右的顺序计算 这种方法适用于计算内墙面、楼地面、顶棚等项目。

(3)按图纸上注明的轴线或构件的编号依次计算 这种方法适用于计算基础、柱、梁、板、墙、门窗等项目。

四、工程量计算的一般原则

1. 计算口径一致,避免重复列项或漏项

工程量计算时,根据工程施工图列出的分项工程应与定额中相应定额子目的口径相一致。因此在列项时,一定要结合定额中该定额子目所包括的工作内容进行考虑。例如:《广西壮族自治区建筑装饰装修工程消耗量定额》中的定额子目"大理石楼地面",其工作内容包括:清理基层、调制水泥砂浆、刷素水泥浆、抹找平层、试排弹线、锯板修边、铺贴饰面、清理净面。所以在列项时,就不能再列一项"水泥砂浆找平层"了,否则就会重项。

2. 工程量计算规则一致,避免错算

在计算工程量时,必须严格执行现行定额的工程量计算规则,以免造成工程量计算的错误,从而影响工程造价的准确性。如《广西壮族自治区建筑装饰装修工程消耗量定额》规定:平整场地工程量按设计图示尺寸以建筑物首层建筑面积计算。

3. 计量单位一致

按施工图纸计算工程量时,特别是工程量汇总时,各分项工程的计量单位,必须与定额中相应定额子目的计量单位一致,不能随意改变。如砖砌明沟子目的计量单位是"100m",一般混凝土构件的计量单位为"$10m^3$",混凝土整体楼梯的计量单位为"$10m^2$"。

4. 计算尺寸的取定要准确

如标准砖规格为 240mm × 115mm × 53mm,其 1/4 砖墙计算厚度为 53mm,不能取 60mm;1/2 砖墙计算厚度为 115mm,不能取 120mm。

5. 按照一定的顺序进行计算

为了避免重算、漏算和方便校核,应按照一定的顺序计算工程量。工程量计算式中的数字应按相同的次序排列,如长×宽×高,且要注明所在楼层、部位或图纸编号、轴线编号等。

五、工程量计算的步骤

1)列项。根据施工图纸及预算定额的规定,按照一定的顺序,列出各分部分项工程的项目名称。

2）确定计量单位及工程量计算规则。

3）填列计算式并计算。

4）按分项工程分别汇总工程量。

手工计算工程量一般在"工程数量计算表"（表5-1）上进行。

表5-1 工程数量计算表填写示例

工程名称：××办公楼　　　　　　　　　　　　　　　　　　　第1页共106页

序号	定额编号	工程名称	单位	数量	计算式
		A.1 土(石)方工程			
1	A1-1	人工平整场地	100m²	0.754	11.6×6.5＝75.4m²
2	A1-9	人工挖基坑/三类土/深度2m以内	100m³	0.685	合计31.096＋26.312＋11.132＝68.54m³ J1：2.6×2.6×1.15×4＝31.096m³ J2：2.6×2.2×1.15×4＝26.312m³ J3：2.2×2.2×1.15×2＝11.132m³
3	A1-82	人工回填土（夯填）	100m³	0.463	68.54－4.17－17.34－0.74＝46.29m³
4	A1-106 换	人工运土方/运距200m	100m³	0.223	68.54－46.29＝22.25m³
⋮					

5.3 广西建筑装饰装修工程消耗量定额总则

1）为统一工业与民用建筑的建筑装饰工程各分部分项工程量的计算尺度及标准，制定本规则。

2）本规则适用于使用《广西壮族自治区建筑装饰装修工程消耗量定额》计算工业与民用建筑的建筑装饰工程各分部分项工程量。

3）建筑装饰工程工程量的计算除按《广西壮族自治区建筑装饰装修工程消耗量定额》说明和各章节规则规定外，尚应依据以下文件：

①经审定的施工设计图纸及说明，以及设计文件规定采用的标准图集。

②经审定的施工组织设计或施工技术措施方案。

③施工及验收规范、经审定的其他有关技术经济文件。

4）本规则的计算尺寸，以设计图纸表示的尺寸为准。除另有规定外，工程量的计量单位应按下列规定计算：

①以体积计算的为立方米（m^3）；

②以面积计算的为平方米（m^2）；

③以长度计算的为米（m）；

④以质量计算的为吨或千克（t 或 kg）；

⑤以个（件、套或组）计算的为个（件、套或组）。

5）汇总工程量时，工程量的有效位数应遵循下列规定：

①以立方米、平方米、米、千克（m^3、m^2、m、kg）为单位的，保留小数点后两位数字，第三位四舍五入。

②以吨（t）为单位的，保留小数点后三位数字，第四位四舍五入。

③以个（件、套或组）为单位的，取整数。

6）各分部分项工程量计算规则除定额中另有规定外，各章节之间的计算规则不得相互串用。

第6章 建筑面积计算

本章根据国家标准《建筑工程建筑面积计算规范》(GB/T 50353—2013)编制。该规范自2014年7月1日起实施,适用于新建、扩建、改建的工业与民用建筑工程建设全过程的建筑面积计算。建设全过程是指从项目建议书、可行性研究报告至竣工验收、交付使用的过程。

一、建筑面积的概念

建筑面积是指建筑物(包括墙体)所形成的楼地面面积。建筑面积包括附属于建筑物的室外阳台、雨篷、檐廊、室外走廊、室外楼梯等的面积。

建筑面积包括使用面积、辅助面积和结构面积。使用面积是指建筑物各层平面中直接为生产或生活使用的净面积之和。例如,住宅建筑中的居室、客厅、书房、卫生间、厨房等。辅助面积是指建筑物各层平面中为辅助生产或辅助生活所占的净面积之和。例如,住宅建筑中的楼梯、走道等。结构面积是指建筑物各层平面中的墙体、柱等结构所占的净面积之和。

二、建筑面积的作用

1)建筑面积是计算建筑工程相关分项工程工程量与有关工程费用项目的依据。如《广西壮族自治区建筑装饰装修工程消耗量定额》规定:"现浇混凝土楼板运输道"的工程量按浇捣部分的建筑面积计算;"建筑物垂直运输"的工程量按建筑物设计室外地坪以上的建筑面积计算,"地下室的垂直运输"工程量按地下层的建筑面积计算等。又如《广西壮族自治区建筑装饰装修工程费用定额》规定:安全文明施工费费率取值按建筑面积划分。

2)建筑面积是确定建筑工程经济技术指标的重要依据。如每平方米造价指标(工程总造价÷建筑面积),每平方米人工、材料消耗量指标,其确定都以建筑面积为依据。

3)建筑面积是编制、控制与调整施工进度计划和竣工交验的重要指标。如"已竣工面积"、"在建面积"都是以建筑面积指标来表示的。

三、计算建筑面积的规定和方法

1. 建筑物

(1)计算规定 建筑物的建筑面积应按自然层外墙结构外围水平面积之和计算。结构层高在2.20m及以上的,应计算全面积;结构层高在2.20m以下的,应计算1/2面积。

(2)计算规定解读

①建筑面积计算,在主体结构内形成的建筑空间,满足计算面积结构层高要求的均应按本条规定计算建筑面积。主体结构外的室外阳台、雨篷、檐廊、室外走廊、室外楼梯等按相应条款计算建筑面积。当外墙结构本身在一个层高范围内不等厚时,以楼地面结构标高处的外围水平面积计算。

②自然层指按楼地面结构分层的楼层。

③结构层高指楼面或地面结构层上表面至上部结构层上表面之间的垂直距离。

④建筑面积包括外墙的结构面积,不包括外墙抹灰厚度、装饰材料厚度所占的面积。勒脚是在房屋外墙接近地面部位设置的饰面保护构造,不能代表整个外墙结构,因此建筑面积不包括勒脚。

(3) 计算实例

【例6-1】 某单层建筑物的平面图、剖面图如图6-1所示,计算其建筑面积。

【解】 单层建筑物的结构层高为3.9m>2.20m,按外墙结构外围水平面积计算建筑面积。

建筑面积 $= 8.64 \times 5.34 m^2 = 46.14 m^2$

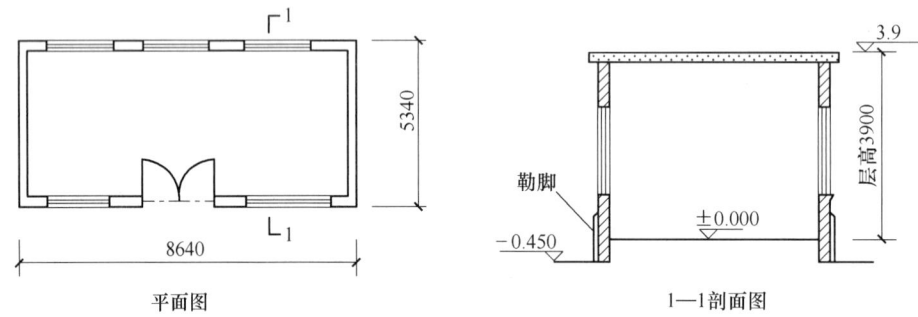

图6-1 单层建筑物示意图

【例6-2】 某七层建筑物的平面图、剖面图如图6-2所示,计算其建筑面积。

【解】 第一层结构层高为2.1m<2.20m,按外墙结构外围水平面积的1/2计算建筑面积;二~七层结构层高为3.6m>2.20m,按外墙结构外围水平面积计算建筑面积。

建筑面积 $= (6.0 \times 3 + 0.365) \times (12.0 + 0.365) \times (1/2 + 6) m^2 = 1476.04 m^2$

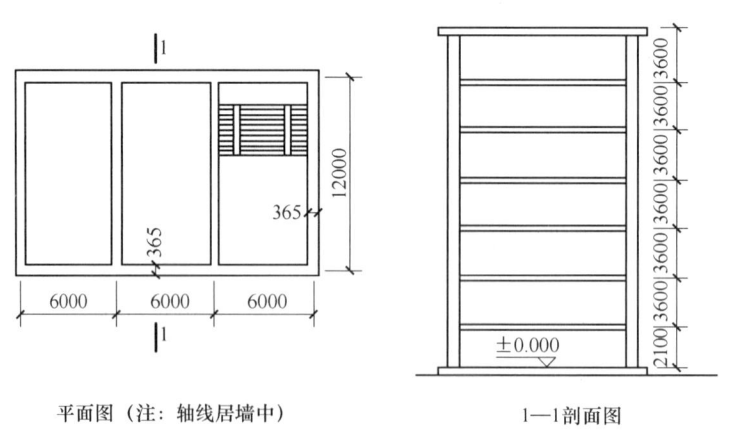

图6-2 多层建筑物示意图

2. 建筑物内设有局部楼层

(1) 计算规定 建筑物内设有局部楼层时,对于局部楼层的二层及以上楼层,有围护结构的应按其围护结构外围水平面积计算,无围护结构的应按其结构底板水平面积计算。结构层高在2.20m及以上的,应计算全面积,结构层高在2.20m以下的,应计算1/2面积。

(2) 计算规定解读

①围护结构是指围合建筑空间的墙体、门、窗。围护设施是指为保障安全而设置的栏杆、栏板等围挡,如图6-3所示。

②建筑物内设有局部楼层时,局部楼层的首层建筑面积已包括在单层建筑物内,二层及以上楼层应另计算建筑面积。

(3) 计算实例

【例6-3】 某建筑物内设有局部楼层,如图6-4所示,计算该建筑物的建筑面积。

【解】 局部楼层的二层,有围护结构,且结构层高为3.0m>2.20m,所以按其围护结构外围水平面积计算建筑面积。

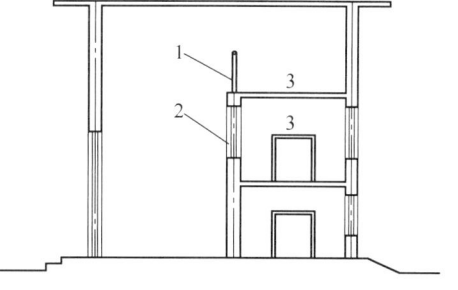

图6-3 建筑物内设有局部楼层示意图
1—围护设施 2—围护结构 3—局部楼层

建筑面积 = [(19.2 + 0.24) × (9.6 + 0.24) + (4.8 + 0.24) × (9.6 + 0.24)] m²
= 240.88m²

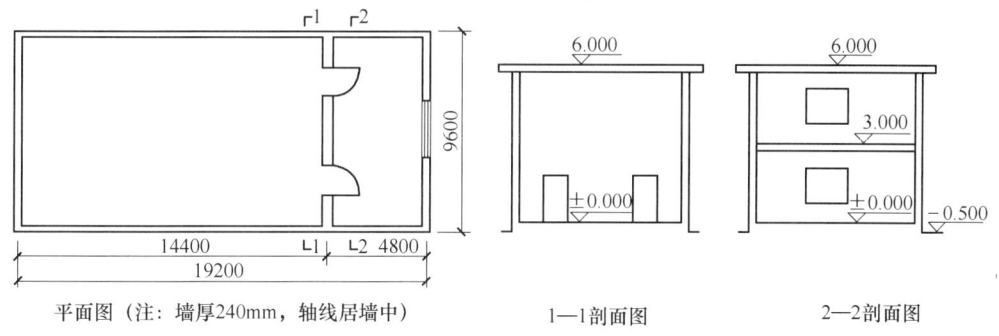

图6-4 建筑物内设有局部楼层示意图

3. 形成建筑空间的坡屋顶

(1) 计算规定 形成建筑空间的坡屋顶,结构净高在2.10m及以上的部位应计算全面积;结构净高在1.20m及以上至2.10m以下的部位应计算1/2面积;结构净高在1.20m以下的部位不应计算建筑面积。

(2) 计算规定解读

①建筑空间指以建筑界面限定的、供人们生活和活动的场所。具备可出入、可利用条件(设计中可能标明了使用用途,也可能没有标明使用用途或使用用途不明确)的围合空间,均属于建筑空间。

②坡屋顶通常是指屋面坡度大于10%的屋顶。

③结构净高指楼面或地面结构层上表面至上部结构层下表面之间的垂直距离。

(3) 计算实例

【例6-4】 形成建筑空间的坡屋顶如图6-5所示,计算坡屋顶的建筑面积。

【解】 从立面图中看出:4.5m宽部位的结构净高≥2.10m,应计算全面积;2.25m宽部位的结构净高在1.20m及以上至2.10m以下,应计算1/2面积;其余部位结构净高<1.20m,不计算建筑面积。

建筑面积 = $[4.5 \times (6.3+0.24) + 2.25 \times (6.3+0.24)/2 \times 2]m^2 = 44.15m^2$

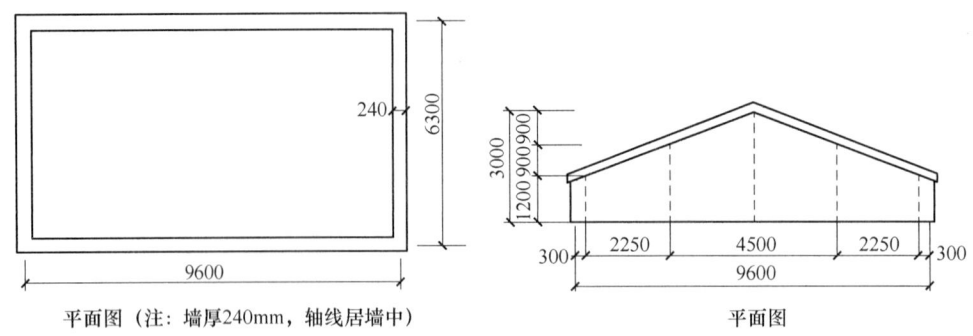

图 6-5　形成建筑空间的坡屋顶示意图

4. 场馆看台

（1）计算规定　场馆看台下的建筑空间，结构净高在 2.10m 及以上的部位应计算全面积；结构净高在 1.20m 及以上至 2.10m 以下的部位应计算 1/2 面积；结构净高在 1.20m 以下的部位不应计算建筑面积（图 6-6）。室内单独设置的有围护设施的悬挑看台，应按看台结构底板水平投影面积计算建筑面积。有顶盖无围护结构的场馆看台应按其顶盖水平投影面积的 1/2 计算面积（图 6-7）。

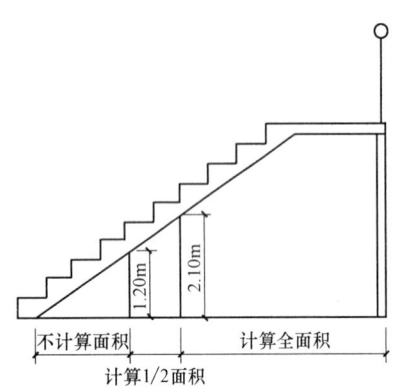

图 6-6　场馆看台下的建筑空间示意图

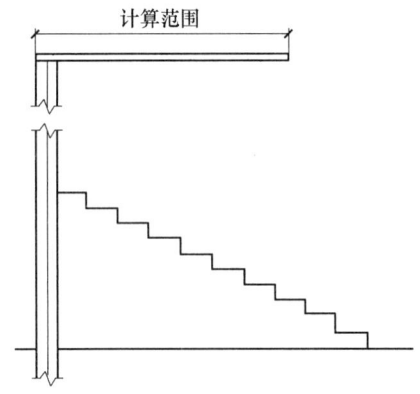

图 6-7　有顶盖无围护结构的场馆看台示意图

（2）计算规定解读

①场馆看台下的建筑空间因其上部结构多为斜板，所以采用净高的尺寸划定建筑面积的计算范围和对应规则。

②室内单独设置的有围护设施的悬挑看台，因其看台上部设有顶盖且可供人使用，所以按看台板的结构底板水平投影计算建筑面积。

③"有顶盖无围护结构的场馆看台"中所称的"场馆"为专业术语，指各种"场"类建筑，如：体育场、足球场、网球场、带看台的风雨操场等。

（3）计算实例

【例 6-5】　某体育场无围护结构，看台只有主席台处有顶盖，如图 6-8 所示，计算主席台处的看台建筑面积。

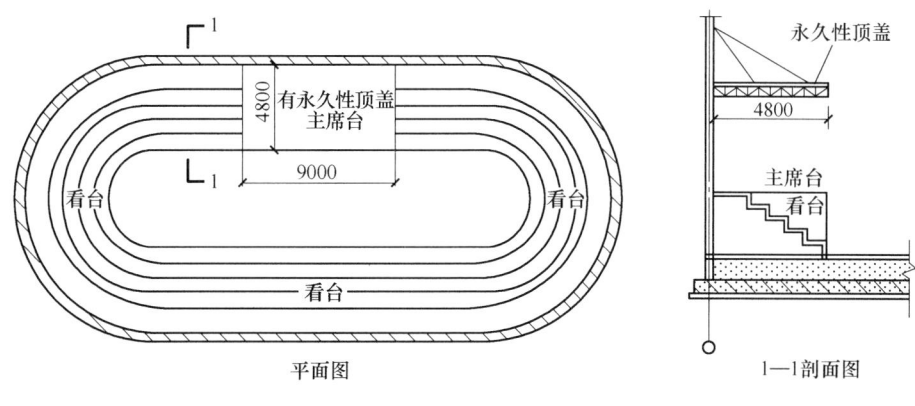

图 6-8 体育场看台示意图

【解】 主席台处看台有顶盖,按其顶盖水平投影面积的1/2计算建筑面积。

看台建筑面积 = $9.0 \times 4.8/2 \mathrm{m}^2 = 21.60 \mathrm{m}^2$

【例 6-6】 有顶盖无围护结构的网球场看台剖面图、平面图如图6-9所示,计算看台下的建筑空间建筑面积、看台建筑面积。

【解】 从剖面图中看出:看台下6.3m宽部位的结构净高≥2.10m,应计算全面积;1.6m宽部位的结构净高在1.20m及以上至2.10m以下,应计算1/2面积;其余部位结构净高<1.20m,不计算建筑面积。

顶盖不能完全遮盖看台,按顶盖水平投影面积的1/2计算看台建筑面积。

看台下的建筑空间建筑面积 = $(6.3 \times 9.0 + 1.6 \times 9.0/2) \mathrm{m}^2 = 63.90 \mathrm{m}^2$

看台建筑面积 = $7.5 \times 9.0/2 \mathrm{m}^2 = 33.75 \mathrm{m}^2$

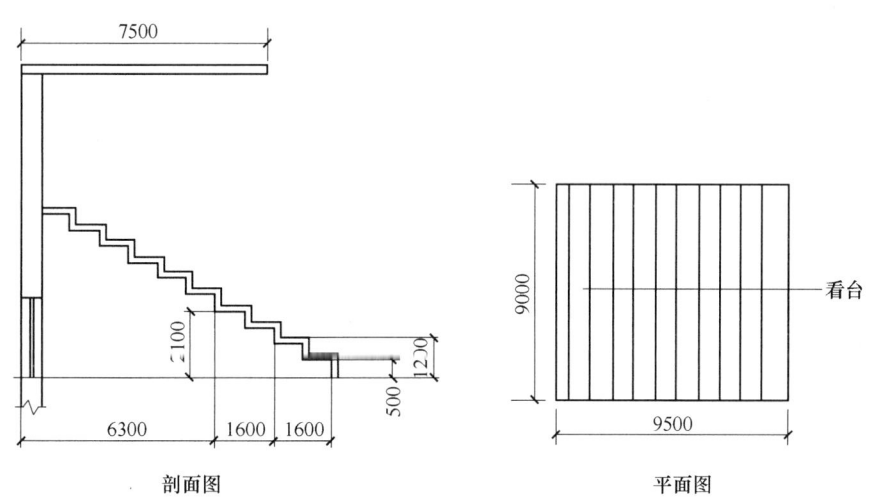

图 6-9 网球场看台示意图

5. 地下室、半地下室

(1) 计算规定 地下室、半地下室应按其结构外围水平面积计算。结构层高在2.20m及以上的,应计算全面积;结构层高在2.20m以下的,应计算1/2面积。

(2) 计算规定解读

①地下室（图6-10）指室内地平面低于室外地平面的高度超过室内净高的1/2的房间。

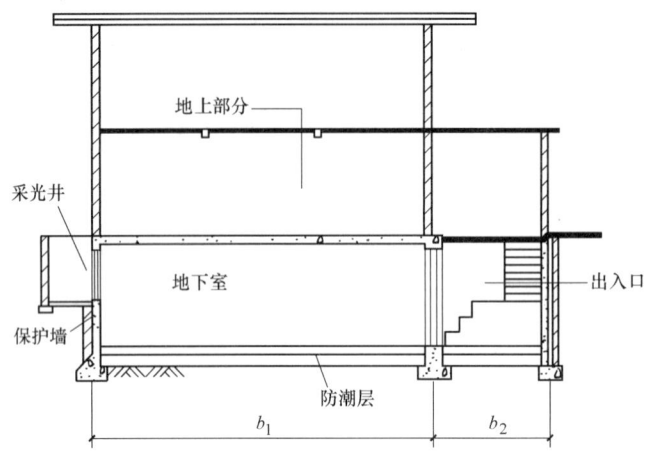

图6-10 地下室示意图

②半地下室指室内地平面低于室外地平面的高度超过室内净高的1/3，且不超过1/2的房间。

③地下室作为设备、管道层按《建筑工程建筑面积计算规范》（GB/T 50353—2013）中第3.0.26条执行；地下室的各种竖向井道按第3.0.19条执行；地下室的围护结构不垂直于水平面的按第3.0.18条规定执行。

(3) 计算实例

【例6-7】 某地下室如图6-11所示，计算地下室的建筑面积。

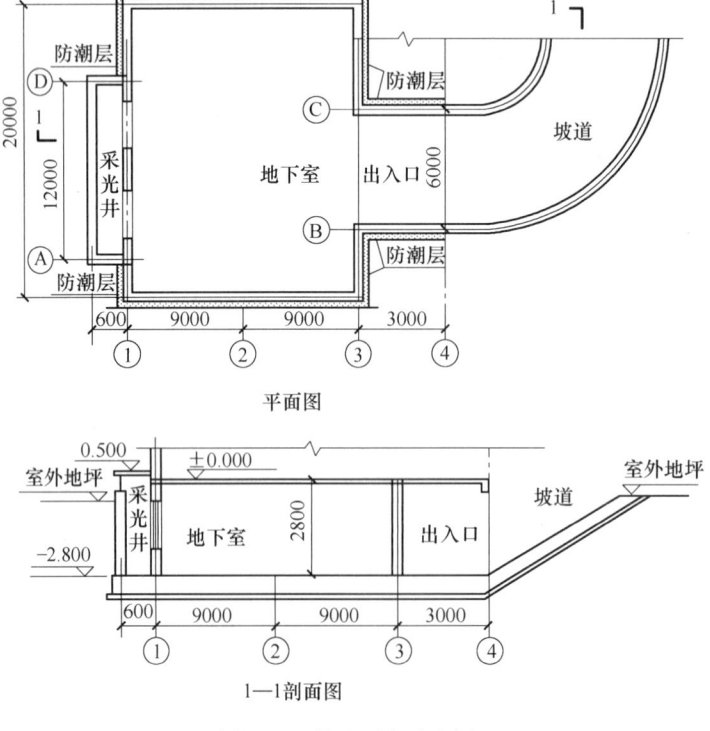

图6-11 某地下室示意图

注：轴线居墙中，墙厚240mm。

【解】 地下室的结构层高为2.80m>2.20m,按结构外围(不包括防潮层)水平面积计算建筑面积。

地下室的建筑面积 = (9.0 + 9.0 + 0.24) × (20 + 0.24)m² = 369.18m²

6. 出入口坡道

(1) 计算规定 出入口外墙外侧坡道有顶盖的部位,应按其外墙结构外围水平面积的1/2计算面积。

(2) 计算规定解读 出入口坡道分有顶盖出入口坡道和无顶盖出入口坡道,出入口坡道顶盖的挑出长度,为顶盖结构外边线至外墙结构外边线的长度;顶盖以设计图纸为准,对后增加及建设单位自行增加的顶盖等,不计算建筑面积。顶盖不分材料种类(如钢筋混凝土顶盖、彩钢板顶盖、阳光板顶盖等)。地下室出入口如图6-12所示。

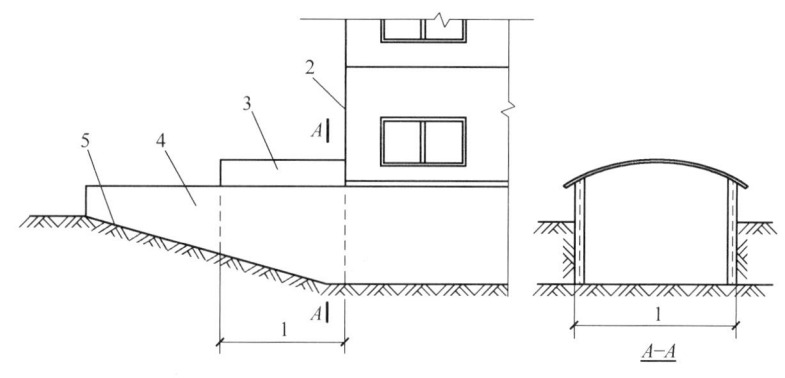

图6-12 地下室出入口示意图
1—计算1/2投影面积部位 2—主体建筑 3—出入口顶盖 4—封闭出入口侧墙 5—出入口坡道

(3) 计算实例

【例6-8】 某地下室出入口坡道有部分顶盖,如图6-11所示,计算地下室出入口坡道的建筑面积。

【解】 出入口外墙外侧坡道有顶盖的部位,应按其外墙结构外围水平面积的1/2计算面积。

地下室出入口坡道的建筑面积 = (3.0 - 0.12) × (6.0 + 0.24)/2m² = 8.99m²

7. 架空层

(1) 计算规定 建筑物架空层及坡地建筑物吊脚架空层,应按其顶板水平投影计算建筑面积。结构层高在2.20m及以上的,应计算全面积;结构层高在2.20m以下的,应计算1/2面积。

(2) 计算规定解读

①架空层指仅有结构支撑而无外围护结构的开敞空间层。

②本条既适用于建筑物吊脚架空层(图6-13)、深基础架空层(图6-14)建筑面积的计算,也适用于目前部分住宅、学校教学楼等工程在底层架空或在二楼或以上某个甚至多个楼层架空,作为公共活动、停车、绿化等空间的建筑面积的计算。架空层中有围护结构的建筑空间按相关规定计算。

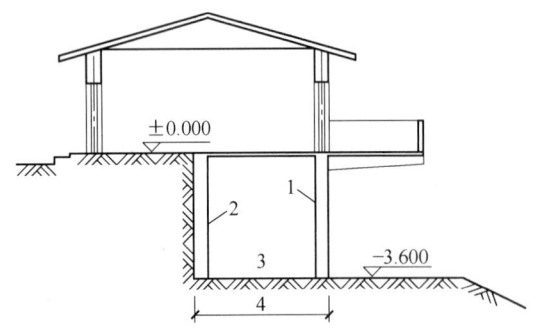

图6-13 建筑物吊脚架空层示意图 图6-14 深基础架空层示意图
1—柱 2—墙 3—吊脚架空层 4—计算建筑面积部位

8. 建筑物内门厅、大厅、走廊

(1) 计算规定 建筑物的门厅、大厅应按一层计算建筑面积,门厅、大厅内设置的走廊应按走廊结构底板水平投影面积计算建筑面积。结构层高在2.20m及以上的,应计算全面积;结构层高在2.20m以下的,应计算1/2面积。

(2) 计算规定解读
①门厅、大厅的结构层高通常很高,但均按一层计算建筑面积,门厅如图6-15所示。
②走廊指建筑物中的水平交通空间。大厅内设置的走廊如图6-16所示。

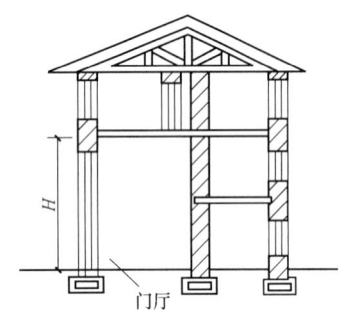

图6-15 门厅示意图

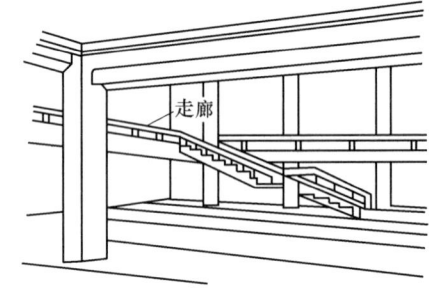

图6-16 大厅内设置的走廊示意图

(3) 计算实例

【例6-9】 某三层办公楼设有大厅且带走廊,如图6-17所示,分别计算大厅、走廊的建筑面积,以及办公楼全楼的建筑面积。

【解】 一~三层结构层高为3.30m>2.20m,应计算全面积。大厅按一层计算全面积。大厅内设置的走廊按走廊结构底板水平投影面积计算建筑面积。

大厅的建筑面积 $= (2.7 + 4.5 + 2.7 - 0.24) \times (6.3 + 1.5 - 0.24) m^2 = 73.03 m^2$

走廊建筑面积 $= [(2.7 + 4.5 + 2.7 - 0.24) \times (6.3 + 1.5 - 0.24) - 6.46 \times 4.36] \times 2 m^2$
$= 89.73 m^2$

楼梯间、房间的建筑面积 $= [(3.6 + 9.9 + 3.6 + 0.24) \times (4.2 + 6.3 + 1.5 + 3.6 + 0.24)$
$- (9.9 - 0.24) \times (6.3 + 1.5 - 0.24)] \times 3 m^2$
$= 604.91 m^2$

全楼的建筑面积 $= (73.03 + 89.73 + 604.91) m^2 = 767.67 m^2$

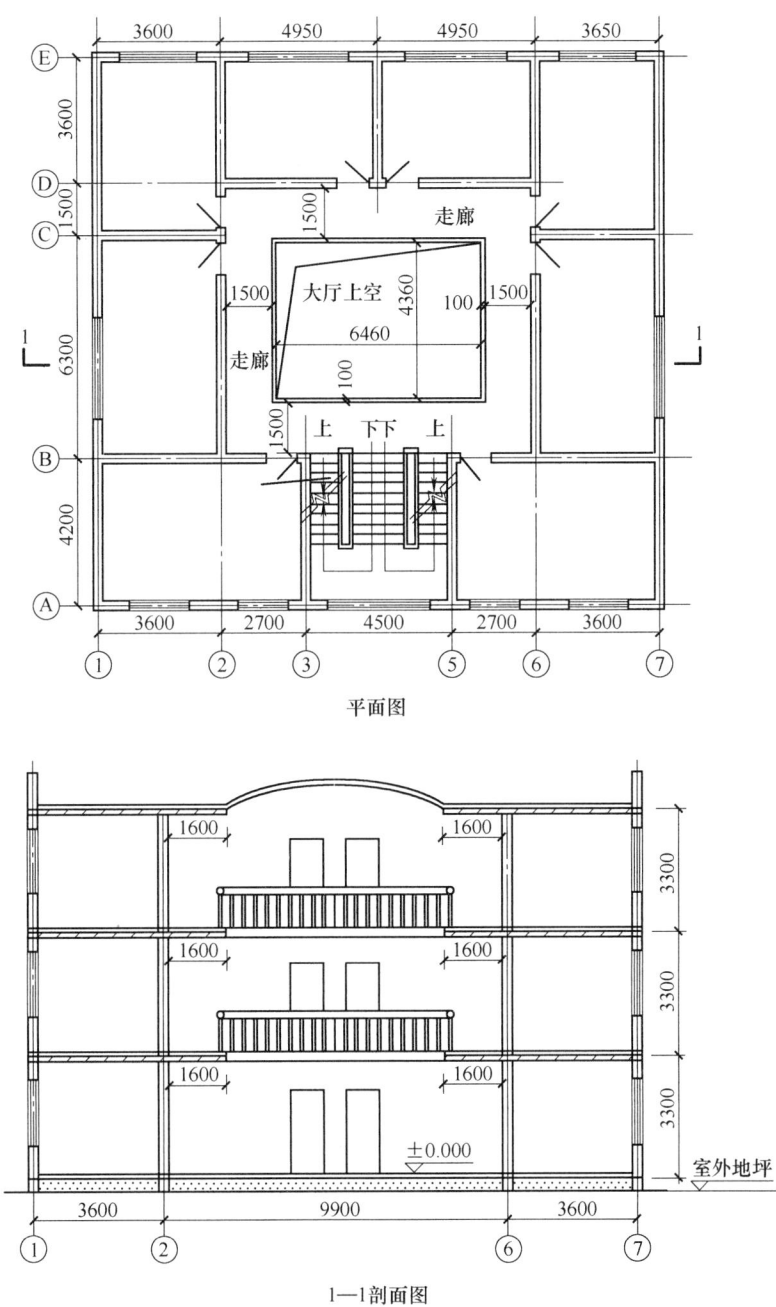

图 6-17 带有大厅、走廊的办公楼
注：轴线居墙中，墙厚 240mm。

9. 架空走廊

(1) 计算规定　建筑物间的架空走廊，有顶盖和围护结构的，应按其围护结构外围水平面积计算全面积；无围护结构、有围护设施的，应按其结构底板水平投影面积计算 1/2 面积。

(2) 计算规定解读　架空走廊指专门设置在建筑物的二层或二层以上，作为不同建筑物之间水平交通的空间。无围护结构的架空走廊如图 6-18 所示。有围护结构的架空走廊如图 6-19 所示。

图 6-18　无围护结构的架空走廊示意图
1—栏杆　2—架空走廊

（3）计算实例

【例 6-10】 建筑物在二层、三层处设置架空走廊（图 6-20），计算架空走廊的建筑面积。

【解】 二层架空走廊无围护结构、有围护设施，按结构底板水平投影面积的 1/2 计算；三层架空走廊有顶盖和围护结构，按围护结构外围水平面积计算建筑面积。

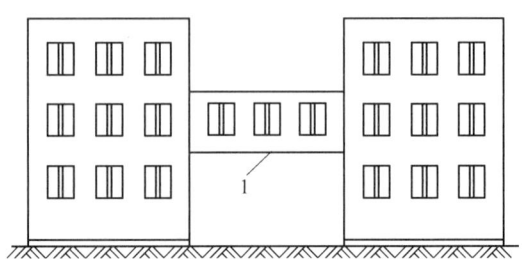

图 6-19　有围护结构的架空走廊示意图
1—架空走廊

架空走廊的建筑面积 = $(10 \times 2.4/2 + 10 \times 2.4)\,\mathrm{m}^2 = 36\,\mathrm{m}^2$

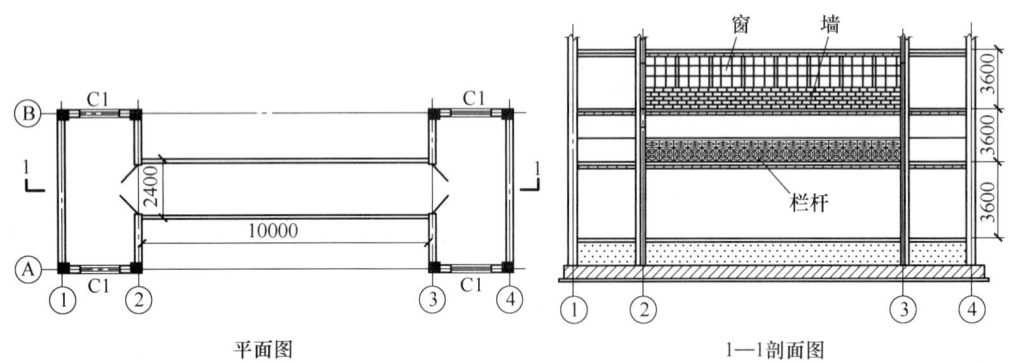

图 6-20　架空走廊示意图

10. 立体书库、立体仓库、立体车库

（1）计算规定　立体书库、立体仓库、立体车库，有围护结构的，应按其围护结构外围水平面积计算建筑面积；无围护结构、有围护设施的，应按其结构底板水平投影面积计算建筑面积。无结构层的应按一层计算，有结构层的应按其结构层面积分别计算。结构层高在 2.20m 及以上的，应计算全面积；结构层高在 2.20m 以下的，应计算 1/2 面积。

（2）计算规定解读

①结构层指整体结构体系中承重的楼板层，包括板、梁等构件。结构层承受整个楼层的全部荷载，并对楼层的隔声、防火等起主要作用。

②本条主要规定了图书馆中的立体书库、仓储中心的立体仓库、大型停车场的立体车库

等建筑的建筑面积计算规则。起局部分隔、存储等作用的书架层、货架层或可升降的立体钢结构停车层均不属于结构层,故该部分分层不计算建筑面积。

(3) 计算实例

【例6-11】 计算图6-21所示立体书库的建筑面积。

【解】 二层结构层高为2.20m,无围护结构、有围护设施,按其结构底板水平投影面积计算建筑面积。

底层建筑面积 = (3.12 + 10.12) × (3.12 + 5.62) m² = 115.72 m²

二层建筑面积 = [(3.12 + 10.12) × 3.12 + 5.62 × 3.12 + 3.0 × 1.2] m² = 62.44 m²

立体书库的建筑面积 = (115.72 + 62.44) m² = 178.16 m²

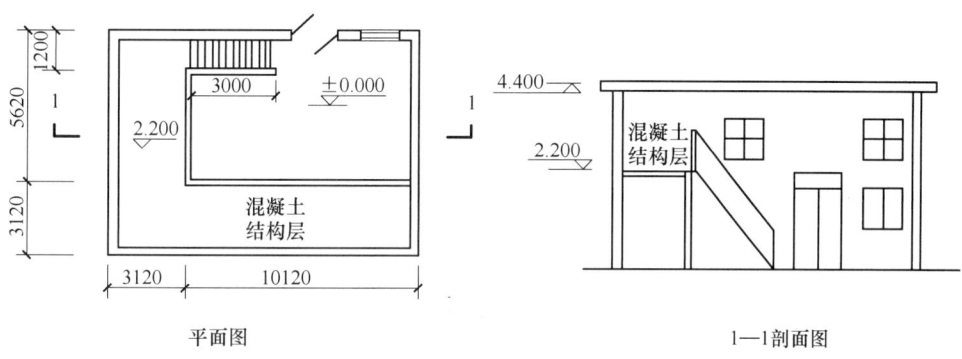

图6-21 立体书库示意图

11. 舞台灯光控制室

(1) 计算规定 有围护结构的舞台灯光控制室,应按其围护结构外围水平面积计算。结构层高在2.20m及以上的,应计算全面积;结构层高在2.20m以下的,应计算1/2面积。

(2) 计算实例

【例6-12】 计算图6-22中灯光控制室的建筑面积。

【解】 灯光控制室的结构层高2.40m > 2.20m,按其围护结构外围水平面积计算建筑面积。

灯光控制室的建筑面积 = 1.92 × 2.94 m² = 5.64 m²

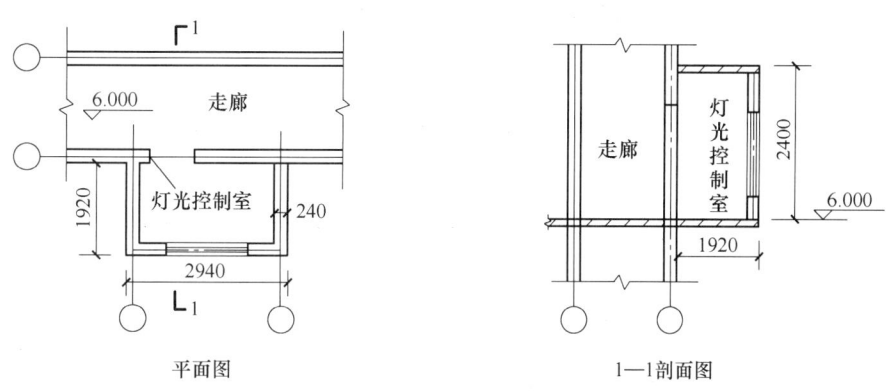

图6-22 有围护结构的舞台灯光控制室示意图

12. 落地橱窗

（1）计算规定　附属在建筑物外墙的落地橱窗，应按其围护结构外围水平面积计算。结构层高在2.20m及以上的，应计算全面积；结构层高在2.20m以下的，应计算1/2面积。

（2）计算规定解读　落地橱窗指突出外墙面且根基落地的橱窗，在商业建筑临街面设置的下槛落地（可落在室外地坪也可落在室内首层地板）、用来展览各种样品的玻璃窗。

（3）计算实例

【例6-13】　某商场落地橱窗的平面图如图6-23所示，落地橱窗的结构层高为3.20m，计算落地橱窗的建筑面积。

【解】　落地橱窗的结构层高为3.20m>2.20m，按其围护结构外围水平面积计算建筑面积。

落地橱窗的建筑面积 = $2.82 \times 0.8 m^2 = 2.26 m^2$

13. 凸窗（飘窗）

（1）计算规定　窗台与室内楼地面高差在0.45m以下且结构净高在2.10m及以上的凸（飘）窗，应按其围护结构外围水平面积计算1/2面积。

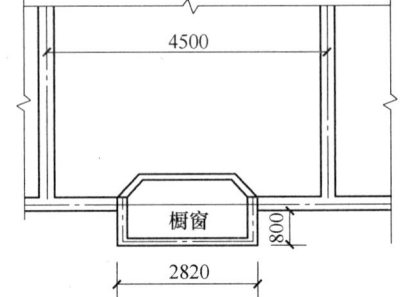

图6-23　有围护结构的落地橱窗示意图

（2）计算规定解读

①凸窗（飘窗）指凸出建筑物外墙面的窗户。凸窗（飘窗）既作为窗，就有别于楼（地）板的延伸，也就是不能把楼（地）板延伸出去的窗称为凸窗（飘窗）。凸窗（飘窗）的窗台应只是墙面的一部分且距（楼）地面应有一定的高度。如图6-24所示，第二层的窗不是飘窗，俗称"落地窗"。

②窗台与室内地面高差在0.45m以下且结构净高在2.10m以下的凸（飘）窗，窗台与室内地面高差在0.45m及以上的凸（飘）窗，不计算建筑面积。

例如：图6-24中第一层的飘窗，由于窗台与室内地面高差为0.6m>0.45m，所以飘窗不计算建筑面积。图6-24中第三、四层的飘窗，由于窗台与室内楼地面高差为0.40m<0.45m，且结构净高为2.20m>2.10m，所以应按其围护结构外围水平面积计算1/2面积。

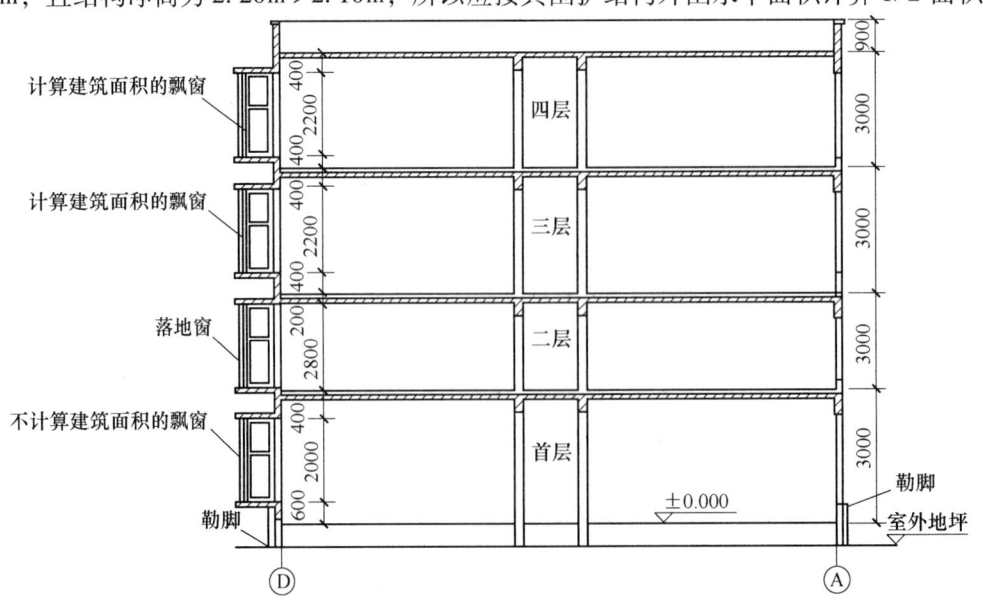

图6-24　飘窗示意图

14. 室外走廊（挑廊）

（1）计算规定　有围护设施的室外走廊（挑廊），应按其结构底板水平投影面积计算 1/2 面积；有围护设施（或柱）的檐廊，应按其围护设施（或柱）外围水平面积计算 1/2 面积。

（2）计算规定解读

①挑廊指挑出建筑物外墙的水平交通空间，如图 6-25 所示。

②檐廊指建筑物挑檐下的水平交通空间。檐廊是附属于建筑物底层外墙，有屋檐作为顶盖，其下部一般有柱或栏杆、栏板等的水平交通空间。檐廊如图 6-26 所示。

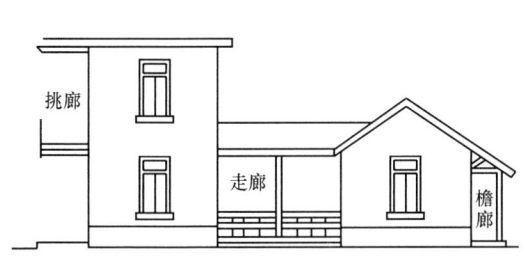

图 6-25　挑廊、走廊、檐廊示意图

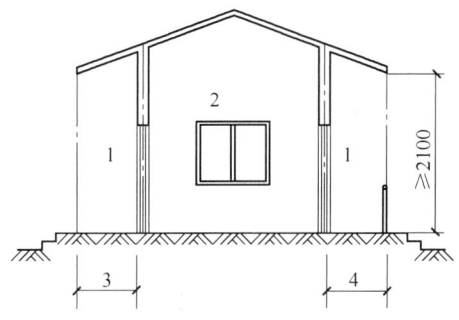

图 6-26　檐廊计算示意图
1—檐廊　2—室内　3—不计算建筑面积部位
4—计算 1/2 建筑面积部位

（3）计算实例

【例 6-14】　如图 6-27 所示，三层办公楼带有围护设施的挑廊，计算挑廊的建筑面积。

【解】　有围护设施的挑廊，按其结构底板水平投影面积计算 1/2 面积。

挑廊的建筑面积 $= 18.1 \times 2.1/2 \times 2 m^2 = 38.01 m^2$

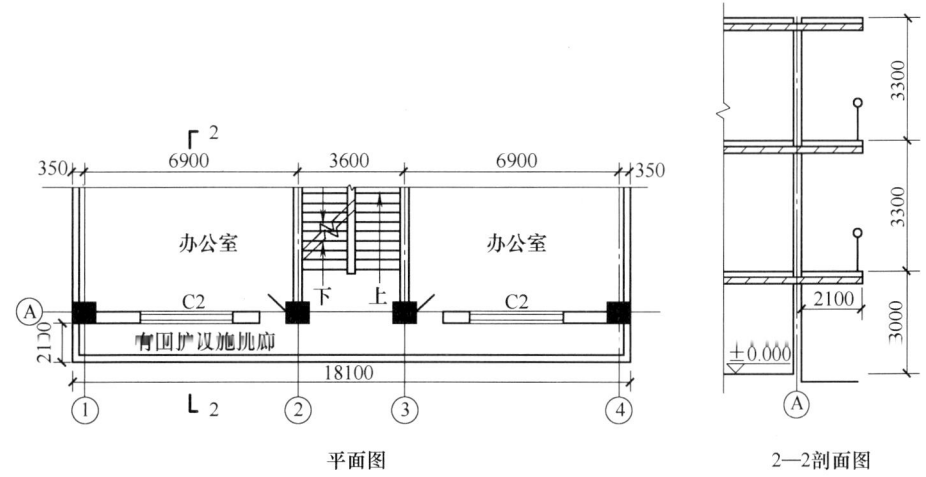

图 6-27　有围护设施的挑廊示意图

15. 门斗

（1）计算规定　门斗应按其围护结构外围水平面积计算建筑面积，结构层高在 2.20m 及以上的，应计算全面积；结构层高在 2.20m 以下的，应计算 1/2 面积。

(2) 计算规定解读　门斗指建筑物入口处两道门之间的空间,如图 6-28 所示。

16. 门廊、雨篷

(1) 计算规定　门廊应按其顶板水平投影面积的 1/2 计算建筑面积;有柱雨篷应按其结构板水平投影面积的 1/2 计算建筑面积;无柱雨篷的结构外边线至外墙结构外边线的宽度在 2.10m 及以上的,应按雨篷结构板的水平投影面积的 1/2 计算建筑面积。

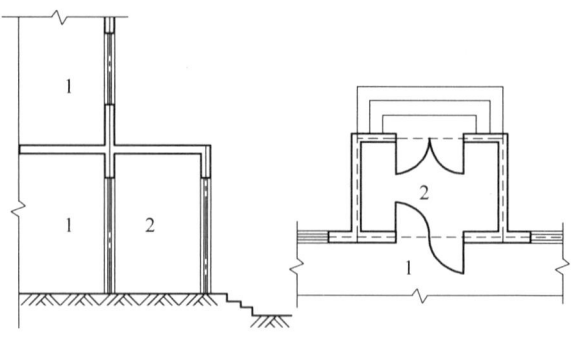

图 6-28　门斗示意图
1—室内　2—门斗

(2) 计算规定解读

①门廊是指建筑物入口前有顶棚的半围合空间。

②雨篷是指建筑物出入口上方为遮挡雨水而设置的建筑部件。雨篷划分为有柱雨篷(包括独立柱雨篷、多柱雨篷、柱墙混合支撑雨篷、墙支撑雨篷)和无柱雨篷(悬挑雨篷)。如凸出建筑物,且不单独设置顶盖,利用上层结构板(如楼板、阳台底板)进行遮挡,则不视为雨篷,不计算建筑面积。对于无柱雨篷,如顶盖高度达到或超过两个楼层时,也不视为雨篷,不计算建筑面积。

③有柱雨篷,没有出挑宽度的限制,也不受跨越层数的限制,均计算建筑面积。

④出挑宽度在 2.10m 以下的无柱雨篷和顶盖高度达到或超过两个楼层的无柱雨篷不计算建筑面积。即无柱雨篷,其结构板不能跨层,并受出挑宽度的限制,设计出挑宽度大于或等于 2.10m 时才计算建筑面积。出挑宽度,系指雨篷结构外边线至外墙结构外边线的宽度,弧形或异形时,取最大宽度。

如图 6-29 所示的无柱雨篷,由于出挑宽度为 2.00m < 2.10m,所以雨篷不计算建筑面积。

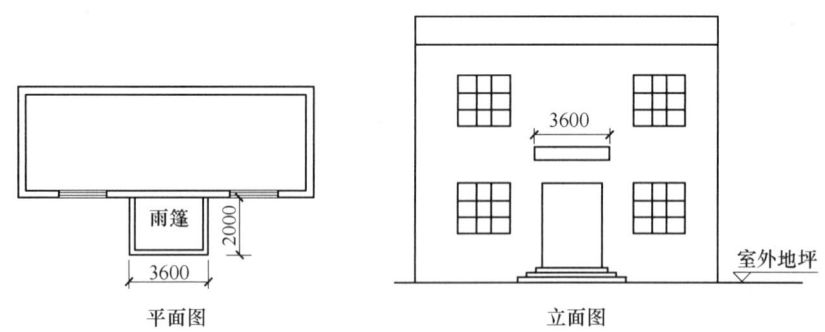

图 6-29　无柱雨篷示意图

(3) 计算实例

【例 6-15】　计算如图 6-30 所示有柱雨篷的建筑面积。

【解】　有柱雨篷按其结构水平投影面积的 1/2 计算建筑面积。

有柱雨篷的建筑面积 $= 2.7 \times 2.0/2 \text{m}^2 = 2.7 \text{m}^2$

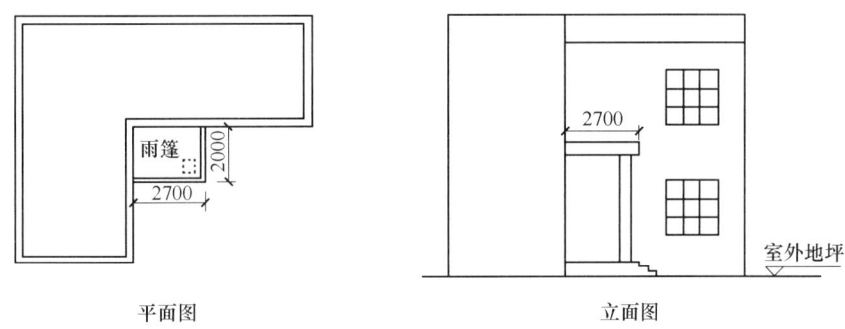

图 6-30　有柱雨篷示意图

17. 建筑物顶部的楼梯间、水箱间、电梯机房

（1）计算规定　设在建筑物顶部的、有围护结构的楼梯间、水箱间、电梯机房等，结构层高在 2.20m 及以上的应计算全面积；结构层高在 2.20m 以下的，应计算 1/2 面积。

（2）计算规定解读　屋顶水箱间、电梯机房如图 6-31 所示。屋顶水箱间是有墙体、门等围护结构的，要计算建筑面积。而单独设在屋顶的混凝土水箱或钢板水箱，不计算建筑面积。

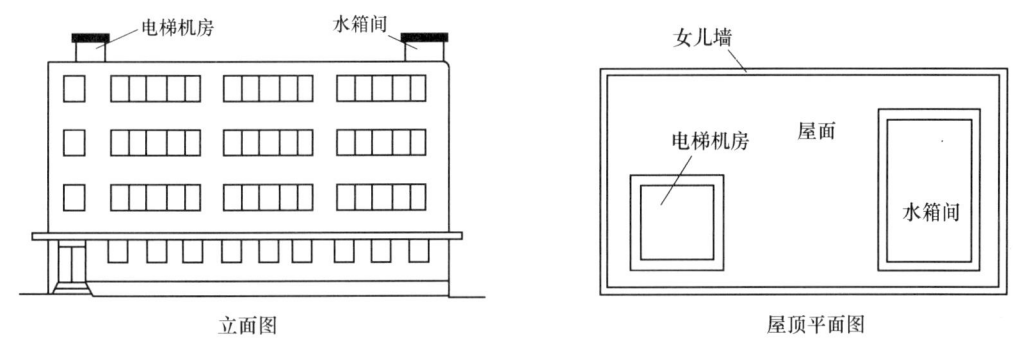

图 6-31　建筑物顶部有围护结构的水箱间、电梯机房

18. 斜围护结构

（1）计算规定　围护结构不垂直于水平面的楼层，应按其底板面的外墙外围水平面积计算。结构净高在 2.10m 及以上的部位，应计算全面积；结构净高在 1.20m 及以上至 2.10m 以下的部位，应计算 1/2 面积；结构净高在 1.20m 以下的部位，不应计算建筑面积。

（2）计算规定解读

①本条对于向内、向外倾斜的围护结构均适用。在划分高度上，本条使用的是"结构净高"，与其他正常平楼层按层高划分不同，但与斜屋面的划分原则相一致。由于目前很多建筑设计追求新、奇、特，造型越来越复杂，很多时候根本无法明确区分什么是围护结构、什么是屋顶，因此对于斜围护结构与斜屋顶采用相同的计算规则，即只要外壳倾斜，就按结构净高划段，分别计算建筑面积。

②斜围护结构如图 6-32 所示。

19. 室内楼梯、电梯井、管道井、采光井等

（1）计算规定　建筑物的室内楼梯、电梯井、提物井、管道井、通风排气竖井、烟道，应并入建筑物的自然层计算建筑面积。有顶盖的采光井应按一层计算面积,结构净高在 2.10m 及以上的,应计算全面积;结构净高在 2.10m 以下的,应计算 1/2 面积。

(2) 计算规定解读

①有顶盖的采光井包括建筑物中的采光井和地下室采光井,如图 6-33 所示。

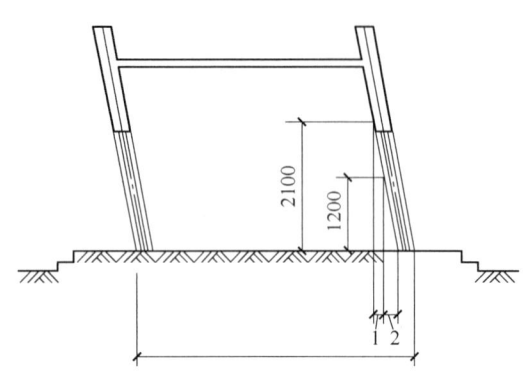

图 6-32 斜围护结构
1—计算 1/2 建筑面积部分 2—不计算建筑面积部分

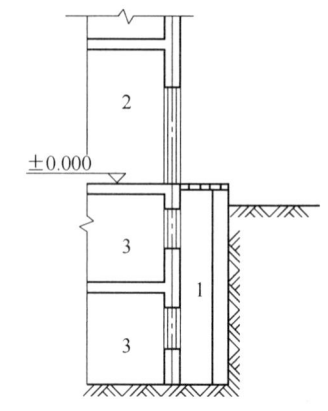

图 6-33 地下室采光井
1—采光井 2—室内 3—地下室

②建筑物的楼梯间层数按建筑物的层数计算。上下两错层户室共用的室内楼梯,应选上一层的自然层计算面积。如图 6-34 所示的楼梯间按 6 层计算建筑面积。

③电梯井是指安装电梯用的垂直通道,按建筑物的自然层计算建筑面积,如图 6-35 所示的电梯井按 6 层计算建筑面积。

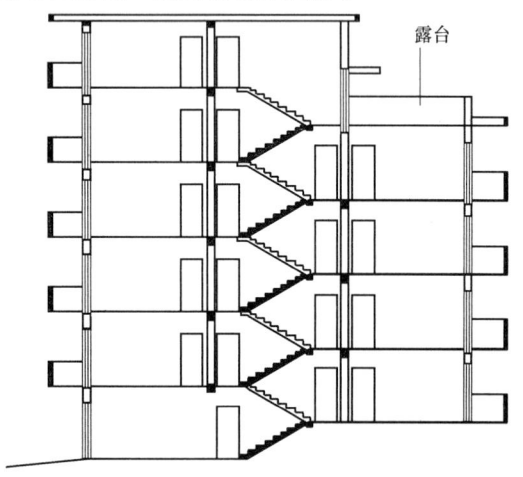

图 6-34 上下两错层户室共用的室内楼梯示意图

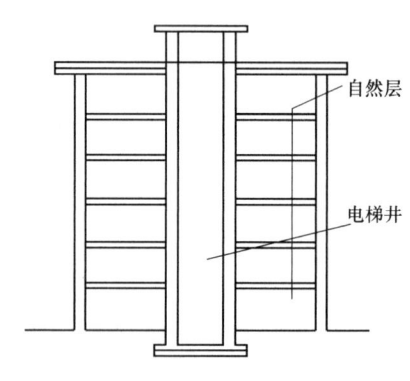

图 6-35 电梯井示意图

(3) 计算实例

【例 6-16】 计算图 6-11 中有顶盖的地下室采光井的建筑面积,采光井顶盖厚度为 100mm。

【解】 采光井结构净高为 3.20m > 2.10m,按一层计算全面积。

地下室采光井的建筑面积 = $0.6 \times (12 + 0.24) \text{m}^2 = 7.34 \text{m}^2$

【例 6-17】 如图 6-36 所示,建筑物内设有电梯井,计算该建筑物的建筑面积。

【解】 各层结构层高均大于 2.20m，按其围护结构外围水平面积计算，电梯井按 6 层计算，并入建筑物的建筑面积。

电梯机房的建筑面积 = 4.24 × 4.24m² = 17.98m²

建筑物的建筑面积 = （39.24 × 10.24 × 6 + 4.24 × 4.24）m² = 2428.89m²

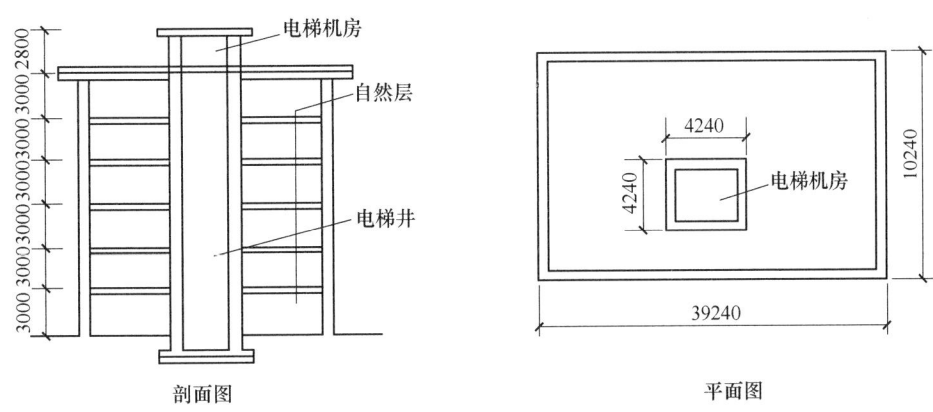

图 6-36　有电梯井的建筑物示意图

20. 室外楼梯

（1）计算规定　室外楼梯应并入所依附建筑物自然层，并应按其水平投影面积的 1/2 计算建筑面积。

（2）计算规定解读　室外楼梯作为连接该建筑物层与层之间交通不可缺少的基本部件，无论从其功能还是工程计价的要求来说，均需计算建筑面积。层数为室外楼梯所依附的楼层数，即梯段部分投影到建筑物范围的层数。利用室外楼梯下部的建筑空间不得重复计算建筑面积；利用地势砌筑的为室外踏步，不计算建筑面积。

（3）计算实例

【例 6-18】　某三层建筑物，室外楼梯有永久性顶盖，如图 6-37 所示，计算室外楼梯的建筑面积。

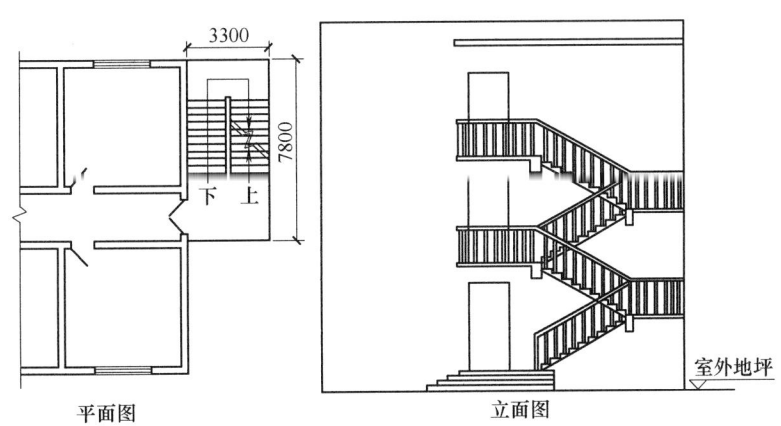

图 6-37　室外楼梯示意图

【解】 室外楼梯层数为2层(即梯段部分投影到建筑物范围的层数)。室外楼梯按其水平投影面积的1/2计算建筑面积。

室外楼梯的建筑面积 $= 3.3 \times 7.8/2 \times 2 \mathrm{m}^2 = 25.74 \mathrm{m}^2$

21. 阳台

(1) 计算规定 在主体结构内的阳台,应按其结构外围水平面积计算全面积;在主体结构外的阳台,应按其结构底板水平投影面积计算1/2面积。

(2) 计算规定解读 阳台指附设于建筑物外墙,设有栏杆或栏板,可供人活动的室外空间。主体结构是指接受、承担和传递建设工程所有上部荷载,维持上部结构整体性、稳定性和安全性的有机联系的构造。建筑物的阳台,不论其形式如何,均以建筑物主体结构为界分别计算建筑面积。

(3) 计算实例

【例6-19】 某建筑物的二层平面图如图6-38所示,结构层高3.0m,图中挑阳台为不封闭阳台,凹阳台为封闭阳台。计算图中挑阳台的建筑面积,以及二层平面的建筑面积。

【解】 图中的凹阳台是在主体结构内的阳台,按其结构外围水平面积计算全面积;图中的挑阳台是在主体结构外的阳台,按其结构底板水平投影面积计算1/2面积。

挑阳台的建筑面积 $= 5.04 \times 1.6/2 \times 2 \mathrm{m}^2 = 8.06 \mathrm{m}^2$

二层平面的建筑面积 $= [(2.7 \times 2 + 3.6 \times 2 + 0.12 \times 2) \times (1.5 + 4.2 + 2.1 + 4.8 + 0.12 \times 2) + 8.06] \mathrm{m}^2$

$= 172.93 \mathrm{m}^2$

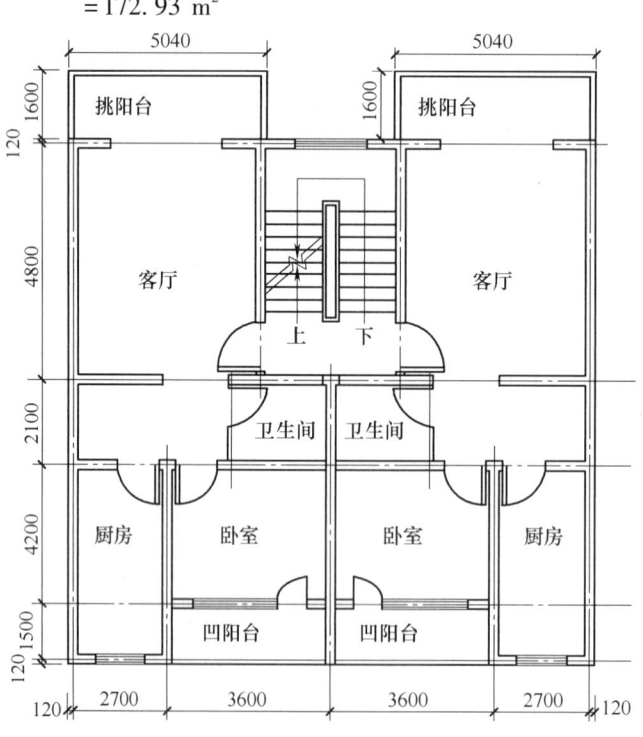

图6-38 某建筑物的二层平面图

22. 车棚、货棚、站台、加油站、收费站等

(1) 计算规定 有顶盖无围护结构的车棚、货棚、站台、加油站、收费站等,应按其顶盖水平投影面积的1/2计算建筑面积。

（2）计算实例

【例6-20】 有顶盖无围护结构的货棚如图6-39所示，计算货棚的建筑面积。

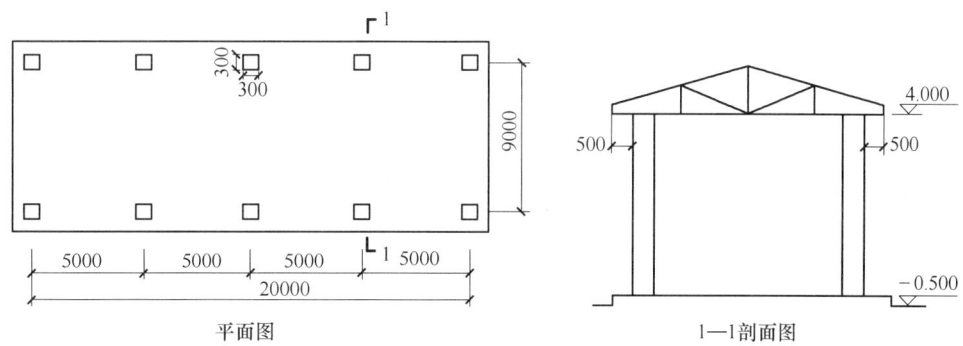

图6-39 货棚建筑示意图

注：轴线居柱中。

【解】 有顶盖无围护结构的货棚，按其顶盖水平投影面积的1/2计算建筑面积。

货棚的建筑面积 $= (20 + 0.3 + 0.5 \times 2) \times (9 + 0.3 + 0.5 \times 2)/2 m^2 = 109.70 m^2$

23. 以幕墙作为围护结构的建筑物

（1）计算规定 以幕墙作为围护结构的建筑物，应按幕墙外边线计算建筑面积。

（2）计算规定解读 幕墙以其在建筑物中所起的作用和功能来区分。直接作为外墙起围护作用的幕墙，按其外边线计算建筑面积；设置在建筑物墙体外起装饰作用的幕墙，不计算建筑面积。幕墙如图6-40所示。

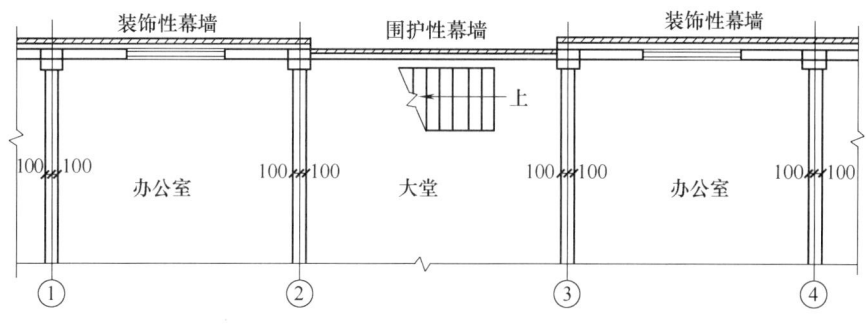

图6-40 幕墙示意图

24. 建筑物的外墙外保温层

（1）计算规定 建筑物的外墙外保温层，应按其保温材料的水平截面积计算，并计入自然层建筑面积。

（2）计算规定解读

①为贯彻国家节能要求，鼓励建筑外墙采取保温措施，将保温材料的厚度计入建筑面积。

②建筑物外墙外侧有保温隔热层的，保温隔热层以保温材料的净厚度乘以外墙结构外边线长度按建筑物的自然层计算建筑面积，其外墙外边线长度不扣除门窗和建筑物外已计算建

筑面积构件（如阳台、室外走廊、门斗、落地橱窗等部件）所占长度。当建筑物外已计算建筑面积的构件（如阳台、室外走廊、门斗、落地橱窗等部件）有保温隔热层时，其保温隔热层也不再计算建筑面积。外墙是斜面者按楼面楼板处的外墙外边线长度乘以保温材料的净厚度计算。

③外墙外保温以沿高度方向满铺为准，某层外墙外保温铺设高度未达到全部高度时（不包括阳台、室外走廊、门斗、落地橱窗、雨篷、飘窗等），不计算建筑面积。

④保温隔热层的建筑面积是以保温隔热材料的厚度来计算的，不包含抹灰层、防潮层、保护层（墙）的厚度。建筑外墙外保温如图6-41所示。

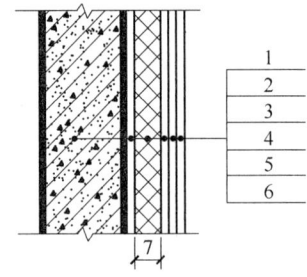

图6-41 建筑外墙外保温
1—墙体 2—黏结胶浆 3—保温材料
4—标准网 5—加强网 6—抹面胶浆
7—计算建筑面积部位

(3) 计算实例

【例6-21】 某建筑物外墙外侧有保温隔热层（沿墙高度方向满铺），保温材料的净厚度为80mm，建筑物一层平面图如图6-42所示，结构层高3.0m，计算一层平面的建筑面积。

【解】 保温隔热层以保温材料的净厚度乘以外墙结构外边线长度按建筑物的自然层计算建筑面积，并计入自然层建筑面积。

保温层的建筑面积 $= 0.08 \times (3.9 + 2.4 + 3.6 + 0.24 + 4.5 + 5.1 + 2.1 + 0.24) \times 2 \mathrm{m}^2$
$= 3.53 \mathrm{~m}^2$

一层平面的建筑面积 $= [(3.9 + 2.4 + 3.6 + 0.24) \times (4.5 + 5.1 + 2.1 + 0.24) -$
$3.9 \times 2.1 - (2.1 + 3.6) \times 2.4 + 3.53] \mathrm{m}^2 = 102.73 \mathrm{m}^2$

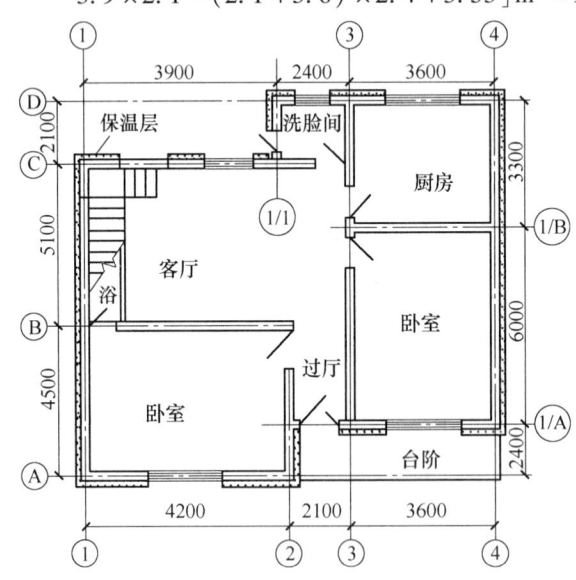

图6-42 建筑物一层平面图
注：轴线居墙中，墙厚240mm。

25. 与室内相通的变形缝

(1) 计算规定 与室内相通的变形缝，应按其自然层合并在建筑物建筑面积内计算。对于高低联跨的建筑物，当高低跨内部连通时，其变形缝应计算在低跨面积内。

(2) 计算规定解读 变形缝指防止建筑物在某些因素作用下引起开裂甚至破坏而预留

的构造缝,变形缝一般分为伸缩缝、沉降缝、抗震缝三种。与室内相通的变形缝,是指暴露在建筑物内,在建筑物内可以看得见的变形缝。

(3) 计算实例

【例6-22】 高低联跨的食堂如图6-43所示,变形缝宽100mm,计算食堂的建筑面积。

【解】 大餐厅的结构层高为6.0m>2.20m,小餐厅、操作间的结构层高为3.3m>2.20m,建筑面积均按其围护结构外围水平面积计算,与室内相通的变形缝应计算在低跨面积内。

大餐厅的建筑面积 = 9.84×14.64m² = 144.06m²

小餐厅、操作间的建筑面积 = 5.44×7.44×2m² = 80.95m²

食堂的建筑面积 = (144.06+80.95)m² = 225.01m²

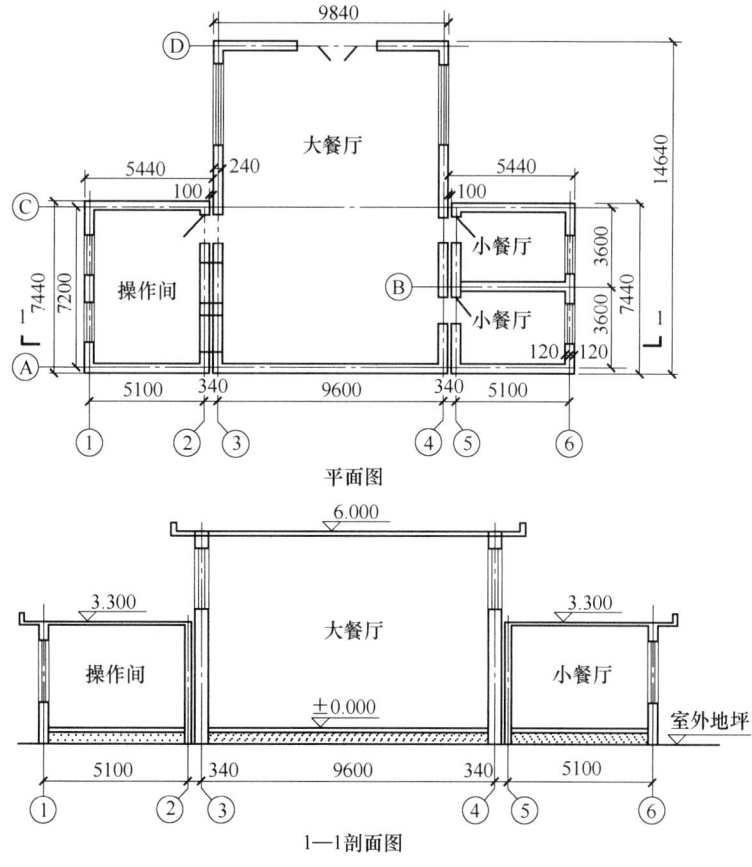

图6-43 高低联跨的食堂
注:轴线居墙中,墙厚240mm。

26. 建筑物内的设备层、管道层、避难层

(1) 计算规定 对于建筑物内的设备层、管道层、避难层等有结构层的楼层,结构层高在2.20m及以上的,应计算全面积;结构层高在2.20m以下的,应计算1/2面积。

(2) 计算规定解读 设备层、管道层(图6-44)虽然其具体功能与普通楼层不同,但在结构上及施工消耗上并无本质区别,且本规范定义自然层为"按楼地面结构分层的楼层",因此设备、管道楼层归为自然层,其计算规则与普通楼层相同。在吊顶空间内设置管道的,则吊顶空间部分不能被视为设备层、管道层。

27. 下列项目不应计算建筑面积

1)与建筑物内不相连通的建筑部件,不应计算建筑面积。

计算规定解读:与建筑物内不相连通的建筑部件指的是依附于建筑物外墙外不与户室开门连通,起装饰作用的敞开式挑台(廊)、平台,以及不与阳台相通的空调室外机搁板(箱)等设备平台部件。

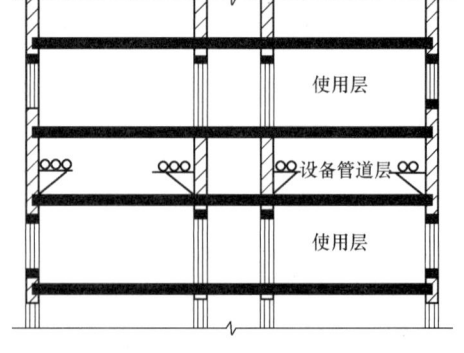

图 6-44 设备管道层示意图

2)骑楼、过街楼底层的开放公共空间和建筑物通道,不应计算建筑面积。

计算规定解读:

①骑楼是指建筑底层沿街面后退且留出公共人行空间的建筑物。骑楼如图 6-45、图 6-46 所示。

②过街楼是指跨越道路上空并与两边建筑相连接的建筑物。过街楼如图 6-47、图 6-48 所示。

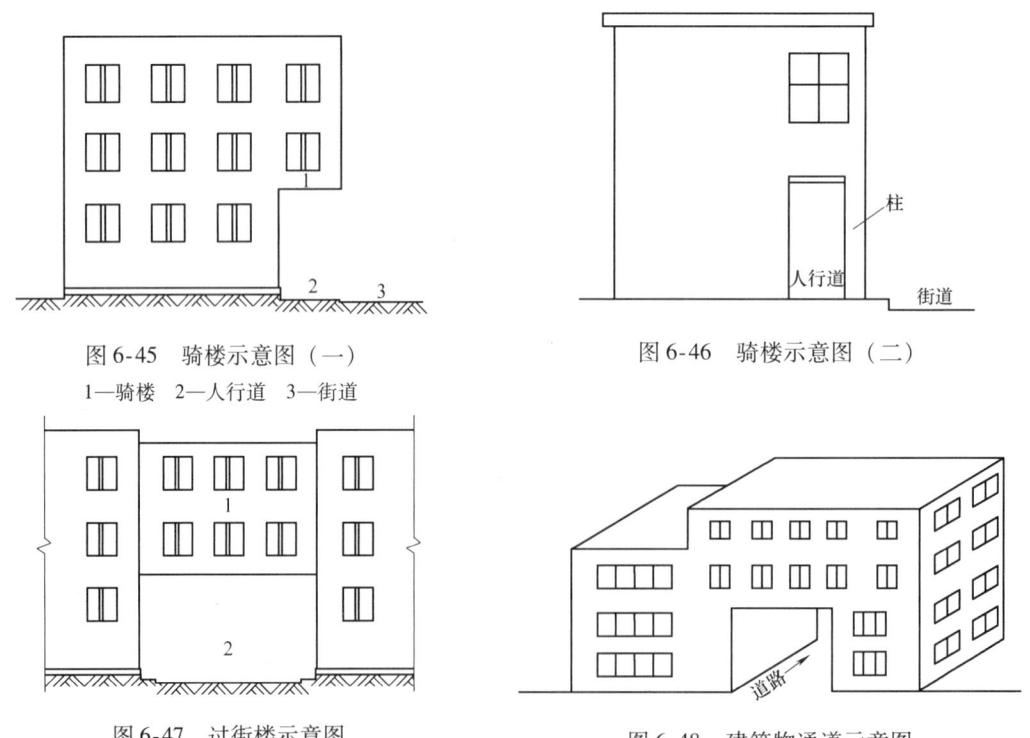

图 6-45 骑楼示意图(一)
1—骑楼 2—人行道 3—街道

图 6-46 骑楼示意图(二)

图 6-47 过街楼示意图
1—过街楼 2—建筑物通道

图 6-48 建筑物通道示意图

3)舞台及后台悬挂幕布和布景的天桥、挑台等,不应计算建筑面积。

计算规定解读:本款指的是影剧院的舞台及为舞台服务的可供上人维修、悬挂幕布、布置灯光及布景等搭设的天桥和挑台等构件设施,不应计算建筑面积。

4)露台、露天游泳池、花架、屋顶的水箱及装饰性结构构件,不应计算建筑面积。

计算规定解读：露台指设置在屋面、首层地面或雨篷上的供人室外活动的有围护设施的平台。露台应满足四个条件：一是位置，设置在屋面、首层地面或雨篷顶，二是可出入，三是有围护设施，四是无盖，这四个条件须同时满足。如果设置在首层并有围护设施的平台，且其上层为同体量阳台，则该平台应视为阳台，按阳台的规则计算建筑面积。露台、花架、屋顶水箱如图6-49所示。

5）建筑物内的操作平台、上料平台、安装箱和罐体的平台，不应计算建筑面积。

计算规定解读：建筑物内不构成结构层的操作平台、上料平台（包括：工业厂房、搅拌站和料仓等建筑中的设备操作控制平台、上料平台等），其主要

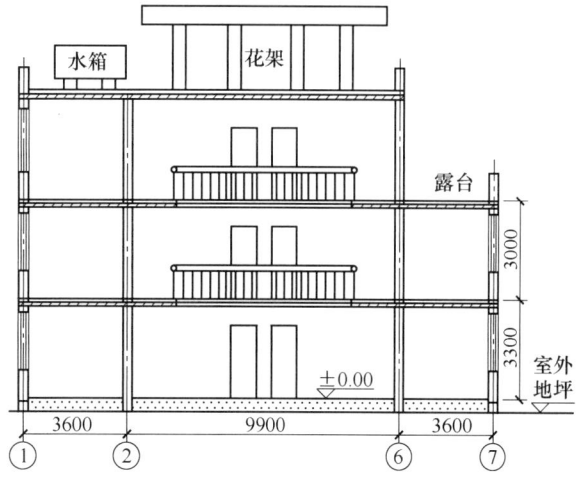

图6-49 露台、花架、屋顶水箱示意图

作用为室内构筑物或设备服务的独立上人设施，因此不计算建筑面积。操作平台如图6-50所示。

6）勒脚、附墙柱、垛、台阶、墙面抹灰、装饰面、镶贴块料面层、装饰性幕墙，主体结构外的空调室外机搁板（箱）、构件、配件，挑出宽度在2.10m以下的无柱雨篷和顶盖高度达到或超过两个楼层的无柱雨篷，不应计算建筑面积。

计算规定解读：勒脚是在房屋外墙接近地面部位设置的饰面保护构造；附墙柱是非结构性装饰柱；台阶是联系室内外地坪或同楼层不同标高而设置的阶梯形踏步，室外台阶还包括与建筑物出入口连接处的平台。勒脚、台阶、无柱雨篷如图6-51所示，附墙柱、墙垛如图6-52所示。

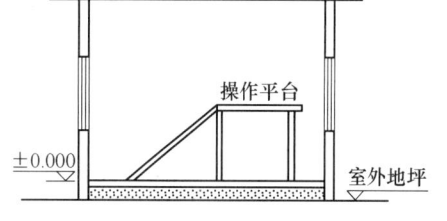

图6-50 操作平台示意图

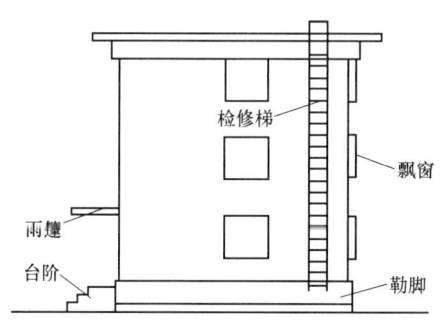

图6-51 勒脚、台阶、无柱雨篷示意图

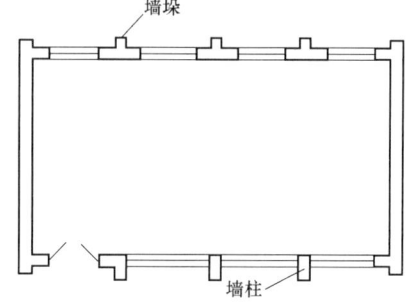

图6-52 附墙柱、墙垛示意图

7）窗台与室内地面高差在0.45m以下且结构净高在2.10m以下的凸（飘）窗，窗台与室内地面高差在0.45m及以上的凸（飘）窗，不应计算建筑面积，如图6-24所示。

8）室外爬梯、室外专用消防钢楼梯，不应计算建筑面积。

计算规定解读：室外钢楼梯需要区分具体用途，如专用于消防楼梯，则不计算建筑面

积，如果是建筑物唯一通道，兼用于消防，则需要按《建筑工程建筑面积计算规范》第 3.0.20 条计算建筑面积。

9）无围护结构的观光电梯，不应计算建筑面积。

10）建筑物以外的地下人防通道，独立的烟囱、烟道、地沟、油（水）罐、气柜、水塔、贮油（水）池、贮仓、栈桥等构筑物，不应计算建筑面积。

思考与习题

1. 施工图预算有哪些作用？
2. 编制施工图预算有哪些主要依据？
3. 施工图预算的编制方法与步骤如何？
4. 一份完整的单位工程施工图预算书包括哪些内容和表格？
5. 工程量计算的一般原则有哪些？
6. 计算建筑面积的计算规则有哪些？
7. 哪些项目不应计算建筑面积？
8. 某六层砖混结构住宅楼，二~六层建筑平面图如图6-53所示。首层无阳台，有一个无柱雨篷，其他均与二层相同。每层的结构层高均为3.0m，计算该住宅楼的建筑面积。

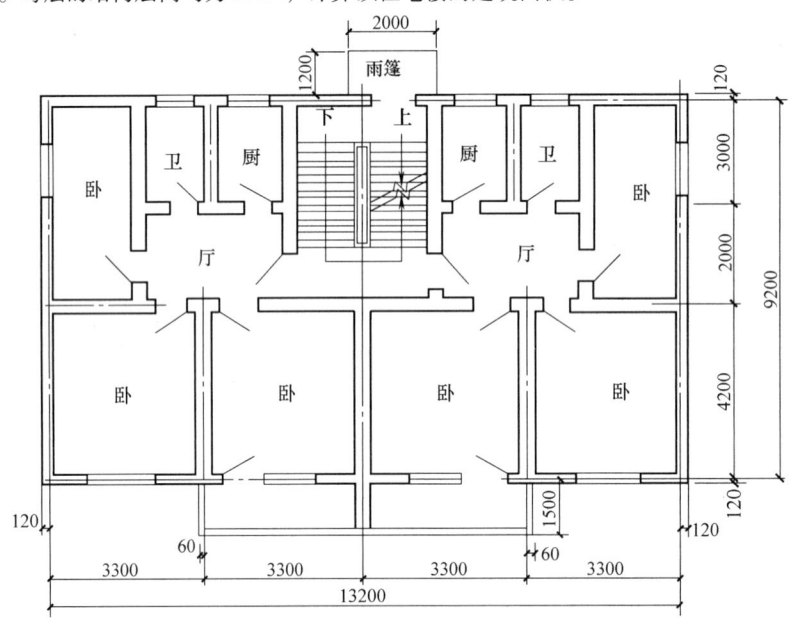

图 6-53 住宅楼二~六层平面图

注：轴线居墙中，墙厚240mm。

第7章 建筑装饰装修工程工程量计算

7.1 土（石）方工程

一、概述

1. 主要内容

土方工程包括平整场地、挖沟槽、挖基坑、挖土方、挖管道沟槽、土方回填、土方运输等项目。

石方工程包括人工凿岩石、人工打眼爆破石方、机械打眼爆破石方、石方控制爆破、石方静力爆破、履带式液压岩石破碎机破碎岩石、挖掘机挖碴等项目。

2. 在计算土石方工程量前应准备的资料

（1）土壤及岩石类别的确定　土壤及岩石类别的划分应依据工程勘察资料与土壤分类表7.1-1及岩石分类表7.1-2对照后确定。土壤及岩石的类别关系到放坡的确定及定额的套用问题。

表 7.1-1　土壤分类表

土壤分类	土 壤 名 称	开 挖 方 法
一、二类土	粉土、砂土（粉砂、细砂、中砂、粗砂、砾砂）、粉质黏土、弱中盐渍土、软土（淤泥质土、泥炭、泥炭质土）、软塑红黏土、冲填土	用锹，少许用镐、条锄开挖。机械能全部直接铲挖满载者
三类土	黏土、碎石（圆砾、角砾）混合土、可塑红黏土、硬塑红黏土、强盐渍土、素填土、压实填土	主要用镐、条锄，少许用锹开挖。机械需部分刨松方能铲挖满载者或可直接铲挖但不能满载者
四类土	碎石土（卵石、碎石、漂石、块石）、坚硬红黏土、超盐渍土、杂填土	全部用镐、条锄挖掘，少许用撬棍挖掘。机械须普遍刨松方能铲挖满载者

表 7.1-2　岩石分类表

岩石分类		代表性岩石	开 挖 方 法
极软岩		1. 全风化的各种岩石 2. 各种半成岩	部分用手凿工具、部分用爆破法开挖
软质岩	软岩	1. 强风化的坚硬岩或较硬岩 2. 中等风化—强风化的较软岩 3. 未风化—微风化的页岩、泥岩、泥质砂岩等	用风镐和爆破法开挖
	较软岩	1. 中等风化—强风化的坚硬岩或较硬岩 2. 未风化—微风化的凝灰岩、千枚岩、泥灰岩、砂质泥岩等	用爆破法开挖
硬质岩	较硬岩	1. 微风化的坚硬岩等 2. 未风化—微风化的大理岩、板岩、石灰岩、白云岩、钙质砂岩等	用爆破法开挖
	坚硬岩	未风化—微风化的花岗岩、闪长岩、辉绿岩、玄武岩、安山岩、片麻岩、石英岩、石英砂岩、硅质砾岩、硅质石灰岩等	用爆破法开挖

(2) 地下水位标高及降（排）水方法　地下水位标高应依据工程地质勘察资料确定，从而判断施工所挖的是干土还是湿土。含水率≥25%为湿土；或以地下常水位为准，常水位以上为干土，以下为湿土。如采用降水措施的，应以降水后的水位为地下常水位，降水措施费用应另行计算。

定额中人工挖土方定额除挖淤泥、流砂为湿土外，其余均按干土编制。如挖湿土时，人工乘以系数1.18。由于定额中未包括地下水位以下施工的排水费用，发生时应另行计算。因此，若有地下水，需确定降（排）水方法，以便正确套用定额。挖土方时如有地表水需要排除，亦应另行计算。

(3) 土方、沟槽、基坑挖（填）起止标高、施工方法及运距　确定了挖（填）土的起止标高，才能确定挖（填）土的深度，才能正确计算工程量。挖土、运土有人工和机械两种施工方法，不同的施工方法、不同的运距，定额基价不同。因此，应根据施工组织设计文件确定施工方法及运距。

(4) 确定是否需要放坡、支挡土板、留工作面等问题

1) 放坡的确定。挖土时，当挖土超过一定深度（即放坡起点）时，为了防止土壁坍塌，保持沟槽、基坑的边坡稳定，需要将沟槽、基坑的上口放宽，侧壁修成一个斜坡，即为放坡（图7.1-1）。是否放坡或上口放

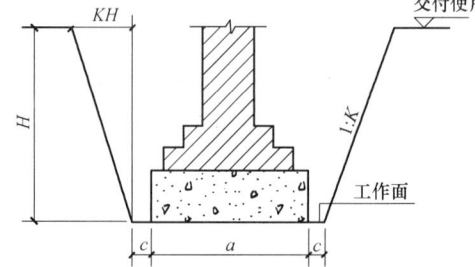

图 7.1-1　沟槽、基坑放坡、增加工作面示意图

多宽应视挖土深度和土的类别，结合施工组织设计来确定，如无施工组织设计规定时，放坡起点、放坡系数 K 按表7.1-3确定计算。

表 7.1-3　放坡系数表

土壤类别	深度超过/m	人工挖土(1:K)	机械挖土(1:K)		
			在坑内作业	在坑上作业	顺沟槽在坑上作业
一、二类土	1.20	1:0.50	1:0.33	1:0.75	1:0.50
三类土	1.50	1:0.33	1:0.25	1:0.67	1:0.33
四类土	2.00	1:0.25	1:0.10	1:0.33	1:0.25

注：沟槽、基坑中土壤类别不同时，分别按其放坡起点、放坡系数，依不同土壤厚度加权平均计算，如图7.1-2所示。

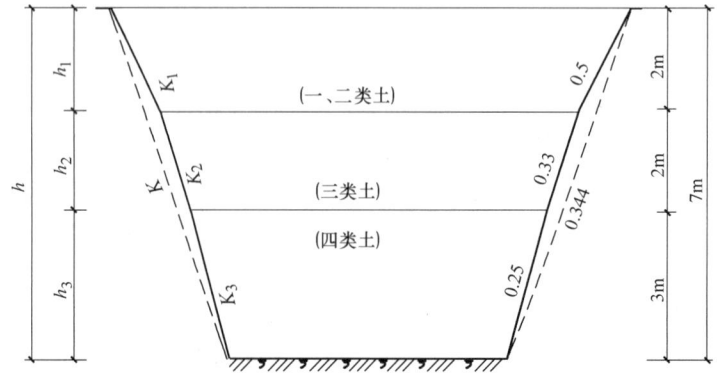

图 7.1-2　加权平均放坡系数示意图

第7章 建筑装饰装修工程工程量计算

加权平均放坡系数 $K = K_1h_1/h + K_2h_2/h + K_3h_3/h$
$= 0.5 \times 2/7 + 0.33 \times 2/7 + 0.25 \times 3/7 = 0.344$

2) 支挡土板。在需要放坡的土方工程中，由于施工组织设计需要或受施工场地限制而不能放坡时，就需要支挡土板以阻挡土方坍塌。支挡土板时，挖沟槽、基坑的宽度按图示沟槽、基坑底宽，单面加100mm，双面加200mm计算（图7.1-3）；另外，挡土板面积按槽（或坑）垂直支撑面积计算，支挡土板后，不得再计算放坡。

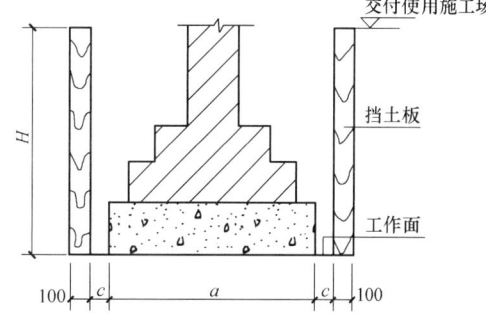

图7.1-3 支挡土板示意图

3) 工作面的规定。工作面是指工人施工操作或支模板时所需要增加的开挖断面宽度。工作面宽度与基础材料和施工工序有关。基础施工所需的工作面宽度，按施工组织设计规定计算（实际施工不留工作面者，不得计算）；无施工组织设计规定时，按表7.1-4规定计算。

表7.1-4 基础施工所需工作面宽度计算表 （单位：mm）

基础材料	每边各增加工作面宽度	基础材料	每边各增加工作面宽度
砖基础	200	混凝土基础支模板	300
浆砌毛石、条石基础	150	基础垂直面做防水层	1000（防水层面）
混凝土基础垫层支模板	300		

(5) 岩石开凿、爆破方法、石渣清运方法及运距
(6) 其他有关资料 包括有关施工组织设计文件、招标投标文件等资料。

3. 工程量计算的一般规则

1) 土方体积，均以挖掘前的天然密实体积为准计算。如需折算时，可按表7.1-5所列系数换算。

表7.1-5 土方体积折算表

天然密实体积	虚方体积	夯实后体积	松填体积
0.77	1.00	0.67	0.83
1.00	1.30	0.87	1.08
1.15	1.50	1.00	1.25
0.92	1.20	0.80	1.00

2) 挖土方平均厚度应按自然地面测量标高至设计地坪标高间的平均厚度确定。基础土方、石方开挖深度应按基础垫层底表面至交付使用施工场地标高确定，无交付使用施工场地标高时，应按自然地面标高确定。

3) 石方体积，均以挖掘前的天然密实体积为准计算。如需折算时，可按表7.1-6所列系数换算。

表 7.1-6　石方体积折算表

石方类别	天然密实体积	虚方体积	松填体积	码　方
石方	1.00	1.54	1.31	
块石	1.00	1.75	1.43	1.67
砂夹石	1.00	1.07	0.94	

二、主要分项工程工程量计算

1. 平整场地

（1）基本概念　平整场地是指建筑场地厚度在 ±300mm 以内的挖、填、运、找平（图 7.1-4）。如 ±300mm 以内全部是挖方或填方，应套相应挖填及运土子目；挖、填土方厚度超过 ±300mm 时，按场地土方平衡竖向布置另行计算，套相应挖填土方子目。

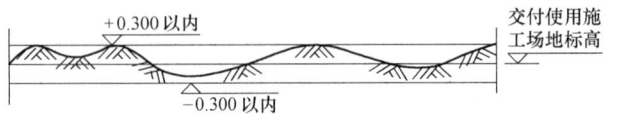

图 7.1-4　平整场地示意图

（2）计算规则　平整场地工程量按设计图示尺寸以建筑物首层建筑面积计算。

（3）计算方法　计算平整场地工程量时，查看一层建筑平面图，按计算建筑面积的相应规定计算。

（4）有关说明　按竖向布置进行大型挖土或回填土时，不得再计算平整场地的工程量。

（5）计算实例

【例 7.1-1】　某七层砖混结构住宅楼的一层建筑平面图如图 7.1-5 所示，结构层高为 3.0m。施工时采用推土机平整场地，计算该住宅楼平整场地的工程量，并按 2013 年《广西壮族自治区建筑装饰装修工程消耗量定额》确定定额子目编号。

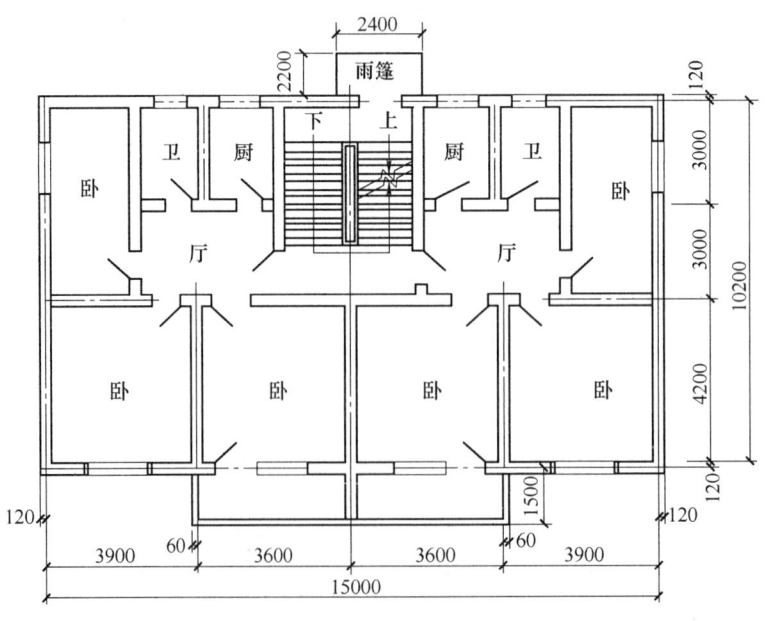

图 7.1-5　住宅楼的一层建筑平面图

注：轴线居墙中，墙厚 240mm。

【解】 平整场地工程量按设计图示尺寸以建筑物首层建筑面积计算。

阳台：$(3.6 \times 2 + 0.06 \times 2) \times (1.5 - 0.12)/2 m^2 = 5.05 m^2$

雨篷：$2.4 \times 2.2/2 m^2 = 2.64 m^2$

建筑物内部：$(15 + 0.24) \times (10.2 + 0.24) m^2 = 159.11 m^2$

平整场地工程量：$(5.05 + 2.64 + 159.11) m^2 = 166.80 m^2$

套用定额子目：A1-88，推土机平整场地±30cm以内。

2. 挖沟槽、基坑、土方

（1）挖沟槽

1）基本概念。凡图示沟槽底宽在 7m 以内，且沟槽长大于槽宽 3 倍以上的，为沟槽。

2）计算规则。挖沟槽工程量按设计图示尺寸以体积计算。其中，挖沟槽长度：外墙按图示中心线长度；内墙按地槽槽底净长度计算（图 7.1-6）；内外突出部分（垛、附墙烟囱等）体积并入沟槽土方工程量内计算。

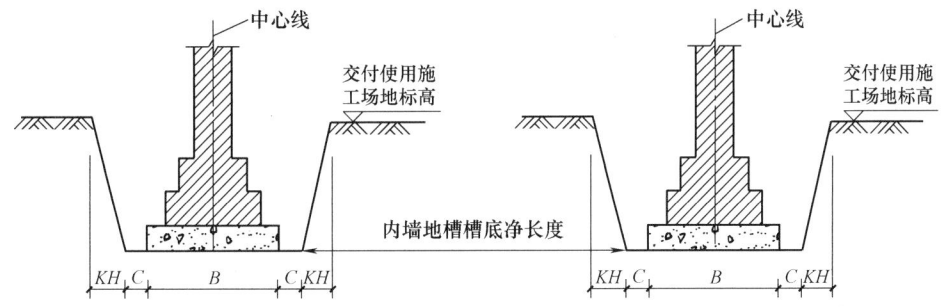

图 7.1-6 沟槽长度示意图

3）计算方法。

$$挖沟槽工程量 = \sum (沟槽截面面积 \times 沟槽长度)$$

由于挖沟槽的施工方法很多，其计算方法也不相同，主要分为以下几种。

①有工作面、不放坡（图 7.1-7）。

$$V = (B + 2C)HL$$

②从垫层下表面放坡（图 7.1-8），当垫层支模板需留工作面时，放坡自垫层下表面开始。

$$V = (B + 2C + KH)HL$$

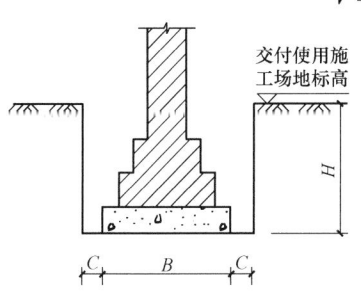

图 7.1-7 有工作面、不放坡示意图

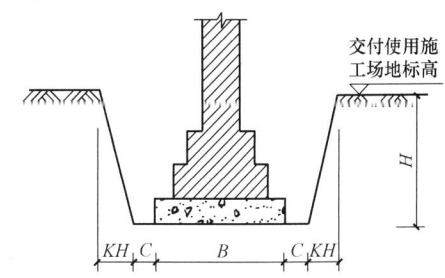

图 7.1-8 从垫层下表面放坡示意图

③从垫层上表面放坡（见图 7.1-9），当原槽、坑作基础垫层时，放坡自垫层上表面开始。

$$V = BH_1L + (B_1 + 2C + KH_2)H_2L$$

④有工作面、支挡土板（见图 7.1-10）。

$$V = (B + 2C + 2 \times 0.1) \times H \times L$$

式中　V——挖沟槽工程量（m³）；
　　　B——垫层底面宽度（m）；
　　　B_1——基础底面宽度（m）；
　　　H——挖土深度（m）；
　　　H_2——垫层上表面至交付使用施工场地标高之间高度（m）；
　　　H_1——垫层高度（m）；
　　　C——工作面宽度（m），按表 7.1-4 规定计算；
　　　L——沟槽长度（m），外墙按图示中心线长度，内墙按地槽槽底净长度计算；
　　　K——放坡系数，按表 7.1-3 确定计算。

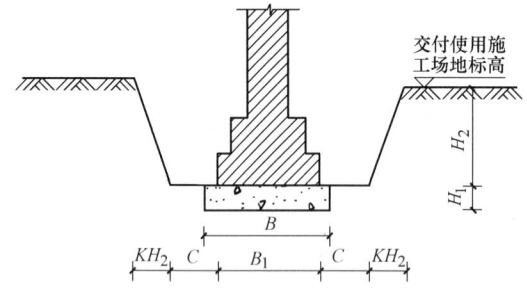

图 7.1-9　从垫层上表面放坡示意图

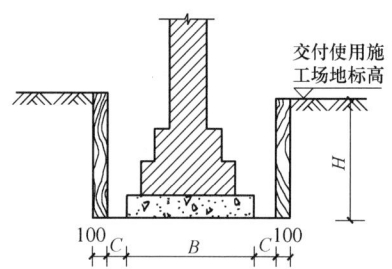

图 7.1-10　有工作面、支挡土板示意图

4）计算实例。

【例 7.1-2】　某建筑物基础如图 7.1-11 所示，已知：交付使用施工场地标高为 -0.30，土壤类别为三类土。施工时采用人工挖土，混凝土垫层支模板，放坡时从垫层下表面放坡。计算挖沟槽工程量，并按 2013 年《广西壮族自治区建筑装饰装修工程消耗量定额》确定定额子目编号。

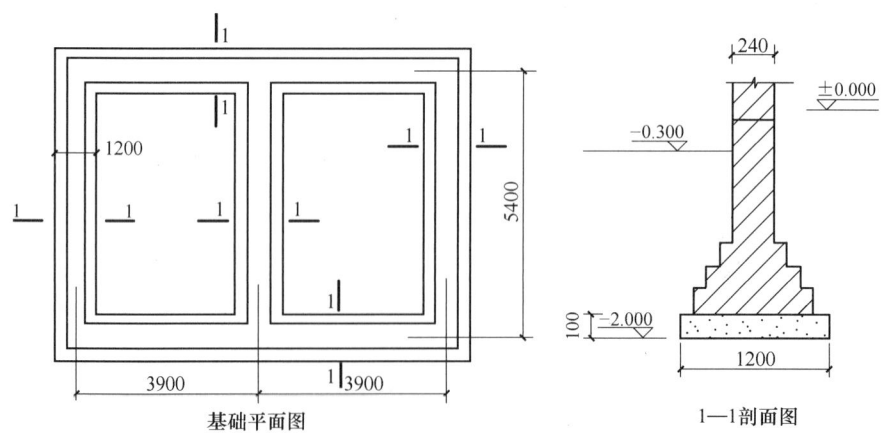

图 7.1-11　基础平面图、剖面图

注：轴线居墙中。

【解】 挖土深度 $H = (2.0 - 0.3)\text{m} = 1.7\text{m}$

查表 7.1-3 得知：三类土的放坡起点为 1.50m，所以应考虑放坡，放坡系数 $K = 0.33$

查表 7.1-4 得知：工作面宽度 $C = 300\text{mm}$

沟槽长度 L = 外墙沟槽中心线长度 + 内墙沟槽槽底净长度
$$= (3.9 \times 2 + 5.4) \times 2\text{m} + [5.4 - (0.6 + 0.3) \times 2]\text{m} = 30\text{m}$$

挖沟槽工程量 $V = (B + 2C + KH)HL$
$$= (1.2 + 2 \times 0.3 + 0.33 \times 1.7) \times 1.7 \times 30\text{m}^3 = 120.41\text{m}^3$$

套用定额子目：A1-9，人工挖沟槽/三类土/深度2m以内。

(2) 挖基坑

1) 基本概念。凡图示基坑底面积在 150m^2 以内的为基坑。

2) 计算规则。按设计图示尺寸以体积计算。

3) 计算方法。由于挖基坑的施工方法很多，其计算公式也不相同，主要分为以下几种：

① 有工作面、不放坡的矩形基坑。

矩形基坑：$\qquad V = (a + 2C)(b + 2C)H$

② 有工作面、支挡土板的矩形基坑。

矩形基坑：$\qquad V = (a + 2C + 2 \times 0.1)(b + 2C + 2 \times 0.1)H$

③ 从垫层下表面放坡的矩形基坑（图7.1-12）。

矩形基坑：$\qquad V = (a + 2C + KH)(b + 2C + KH)H + 1/3K^2H^3$

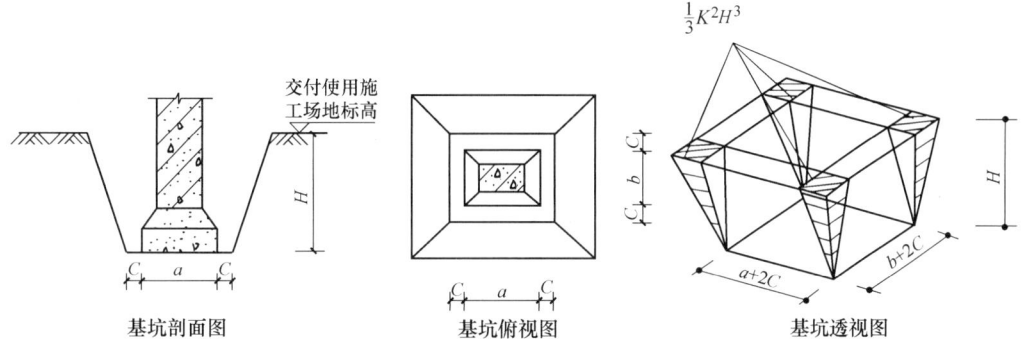

图 7.1-12 从垫层下表面放坡的矩形基坑示意图

④ 从垫层上表面放坡的矩形基坑（图7.1-13）。

矩形基坑：$\qquad V = abH_2 + (a_2 + 2C + KH_1)(b_2 + 2C + KH_1)H_1 + 1/3K^2H_1^3$

式中　V——挖基坑工程量（m^3）；

　a、b——分别为垫层的长、宽（m）；

　a_2、b_2——分别为基础底面的长、宽（m）；

　　H——挖土深度（m）；

　　H_1——垫层上表面至交付使用施工场地标高之间高度（m）；

　　H_2——垫层高度（m）；

$1/3K^2H^3$——基坑四角锥体的土方体积（m^3）；

K——放坡系数，按表 7.1-3 确定计算。

C——工作面宽度（m），按表 7.1-4 规定计算；

0.1——单面支挡土板的厚度（m）。

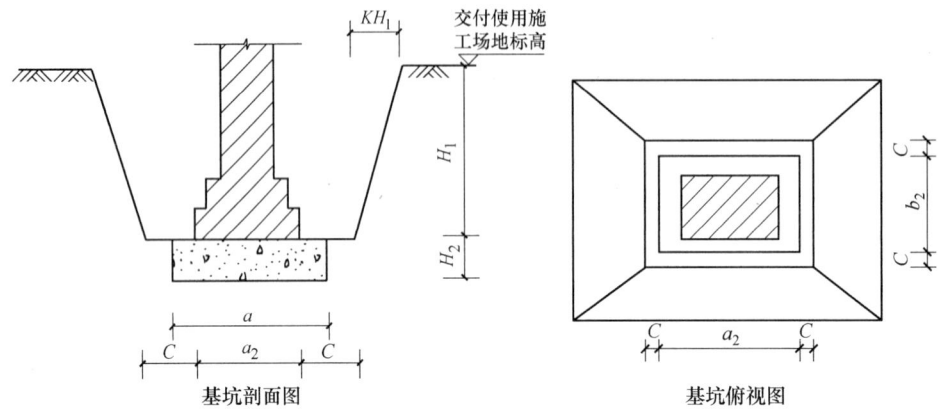

图 7.1-13　从垫层上表面放坡的矩形基坑示意图

⑤从垫层下表面放坡的圆形基坑（图 7.1-14）

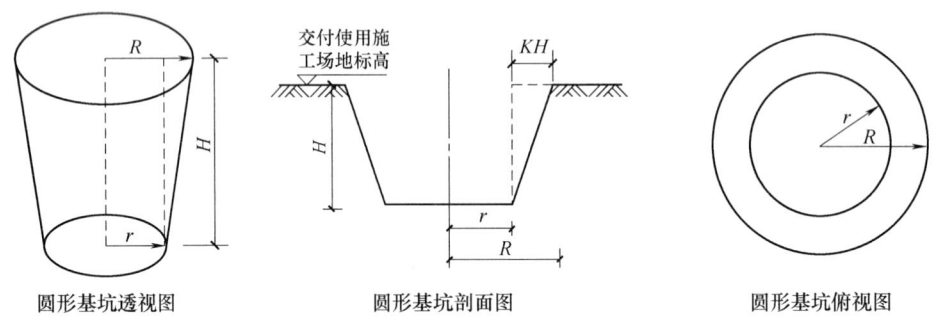

图 7.1-14　从垫层下表面放坡的圆形基坑示意图

圆形基坑： $$V = 1/3\pi H(R^2 + r^2 + Rr)$$

式中　V——挖基坑工程量（m^3）；

H——挖土深度（m）；

r——基坑底半径（m）；

R——基坑上口半径（m）。

4) 计算实例。

【**例 7.1-3**】　某建筑物独立基础 J2 大样如图 7.1-15 所示，J2 共 10 个。已知：交付使用施工场地标高为 −0.40，土壤类别为四类土。施工时采用人工挖土，混凝土垫层支模板，放坡时从垫层下表面放坡。计算挖基坑工程量，并按 2013 年《广西壮族自治区建筑装饰装修工程消耗量定额》确定定额子目编号。

【解】 挖土深度 $H = (3.1 - 0.4)\text{m} = 2.7\text{m}$

查表 7.1-3 可知：四类土的放坡起点为 2.0m，所以应考虑放坡，放坡系数 $K = 0.25$

混凝土垫层支模板，查表 7.1-4 可知：工作面 $C = 300\text{mm}$

单个基坑体积 $V = (a + 2C + KH)(b + 2C + KH)H + 1/3 K^2 H^3$
$= [(1.15 \times 2 + 0.1 \times 2 + 2 \times 0.3 + 0.25 \times 2.7)^2 \times 2.7 + 1/3 \times 0.25^2 \times 2.7^3]\text{m}^3$
$= 38.887\text{m}^3$

挖基坑工程量 $= 38.887 \times 10\text{m}^3 = 388.87\text{m}^3$

套用定额子目：A1-13，人工挖基坑/四类土/深度 4m 以内。

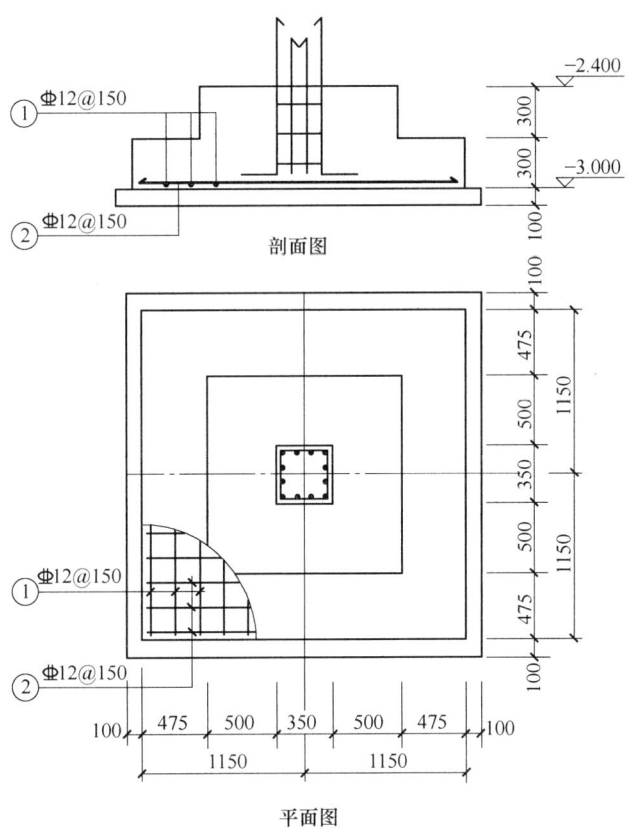

图 7.1-15 独立基础 J2 大样图

【例 7.1-4】 某工程基础图如图 7.1-16 所示，基础连系梁宽 250mm，高 600mm，梁顶面标高为 ±0.000，梁下、独立基础下均设有 100mm 厚混凝土垫层，垫层出边 100mm。已知：交付使用施工场地标高为 -0.200，土壤类别为四类土。施工时采用人工挖土，混凝土垫层支模板。计算挖基坑、沟槽工程量，并按 2013 年《广西壮族自治区建筑装饰装修工程消耗量定额》确定定额子目编号。

【解】 基坑挖土深度 $H_1 = (1.6 - 0.2)\text{m} = 1.4\text{m}$，沟槽挖土深度 $H_2 = (0.7 - 0.2)\text{m} = 0.5\text{m}$

查表 7.1-3 可知：四类土的放坡起点为 2.0m，所以不用放坡。

混凝土垫层支模板，查表 7.1-4 可知：工作面 $C=300\mathrm{mm}$。

挖基坑工程量 $V_1 = (a+2C) \times (b+2C) \times H_1 \times 个数$

$$= (1.0 \times 2 + 0.1 \times 2 + 2 \times 0.3)^2 \times 1.4 \times 6\mathrm{m}^3 = 65.856\mathrm{m}^3$$

A、B 轴沟槽长度 $= (6.0 \times 2 - 1.0 \times 4 - 0.1 \times 4 - 0.3 \times 4) \times 2\mathrm{m} = 12.8\mathrm{m}$

①、②、③轴沟槽长度 $= (6.3 - 1.0 \times 2 - 0.1 \times 2 - 0.3 \times 2) \times 3\mathrm{m} = 10.5\mathrm{m}$

挖沟槽工程量 $V_2 = (B+2C)H_2L$

$$= (0.25 + 0.1 \times 2 + 2 \times 0.3) \times 0.5 \times (12.8 + 10.5)\mathrm{m}^3 = 12.233\mathrm{m}^3$$

挖基坑、挖沟槽工程量合计 $= (65.856 + 12.233)\mathrm{m}^3 = 78.089\mathrm{m}^3$

套用定额子目：A1-12，人工挖沟槽（基坑）/四类土/深度 2m 以内。

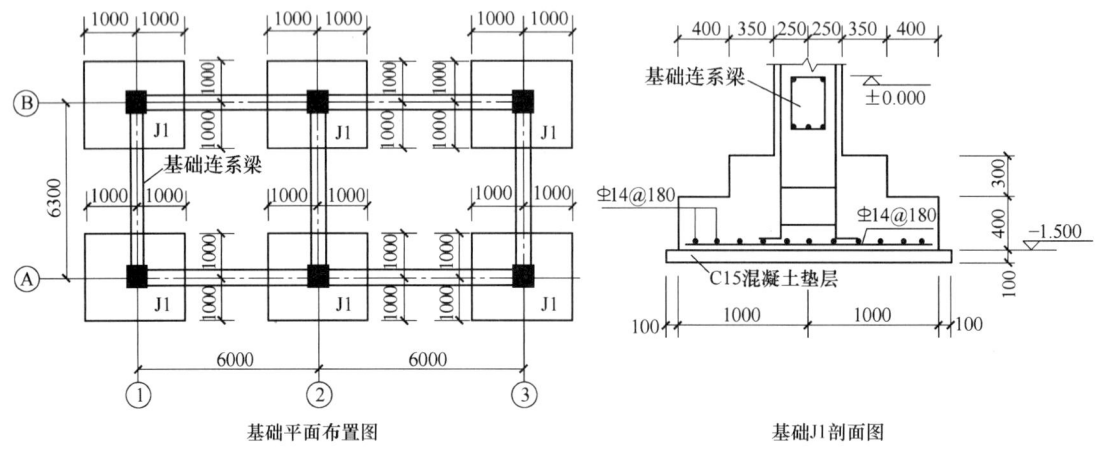

图 7.1-16　某工程基础图

(3) 挖土方

1) 基本概念。凡图示沟槽底宽在 7m 以上，坑底面积在 $150\mathrm{m}^2$ 以上的，均按挖土方计算。

2) 计算规则。按设计图示尺寸以体积计算。

3) 计算方法。同沟槽（基坑）的计算方法。

4) 有关说明。人工挖土方深度以 1.5m 为准，如超过 1.5m 者，需用人工将土运至地面时，应按相应定额子目人工费乘以表 7.1-7 所列系数（不扣除 1.5m 以内的深度和工程量）。

表 7.1-7　系数表

深度	2m 以内	4m 以内	6m 以内	8m 以内	10m 以内
系数	1.08	1.24	1.36	1.50	1.64

注：如从坑内用机械向外提土者，按机械提土定额执行。实际使用机械不同时，不得换算。

(4) 挖沟槽、基坑、土方有关说明

1) 计算放坡时，在交接处的重复工程量不予扣除，原槽、坑作基础垫层时，放坡自垫层上表面开始计算。垫层需留工作面时，放坡自垫层下表面开始计算。

2) 基础土方大开挖后再挖地槽、地坑，其深度应以大开挖后土面至槽、坑底标高计算；其土方如需外运时，按相应定额规定计算。

3）在有挡土板支撑下挖土方时，按实挖体积，人工费乘以系数1.2。

4）桩间净距小于4倍桩径（或桩边长）的，人工挖桩间土方（包括土方、沟槽、基坑）按相应子目的人工费乘以系数1.25，机械挖桩间土方按相应子目的机械乘以系数1.1，计算工程量时，应扣除单根横截面面积$0.5m^2$以上的桩（或未回填桩孔）所占的体积。

5）挖淤泥、流砂工程量，按挖土方工程量计算规则计算；未考虑涌砂、涌泥，发生时按实计算。

6）采用机械施工时，应注意以下几点。

①机械挖（填）土方，单位工程量小于$2000m^3$时，定额乘以系数1.1。

②机械挖土人工辅助开挖，按施工组织设计的规定分别计算机械、人工挖土工程量；如施工组织设计无规定时，按表7.1-8规定确定机械和人工挖土比例。

表7.1-8 系数表

项　　目	地下室	基槽（坑）	地面以上土方	其他
机械挖土方	0.96	0.90	1.00	0.94
人工挖土方	0.04	0.10	0.00	0.06

注：人工挖土部分按相应定额子目人工费乘以系数1.5，如需用机械装运时，按机械装（挖）运一、二类土定额计算。

③机械挖土方定额中土壤含水率是按天然含水率为准制定的：含水率大于25%时，定额人工、机械乘以系数1.15；若含水率大于40%时，另行计算。

④挖掘机在垫板上作业时，人工费、机械乘以系数1.25，定额内不包括垫板铺设所需的工料、机械消耗。

⑤挖掘机挖沟槽、基坑土方，执行挖掘机挖土方相应子目，挖掘机台班量乘以系数1.2。

⑥机械土方定额是按三类土编制的，如实际土壤类别不同时，定额中的推土机、挖掘机台班量乘以表7.1-9中系数。

表7.1-9 系数表

项　　目	一、二类土壤	四类土壤
推土机推土方	0.84	1.14
挖掘机挖土方	0.84	1.14

⑦机械上下行驶坡道的土方，可按施工组织设计合并在土方工程量内计算。

机械上下行驶坡道的土方分两种情况：若坡道设在坑内，则不增加土方工程量；若坡道设在坑外，则坡道增加的土方量并入土方工程量计算。

3. 挖管道沟槽

（1）计算规则　挖管道沟槽按设计图示尺寸以体积计算，其长度按图示中心线长度计算，沟底宽度，设计有规定的，按设计规定尺寸计算，设计无规定的，可按表7.1-10规定宽度计算。

表 7.1-10 管沟施工每侧所需工作面宽度计算表 （单位：mm）

管沟材料	管道结构宽			
	≤500	≤1000	≤2500	>2500
混凝土及钢筋混凝土管道	400	500	600	700
其他材质管道	300	400	500	600

注：1. 按上表计算管道沟土方工程量时，各种井类及管道接口等处需加宽增加的土方量不另行计算，底面积大于 20m² 的井类，其增加工程量并入管沟土方内计算。
2. 管道结构宽：有管座的按基础外缘计算，无管座的按管道外径计算。

（2）计算方法 挖管道沟槽工程量 = Σ（管道沟槽截面面积 × 沟槽长度）

4. 土方回填工程

（1）计算规则 回填土区分夯填、松填按图示回填体积并依据下列规定，以立方米计算：

1）场地回填土，按回填面积乘以平均回填厚度计算。

2）基础回填土，按挖方工程量减去自然地坪以下埋设基础体积（包括基础垫层及其他构筑物）。

3）室内回填土，按主墙（厚度在120mm以上的墙）之间的净面积乘以回填土厚度计算，不扣除间隔墙。

（2）计算方法

1）场地回填土 V = 回填面积 × 平均回填厚度

2）基础回填土 V = 挖方工程量 - 自然地坪以下埋设的基础、垫层等所占的体积

3）室内（房心）回填土 V = 主墙间净面积 $S_净$ × 回填土厚度 h_2

回填土厚度 h_2——室内地坪与自然地坪的高差减地面结构层厚度，如图 7.1-17 所示。

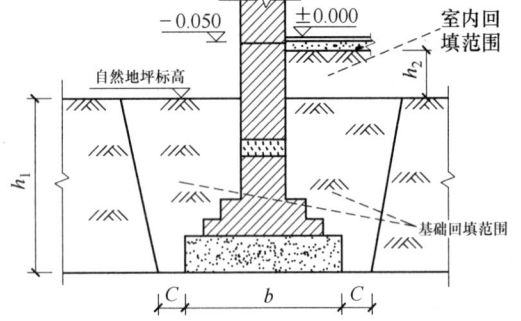

图 7.1-17 回填土示意图

【例 7.1-5】 如图 7.1-18 所示，自然地坪标高为 -0.45m，室内回填土采用人工施工、夯填方式，计算室内回填土工程量，并按2013年《广西壮族自治区建筑装饰装修工程消耗量定额》确定定额子目编号。

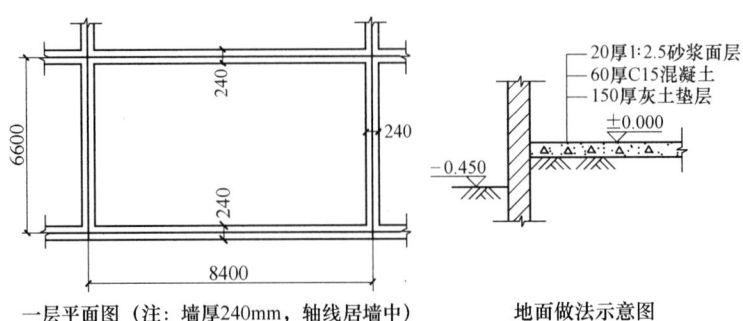

图 7.1-18 室内回填土实例计算图

【解】 室内回填土工程量按主墙之间的净面积乘以回填土厚度计算。

主墙间净面积 $S_净 = (8.4 - 0.24) \times (6.6 - 0.24) \text{m}^2 = 51.90 \text{m}^2$

回填土厚度 $h_2 = (0.45 - 0.02 - 0.06 - 0.15) \text{m} = 0.22 \text{m}$

室内回填土工程量 $V = S_净 \times h_2 = 51.90 \times 0.22 \text{m}^3 = 11.42 \text{m}^3$

套用定额子目：A1-82，人工回填土/夯填。

5. 土石方运输工程

（1）计算规则　土石方运输工程量按不同的运输方法和距离分别以天然密实体积计算。如实际运输疏松的土石方时，应按本节工程量计算一般规则的规定换算成天然密实体积计算。

（2）计算方法　余土或取土工程量可按下式计算：

$$运土体积 = 挖土总体积 - 回填土总体积$$

式中计算结果为正值时为余土外运体积，负值时为需取土体积。

土方的运输应按施工组织设计规定的运输距离及运输方式套用定额。

（3）有关说明

1）淤泥、流砂运输定额按即挖即运考虑。对没有即时运走的，经晾晒后的淤泥、流砂按运一般土方子目计算。

2）机械运极软岩按机械运三类土计算，定额中的机械台班量乘以系数1.38。

3）土石方运输未考虑弃土场所收取的渣土消纳费，若发生时按实办理签证计算。

6. 石方工程

石方工程的沟槽、基坑与平基的划分按土方工程的划分规定执行。

计算规则：岩石开凿及爆破工程量，区别石质按下列规定计算。

1）人工凿岩石，按图示尺寸以立方米计算。

2）爆破岩石按图示尺寸以立方米计算，其中人工打眼爆破和机械打眼爆破其沟槽、基坑深度、宽度超挖量为：较软岩、较硬岩各200mm；坚硬岩为150mm。超挖部分岩石并入岩石挖方量之内计算。石方超挖量与工作面宽度不得重复计算。

三、其他分项工程工程量计算规则

1）挡土板面积，按槽、坑垂直支撑面积计算，支挡土板后，不得再计算放坡。

2）基础钎插按钎插孔数计算。

3）沟槽、基坑回填砂、石、天然三合土工程量按图示尺寸以立方米计算，扣除管道、基础、垫层等所占体积。

4）建筑场地原土碾压以平方米计算，填土碾压按图示填土厚度以立方米计算。

思考与习题

1. 什么是平整场地、挖沟槽、挖基坑和挖土方？
2. 挖沟槽的长度是如何规定的？
3. 回填土的工程量如何计算？
4. 图7.1-19是某建筑物的基础平面图和剖面图。已知：交付使用施工场地标高（自然地坪标高）为-0.30，土壤类别为四类土，采用人工施工，混凝土垫层支模板，放坡时从垫层下表面放坡。地面厚度150mm，土方运距为50m，回填土采用夯填。自然地坪以下各种工程量为：混凝土垫层体积2.4m³，砖基础体积16.24m³。试计算该建筑物挖沟槽、沟槽回填土、室内回填土及运土工程量。并按2013年《广西壮族自治区建筑装饰装修工程消耗量定额》确定定额子目编号及名称。

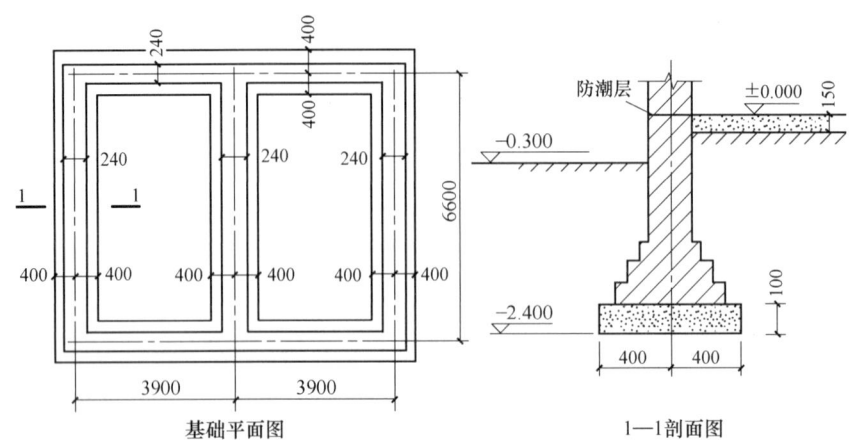

图7.1-19 某建筑物的基础平面图、剖面图

7.2 桩与地基基础工程

一、概述

1. 主要内容

桩基础工程主要包括预制钢筋混凝土桩（包括柴油打桩机打、静力压桩机压两种施工方法）、接桩、混凝土灌注桩（包括打孔灌注桩、钻（冲）孔灌注桩、人工挖孔桩、爆扩短桩等）、砂石灌注桩、灰土挤密桩、旋喷桩、深层搅拌水泥桩、钢板桩、圆木桩等项目。

地基与边坡处理工程包括：地下连续墙、地基强夯、锚杆支护、土钉支护、基坑护坡、高压定喷防渗墙等项目。

2. 定额说明

1) 单位工程打（压、灌）桩工程量在表7.2-1中规定的数量以内时，其人工、机械量按相应定额子目乘以系数1.25计算。

表7.2-1 单位工程打、（压、灌）桩工程量

项　　目	单位工程的工程量	项　　目	单位工程的工程量
钢筋混凝土方桩	150m³	打孔灌注砂、石桩	60m³
钢筋混凝土管桩	50m³	钻孔、潜水钻(冲)孔灌注混凝土桩	100m³
钢筋混凝土板桩	50m³	灰土挤密桩	100m³
钢板桩	50t	打孔灌注混凝土桩	60m³

2) 打试验桩按相应定额子目的人工、机械乘以系数2计算。

3) 打桩、压桩、打孔，桩间净距小于4倍桩径（或桩边长）的，按相应定额子目中的人工、机械乘以系数1.13计算。

4) 定额以打直桩为准，如打斜桩，斜度在1:6以内者，按相应定额子目人工、机械乘

以系数 1.25 计算，如斜度大于 1:6 者，按相应定额子目人工、机械乘以系数 1.43 计算。

5）定额以平地（坡度小于 15°）打桩为准，如在堤坡上（坡度大于 15°）打桩时，按相应定额子目人工、机械乘以系数 1.15 计算。如在基坑内（基坑深度大于 1.5m）打桩或在地坪上打坑槽内（坑槽深度大于 1m）桩时，按相应定额子目人工、机械乘以系数 1.11 计算。

6）定额各种灌注的材料用量中，均已包括表 7.2-2 中规定的充盈系数和材料损耗。实际充盈系数与定额规定不同时，按下式换算：

$$换算后的充盈系数 = \frac{实际灌注混凝土（或砂、石）量}{按设计图计算混凝土（或砂、石）量}$$

其中灌注砂石桩除上述充盈系数和损耗率外，还包括级配密实系数 1.334。

表 7.2-2　充盈系数和材料损耗

项目名称	充盈系数	损耗率(%)	项目名称	充盈系数	损耗率(%)
打孔灌注混凝土桩	1.25	1.5	打孔灌注砂桩	1.30	3
钻孔、旋挖灌注混凝土桩	1.30	1.5	打孔灌桩砂石桩	1.30	3
水泥粉煤灰碎石桩（CFG 桩）	1.20	1.5	地下连续墙	1.20	1.5
长螺旋钻孔压灌桩	1.20	1.5			

7）在桩间补桩或强夯后的地基打桩时，按相应定额子目人工、机械乘以系数 1.15 计算。

8）现浇混凝土浇捣是按商品混凝土编制的，采用泵送时套用定额相应子目，采用非泵送时，每立方米混凝土增加人工费 21 元。

9）入岩增加费按以下规定计算：极软岩不作入岩，硬质岩按入岩计算，软质岩按相应入岩子目乘以系数 0.5 计算。

10）预制桩桩长除合同另有约定外，预算按设计长度计算，结算按实际入土桩的长度计算，超出地面的桩头长度不得计算。但可计算超出地面的桩头材料费。

二、主要分项工程工程量计算

1. 打预制钢筋混凝土桩（含管桩）

（1）基本概念　预制钢筋混凝土桩是先在加工厂或施工现场采用钢筋、混凝土预制成各种形状的桩，然后用打桩机将其打入土中。常见的预制钢筋混凝土桩有实心方桩、空心管桩（图 7.2-1）。

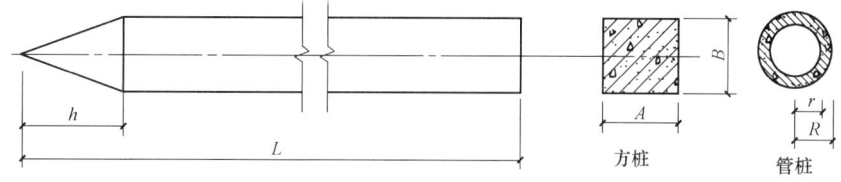

图 7.2-1　预制钢筋混凝土桩示意图

（2）计算规则　打预制钢筋混凝土桩（含管桩）工程量，按设计桩长（包括桩尖，不扣除桩尖虚体积）乘以桩截面面积以立方米计算。管桩的空心体积应扣除。

(3) 计算方法（图 7.2-1）

打方桩工程量 $V = ABLn$

打管桩工程量 $V = [\pi R^2 L - \pi r^2 (L-h)]n$

式中 n——打桩根数。

(4) 有关说明

1) 预制桩的安装（打桩）按土质级别、桩长套本分部相应定额子目，预制桩的制作、运输套定额 "A.4 混凝土及钢筋混凝土工程"的相应定额子目。

2) 预制钢筋混凝土管桩的空心部分如设计要求灌注填充材料时，应套用相应定额子目按设计灌注长度乘以桩芯截面面积以立方米另行计算（套定额 A2-57、A2-58）。

3) 预制钢筋混凝土桩，起吊、运送、就位是按操作周边 15m 以内的距离确定的，超过 15m 以外另按相应运输定额子目计算，如图 7.2-2 所示。

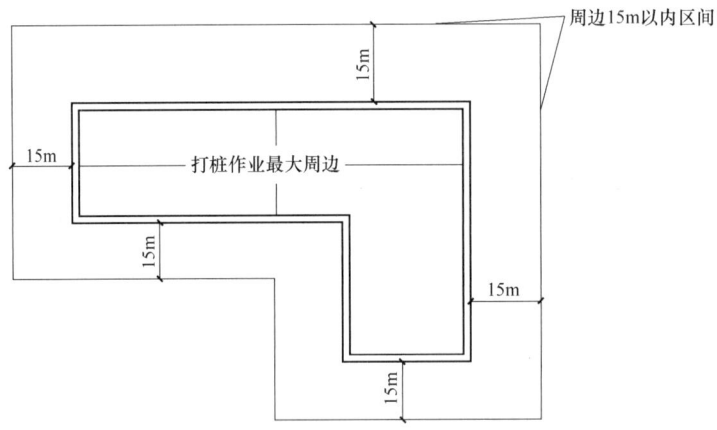

图 7.2-2 预制桩的起吊、运送、就位距离示意图

(5) 计算实例

【例 7.2-1】 某工程用履带式柴油打桩机打预制钢筋混凝土方桩 150 根，二级土，方桩如图 7.2-3 所示，计算打预制钢筋混凝土方桩工程量，并按 2013 年《广西壮族自治区建筑装饰装修工程消耗量定额》确定定额子目编号。

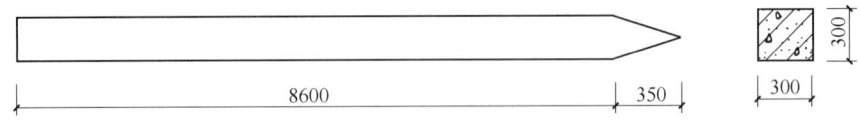

图 7.2-3 预制钢筋混凝土方桩示意图

【解】 柴油打桩机打预制钢筋混凝土桩工程量，按设计桩长（包括桩尖，即不扣除桩尖虚体积）乘以桩截面面积以立方米计算。

打方桩工程量 $= 0.3 \times 0.3 \times (8.6 + 0.35) \times 150 \text{m}^3 = 120.83 \text{m}^3$

定额子目编号：A2-6 换（因单位工程的工程量 < 150 m^3，按定额说明规定：人工、机械按相应定额子目乘以系数 1.25 计算）。

【例 7.2-2】 某工程用履带式柴油打桩机打预制钢筋混凝土管桩 30 根，二级土，管桩如图 7.2-4 所示,设计要求桩芯填 2m 长 C30 碎石 GD40 商品普通混凝土,计算打预制钢筋混凝土管桩及桩芯填混凝土的工程量,并按 2013 年《广西壮族自治区建筑装饰装修工程消耗量定额》确定定额子目编号。

图 7.2-4 预制钢筋混凝土管桩示意图

【解】 柴油打桩机打预制钢筋混凝土管桩工程量,按设计桩长(包括桩尖,不扣除桩尖虚体积)乘以桩截面面积以立方米计算,管桩的空心体积应扣除。

打管桩工程量 = $[\pi \times 0.3^2 \times (22.4 + 0.85) - \pi \times 0.2^2 \times 22.4] \times 30 m^3 = 112.71 m^3$

套用定额子目:A2-20,履带式柴油打桩机打管桩/桩长≤24m/二级土

桩芯填混凝土工程量 = $\pi \times 0.2^2 \times 2 \times 30 m^3 = 7.54 m^3$

套用定额子目:A2-57,预制钢筋混凝土管桩/桩芯填混凝土。

2. 静压方桩

静力压桩机压预制钢筋混凝土方形桩,简称静压方桩。

(1) 计算规则 静压方桩工程量,按设计桩长(包括桩尖,即不扣除桩尖虚体积)乘以桩截面面积以立方米计算。

(2) 计算方法

静压方桩工程量 = 设计桩长(包括桩尖,即不扣除桩尖虚体积)× 桩截面面积

(3) 计算实例

【例 7.2-3】 若例 7.2-1 中的施工工艺改为静力压桩机压预制钢筋混凝土方桩,计算静压桩机压方桩的工程量,并按 2013 年《广西壮族自治区建筑装饰装修工程消耗量定额》确定定额子目编号。

【解】 静压方桩工程量,按设计桩长(包括桩尖,即不扣除桩尖虚体积)乘以桩截面面积以立方米计算,与打方桩工程量计算规则相同。

静压方桩工程量 = 打方桩工程量 = $0.3 \times 0.3 \times (8.6 + 0.35) \times 150 m^3 = 120.83 m^3$

定额子目编号:A2-33 换(因单位工程的工程量 <150m³,按定额说明规定:人工、机械按相应定额子目乘以系数 1.25 计算)。

3. 静压管桩

静力压桩机压预制钢筋混凝土管桩,简称静压管桩。

(1) 计算规则 静压管桩工程量按设计桩长(包括桩尖)以米计算。

(2) 计算方法 静压管桩工程量 = 设计桩长(包括桩尖)

(3) 有关说明

1) 预制钢筋混凝土管桩的空心部分如设计要求灌注填充材料时,应套用相应定额子目按设计灌注长度乘以桩芯截面面积以立方米另行计算(套定额 A2-57、A2-58)。

2) 预制钢筋混凝土管桩如需设置钢桩尖时,钢桩尖制作、安装按实际重量套用一般铁件定额计算。

(4) 计算实例

【例 7.2-4】 若例 7.2-2 中的施工工艺改为静力压桩机压预制钢筋混凝土管桩,计算静压管桩的工程量,并按 2013 年《广西壮族自治区建筑装饰装修工程消耗量定额》确定定额子目编号。

【解】 静压管桩工程量按设计桩长(包括桩尖)以米计算。

静压管桩工程量 = (22.4 + 0.85) × 30m = 697.5m

套用定额:A2-55,静力压桩机压预制管桩 ϕ600/桩长≤30m。

4. 接桩

(1) 基本概念 有些桩基设计很深,而预制桩因吊装、运输、就位等原因,不能将桩预制很长。接桩是指按设计要求、按桩的总长分节预制,运至现场先将第一根桩打入,将第二根桩垂直吊起和第一根桩相连接后再继续打桩,这一过程称为接桩。

接桩有电焊接桩、硫磺胶泥接桩两种基本方式,如图 7.2-5、图 7.2-6 所示。

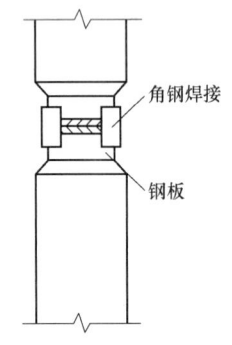

图 7.2-5 电焊接桩示意图

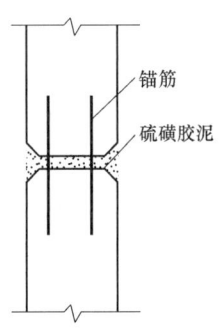

图 7.2-6 硫磺胶泥接桩示意图

(2) 计算规则 电焊接桩按设计接头,以个计算,硫磺胶泥接桩按桩断面以平方米计算。

(3) 有关说明 2013 年《广西壮族自治区建筑装饰装修工程消耗量定额》中预制桩子目(除静压预制管桩外)均未包括接桩,如需接桩,除按相应打(压)桩定额子目计算外,还需按设计要求另行计算接桩子目,其机型可按相应打桩机型调整,台班含量不变。

(4) 计算实例

【例 7.2-5】 某工程需打桩 30 根,每根桩由四段接成,采用硫磺胶泥接桩(图 7.2-7),计算接桩工程量,并按 2013 年《广西壮族自治区建筑装饰装修工程消耗量定额》确定定额子目编号。

【解】 硫磺胶泥接桩按桩断面以平方米计算。

接桩工程量 = 0.45 × 0.45 × (4 - 1) × 30m²
         = 18.23m²

套用定额子目:A2-62,硫磺胶泥接桩。

5. 送桩

(1) 基本概念 在打桩时,由于打桩架底盘离地面有一定距离,不能将桩打入地面以下设计位置,而需用打桩机和送桩器将预制桩共同送入土中,这一过程称为送桩(图 7.2-8)。

(2) 计算规则 静压管桩按送桩长度以米计算,

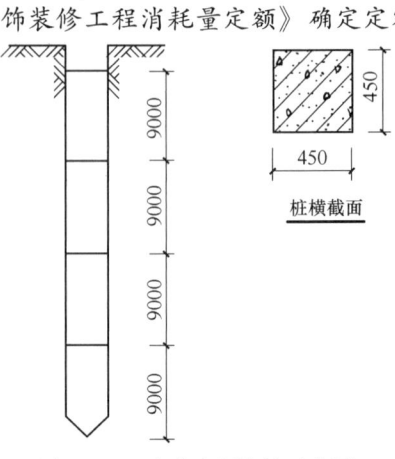

图 7.2-7 硫磺胶泥接桩示意图

其余桩按桩截面面积乘以送桩长度（即打桩架底至桩顶面高度或自桩顶面至自然地坪面另加0.5m）以立方米计算。

(3) 计算方法

1) 静压管桩的送桩工程量计算式：
$$送桩工程量 L = (h + 0.5)n$$

2) 其余桩的送桩工程量计算式：
$$送桩工程量 V = S \times (h + 0.5)n$$

式中 S——桩截面面积；
h——桩顶面至自然地坪高度；
n——桩的数量。

(4) 有关说明 送桩（除圆木桩外）套用相应打桩定额子目，扣除子目中桩的用量，人工、机械乘以系数1.25，其余不变。

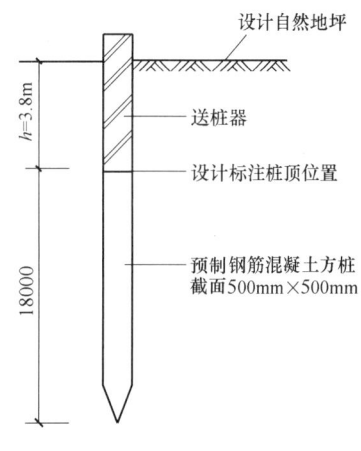

图7.2-8 送桩示意图

(5) 计算实例

【例7.2-6】 如图7.2-8所示，用轨道式柴油打桩机打预制钢筋混凝土方桩100根，一级土。计算打桩、送桩工程量，并按2013年《广西壮族自治区建筑装饰装修工程消耗量定额》确定定额子目编号。

【解】 ①打桩按设计桩长（包括桩尖，不扣除桩尖虚体积）乘以桩截面面积以立方米计算。

打桩工程量 $= 0.5 \times 0.5 \times 18.0 \times 100 m^3 = 450 m^3$

套用定额：A2-3，轨道式柴油打桩机打方桩/桩长≤18m/一级土。

②送桩按桩截面面积乘以送桩长度（桩顶面至自然地坪面另加0.5m）以立方米计算。

送桩工程量 $= 0.5 \times 0.5 \times (3.8 + 0.5) \times 100 m^3 = 107.5 m^3$

套用定额：A2-3换（按定额说明换算："送桩套用相应打桩定额子目，扣除子目中桩的用量，人工、机械乘以系数1.25，其余不变。"）。

6. 打孔灌注桩

(1) 基本概念 打孔灌注桩是利用锤击式打桩机或振动式打桩机，将带有活瓣式桩靴的钢管（或先埋置预制钢筋混凝土桩尖，在桩尖顶端套上钢管）打入土中，然后在钢管内灌入混凝土或砂、碎石等材料，边灌混凝土、边振动、边拔管而成。或先将钢筋骨架放入钢管内，再灌混凝土，并随灌随将钢管拔出，利用拔钢管的振动将混凝土捣实。

(2) 计算规则

1) 混凝土桩、砂桩、碎石桩的体积，按［设计桩长（包括桩尖，即不扣除桩尖虚体积）+设计超灌长度］×设计桩截面面积计算。

2) 扩大（复打）桩的体积按单桩体积乘以次数计算。

3) 打孔时，先埋入预制混凝土桩尖，再灌注桩者，桩尖的制作和运输按定额A.4"混凝土及钢筋混凝土工程"相应子目以立方米体积计算，灌注桩体积按［设计长度（自桩尖顶面至桩顶面高度）+设计超灌长度］×设计桩截面面积计算。

7. 钻（冲）孔灌注桩和旋挖桩

(1) 基本概念 钻（冲）孔灌注桩和旋挖桩是用转盘钻孔机、旋挖钻孔机先在桩位上钻成桩孔，桩孔成型方法有干作业成孔和泥浆护壁成孔两种，成孔后在桩孔内放入钢筋骨架,再灌注混凝土。

钻(冲)孔灌注桩和旋挖桩分成孔、灌芯、入岩工程量计算。

(2) 计算规则

1) 钻(冲)孔灌注桩、旋挖桩成孔工程量按成孔长度乘以设计桩截面积以立方米计算。成孔长度为打桩前的自然地坪标高至设计桩底的长度。

2) 灌注混凝土工程量按桩长乘以设计桩截面积计算,桩长 = 设计桩长 + 设计超灌长度,如设计图纸未注明超灌长度,则超灌长度按500mm计算。

3) 钻(冲)孔灌注桩、旋挖桩入岩工程量按入岩部分的体积计算。

4) 泥浆运输工程量按钻(冲)孔成孔体积以立方米计算。

5) 凿桩头按设计图示尺寸或施工规范规定应凿除的部分,以立方米计算。

(3) 有关说明

1) 钻(冲)孔灌注桩和旋挖桩分成孔、入岩、灌注分别按不同的桩径编制。

2) 定额已综合考虑了穿越砂(黏)土层碎(卵)石层的因素,如设计要求进入岩石层时,套用相应定额计算入岩增加费。

3) 钻(冲)孔灌注桩如先用沉淀池沉淀泥浆后再运渣的,沉淀后的渣土及拆除的沉淀池外运套相应定额或按现场签证计算。

(4) 计算实例

【例 7.2-7】 某工程采用钻孔灌注桩(转盘式钻孔桩机成孔),共45根,钻孔灌注桩桩身大样如图7.2-9所示,设计桩径 φ1300mm,现场自然地坪标高为 -0.45m,桩顶设计标高为 -3.00m,桩底标高为 -17.60m,桩端进入软质岩 0.5m,超灌长度500mm。采用 C25 碎石 GD40 商品水下混凝土灌注,废弃泥浆要求用泥浆运输车外运 10km,超灌桩头在施工后需凿除。计算以下分项工程的工程量并按2013年《广西壮族自治区建筑装饰装修工程消耗量定额》确定定额子目编号:①钻孔灌注桩成孔;②钻孔灌注桩灌注混凝土;③钻孔桩入岩增加费;④泥浆运输;⑤凿截超灌桩头。

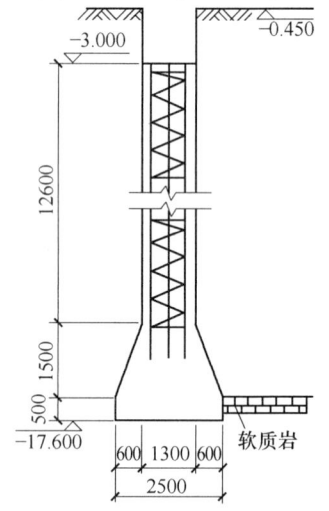

图 7.2-9 钻孔灌注桩桩身大样图

【解】 ①钻孔灌注桩成孔,定额子目编号 A2-67。

钻孔灌注桩成孔工程量按成孔长度乘以设计桩截面积以立方米计算。成孔长度为打桩前的自然地坪标高至设计桩底的长度。

直桩身部分:圆柱 $V_1 = \pi \times 0.65^2 \times (17.6 - 0.45 - 0.5 - 1.5)\mathrm{m}^3 = 20.10\mathrm{m}^3$

扩大头部分:圆台 $V_2 = \pi/3 \times (1.25^2 + 0.65^2 + 1.25 \times 0.65) \times 1.5\mathrm{m}^3 = 4.39\mathrm{m}^3$

圆柱 $V_3 = \pi \times 1.25^2 \times 0.5\mathrm{m}^3 = 2.45\mathrm{m}^3$

钻孔灌注桩成孔工程量 $= (V_1 + V_2 + V_3) \times 根数 = (20.10 + 4.39 + 2.45) \times 45\mathrm{m}^3$
$= 1212.30\mathrm{m}^3$

②钻孔灌注桩灌注混凝土,定额子目编号 A2-79。

灌注混凝土工程量按桩长乘以设计桩截面积计算,桩长 = 设计桩长 + 设计超灌长度,图纸注明超灌长度为500mm。

直桩身部分:圆柱 $V_4 = \pi \times 0.65^2 \times (12.6 + 0.5)\mathrm{m}^3 = 17.38\mathrm{m}^3$

灌注混凝土工程量 = $(V_4 + V_2 + V_3)$ × 根数 = $(17.38 + 4.39 + 2.45) \times 45 m^3 = 1089.90 m^3$

③钻孔桩入岩增加费，定额子目编号 A2-73 换。（说明：软质岩按相应入岩子目乘以系数 0.5 计算。）

入岩工程量按入岩部分的体积计算。桩端进入软质岩 0.5m，即扩大头部分的圆柱 V_3 入岩。

入岩工程量 = V_3 × 根数 = $2.45 \times 45 m^3 = 110.25 m^3$

④泥浆运输，定额编号 A2-99 换（结合定额 A2-100 换算运距为 10km）。

泥浆运输工程量按钻孔成孔体积以立方米计算。

泥浆运输工程量 = $1212.30 m^3$

⑤凿截超灌混凝土桩头，定额编号 A2-119。

凿桩头按设计图示尺寸或施工规范规定应凿除的部分，以立方米计算。图纸要求凿截超灌部分桩头（长度 500mm）。

凿截超灌混凝土桩头工程量 = $\pi \times 0.65^2 \times 0.5 \times 45 m^3 = 29.85 m^3$

8. 长螺旋钻孔压灌桩和水泥粉煤灰碎石桩（CFG 桩）

(1) 基本概念　长螺旋钻孔压灌桩是采用长螺旋钻机钻孔至设计标高，利用混凝土泵将混凝土从钻头底压出，边压灌混凝土边提升钻头直至成桩，然后利用专门振动装置将钢筋笼一次插入混凝土桩体，形成钢筋混凝土灌注桩。

水泥粉煤灰碎石桩简称 CFG 桩，是在碎石桩基础上加进一些石屑、粉煤灰和少量水泥，加水拌和制成的一种具有一定粘结强度的桩，也是近年来新开发的一种地基处理技术。

(2) 计算规则

1) 长螺旋钻孔压灌桩和水泥粉煤灰碎石桩（CFG 桩），按桩长乘以设计桩截面以立方米计算，桩长 = 设计桩长 + 设计超灌长，如设计图纸未注明超灌长度，则超灌长度按 500mm 计算。

2) 凿除水泥粉煤灰碎石桩（CFG 桩）工程量按需凿除的实体体积计算。

(3) 有关说明

1) 长螺旋钻孔压灌桩成孔需穿过 3m 的卵石层时，机械乘以 1.25 系数。

2) 凿水泥粉煤灰碎石桩（CFG 桩）按凿灌注桩定额乘以系数 0.3 计算。

9. 人工挖孔桩

(1) 基本概念　人工挖孔桩是采用人工在桩位挖孔，排除孔中的土方，一般采用分段挖土法施工。为了防止桩周围土方塌方，每段挖土深度宜控制在 1m 左右（一般由设计来定），当第一段桩孔挖土完成后，就可以进行支模及浇筑护壁混凝土。护壁混凝土达到 1N/mm² （MPa）强度后（常温时间歇一天以上）方能拆模。这时可以进行第二段挖土，如此周而复始地分段进行，一直挖到设计标高后，即放入钢筋骨架并浇灌桩身混凝土，使桩身成形。

(2) 计算规则

1) 人工挖孔桩成孔按设计桩截面积（桩径 = 桩芯 + 护壁）乘以挖孔深度加上桩的扩大头体积以立方米计算。

2) 灌注桩芯混凝土按设计桩芯的截面积乘以桩芯的深度（设计桩长 + 设计超灌长度）加上桩的扩大头增加的体积以立方米计算。

3) 人工挖孔桩入岩工程量按入岩部分的体积计算。

4) 凿除人工挖孔桩护壁工程量按需凿除的实体体积计算。

(3) 有关说明

1) 人工挖孔桩,不分土壤类别、不分机械类别和性能均按定额执行。定额分成孔和桩芯混凝土两部分,成孔定额子目包括挖孔和护壁混凝土浇捣等。

2) 凿人工挖孔桩护壁按凿灌注桩定额乘以系数0.5计算。

(4) 计算实例

【例7.2-8】 某工程采用人工挖孔灌注桩,共40根,成孔后的人工挖孔桩如图7.2-10所示,护壁厚度为100~175mm。图纸要求:超灌长度为500mm,桩端进入硬质岩0.5m,施工时采用机械入岩。计算以下分项工程的工程量并按2013年《广西壮族自治区建筑装饰装修工程消耗量定额》确定定额子目编号:①人工挖孔桩成孔;②入岩;③灌注桩芯混凝土。

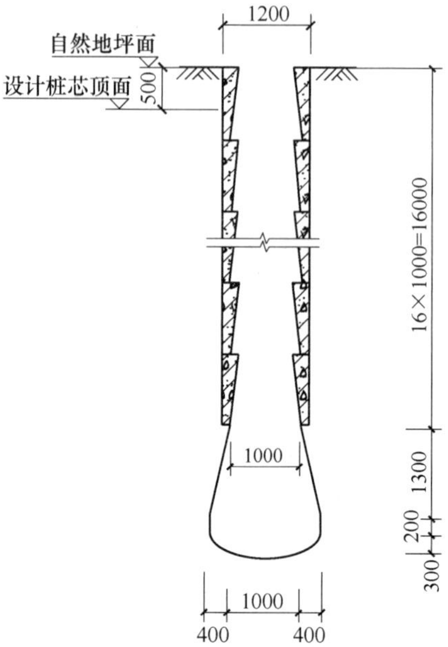

【解】 ①人工挖孔桩成孔,定额子目编号A2-102。

人工挖孔桩成孔按设计桩截面积(桩径=桩芯+护壁)乘以挖孔深度加上桩的扩大头体积以立方米计算。

直桩身:圆柱 $V_1 = \pi \times 0.6^2 \times 16.0 \text{m}^3 = 18.09 \text{m}^3$

扩大头:圆台 $V_2 = \pi/3 \times (0.9^2 + 0.5^2 + 0.9 \times 0.5) \times 1.3 \text{m}^3 = 2.06 \text{m}^3$

   圆柱 $V_3 = \pi \times 0.9^2 \times 0.2 \text{m}^3 = 0.51 \text{m}^3$

   球缺 $V_4 = \pi/6 \times (3 \times 0.9^2 + 0.3^2) \times 0.3 \text{m}^3 = 0.40 \text{m}^3$

扩大头合计 $V_5 = V_2 + V_3 + V_4 = (2.06 + 0.51 + 0.40) \text{m}^3 = 2.97 \text{m}^3$

人工挖孔桩成孔工程量 = $(V_1 + V_5) \times$ 根数 = $(18.09 + 2.97) \times 40 \text{m}^3 = 842.40 \text{m}^3$

②人工挖孔桩入岩,定额子目编号A2-114。

人工挖孔桩入岩工程量按入岩部分的体积计算。桩端进入硬质岩0.5m,即扩大头部分的圆柱 V_3 和球缺 V_4 入岩。

入岩工程量 = $(V_3 + V_4) \times$ 根数 = $(0.51 + 0.40) \times 40 \text{m}^3 = 36.40 \text{m}^3$

③灌注桩芯混凝土,定额子目编号A2-116。

灌注桩芯混凝土按设计桩芯的截面积乘以桩芯的深度(设计桩长+设计超灌长度)加上桩的扩大头增加的体积以立方米计算。

设计灌注桩芯顶面距离自然地坪面500mm,图纸要求超灌长度为500mm,所以桩芯混凝土正好灌注到自然地坪面。

每节桩芯是一个圆台形状,下口直径为1000mm,上口直径为$(1200 - 175 \times 2) \text{mm} = 850 \text{mm}$

直桩身部分:圆台 $V_6 = \pi/3 \times (0.425^2 + 0.5^2 + 0.425 \times 0.5) \times 1.0 \times 16 \text{m}^3 = 10.77 \text{m}^3$

灌注桩芯混凝土工程量 = $(V_5 + V_6) \times$ 根数 = $(2.97 + 10.77) \times 40 \text{m}^3 = 549.60 \text{m}^3$

图7.2-10 人工挖孔桩示意图

三、其他分项工程工程量计算规则

1) 螺旋钻机钻孔取土按钻孔入土深度以米计算。
2) 灰土挤密桩、深层搅拌桩按设计截面面积乘以设计长度以立方米计算。
3) 高压旋喷水泥桩按水泥桩体长度以米计算。
4) 打拔钢板桩按钢板桩质量以吨计算。
5) 打圆木桩的材积按设计桩长和梢径根据材积表计算。
6) 压力灌浆微型桩按设计区分不同直径按主杆桩体长度以米计算。
7) 地下连续墙。
① 地下连续墙按设计图示墙中心线长度乘以厚度乘以槽深以立方米计算。
② 锁口管接头工程量，按设计图示以段计算；工字形钢板接头工程量，按设计图示尺寸乘以理论质量以质量计算。
8) 地基强夯按设计图强夯面积区分夯击能量、夯击遍数，以平方米计算。
9) 锚杆钻孔灌浆、砂浆土钉按入土（岩）深度以米计算。锚筋按定额"A.4 混凝土及钢筋混凝土工程"的相应子目计算。
10) 喷射混凝土护坡按护坡面积以平方米计算。
11) 高压定喷防渗墙按设计图示尺寸以平方米计算。
12) 凿（截）桩头的工程量的计算。
① 桩头钢筋截断按钢筋根数计算。
② 机械切割预制管桩，按桩头个数计算。

思考与习题

1. 静压方桩、静压管桩的工程量如何计算？
2. 打孔灌注桩工程量如何计算？
3. 人工挖孔桩成孔工程量、灌注桩芯混凝土工程量、入岩工程量如何计算？
4. 图 7.2-11 为预制钢筋混凝土方桩、现浇承台基础示意图，共 40 个承台，用轨道式柴油打桩机打桩共 160 根，每根桩由两段接成，采用硫磺胶泥接桩，一级土，自然地坪标高为 -0.30m，设计桩顶标高为 -2.65m。计算打桩、送桩、接桩的工程量，并按 2013 年《广西壮族自治区建筑装饰装修工程消耗量定额》确定定额子目编号。

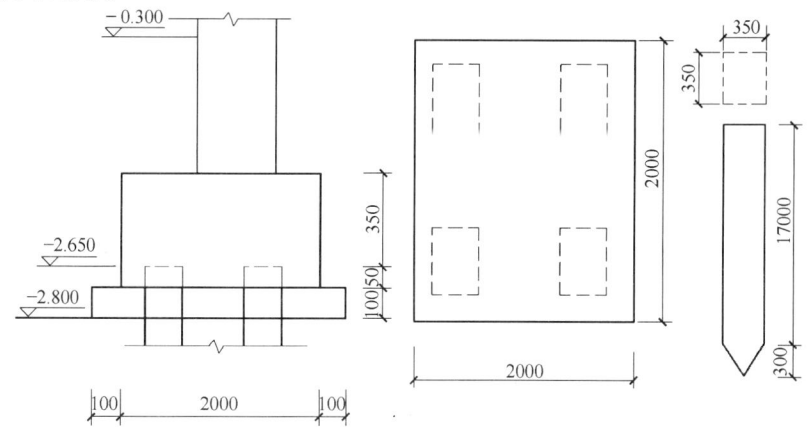

图 7.2-11　预制钢筋混凝土方桩、现浇承台基础示意图

7.3 砌筑工程

一、概述

1. 主要内容

砌筑工程主要包括砖基础、砖墙、砖柱、贴砌砖、零星砌砖、砖地坪、砖散水、砖砌明沟、砌块砌体、石砌体、垫层、砌体构筑物等项目。

2. 计算砌筑工程量前应确定的下列事项

（1）砌体厚度

1）标准砖规格为 240mm×115mm×53mm，多孔砖规格为 240mm×115mm×90mm、240mm×180mm×90mm，其砌体计算厚度按表 7.3-1 计算。

表 7.3-1　标准砖、中砖砌体计算厚度表

砖数（厚度）	1/4	1/2	3/4	1	1.5	2	2.5	3
标准砖厚度/mm	53	115	180	240	365	490	615	740
多孔砖厚度/mm	90	115	215	240	365	490	615	740

注：砖砌体定额是以标准尺寸为准计算的，工程设计标注的尺寸与标准尺寸不符时，应以标准尺寸计算。若设计图纸中用习惯方法标注非标准尺寸，如：60mm、120mm、360mm、370mm、500mm、620mm 等，应以标准尺寸计算砌体厚度，即按表 7.3-1 中尺寸计算。

2）使用其他砌块时，其砌体厚度应按砌块的规格尺寸计算。

例如，混凝土小型空心砌块常用规格尺寸为 390mm×190mm×190mm、390mm×190mm×90mm，若设计图纸中用习惯方法标注墙厚尺寸，如 200mm、100mm，应按砌块的规格尺寸 190mm、90mm 计算。

（2）砖（石）基础与墙（柱）身的划分

1）基础与墙（柱）身使用同一种材料时，以设计室内地面为界（有地下室者，以地下室室内设计地面为界），以下为基础，以上为墙（柱）身（图 7.3-1）。

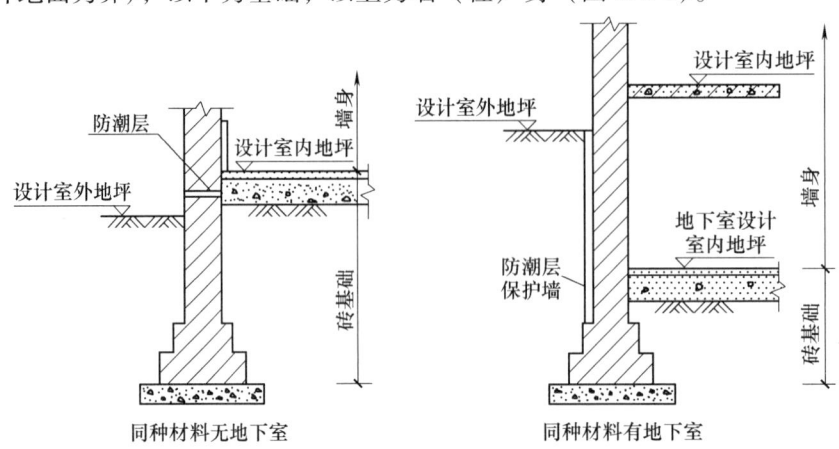

图 7.3-1　基础与墙身的划分示意图

2）基础与墙（柱）身使用不同材料时，位于设计室内地面 ±300mm 以内时，以不同材料为分界线；超过 ±300mm 时，以设计室内地面为分界线。如图 7.3-2 所示。

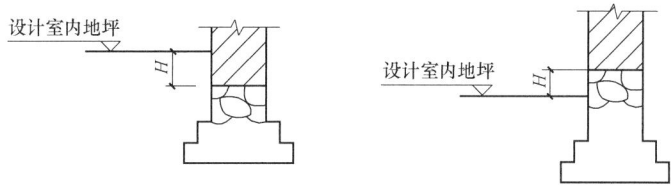

图 7.3-2 基础与墙（柱）身的划分示意图

当 $H \leq 300\mathrm{mm}$ 时，以不同材料为分界线，以下是基础，以上是墙身；

当 $H > 300\mathrm{mm}$ 时，以设计室内地面为分界线，以下是基础，以上是墙身。

3）砖石围墙，以设计室外地坪为界线，以下为基础，以上为墙身。

4）独立砖柱大放脚体积应并入砖柱工程量内计算。

3. 定额说明

1）定额砌砖、砌块子目按不同规格编制，材料种类不同时可以换算，人工、机械不变。

2）砌体子目中砌筑砂浆标号为 M5.0，设计要求不同时可以换算。

3）砖墙、砖柱按混水砖墙、砖柱子目编制，单面清水墙、清水柱套用混水砖墙、砖柱子目，人工乘以 1.1 系数。

4）砌筑圆形（包括弧形）砖墙及砌块墙，半径≤10m 者，套用弧形墙子目，无弧形墙子目的项目，套用直形墙子目，人工乘以系数 1.1，其余不变；半径>10m 者，套直形墙子目。

5）小型空心砌块墙已包括芯柱等填灌细石混凝土。其余空心砌块墙需填灌混凝土者，套用空心砌块墙填充混凝土子目计算。

二、主要分项工程工程量计算

1. 砖（石）基础

（1）计算规则

1）砖（石）基础工程量按设计图示尺寸以体积计算，应扣除地梁（圈梁）、构造柱所占体积，不扣除基础大放脚 T 形接头处（图 7.3-3）的重叠部分及嵌入基础内的钢筋、铁件、管道、基础砂浆防潮层（图 7.3-4）和单个面积 $0.3\mathrm{m}^2$ 以内的孔洞所占体积。附墙垛基础宽出部分体积，并入其所依附的基础工程量内。

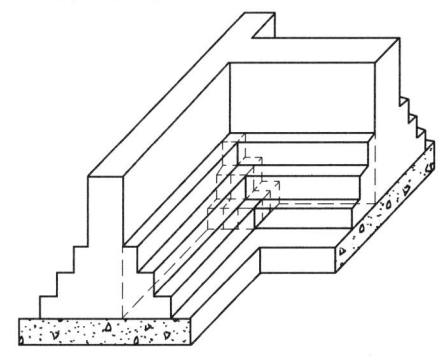

图 7.3-3 基础大放脚 T 型接头处示意图

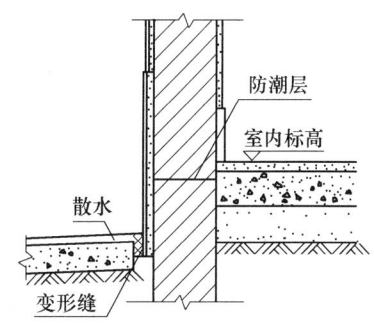

图 7.3-4 基础砂浆防潮层示意图

2）基础长度：外墙墙基按外墙中心线长度计算。内墙墙基按内墙基净长计算（图 7.3-5）。

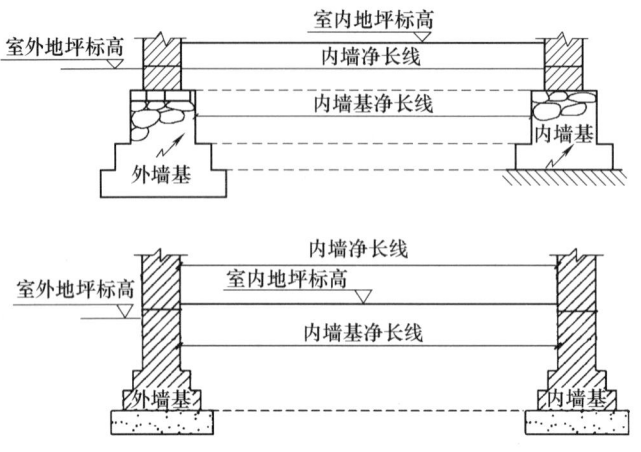

图 7.3-5　内墙基净长、内墙净长示意图

（2）计算方法

条形砖基础工程量 = 基础断面面积 × 基础长度 − ∑嵌入基础的混凝土构件体积 − ∑大于 $0.3m^2$ 孔洞所占体积

（3）有关说明

1）圆形烟囱基础按基础定额执行，人工乘以系数 1.2。

2）砖砌挡土墙：墙厚在 2 砖以内的，按砖墙定额执行；墙厚在 2 砖以上的，按砖基础定额执行。

3）砌筑圆弧形石砌体基础按定额项目人工乘以系数 1.1。

（4）计算实例

【例 7.3-1】　某工程基础平面图、剖面图如图 7.3-6 所示，轴线居墙中，墙厚均为 240mm，计算砖基础的工程量。

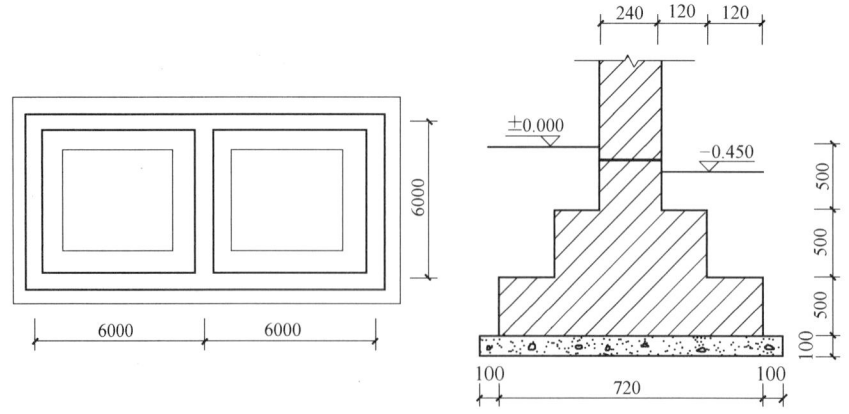

图 7.3-6　某工程基础平面图、剖面图

【解】　基础与墙身使用同一种材料，以设计室内地面为界（±0.000），以下为基础，以上为墙身。砖基础按设计图示尺寸以体积计算。

砖基础工程量 V = 基础断面面积×(外墙中心线长度 + 内墙基净长度)
$= [0.72 \times 0.5 + (0.24 + 0.12 \times 2) \times 0.5 + 0.24 \times 0.5] \times$
$[(12.0 + 6.0) \times 2 + (6.0 - 0.24)] m^3$
$= 30.07 m^3$

2. 一般砖墙

（1）计算规则

1）墙体按设计图示尺寸以体积计算。扣除门窗、洞口（包括过人洞、空圈）、嵌入墙身的钢筋混凝土柱、梁、圈梁、挑梁、过梁、及凹进墙内的壁龛（图7.3-7）、管槽、暖气槽、消防栓箱所占体积。不扣除梁头、板头（图7.3-8）、檩头、垫木、木楞头、沿椽木、木砖、门窗走头、砖墙内加固钢筋、木筋、铁件、钢管及单个面积$0.3m^2$以下的孔洞所占体积。凸出墙面的腰线、挑檐、压顶（图7.3-9）、窗台线、虎头砖（图7.3-10）、门窗套（图7.3-11）、山墙泛水、烟囱根的体积亦不增加。凸出墙面的砖垛并入墙体体积内计算。

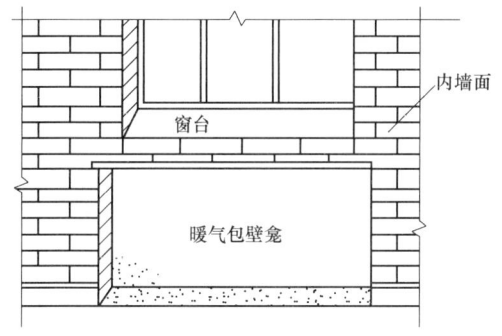

图 7.3-7 暖气包壁龛示意图

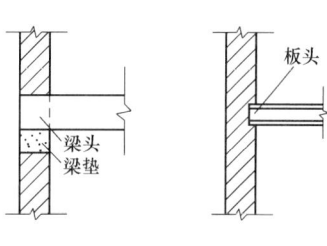

图 7.3-8 梁头、板头示意图

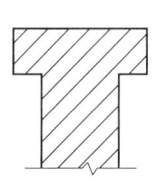

图 7.3-9 砖压顶示意图

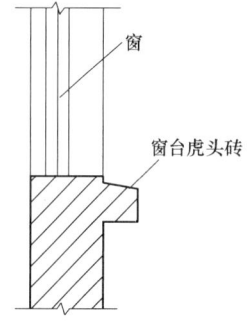

图 7.3-10 窗台虎头砖示意图

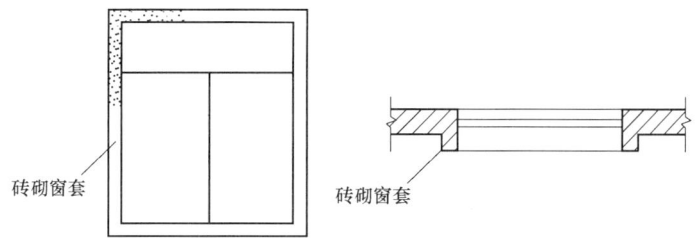

图 7.3-11 砖砌窗套示意图

2）墙身长度：外墙按外墙中心线长度计算，内墙按内墙净长线长度计算（图 7.3-5）。

3）墙身高度按图示尺寸计算。如设计图纸无规定时，可按下列规定计算：

①外墙：斜（坡）屋面无檐口天棚者算至屋面板底；有屋架且室内外均有天棚者算至屋架下弦底另加 200mm（图 7.3-12）；无天棚者算屋架下弦另加 300mm（图 7.3-13），出檐宽度超过 600mm 时按实砌高度计算；平屋面算至钢筋混凝土板底。

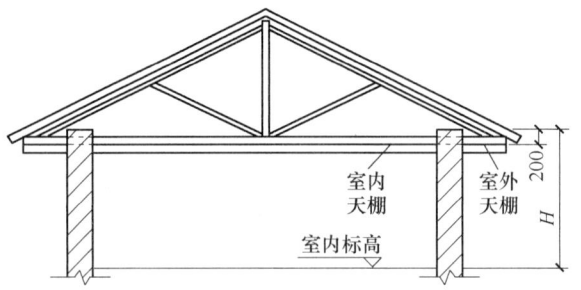

图 7.3-12 有屋架且室内外均有天棚的外墙高度

②内墙：位于屋架下弦者，算至屋架下弦底（图 7.3-14）；无屋架者算至天棚底另加 100mm（图 7.3-15）；有钢筋混凝土楼板隔层者算至楼板顶（图 7.3-16）；有框架梁时算至梁底。

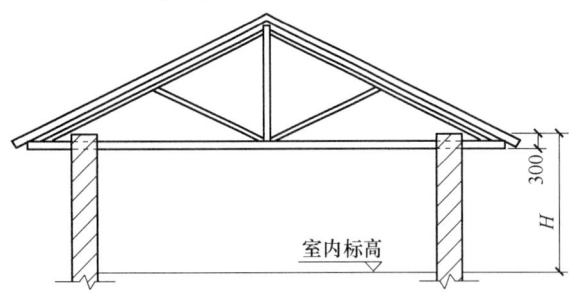

图 7.3-13 有屋架无天棚的外墙高度

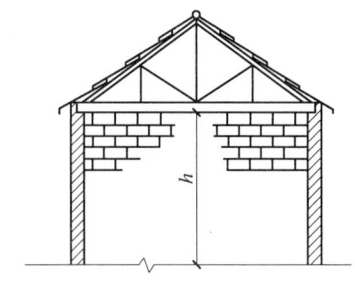

图 7.3-14 位于屋架下弦的内墙高度

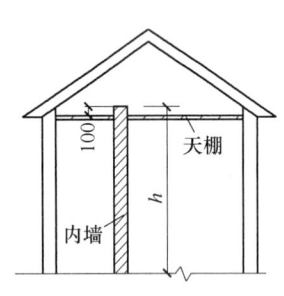

图 7.3.15 无屋架者的内墙高度

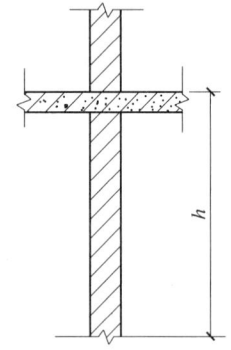

图 7.3.16 混凝土楼板隔层下的内墙高度

③女儿墙：从屋面板上表面算至女儿墙顶面（如有混凝土压顶时算至压顶下表面），如图 7.3-17、图 7.3-18 所示。

④内外山墙：按其平均高度计算，如图 7.3-19 所示，平均高度 $h = h_2 + h_1/2$。

（2）计算方法

墙身体积 =（墙身长度 × 高度 − ∑嵌入墙身门窗洞口面积）× 墙厚 − ∑嵌入墙身混凝土构件体积 + 突出的砖垛等体积

式中，墙身长度：外墙按外墙中心线长度计算，内墙按内墙净长线长度计算。

墙身高度按3）条规定计算。墙厚按表7.3-1 规定计算。

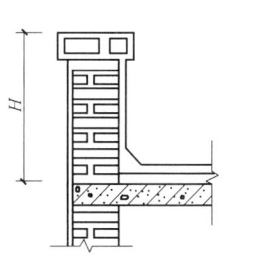 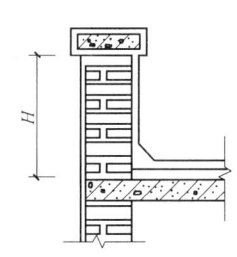 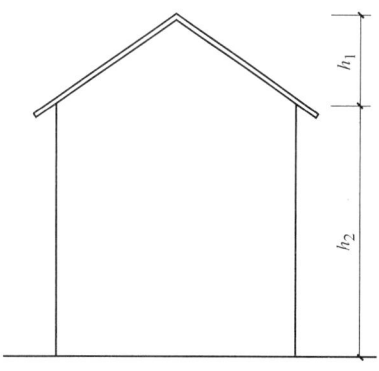

图 7.3-17 砖压顶女儿墙高度　　图 7.3-18 带混凝土压顶女儿墙高度　　图 7.3-19 山墙高度示意图

（3）有关说明

1）砖墙子目中已包括了砖碹（图 7.3-20）、砖过梁（图 7.3-21）、砖圈梁、门窗套、窗眉、窗台线、附墙烟囱、腰线、压顶线、砖挑檐及泛水等。

 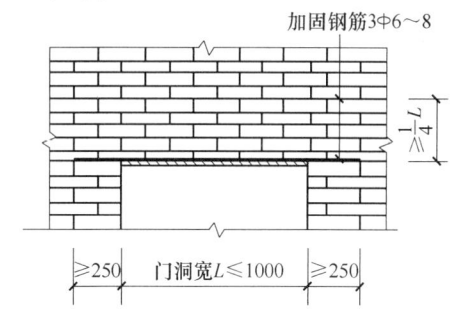

图 7.3-20 砖平碹示意图　　　　　　图 7.3-21 砖过梁示意图

2）砖砌女儿墙、栏板（除楼梯栏板、阳台栏板外）、围墙按相应的墙体定额执行。
3）多孔砖墙按图示尺寸以立方米计算，不扣除砖孔的体积。
4）砌体内的钢筋（图 7.3-22），按定额"A.4 混凝土及钢筋混凝土工程"中钢筋相应规格的子目计算。

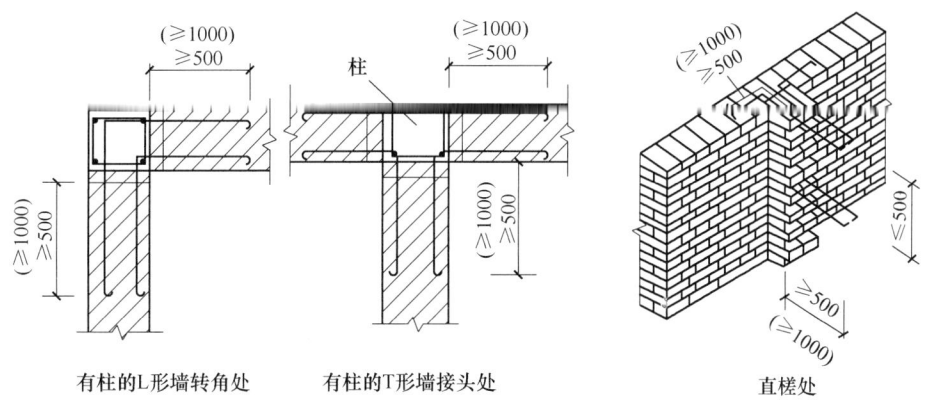

图 7.3-22 非抗震设防（抗震设防）砌体内的钢筋示意图

(4) 计算实例

【例7.3-2】 如图7.3-23所示，单层建筑物为砖混结构，基础为多孔砖带形基础，墙体为M5水泥石灰砂浆砌多孔砖240mm×115mm×90mm混水砖墙，墙上均设有圈梁，圈梁高为300mm，墙厚均为240mm，轴线居墙中，门窗表如表7.3-2所示，构造柱截面尺寸为240mm×240mm。已知：构造柱体积为9.41m³，门混凝土过梁体积为0.22m³。计算墙体工程量，并按2013年《广西壮族自治区建筑装饰装修工程消耗量定额》确定定额子目编号。

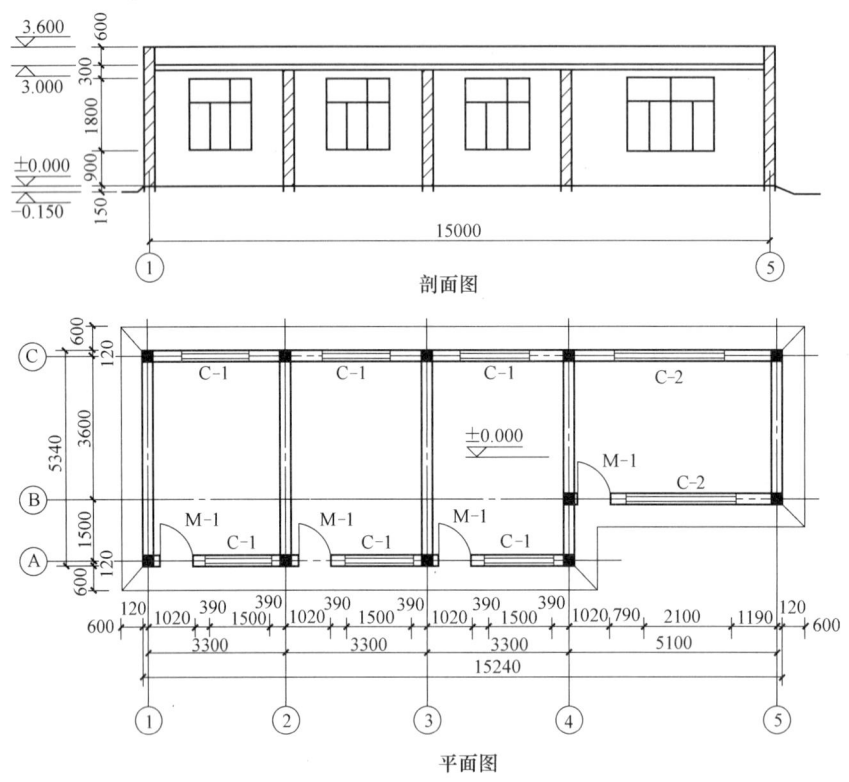

图7.3-23 某单层建筑物平面、剖面图

表7.3-2 门窗统计表

门窗名称	代号	洞口尺寸/mm×mm	数量/樘
单扇无亮无纱镶板门	M-1	900×2000	4
双扇铝合金推拉窗	C-1	1500×1800	6
双扇铝合金推拉窗	C-2	2100×1800	2

【解】 外墙中心线长度 $L_中 = (3.3 \times 3 + 5.1 + 1.5 + 3.6) \times 2 \text{m} = 40.2\text{m}$

内墙净长线 $L_净 = [(1.5 + 3.6 - 0.12 \times 2) \times 2 + 3.6 - 0.12 \times 2]\text{m} = 13.08\text{m}$

外墙高(扣圈梁) $H_外 = (3.6 - 0.3)\text{m} = 3.3\text{m}$

内墙高(扣圈梁) $H_内 = (3.0 - 0.3)\text{m} = 2.7\text{m}$

门窗洞口面积 $S_{门窗} = (0.9 \times 2.0 \times 4 + 1.5 \times 1.8 \times 6 + 2.1 \times 1.8 \times 2)\text{m}^2 = 30.96\text{m}^2$

墙体工程量 $= (L_中 H_外 + L_净 H_内 - S_{门窗}) \times 墙厚 - 构造柱体积 - 过梁体积$

$= [(40.2 \times 3.3 + 13.08 \times 2.7 - 30.96) \times 0.24 - 9.41 - 0.22]\text{m}^3 = 23.25\text{m}^3$

套用定额子目：A3-11，M5 水泥石灰砂浆砌多孔砖 240mm×115mm×90mm 混水砖墙/墙厚 24cm。

3. 钢筋混凝土框架间砌体墙

（1）计算规则　钢筋混凝土框架间砌体墙，按框架间的净空面积乘以墙厚计算，框架外表镶贴砖部分，按零星砌体列项计算。

（2）计算方法

砌体墙工程量 = 墙身净长 × 净高 × 墙厚 − ∑嵌入墙身门窗洞口面积 × 墙厚
− ∑嵌入墙身混凝土过梁等体积

（3）计算实例

【例 7.3-3】　某单层框架结构建筑物如图 7.3-24 所示，墙体采用 M5 水泥石灰砂浆砌小型空心砌块墙，墙厚 190mm，墙下均有基础梁，已知门窗混凝土过梁为 $0.27m^3$。计算墙体工程量，并按 2013 年《广西壮族自治区建筑装饰装修工程消耗量定额》确定定额子目编号。

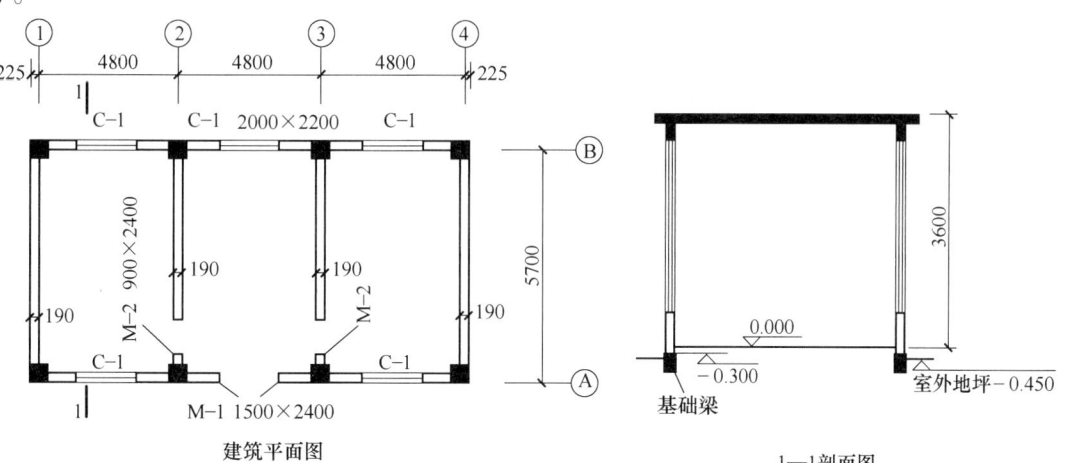

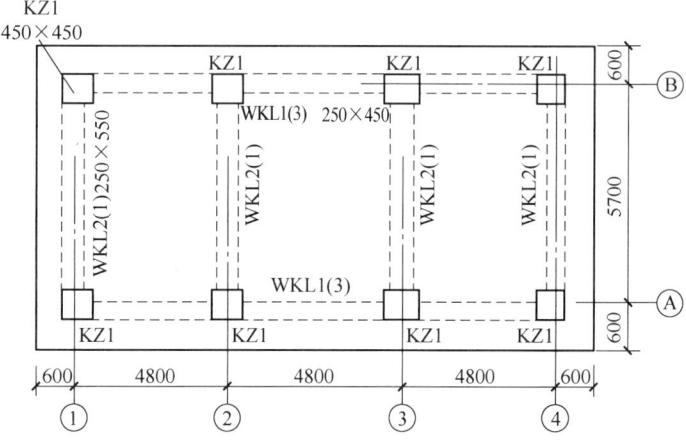

图 7.3-24　单层框架结构建筑物示意图

【解】　墙体工程量 = 墙身净长 × 净高 × 墙厚 − ∑嵌入墙身门窗洞口面积 × 墙厚 −
∑嵌入墙身混凝土过梁等体积

①、②、③、④轴交（A）~（B）轴墙体：

$V_1 = (5.7 - 0.45) \times (3.6 + 0.3 - 0.55) \times 0.19 \times 4 \text{m}^3 = 13.37 \text{m}^3$

（A）、（B）轴交①~④轴墙体：

$V_2 = (4.8 \times 3 - 0.45 \times 3) \times (3.6 + 0.3 - 0.45) \times 0.19 \times 2 \text{m}^3 = 17.11 \text{m}^3$

扣除门窗洞口所占体积：

$V_3 = (1.5 \times 2.4 + 0.9 \times 2.4 \times 2 + 2.0 \times 2.2 \times 5) \times 0.19 \text{m}^3 = 5.68 \text{m}^3$

扣除门窗混凝土过梁体积 $V_{过梁} = 0.27 \text{m}^3$

墙体工程量 $= V_1 + V_2 - V_3 - V_{过梁} = (13.37 + 17.11 - 5.68 - 0.27) \text{m}^3 = 24.53 \text{m}^3$

套用定额子目：A3-52，M5 水泥石灰砂浆砌小型空心砌块墙/墙厚19cm。

4. 实心砖柱（砌块柱、石柱）

（1）计算规则　实心砖柱（砌块柱、石柱）（包括柱基、柱身）分方、圆柱按图示尺寸以立方米计算，扣除混凝土及钢筋混凝土梁垫、梁头、板头所占体积。

（2）计算实例

【**例 7.3-4**】如图 7.3-25 所示，标准砖实心圆柱采用 M5 水泥石灰砂浆砌筑，砖柱为清水柱，计算砖柱的工程量，并按 2013 年《广西壮族自治区建筑装饰装修工程消耗量定额》确定定额子目编号。

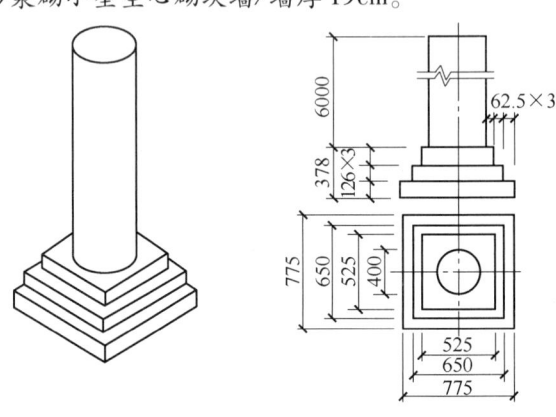

图 7.3-25　圆形实心砖柱

【**解**】独立砖柱大放脚体积应并入砖柱工程量内计算。即圆形砖柱工程量等于砖柱基础体积与柱身体积之和。

砖柱基础体积 $V_1 = (0.525 \times 0.525 + 0.65 \times 0.65 + 0.775 \times 0.775) \times 0.126 \text{m}^3 = 0.16 \text{m}^3$

砖柱身体积 $V_2 = 1/4 \times 3.14 \times 0.4^2 \times 6.0 \text{m}^3 = 0.75 \text{m}^3$

圆形砖柱工程量 $= V_1 + V_2 = (0.16 + 0.75) \text{m}^3 = 0.91 \text{m}^3$

套用定额子目：A3-30 换，M5 水泥石灰砂浆砌标准砖圆形砖柱（定额说明：清水柱套用砖柱子目，人工乘以 1.1 系数）。

5. 零星砌体

（1）基本概念　厕所蹲台（图 7.3-26）、池槽、池槽腿（图 7.3-27）、台阶挡墙（图 7.3-28）、梯带（图 7.3-32）、砖胎膜、花台、花池、楼梯栏板、阳台栏板（图 7.3-29）、地垄墙及支撑地楞的砖墩（图 7.3-30），0.3m² 以内的空洞填塞、小便槽、灯箱、垃圾箱、房上烟囱及毛石墙的门窗立边、窗台虎头砖等部位，套用零星砌体定额子目。

（2）计算规则　按图示实砌体积，以立方米计算。

（3）计算实例

【**例 7.3-5**】如图 7.3-31 所示，标准砖台阶挡墙采用 M5 水泥砂浆砌筑，计算砖砌台阶挡墙的工程量，并按 2013 年《广西壮族自治区建筑装饰装修工程消耗量定额》确定定额子目编号。

【**解**】砖砌台阶挡墙的工程量按实砌体积，以立方米计算。

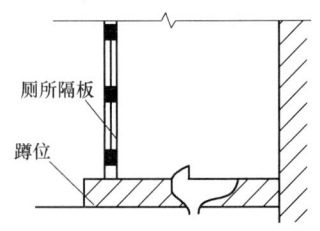

图 7.3-26　厕所蹲台

砖砌台阶挡墙的工程量：$V = 0.365 \times (0.9 + 1.2) \times 2.4 \text{m}^3 = 1.84 \text{m}^3$

套用子目定额：A3-37 换，M5 水泥砂浆砌零星砌体（砂浆换算为 M5 水泥砂浆）。

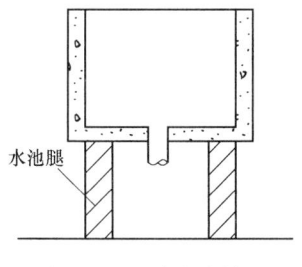

图 7.3-27　砖砌水槽腿

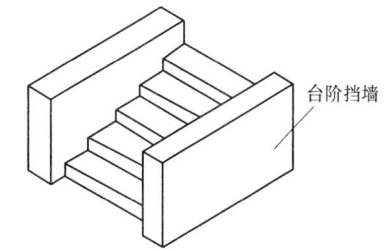

图 7.3-28　台阶挡墙

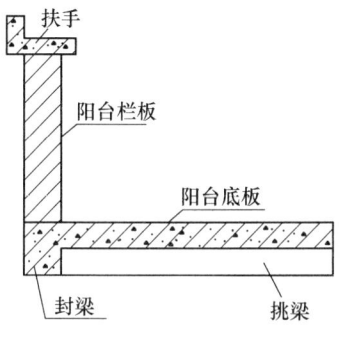

图 7.3-29　砖砌阳台栏板

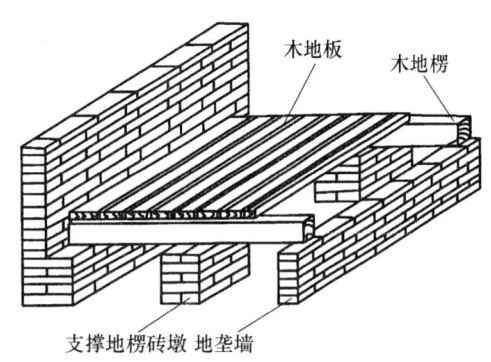

图 7.3-30　地垄墙及支撑地楞的砖墩

6. 砖砌台阶

（1）计算规则　砖砌台阶（不包括梯带）按水平投影面积以平方米计算（图 7.3-32）。

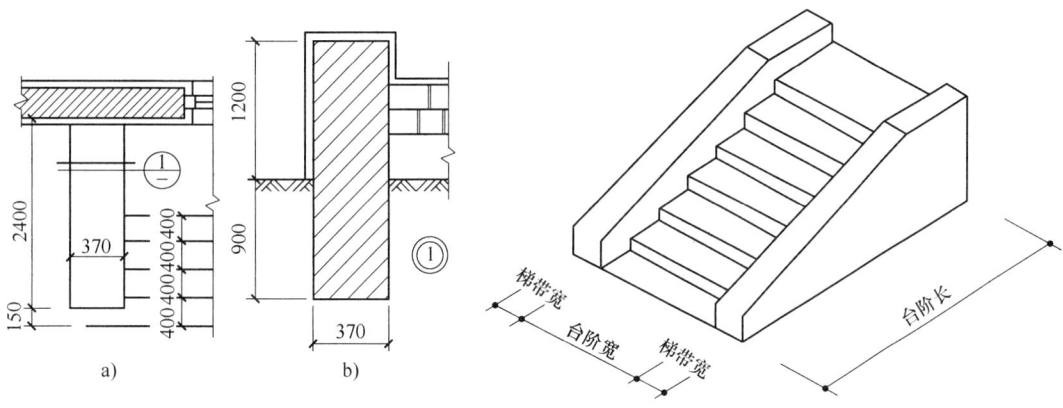

图 7.3-31　砖砌台阶挡墙示意图　　　　　图 7.3-32　砖砌台阶示意图

（2）计算实例

【例 7.3-6】　如图 7.3-33 所示，标准砖台阶采用 M5 水泥砂浆砌筑，台阶砌至外墙边。计算砖台阶工程量，并按 2013 年《广西壮族自治区建筑装饰装修工程消耗量定额》确定定额子目编号。

【解】　砖砌台阶工程量，按水平投影面积以平方米计算。

砖砌台阶工程量 $= (2.7 + 0.4 \times 6) \times (0.6 + 0.4 \times 3) \text{m}^2 = 9.18 \text{m}^2$

定额子目编号：A3-39 换，M5 水泥砂浆砌标准砖台阶（砂浆换算为 M5 水泥砂浆）。

7. 砖砌明沟

计算规则：砖砌明沟（图7.3-34）按其中心线长度以延长米计算。

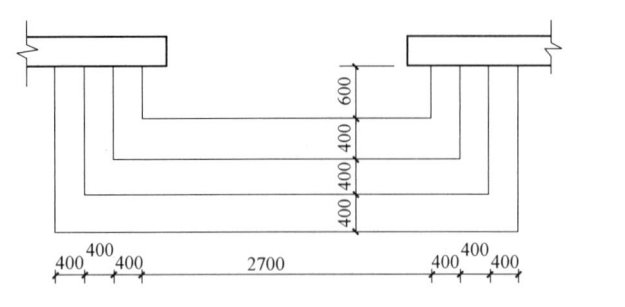

图7.3-33 砖砌台阶

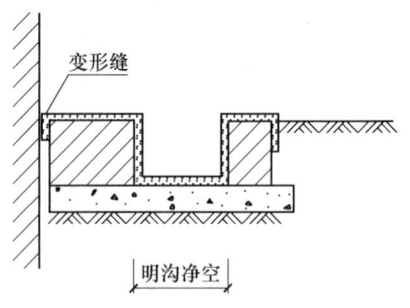

图7.3-34 砖砌明沟示意图

8. 垫层

（1）基本概念　垫层是指将荷重传至地基上的构造层，有承重、隔声、防潮等作用。主要包括：灰土、三合土、砂、砂石、毛石、碎砖、砾（碎）石、炉（矿）渣混凝土等。

（2）计算规则　垫层按设计图示面积乘以设计厚度以立方米计算，应扣除凸出地面的构筑物、设备基础、室内管道、地沟等所占体积，不扣除间壁墙和单个 $0.3m^2$ 以内的柱、垛、附墙烟囱及孔洞所占体积。

（3）有关说明

1）垫层均不包括基层下原土打夯。如需打夯者，按定额"A.1 土（石）方工程"相应子目计算。

2）混凝土垫层按定额"A.4 混凝土及钢筋混凝土工程"相应定额子目计算。

（4）计算实例

【例7.3-7】　如图7.3-35所示为某单层建筑平面图，地面做法为：素土夯实；80厚C15炉渣混凝土垫层；素水泥浆结合

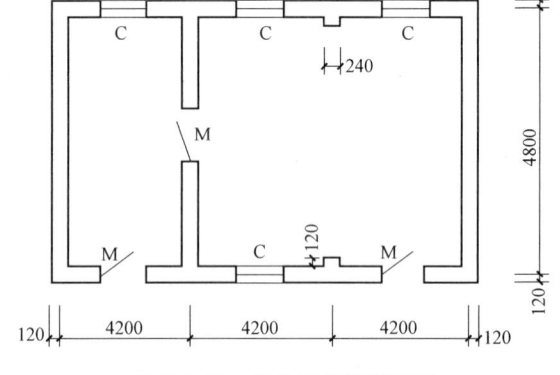

图7.3-35 某单层建筑平面图

层一道；20厚1∶2水泥砂浆抹面压光。计算该工程地面垫层的工程量，并按2013年《广西壮族自治区建筑装饰装修工程消耗量定额》确定定额子目编号。

【解】　垫层按设计图示面积乘以设计厚度以立方米计算，不扣除单个 $0.3m^2$ 以内的垛所占体积。

垫层工程量 $= [(4.2-0.24) \times (4.8-0.24) + (8.4-0.24) \times (4.8-0.24)] \times 0.08 m^3$
$= 4.42 m^3$

套用定额：A3-103 换，C15炉渣混凝土垫层（炉渣混凝土C10换算为C15）。

三、其他分项工程工程量计算规则

1）围墙砌体按图示尺寸以立方米计算，围墙砖垛及砖压顶并入墙体体积内计算。围墙高度：高度算至压顶上表面（如有混凝土压顶时算至压顶下表面）。

2）砌体内填充料按填充空隙体积以立方米计算。

3）附墙烟囱、通风道、垃圾道及房上烟囱按其外形体积（扣除孔洞所占的体积），并

入所依附的墙体积内计算。

4）砖砌、石砌地沟不分墙基、墙身合并以立方米计算。

5）砖散水、地坪按设计图示尺寸以面积计算。

6）井盖按设计图示数量以套计算。

7）砖砌非标准检查井和化粪池不分壁厚均以立方米计算，洞口上的砖平拱等并入砌体体积内计算。

8）砖砌标准化粪池按设计数量以座计算。

思考与习题

1. 基础与墙（柱）身的划分是如何规定的？
2. 计算砖墙工程量时，应扣除哪些体积？不扣除哪些体积？哪些体积不增加？
3. 计算砖石基础工程量时，其基础长度是如何规定的？
4. 计算砌体墙工程量时，其墙身长度及墙身高度是如何规定的？
5. 砖砌台阶工程量如何计算？哪些部位的砌体套用零星砌体定额子目？
6. 如图7.3-36，某三层建筑物为砖混结构，多孔页岩砖带形基础采用M7.5水泥砂浆砌筑，多孔页岩砖混水砖墙采用M5水泥石灰砂浆砌筑，各层墙上均设有圈梁，圈梁高为180mm，外墙、女儿墙厚为365mm，内墙厚为240mm，轴线居墙中，门窗顶均设钢筋混凝土过梁。已知：地圈梁体积为2.65m³，构造柱体积为12.06m³，外墙中的门窗过梁体积为2.04m³，内墙中的门过梁体积为0.24m³。计算墙体、砖基础工程量，并按2013年《广西建筑装饰装修工程消耗量定额》确定定额子目编号。

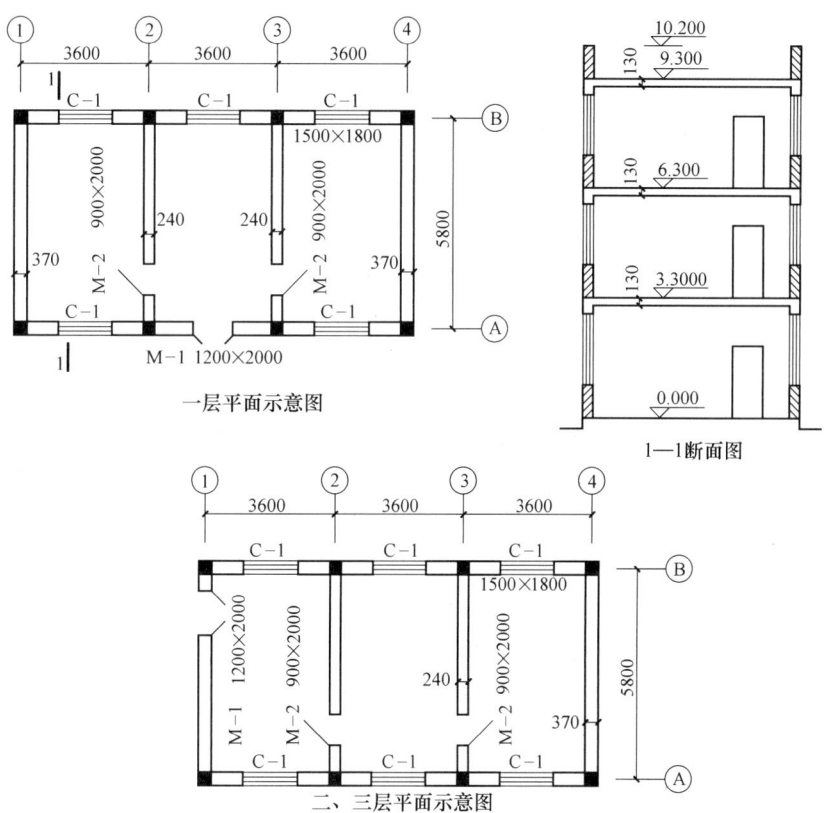

图7.3-36　建筑物平面、剖面示意图

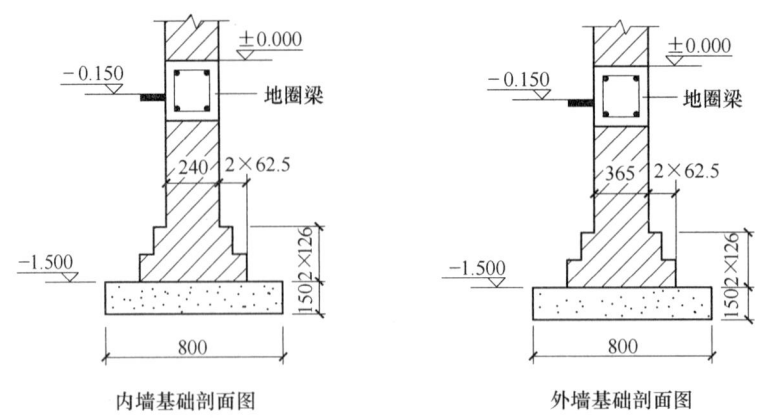

图 7.3-36 建筑物平面、剖面示意图（续）

7.4 混凝土及钢筋混凝土工程

混凝土及钢筋混凝土工程包括混凝土工程、预制混凝土构件运输及安装工程、钢筋制作安装工程、混凝土标准化粪池工程。模板工程按定额"A.17 模板工程"相关规定执行。

第一部分 混凝土工程

一、概述

1. 主要内容

混凝土工程包括混凝土拌制、建筑物混凝土浇捣、构筑物混凝土浇捣、预制混凝土构件制作工程。

2. 定额说明

1) 混凝土工程分为混凝土拌制和混凝土浇捣两部分。

① 混凝土拌制分为混凝土搅拌机拌制和现场搅拌站拌制。

② 混凝土浇捣分为现浇混凝土浇捣、构筑物混凝土浇捣和预制混凝土构件制作。混凝土浇捣均不包括拌制和泵送费用。

现浇混凝土浇捣、构筑物混凝土浇捣是按商品混凝土编制的，采用泵送时套用定额相应子目，采用非泵送时，每立方米混凝土人工费增加 21 元。

2) 混凝土的强度等级和粗细骨料是按常用规格编制的，如设计规定与定额不同时应进行换算。

3) 毛石混凝土子目，按毛石占毛石混凝土体积的 20% 编制，如设计要求不同时，材料消耗量可以调整，人工、机械消耗量不变。

3. 工程量计算一般规则

1) 现浇混凝土拌制工程量，按现浇混凝土浇捣相应子目的混凝土定额分析量计算，如发生相应的运输、泵送等损耗时均应增加相应损耗量。

2) 现浇混凝土浇捣工程量除另有规定外，均按设计图示尺寸实体体积以立方米计算，不扣除构件内钢筋、预埋铁件及墙、板中单个面积 $0.3m^2$ 以内的孔洞所占体积。

二、主要分项工程工程量计算

1. 现浇混凝土垫层与基础

垫层仅指现场浇筑的混凝土垫层,灰土、三合土、砂石、毛石、炉渣等其他垫层按定额"A.3 砌筑工程"相应子目计算;基础包括现场浇筑的各种毛石混凝土和混凝土基础,如带形基础、独立基础(含杯形基础)、满堂基础、桩承台以及设备基础等。

(1) 垫层、基础、墙(柱)等的划分

① 基础与垫层的划分

基础与垫层的划分,一般以设计确定为准,如设计不明确时,以厚度划分:200mm 以内的为垫层,200mm 以上的为基础。

② 基础与墙(柱)身的划分

混凝土及钢筋混凝土基础与墙(柱)身的划分以施工图规定为准。如图纸未明确表示时,则按基础扩大顶面为分界;如图纸无明确表示,而又无扩大顶面时,可按墙(柱)脚分界(图 7.4-1)。

③ 混凝土地面与垫层的划分

混凝土地面与垫层的划分,一般以设计确定为准,如设计不明确时,以厚度划分:120mm 以下的为垫层,120mm 以上的为地面。

(2) 计算规则 基础垫层及各类基础按设计图示尺寸计算,不扣除嵌入承台基础的桩头所占体积。

(3) 计算方法

1) 带形基础。带形基础外形呈长条状,断面形状一般有梯形、阶梯形和矩形等,如图 7.4-2 所示。

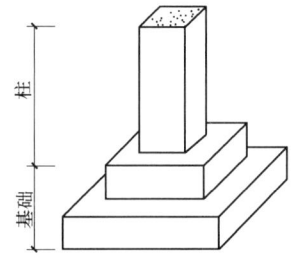

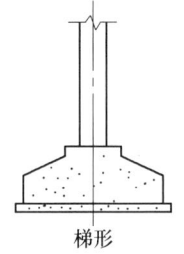
梯形

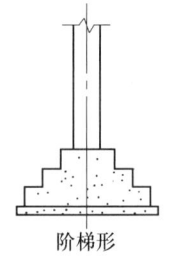
阶梯形

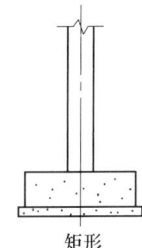
矩形

图 7.4-1 钢筋混凝土柱与基础划分示意图

图 7.4-2 带形基础

混凝土带形基础工程量的一般计算式为:

$$V = 基础断面面积 \times 基础长度$$

其中,基础长度:外墙基础按外墙中心线长度计算,内墙基础按基础间净长度计算。

2) 独立柱基础。独立柱基础一般为阶梯式和截锥式形状,如图 7.4-3 所示。当基础为阶梯形时,其体积为各阶梯长方体的长、宽、高相乘后相加;当基础为截锥式时,其体积由长方体体积和棱台体积之和构成。棱台体积公式如下:

$$V = \frac{h}{3}(a_1 b_1 + \sqrt{a_1 b_1 \times a_2 b_2} + a_2 b_2)$$

3) 杯形基础。杯形基础如图 7.4-4 所示,其体积由两个长方体体积加一个棱台体积减一个倒棱台体积构成。

4）满堂基础。当带形基础和独立柱基础不能满足设计强度要求时，往往采用大面积的基础联体，这种基础称为满堂基础。

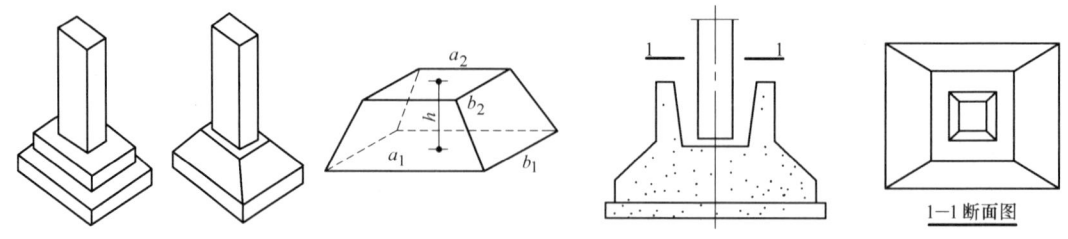

图7.4-3　独立柱基础　　　　　图7.4-4　杯形基础体积计算示意图

①无梁式满堂基础的体积为板与柱墩的体积合并计算（图7.4-5）。
②有梁式满堂基础的体积为梁板体积合并计算（图7.4-6）。

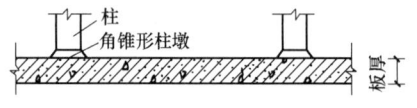 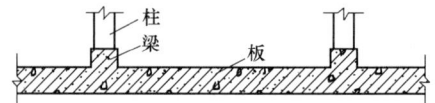

图7.4-5　无梁式满堂基础示意图　　　　　图7.4-6　有梁式满堂基础示意图

③箱式基础的体积应分别按满堂基础、柱、墙及板的有关规定计算，套相应定额项目。墙与顶板、底板的划分以顶板底、底板面为界。边缘实体积部分按底板计算（图7.4-7）。

5）地下室底板中的桩承台、电梯井坑、明沟等与底板一起浇捣者，其工程量应合并到地下室底板工程量中套相应的定额子目（图7.4-8）。

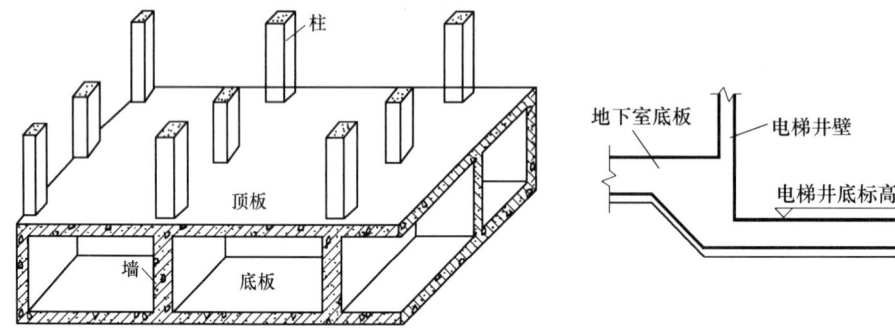

图7.4-7　箱式满堂基础示意图　　　　　图7.4-8　地下室底板与电梯井坑示意图

6）桩承台。带形桩承台按带形基础定额项目计算，独立式桩承台按相应定额项目计算。

7）设备基础。设备基础除块体基础以外，其他类型设备基础分别按基础、梁、柱、板、墙等有关规定计算，套相应定额项目。

（4）计算实例

【例7.4-1】　某工程有10个混凝土独立柱基如图7.4-9所示，若垫层、独立基础的混凝土采用现场搅拌机拌制，计算垫层、独立基础混凝土浇捣与拌制工程量。

【解】　1）垫层及独立基础的混凝土浇捣工程量按图示尺寸以体积计算。

垫层浇捣工程量 = $(2.5+0.1\times2)\times(2.2+0.1\times2)\times0.1\times10\text{m}^3 = 6.48\text{m}^3$

独立基础浇捣工程量 = $(2.5\times2.2\times0.5+1.3\times1.2\times0.4)\times10\text{m}^3 = 33.74\text{m}^3$

2) 垫层、独立基础的混凝土拌制工程量按浇捣相应子目的混凝土定额分析量计算。查定额子目 A4-3、A4-7 可知，$10m^3$ 垫层和独立基础浇捣的定额分析量分别为 $10.1m^3$ 和 $10.15m^3$。

$$垫层拌制工程量 = 6.48 \times 10.1/10m^3 = 6.54m^3$$
$$独立基础拌制工程量 = 33.74 \times 10.15/10m^3 = 34.25m^3$$

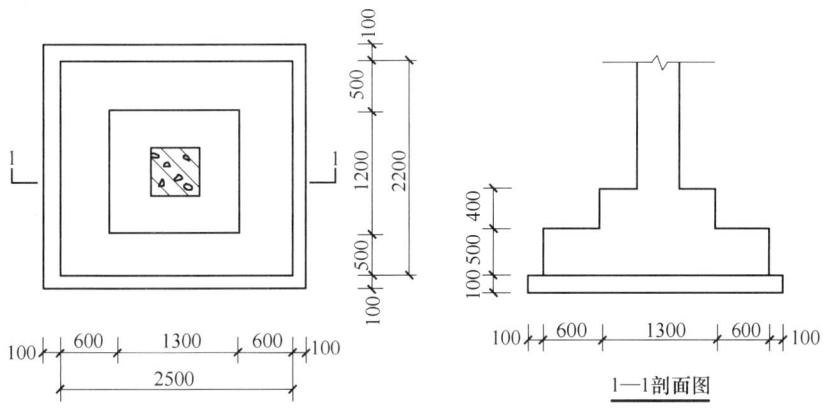

图 7.4-9 柱基计算示意图

【**例 7.4-2**】 某工程有梁式满堂基础如图 7.4-10 所示，筏板（低板位）厚 300mm，基础梁截面尺寸均为 300mm×700mm，计算该基础混凝土的浇捣工程量。

【**解**】 有梁式满堂基础的体积为梁板体积合并计算。

$$有梁式满堂基础浇捣工程量 = [12 \times 8 \times 0.3 + 0.3 \times 0.4 \times (12 \times 3 + 8 \times 4) - 0.3 \times 0.3 \times 0.4 \times 12]m^3$$
$$= 36.53m^3$$

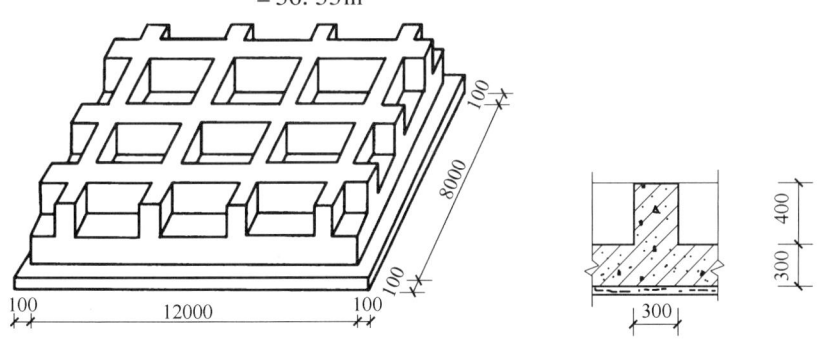

图 7.4-10 有梁式满堂基础三维图及断面示意图

2. 现浇混凝土柱

现浇混凝土柱包括现场浇筑的矩形柱、圆形柱、多边形柱、构造柱。

（1）计算规则 柱按设计图示断面面积乘以柱高以立方米计算。柱高按下列规定确定（图 7.4-11）：

1）有梁板的柱高，应按柱基或楼板上表面至上一层楼板上表面之间的高度计算。
2）无梁板的柱高，应按柱基或楼板上表面至柱帽下表面之间的高度计算。
3）框架柱的柱高应自柱基上表面至柱顶高度计算。

4)构造柱按全高计算,与砖墙嵌接部分的体积并入柱身体积内计算。

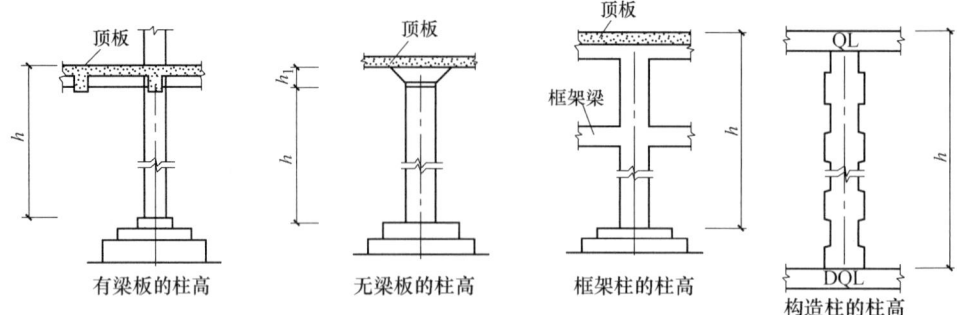

图 7.4-11 柱高示意图

5)依附柱上的牛腿(图 7.4-12)和升板的柱帽,并入柱身体积内计算。

(2)计算方法 柱工程量的计算式为:

$$V = 柱断面面积 \times 柱高$$

为计算方便,含马牙槎构造柱的体积可按下式计算:

$$V = [ab + 马牙宽 \times (an_1 + bn_2)/2] \times 柱高$$

式中 a、b——分别为构造柱两个方向的尺寸;

马牙宽——按砖或砌块长度的 1/4 计,一般按 60mm 取值;

n_1、n_2——分别为 a、b 方向的咬合边数,其数值为 0、1、2。

(3)计算实例

【例 7.4-3】 图 7.4-13 中现浇钢筋混凝土柱采用 C20 碎石 GD40 商品普通混凝土浇捣,计算首层混凝土柱的浇捣工程量,并按 2013 年《广西壮族自治区建筑装饰装修工程消耗量定额》确定定额子目编号。

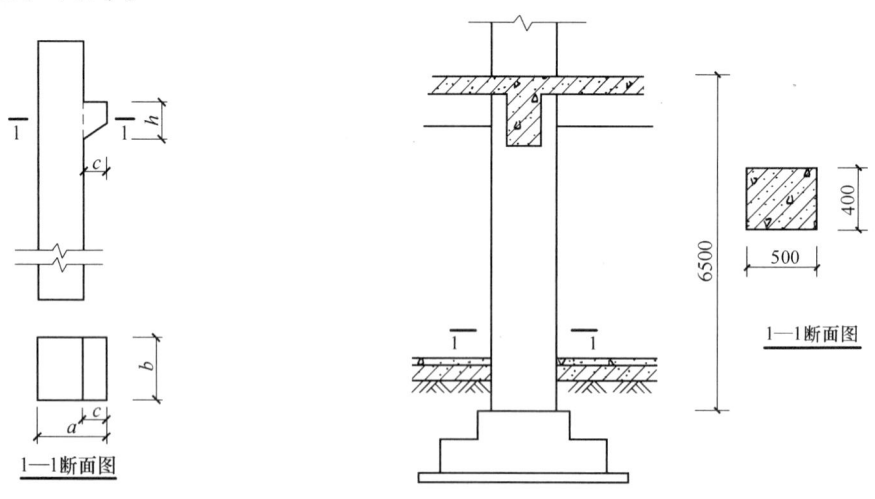

图 7.4-12 柱牛腿示意图　　图 7.4-13 柱计算示意图

【解】 有梁板柱高按柱基至上一层楼板上表面之间的高度计算,柱浇捣工程量按断面面积乘以柱高以立方米计算,套用定额子目 A4-18。

混凝土浇捣工程量 $= 0.5 \times 0.4 \times 6.5 \text{m}^3 = 1.3 \text{m}^3$

【例 7.4-4】 如图 7.4-14 所示现浇钢筋混凝土矩形柱,计算其混凝土浇捣工程量。

【解】 无梁板的柱高应按柱基至柱帽下表面之间的高度计算。

混凝土浇捣工程量 $=0.4 \times 0.4 \times 3.9 m^3 = 0.62 m^3$

【例7.4-5】 根据图7.4-15及下列数据分别计算不同形状接头构造柱的浇捣工程量（墙厚除注明外均为240mm，马牙宽均为60mm）。

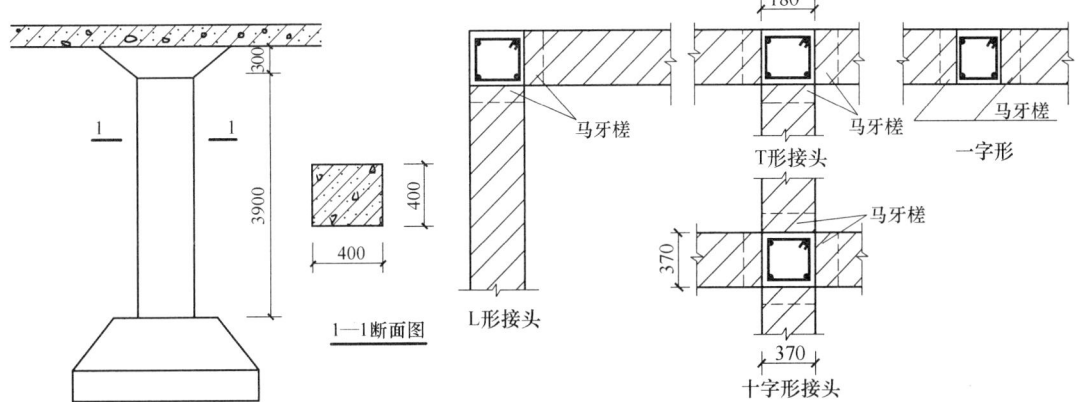

图7.4-14 柱计算示意图　　　　图7.4-15 不同平面形状构造柱示意图

1) L形接头：柱高3.0m。
2) T形接头：柱高3.9m。
3) 十字形接头：柱高4.2m。
4) 一字形：柱高3.5m。

【解】 构造柱按全高计算，与砖墙嵌接部分的体积并入柱身体积内计算。

1) L形接头：

混凝土浇捣工程量 $=(0.24 \times 0.24 + 0.06 \times 0.24 \times 2/2) \times 3 m^3 = 0.22 m^3$

2) T形接头：

混凝土浇捣工程量 $=[0.18 \times 0.24 + 0.06 \times (0.18 \times 1 + 0.24 \times 2)/2] \times 3.9 m^3 = 0.25 m^3$

3) 十字形接头：

混凝土浇捣工程量 $=(0.365 \times 0.365 + 0.06 \times 0.365 \times 4/2) \times 4.2 m^3 = 0.74 m^3$

4) 一字形接头：

混凝土浇捣工程量 $=(0.24 \times 0.24 + 0.06 \times 0.24 \times 2/2) \times 3.5 m^3 = 0.25 m^3$

3. 现浇混凝土梁

现浇混凝土梁包括现场浇筑的基础梁、单梁、连续梁、异形梁、圈梁、过梁、弧形梁等，其中弧形半径≤10m的梁按弧形梁计算。

(1) 计算规则　梁按设计图示断面面积乘以梁长以立方米计算。

1) 梁长按下列规定确定（图7.4-16）：梁与柱连接时，梁长算至柱侧面；主梁与次梁连接时，次梁长算至主梁侧面。

2) 伸入砌体内的梁头、梁垫并入梁体

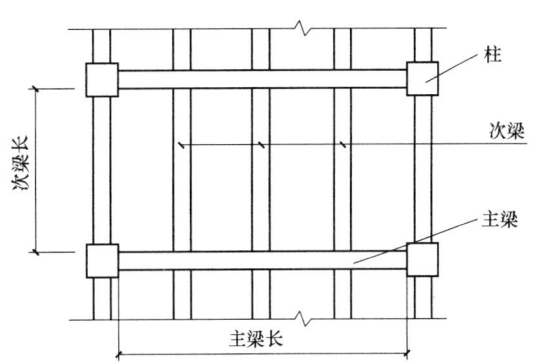

图7.4-16 主梁、次梁、柱相交图

积内计算（图 7.4-17）；伸入混凝土墙内的梁部分体积并入墙计算。

3）挑檐、天沟与梁连接时，以梁外边线为分界线（图 7.4-18）。

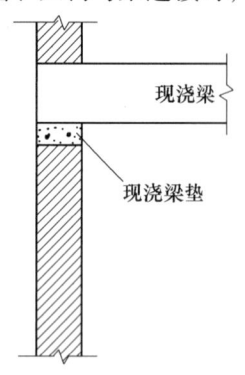

图 7.4-17 现浇梁垫示意图

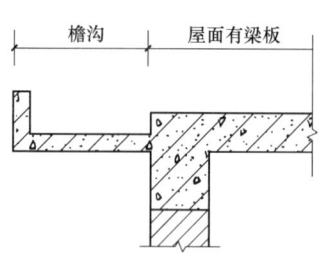

图 7.4-18 挑檐、天沟与梁划分示意图

4）悬臂梁、挑梁嵌入墙内部分按圈梁计算（图 7.4-19）。

5）圈梁通过门窗洞口时，门窗洞口宽加 500mm 的长度作过梁计算，其余作圈梁计算（图 7.4-20）。

6）卫生间四周坑壁采用素混凝土时，套圈梁定额。

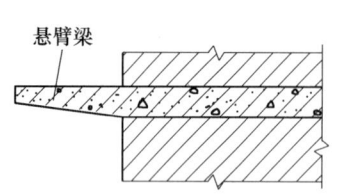

图 7.4-19 悬臂梁嵌入墙体示意图

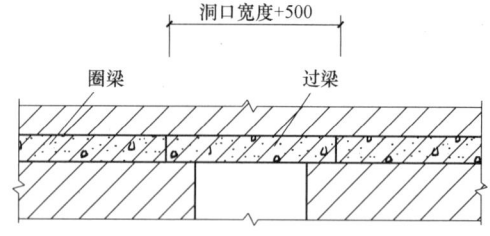

图 7.4-20 圈梁通过门窗洞口示意图

（2）计算实例

【例 7.4-6】 某框架结构的门洞口上设有 QL1，窗洞上设有 QL2。建筑物平面布置及 QL1、QL2 断面尺寸如图 7.4-21 所示，墙厚为 240mm，轴线居墙中。已知：KZ 截面尺寸为 400mm×400mm，M1 尺寸为 900mm×2100mm，M2 尺寸为 1200mm×2100mm，C 尺寸为 1800mm×2000mm，C 离地高度 900mm，计算 A 轴、B 轴过梁、圈梁的浇捣工程量。

【解】 圈梁通过门窗洞口时，门窗洞口宽加 500mm 的长度计算。

A 轴过梁浇捣工程量 $= 0.24 \times 0.18 \times [0.9 + 0.5 + (1.2 + 0.5) \times 2] \mathrm{m}^3 = 0.21 \mathrm{m}^3$

A 轴圈梁浇捣工程量 $= [0.24 \times 0.18 \times (14.4 + 0.24 - 0.4 \times 3) - 0.21] \mathrm{m}^3 = 0.37 \mathrm{m}^3$

B 轴过梁浇捣工程量 $= 0.24 \times 0.25 \times (1.8 + 0.5) \times 4 \mathrm{m}^3 = 0.55 \mathrm{m}^3$

B 轴圈梁浇捣工程量 $= [0.24 \times 0.25 \times (14.4 + 0.24 - 0.4 \times 3) - 0.55] \mathrm{m}^3 = 0.26 \mathrm{m}^3$

4. 现浇混凝土墙

现浇混凝土墙包括现场浇筑的毛石混凝土墙、混凝土墙、混凝土弧形墙等，其中弧形半径≤10m 的墙按弧形墙计算。

（1）计算规则 外墙按图示中心线长度计算，内墙按图示净长乘以墙高及墙厚以立方米计算，应扣除门窗洞口及单个面积 0.3m² 以上孔洞的体积，附墙柱、暗柱、暗梁及墙面突出部分并入墙体积内计算。

1) 墙高按基础顶面（或楼板上表面）算至上一层楼板上表面。

2) 混凝土墙与钢筋混凝土矩形柱、T 型柱、L 型柱按照以下规则划分：以矩形柱、T 型柱、L 型柱长边（h 或 h'）与短边（b 或 b'）之比（r 或 r'）（$r = h/b$；$r' = h'/b'$）为基准进行划分，当 $r(r') \leq 4$ 时按柱计算；当 $r(r') > 4$ 时按墙计算（图 7.4-22）。

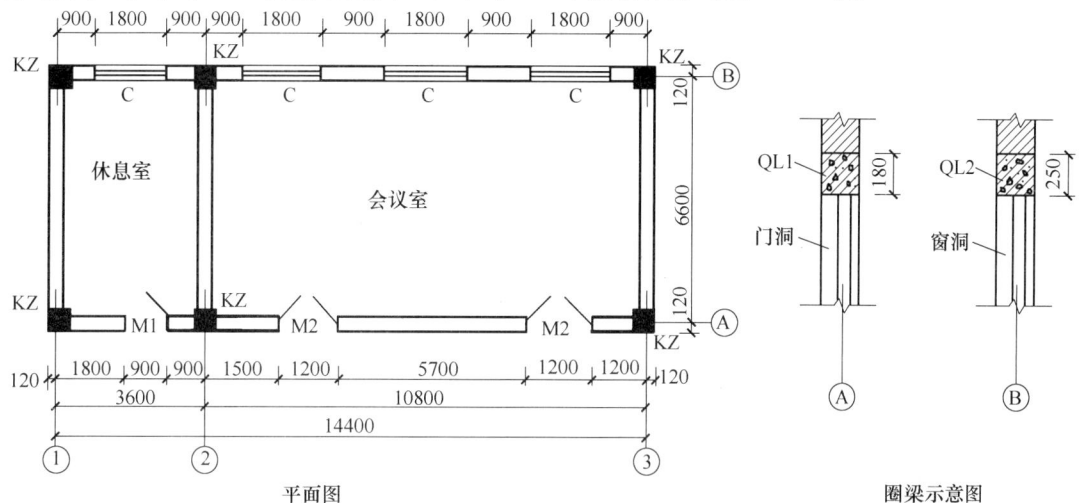

图 7.4-21 建筑平面布置及圈梁断面图

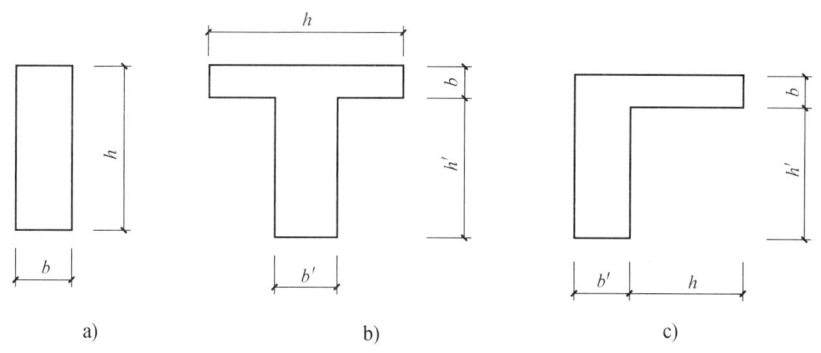

图 7.4-22 混凝土墙与钢筋混凝土柱划分示意图

其中，图 7.4-22c 的中间交叉部分按以下规定计算：

① 当 $r(r') \leq 4$ 时，按柱计算。

② 当 $r(r') > 4$ 时，按墙计算。

③ 当 $r \leq 4$，$r' > 4$，或 $r > 4$，$r' \leq 4$ 时，按附墙柱计算（即按墙计算）。

(2) 计算实例

【例 7.4-7】 某住宅现浇钢筋混凝土电梯井墙如图 7.4-23 所示，墙厚 200mm，标准层层高 3000mm，电梯门为 1000mm×2000mm，轴线居墙中，计算标准层电梯井墙混凝土的浇捣工程量。

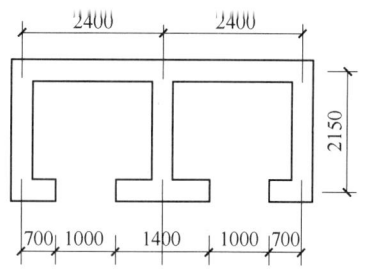

图 7.4-23 混凝土电梯井墙平面图

【解】 墙高按楼板上表面算至上一层楼板上表面,标准层的墙高即层高。

标准层电梯井墙浇捣工程量 = $[0.2 \times 3.0 \times (2.4 \times 4 + 2.15 \times 2 + 2.15 - 0.2) - 0.2 \times 1 \times 2 \times 2]m^3$
= $8.71 m^3$

5. 现浇混凝土板

现浇混凝土板包括现场浇筑的有梁板、无梁板、平板、拱板、薄壳板、栏板、天沟、挑檐板等。

(1) 计算规则 板按设计图示面积乘以板厚以立方米计算,其中:

1) 有梁板(图7.4-24)包括主、次梁与板,按梁、板体积之和计算。
2) 无梁板(图7.4-25)按板和柱帽体积之和计算。

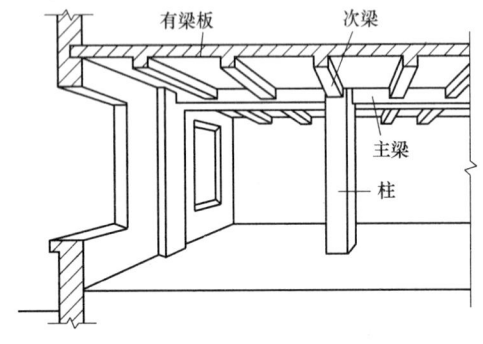

图7.4-24 有梁板透视图　　　　　图7.4-25 无梁板透视图

3) 平板(图7.4-26)是指无柱、无梁,四周直接搁置在墙(或圈梁、过梁)上的板,按板实体体积计算。

4) 不同形式的楼板相连时,以墙中心线或梁边为分界,分别计算工程量,套相应定额。

5) 板伸入砖墙内的板头并入板体积内计算,板与混凝土墙、柱相接部分,按柱或墙计算。

6) 薄壳板由平层和拱层两部分组成,平层、拱层合并套薄壳板定额项目计算。其中的预制支架套预制构件相应子目计算。

7) 栏板(图7.4-27)按图示面积乘以板厚以立方米计算。高度小于1200mm时,按栏板计算,高度大于1200mm时,按墙计算。

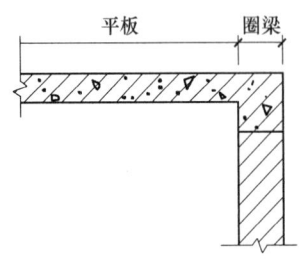

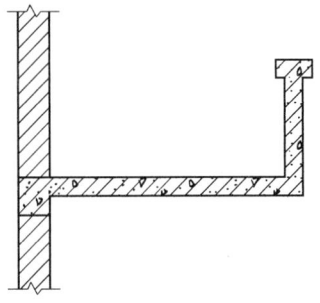

图7.4-26 平板与圈梁划分示意图　　　　图7.4-27 混凝土栏板示意图

8) 现浇挑檐天沟，按图示尺寸以立方米计算。与板（包括屋面板、楼板）连接时，以外墙外边线为分界线，与梁连接时，以梁外边线为分界线。

挑檐和雨篷的区分：悬挑伸出墙外 500mm 以内为挑檐，伸出墙外 500mm 以上为雨篷。

9) 悬挑板是指单独现浇的混凝土阳台、雨篷（图 7.4-28）及类似相同的板。悬挑板包括伸出墙外的牛腿、挑梁，按图示尺寸以立方米计算，其嵌入墙内的梁，分别按过梁或圈梁计算。如遇下列情况，另按相应子目执行：现浇混凝土阳台、雨篷与屋面板或楼板相连时，应并入屋面板或楼板计算（图 7.4-29）；有主次梁结构的大雨篷，应按有梁板计算。

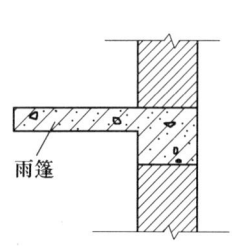
图 7.4-28 单独浇捣的雨篷示意图

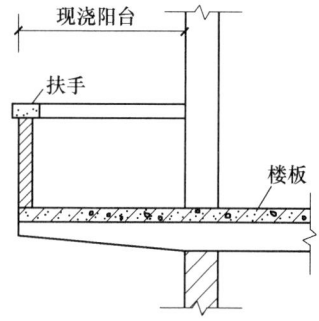
图 7.4-29 与楼板相连的阳台示意图

10) 板边反檐：高度超出板面 600mm 以内的反檐并入板内计算；高度在 600mm 至 1200mm 的按栏板计算；高度超过 1200mm 的按墙计算。

11) 凸出墙面的钢筋混凝土窗套，窗上下挑出的板按悬挑板计算，窗左右侧挑出的板按栏板计算。

（2）有关说明　混凝土斜板，当坡度为 11°19′~26°34′时，按相应板定额子目人工费乘以系数 1.15；当坡度为 26°34′~45°时，按相应板定额子目人工费乘以系数 1.2；当坡度在 45°以上时，按墙子目计算（图 7.4-30）。

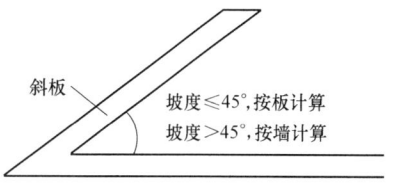
图 7.4-30 斜板与坡度示意图

（3）计算实例

【例 7.4-8】 某房间楼板结构布置如图 7.4-31 所示，板厚 100mm，轴线居柱中，计算有梁板的浇捣工程量。

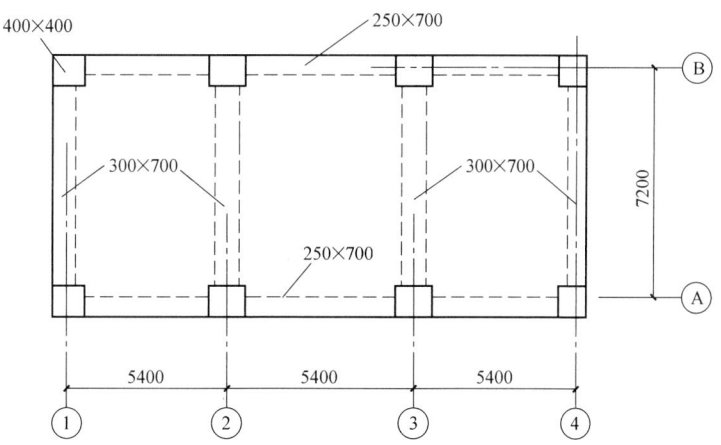
图 7.4-31 楼板结构布置图

【解】 有梁板是按梁、板体积之和计算;板与混凝土柱相接部分,按柱计算。

板浇捣工程量 $V_1 = [(5.4 \times 3 + 0.2 \times 2) \times (7.2 + 0.2 \times 2) \times 0.1 - 0.4 \times 0.4 \times 8 \times 0.1] m^3$
$= 12.49 m^3$

梁浇捣工程量 $V_2 = [0.25 \times (0.7 - 0.1) \times (5.4 - 0.2 \times 2) \times 3 \times 2 + 0.3 \times (0.7 - 0.1) \times$
$(7.2 - 0.2 \times 2) \times 4] m^3 = 9.40 m^3$

有梁板浇捣工程量 $V = V_1 + V_2 = 21.89 m^3$

【例 7.4-9】 某工程现浇混凝土檐沟平面布置及大样图如图 7.4-32 所示,轴线居墙中。若采用 C20 碎石 GD40 商品普通混凝土,计算该工程檐沟的浇捣工程量,并按 2013 年《广西壮族自治区建筑装饰装修工程消耗量定额》确定定额子目编号。

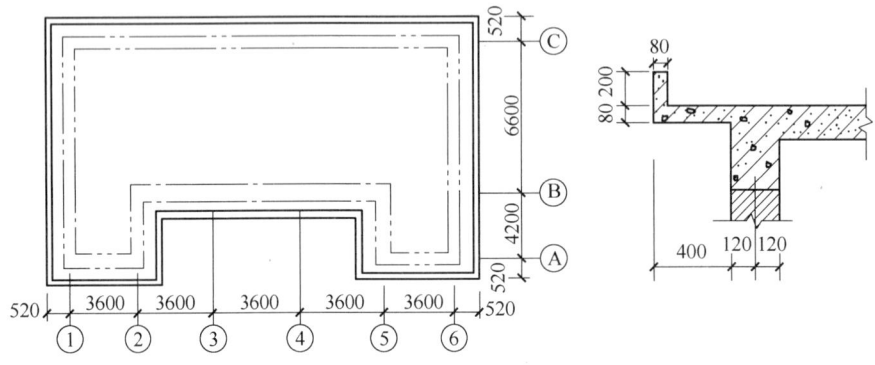

图 7.4-32 檐沟平面布置及大样图

【解】 现浇挑檐天沟与板连接时以外墙外边线为分界线,悬挑伸出墙外 500mm 以内按挑檐板计算;板边反檐高度超出 600mm 以内的反檐并入板内计算。因此挑檐天沟的挑檐板与反檐合并按体积计算,套用定额子目 A4-37。

挑檐板中心线长度 $= (3.6 \times 5 + 4.2 + 4.2 + 6.6) \times 2m + (0.4/2 + 0.12) \times 8m$
$= 68.56 m$

反檐中心线长度 $= (3.6 \times 5 + 4.2 + 4.2 + 6.6) \times 2m + [(0.4 - 0.08/2) + 0.12] \times 8m$
$= 69.84 m$

檐沟浇捣工程量 $= (0.4 \times 0.08 \times 68.56 + 0.2 \times 0.08 \times 69.84) m^3$
$= 3.31 m^3$

6. 现浇混凝土空心楼盖

现浇混凝土空心楼盖包括 BDF 薄壁(管)盒安装、BDF 空心楼盖浇捣。

(1) 计算规则

1) BDF 空心楼盖的混凝土浇捣按设计图示面积乘以板厚以立方米计算,扣除内模所占体积。

2) BDF 薄壁管空心楼盖的内模安装按设计图示内模长度以米计算(图 7.4-33)。

3) BDF 薄壁盒安装工程量按安装后 BDF 薄壁盒水平投影面积以平方米计算(图 7.4-34)。

(2) 有关说明 现浇混凝土空心楼盖 BDF 薄壁管(盒)按空心楼盖浇捣子目和内模安装(BDF 薄壁管、盒)安装编制。空心楼盖内模(BDF 管)的抗浮拉结按铁钉和钢丝拉结编制。

7. 现浇混凝土楼梯

现浇混凝土楼梯包括现场浇筑的直形楼梯、弧形楼梯。

(1) 计算规则

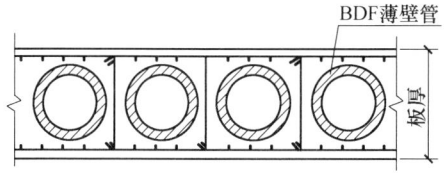
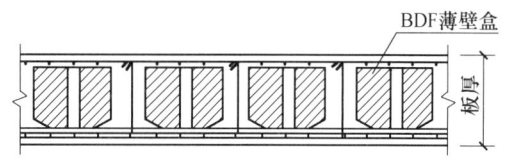

图 7.4-33 BDF 薄壁管空心楼盖示意图　　图 7.4-34 BDF 薄壁盒空心楼盖示意图

1) 整体现浇混凝土楼梯包括休息平台、梁、斜梁及楼梯与楼板的连接梁，按设计图示尺寸以水平投影面积计算（图 7.4-35），不扣除宽度小于 500mm 的楼梯井，当整体楼梯与现浇楼板无梯梁连接时，以楼梯的最后一个踏步边缘加 300mm 为界，伸入墙内的体积已考虑在定额内，不得重复计算。楼梯基础、用以支撑楼梯的柱、墙及楼梯与地面相连的踏步，应另按相应项目计算。

2) 架空式现浇混凝土台阶包括休息平台、梁、斜梁及板的连接梁，按设计图示尺寸以水平投影面积计算，当台阶与现浇楼板无梁连接时，以台阶的最后一个踏步边缘加下一级踏步的宽度为界，伸入墙内的体积已考虑在定额内，不得重复计算。架空式现浇混凝土台阶套相应的楼梯定额。

（2）计算实例

【例 7.4-10】 某 4 层住宅，不上人屋面，计算图 7.4-36 中钢筋混凝土整体楼梯（板厚 100mm）的浇捣工程量，按 2013 年《广西壮族自治区建筑装饰装修工程消耗量定额》确定定额子目编号。

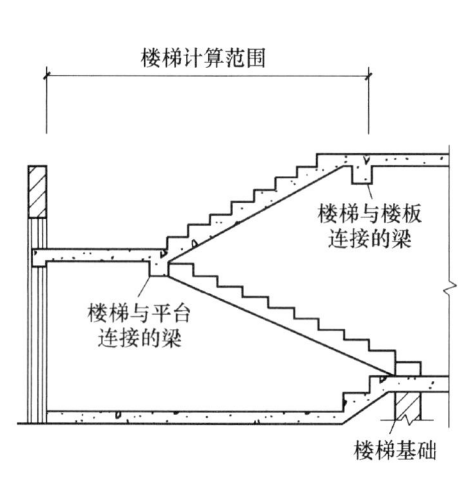
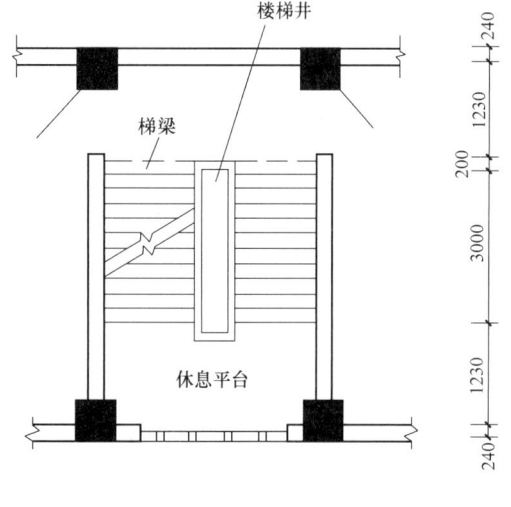

图 7.4-35　楼梯计算范围示意图　　　图 7.4-36　标准层楼梯平面图

【解】 钢筋混凝土整体楼梯的浇捣按楼梯计算范围的图示尺寸以水平投影面积计算，不扣除宽度小于 500mm 的楼梯井，套用定额子目 A4-49。

现浇混凝土整体楼梯浇捣工程量 = $(1.23 + 3 + 0.2) \times (1.3 \times 2 + 0.3) \times (4 - 1) \text{m}^2$
$= 38.54 \text{m}^2$

8. 现浇混凝土其他构件

现浇混凝土其他构件包括现场浇筑的压顶、扶手、门框、小型构件、屋顶水池、小型池槽、台阶、散水、明沟、地沟等。

（1）计算规则

1）扶手和压顶按设计图示尺寸实体体积以立方米计算。

2）小型构件按设计图示实体体积以立方米计算。

3）屋顶水池中钢筋混凝土构件（如柱、圈梁等）应并入屋顶水池工程量中计算，屋顶水池脚（墩）的钢筋混凝土构件另按相应的构件规定计算。

4）散水按设计图示尺寸以平方米计算，不扣除单个 $0.3m^2$ 以内的孔洞所占面积。

5）混凝土明沟按设计图示中心线长度以米计算。混凝土明沟与散水的分界：明沟净空加两边壁厚的部分为明沟，以外部分为散水（图7.4-37）。

（2）有关说明

1）混凝土小型构件，系指单个体积在 $0.05m^3$ 以内的未列出定额项目的构件。

2）外形体积在 $2m^3$ 以内的池槽为小型池槽。

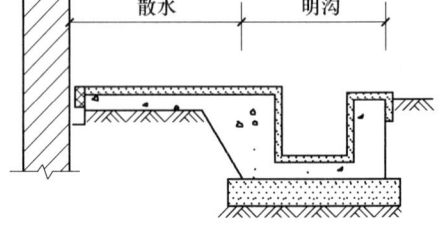

图 7.4-37　散水与明沟划分示意图

（3）计算实例

【例7.4-11】　现浇混凝土阳台压顶平面布置及大样图如图7.4-38所示，计算压顶的浇捣工程量。

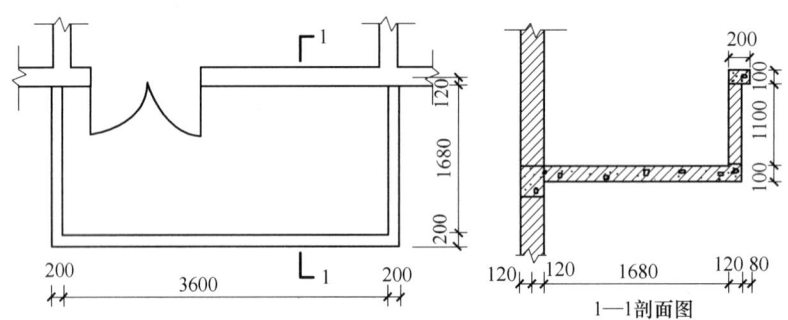

图 7.4-38　混凝土阳台压顶平面布置及大样图

【解】　压顶按设计图示尺寸实体体积以立方米计算。

压顶浇捣工程量 $= (3.6 + 0.2 \times 2 + 1.68 \times 2) \times 0.2 \times 0.1 m^3 = 0.15 m^3$

9. 后浇带

现浇混凝土后浇带包括地下室底板、梁、板、墙的后浇带。

（1）基本概念　后浇带是一种刚性变形缝。后浇带的浇筑应待两侧结构的主体混凝土干缩变形稳定后进行，一般宽在 700~1000mm 之间。

（2）计算规则　地下室、梁、板、墙工程量均应扣除后浇带体积，后浇带工程量按设计图示尺寸以立方米计算。

10. 钢管顶升混凝土

（1）基本概念　钢管混凝土结构即在钢管内填充混凝土，将两种不同性质的材料组合成为一体的复合结构。高层建筑钢管柱混凝土结构施工中，钢管顶升混凝土的施工工艺得到广泛应用。

施工工艺：在钢管柱的下部（高度便于施工为宜）管壁上开一个比输送管略大的孔洞，用输送管将混凝土输送泵的出口与之连接，混凝土靠泵压通过输送管被连续注入钢管柱内，直至管内注满混凝土（图 7.4-39）。混凝土施工无需振捣，依靠顶升，挤压自然密实。

（2）计算规则　钢管顶升混凝土工程量按设计图示实体体积以立方米计算。

11. 混凝土地面

混凝土地面包括地面的混凝土浇捣、切缝、刻纹。

计算规则：

1）混凝土地面工程量按设计图示尺寸以平方米计算，应扣除凸出地面的构筑物、设备基础、室内管道、地沟等所占面积，不扣除间壁墙、单个 0.3m² 以内的柱、垛、附墙烟囱及孔洞所占面积，门洞、空圈、暖气包槽、壁龛的开口部分不增加面积。

2）混凝土地面切缝按设计图示尺寸以米计算。刻纹机刻水泥混凝土地面按设计图示尺寸以平方米计算。

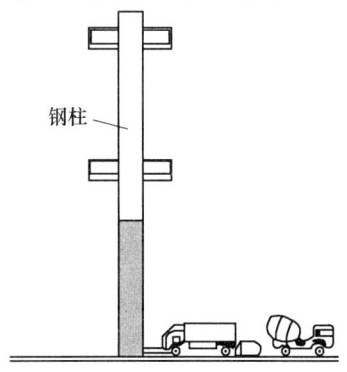

图 7.4-39　钢管顶升混凝土施工示意图

第二部分　预制混凝土构件制作、运输及安装

一、概述

1. 主要内容

预制混凝土构件制作、运输及安装工程包括预制混凝土桩、柱、梁、屋架、板、楼梯及其他预制构件的制作、运输及安装。

2. 定额说明

1）装配式构件安装所需的填缝料（砂浆或混凝土）、找平砂浆、锚固铁件等均包括在定额内，不得换算。

2）实际工作中所采用的机械与定额不同时，不得换算。

3）预制混凝土构件安装子目不包括为安装工程所搭设的临时脚手架，如发生时另按定额"A.15 脚手架工程"有关规定计算。

二、主要分项工程工程量计算

（1）计算规则

1）预制混凝土构件制作、安装及运输工程量均按构件图示尺寸实体体积，考虑制作废品率、运输堆放损耗、安装损耗以立方米计算，不扣除构件内钢筋、铁件及单个面积小于 300mm×300mm 的孔洞所占体积。

2）预制混凝土构件的制作废品率、运输及安装损耗：以图示尺寸的安装工程量为基准，损耗率见表 7.4-1。预制混凝土构件制作、运输及安装工程量可按表 7.4-2 中的系数计算。其中预制混凝土屋架、桁架、托架及长度在 9m 以上的梁、板、柱不计算损耗率。

3）预制混凝土构件制作子目未包括混凝土拌制，其混凝土拌制工程量按预制混凝土构件制作相应项目的定额混凝土含量（含损耗率）计算，套用现浇混凝土拌制定额子目。

4）桩：①按桩全长（包括桩尖，不扣除桩尖虚体积）乘以桩断面（空心桩应扣除孔洞体积),考虑制作废品率、运输堆放损耗、安装损耗以立方米计算。②预制桩尖按虚体积(不扣除桩尖虚体积部分),考虑制作废品率、运输堆放损耗、安装损耗以立方米计算。

表 7.4-1 预制钢筋混凝土构件损耗率表

名　称	制作废品率	运输堆放损耗	安装(打桩)损耗
预制混凝土屋架、桁架、托架及长度在9m以上的梁、板、柱	无	无	无
预制钢筋混凝土桩	0.1%	0.4%	1%
其他各类预制构件	0.2%	0.8%	1%

表 7.4-2 预制钢筋混凝土构件制作、运输、安装工程量系数表

名　称	安装(打桩)工程量	运输工程量	预制混凝土构件制作工程量
预制混凝土屋架、桁架、托架及长度在9m以上的梁、板、柱	1	1	1
预制钢筋混凝土桩	1	1+1%+0.4%=1.014	1+1%+0.4%+0.1%=1.015
其他各类预制构件	1	1+1%+0.8%=1.018	1+1%+0.8%+0.2%=1.02

5)预制钢筋混凝土工字形柱、矩形柱、空腹柱、双肢柱、空心柱、管道支架等安装,套柱相应的安装子目(图 7.4-40)。

6)吊车梁的安装,套梁相应的安装子目。

7)安装预制板时,预制板之间的板缝,缝宽在50mm以内的,已包含在预制板的安装定额内;缝宽在50mm以外时,按相应的混凝土平板计算。

8)预制混凝土构件的水平运输,可按加工厂或现场预制的成品堆置场中心至安装建筑物的中心点的距离计算。最大运输距离取20km以内;超过时另行计算。

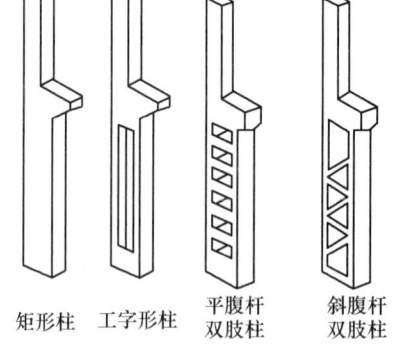

图 7.4-40 四种常见的预制柱示意图

9)防火组合变压型排气道。

①防火组合变压型排气道分不同截面按设计图示尺寸以延长米计算。

②防火止回阀按套计算。

③不锈钢动力风帽按套计算。

(2)有关说明

1)定额是按单机作业制定的,必须采取双机抬吊时,抬吊部分的构件安装定额人工费、机械台班乘以系数2。

2)定额不包括起重机械、运输机械行使道路和吊装路线的修整、加固及铺垫工作的人工、材料和机械的费用。

3)预制混凝土构件运输适用于由构件堆放地或构件加工厂至施工现场的运输,定额综合考虑了现场运输道路等级,重车上、下坡等各种因素,不得因道路条件不同而调整。

4)构件在运输过程中,因路桥限载(限高)而发生的加固、扩宽等费用及公安交通管理部门保安护送费,应另行计算。

5)防火组合变压型排气道。

①防火组合变压型排气道子目适用于住宅厨房排烟道和卫生间排气道。

②防火组合变压型排气道安装所用的型钢、钢筋等包含在其他材料费中,不得另计。

③防火组合变压型排气道、防火止回阀和不锈钢动力风帽按成品考虑。

（3）计算实例

【例 7.4-12】 如图 7.4-41 所示,30 根预制矩形柱在预制场制作,混凝土采用搅拌机现场拌制,计算预制柱的制作工程量与混凝土拌制工程量。

【解】 查表 7.4-1 可知,长度在 9m 以上的柱不计算损耗率,则该预制混凝土柱制作工程量按构件图示尺寸实体体积以立方米计算;矩形柱混凝土拌制工程量按预制混凝土构件制作相应项目的定额混凝土含量（含损耗率）计算。

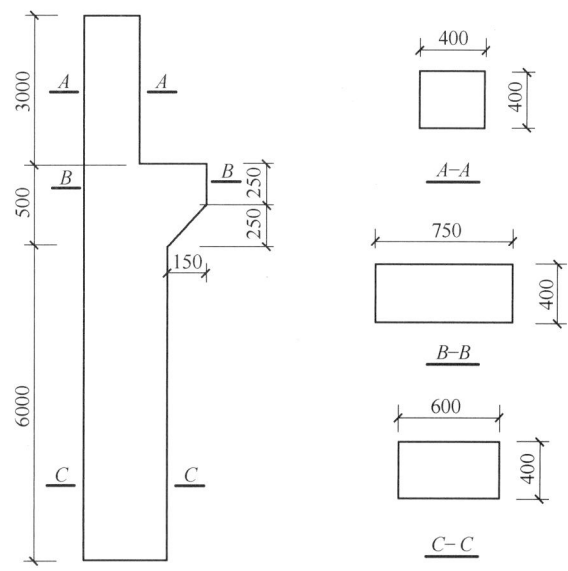

图 7.4-41 预制混凝土矩形柱构造图

预制柱制作工程量 = [0.4 × 0.6 × (6 + 0.5) + 0.4 × 0.4 × 3 + (0.25 + 0.5) × 0.15/2 × 0.4] × 30m³
= 61.88m³

查定额子目 A4-117 可知,10m³ 预制混凝土柱浇捣的定额分析量为 10.15m³。

混凝土拌制工程量 = 61.88 × 10.15/10m³ = 62.81m³

【例 7.4-13】 某厂房需长度为 6m 的大型屋面板 500 块,屋面板从 5km 以外的预制构件厂运至施工现场,若每块屋面板按 0.6m³ 计,计算屋面板的安装、运输、制作工程量。

【解】 屋面板的安装、运输、制作工程量按表 7.4-2 中的系数计算。

安装工程量 = 500 × 0.6 × 1m³ = 300m³

运输工程量 = 500 × 0.6 × 1.018m³ = 305.4m³

制作工程量 = 500 × 0.6 × 1.02m³ = 306m³

第三部分 钢筋制作安装工程

一、概述

1. 主要内容

钢筋制作安装工程包括现浇构件钢筋、预制构件钢筋、钢筋笼、钢筋网片、锚杆及土钉钢锚筋、预应力钢筋、预应力钢丝束、预应力钢绞线、砌体加固钢筋、钢筋接头、铁件、植筋、化学锚栓、地脚螺栓等制作安装工程。

2. 定额说明

1）钢筋工程按钢筋的品种、规格,分为现浇构件钢筋、预制构件钢筋、预应力钢筋等项目列项。

2）预应力构件中的非预应力钢筋按普通钢筋相应子目计算。

3）绑扎钢丝、成型点焊和接头焊接用的电焊条已综合在定额子目内。

4）钢筋工程内容包括：制作、绑扎、安装以及浇灌混凝土时维护钢筋用工。

5）钢筋以手工绑扎为主，如实际施工不同时，不得换算。

6）预制构件钢筋，如用不同直径钢筋点焊在一起时，按直径最小的定额项目套用，如粗细筋直径比在两倍以上时，其人工费乘以系数1.25。

7）后张法钢筋的锚固是按钢筋帮条焊、U型插垫编制的，如采用其他方法锚固时，应另行计算。

8）表7.4-3所列的构件，其钢筋工程可按表中所列系数调整定额人工费、机械用量。

表7.4-3 钢筋工程人工费、机械用量调整系数表

项 目	预制钢筋		构 筑 物			
					贮 仓	
系数范围	拱梯型屋架	托架梁	烟囱	水塔	矩形	圆形
人工费、机械用量调整系数	1.16	1.05	1.70	1.70	1.25	1.50

9）型钢混凝土柱、梁中劲性骨架的制作、安装按定额"A.6金属结构工程"中的相应子目计算，其所占混凝土的体积按钢构件吨数除以$7.85t/m^3$扣减。

10）植筋子目未包括植入钢筋的消耗量及其制作安装，植入的钢筋需另套相应钢筋制作安装子目计算。

二、主要分项工程工程量计算

1. 现浇、预制、预应力构件钢筋

（1）计算规则

1）钢筋工程应区别现浇、预制、预应力等构件和不同种类及规格，分别按设计图纸、标准图集、施工规范规定的长度乘以单位质量以吨计算。除设计（包括规范规定）标明的搭接外，其他施工搭接已在定额中综合考虑，不另计算。

2）钢筋接头：设计（或经审定的施工组织设计）采用机械连接、电渣压力焊接时，应按接头个数分别列项计算。

3）现浇构件中固定位置的支撑钢筋、双层钢筋用的"铁马"按设计（或经审定的施工组织设计）规定计算，设计未规定时，按板中小规格主筋计算，基础底板每平方米1只，长度按底板厚乘以2再加1m计算；板每平方米3只，长度按板厚度乘以2再加0.1m计算。双层钢筋的撑脚布置数量均按板（不包括柱、梁）的净面积计算。

（2）计算方法 钢筋工程量是以质量（t）表示的，计算时一般先计算出千克（kg）数，汇总后再换算成t。计算公式如下：

钢筋工程量(t) = (Σ 各规格钢筋长度 × 各规格每米质量)/1000

式中，钢筋每米质量（kg/m）= $0.00617d^2$，d 为钢筋直径（mm）。

钢筋每米质量也可直接查表7.4-4。

计算钢筋工程量时，钢筋长度是按"设计长度"计算的，设计长度按钢筋外皮计算，不考虑钢筋加工变形的弯曲调整值。而施工时，钢筋的下料长度是按"实际长度"计算的，实际长度按钢筋中心线计算，要考虑钢筋加工变形的弯曲调整值和钢筋的位置关系等实际情况。钢筋设计长度与实际长度的关系如图7.4-42所示。

表 7.4-4　钢筋每米质量表

直径/mm	4	6	6.5	8	10	12	14
每米质量/(kg/m)	0.099	0.222	0.260	0.395	0.617	0.888	1.21
直径/mm	16	18	20	22	25	28	32
每米质量/(kg/m)	1.58	2.00	2.47	2.98	3.85	4.83	6.31

钢筋长度的计算方法在后面按构件类别分别讲述，这里先介绍一些与计算钢筋长度有关的基础知识。

1）HPB300 级钢筋末端的 180°弯钩。HPB300 级钢筋末端应做 180°弯钩，弯后平直段长度不应小于 $3d$。180°弯钩需增加长度为 $6.25d$，如图 7.4-43 所示。但 HPB300 级钢筋作为受压钢筋、板分布筋（不作为抗温度收缩钢筋使用），或者已经设有 90°弯钩且弯折长度 $\geq 15d$ 时，可不再设 180°弯钩。

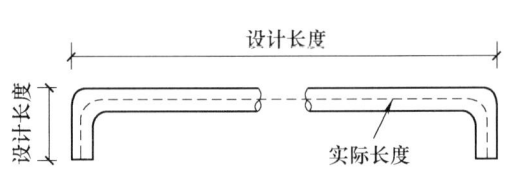

图 7.4-42　钢筋设计长度与实际长度示意图　　　图 7.4-43　HPB300 级钢筋末端 180°弯钩

2）钢筋的混凝土保护层厚度。混凝土保护层厚度是指构件最外层钢筋（箍筋、构造筋、分布筋等）外边缘至混凝土表面的距离。钢筋的混凝土保护层应符合设计要求，当设计无具体要求时，混凝土保护层厚度不应小于受力钢筋直径，并应符合 11G101 系列图集规定的混凝土保护层最小厚度的要求，见表 7.4-5。

表 7.4-5　混凝土保护层的最小厚度　　　　（单位：mm）

环境类别	板、墙	梁、柱	环境类别	板、墙	梁、柱
一	15	20	三 a	30	40
二 a	20	25	三 b	40	50
二 b	25	35			

注：1. 表中混凝土保护层厚度指构件最外层钢筋外边缘至混凝土表面的距离，适用于设计使用年限为 50 年的混凝土结构。
2. 构件中受力钢筋的保护层厚度不应小于钢筋的公称直径。
3. 设计使用年限为 100 年的混凝土结构，一类环境中，最外层钢筋的保护层厚度不应小于表中数值的 1.4 倍；二、三类环境中，应采取专门的有效措施。
4. 混凝土强度等级不大于 C25 时，表中保护层厚度数值应增加 5。
5. 基础底面钢筋的保护层厚度，有混凝土垫层时应从垫层顶面算起，且不应小于 40mm。

3）钢筋的锚固长度。
①受拉钢筋基本锚固长度 l_{ab}、l_{abE} 见表 7.4-6。

表 7.4-6　受拉钢筋基本锚固长度 l_{ab}、l_{abE}

钢筋种类	抗震等级	混凝土强度等级								
		C20	C25	C30	C35	C40	C45	C50	C55	≥C60
HPB300	一、二级（l_{abE}）	$45d$	$39d$	$35d$	$32d$	$29d$	$28d$	$26d$	$25d$	$24d$
	三级（l_{abE}）	$41d$	$36d$	$32d$	$29d$	$26d$	$25d$	$24d$	$23d$	$22d$
	四级（l_{abE}）非抗震（l_{ab}）	$39d$	$34d$	$30d$	$28d$	$25d$	$24d$	$23d$	$22d$	$21d$
HRB335 HRBF335	一、二级（l_{abE}）	$44d$	$38d$	$33d$	$31d$	$29d$	$26d$	$25d$	$24d$	$24d$
	三级（l_{abE}）	$40d$	$35d$	$31d$	$28d$	$26d$	$24d$	$23d$	$22d$	$22d$
	四级（l_{abE}）非抗震（l_{ab}）	$38d$	$33d$	$29d$	$27d$	$25d$	$23d$	$22d$	$21d$	$21d$
HRB400 HRBF400 RRB400	一、二级（l_{abE}）	—	$46d$	$40d$	$37d$	$33d$	$32d$	$31d$	$30d$	$29d$
	三级（l_{abE}）	—	$42d$	$37d$	$34d$	$30d$	$29d$	$28d$	$27d$	$26d$
	四级（l_{abE}）非抗震（l_{ab}）	—	$40d$	$35d$	$32d$	$29d$	$28d$	$27d$	$26d$	$25d$
HRB500 HRBF500	一、二级（l_{abE}）	—	$55d$	$49d$	$45d$	$41d$	$39d$	$37d$	$36d$	$35d$
	三级（l_{abE}）	—	$50d$	$45d$	$41d$	$38d$	$36d$	$34d$	$33d$	$32d$
	四级（l_{abE}）非抗震（l_{ab}）	—	$48d$	$43d$	$39d$	$36d$	$34d$	$32d$	$31d$	$30d$

② 受拉钢筋的锚固长度 l_a、抗震锚固长度 l_{aE} 见表 7.4-7。

表 7.4-7　受拉钢筋锚固长度 l_a、抗震锚固长度 l_{aE}

非抗震	抗震
$l_a = \zeta_a l_{ab}$	$l_{aE} = \zeta_{aE} l_a$

注：1. l_a 不应小于 200mm。
    2. 锚固长度修正系数 ζ_a 按表 7.4-8 取用，当多于一项时，可按连乘计算，但不应小于 0.6。
    3. ζ_{aE} 为抗震锚固长度修正系数，对一、二级抗震等级取 1.15，对三级抗震等级取 1.05，对四级抗震等级取 1.00。

表 7.4-8　受拉钢筋锚固长度修正系数 ζ_a

锚固条件		ζ_a	
带肋钢筋的公称直径大于 25		1.10	—
环氧树脂涂层带肋钢筋		1.25	
施工过程中易受扰动的钢筋		1.10	
锚固区保护层厚度	$3d$	0.80	中间时按内插值，d 为锚固钢筋直径
	$5d$	0.70	

4) 钢筋绑扎搭接的长度，按表 7.4-9 计算。

表 7.4-9　纵向受拉钢筋搭接长度计算

纵向受拉钢筋搭接长度 l_l、l_{lE}			
抗震		非抗震	
$l_{lE} = \zeta_l l_{aE}$		$l_l = \zeta_l l_a$	
纵向受拉钢筋搭接长度修正系数 ζ_l			
纵向钢筋搭接接头面积百分率（%）	≤25	50	100
ζ_l	1.2	1.4	1.6

注：1. 当直径不同的钢筋搭接时，l_l、l_{lE} 按直径较小的钢筋计算。
2. 任何情况下钢筋搭接长度不应小于 300mm。
3. 当纵向钢筋搭接接头面积百分率为表中数据的中间值时，可按内插取值。

5）封闭箍筋及拉筋弯钩构造，如图 7.4-44 所示。

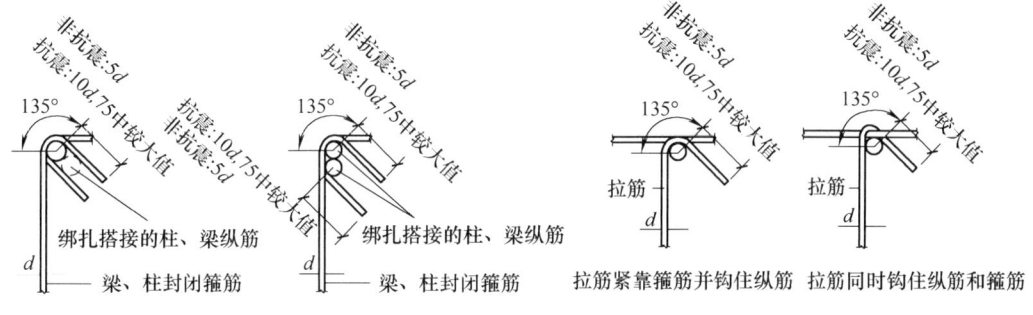

图 7.4-44　封闭箍筋及拉筋弯钩构造

注：非抗震设计时，若构件受扭或柱中全部纵向受力钢筋的配筋率大于 3%，
箍筋及拉筋弯钩平直段长度应为 10d。

（3）独立基础钢筋计算

1）独立基础钢筋规范构造要求（《11G101—3》）。

①独立基础长度＜2500mm 时，底板配筋构造如图 7.4-45 所示。

②独立基础长度≥2500mm 时，底板配筋长度减短 10%，构造如图 7.4-46 所示。

2）独立基础钢筋计算实例。

【例 7.4-14】　某工程有独立基础 J4 共 5 个，J4 的施工图如图 7.4-47 所示，已知混凝土保护层厚度为 40mm，计算独立基础 J4 的钢筋工程量，并按 2013 年《广西壮族自治区建筑装饰装修工程消耗量定额》确定定额子目编号及名称。

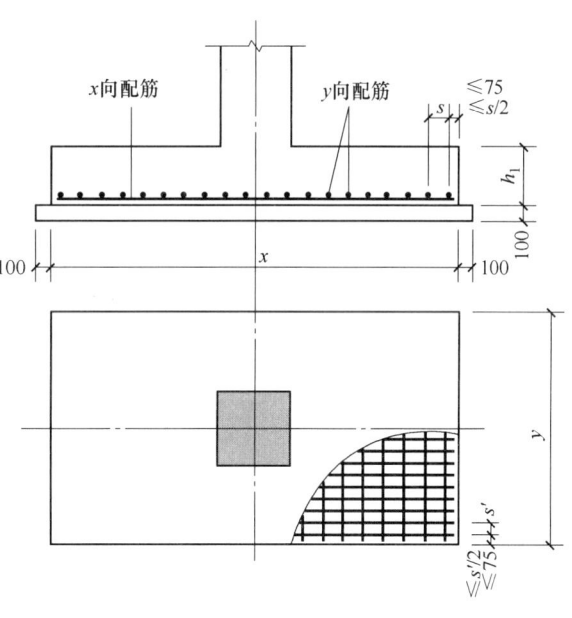

图 7.4-45　阶形独立基础底板配筋构造

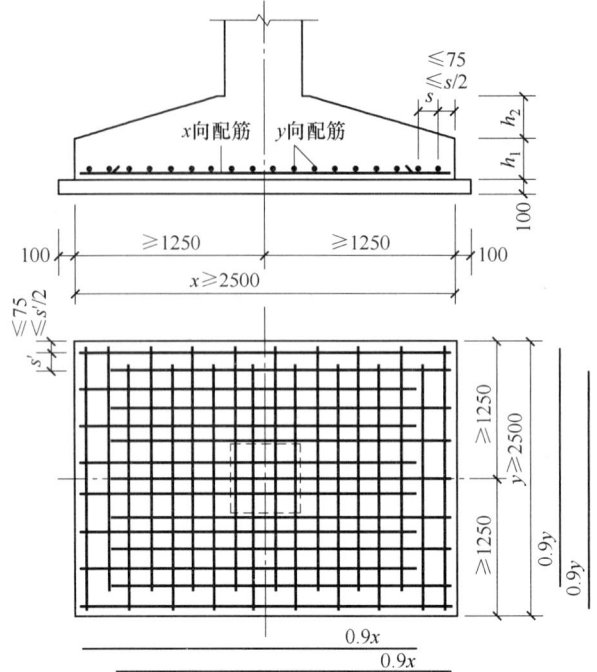

图 7.4-46 对称独立基础底板配筋构造

注：当独立基础底板长度≥2500mm 时，除外侧钢筋外，底板配筋长度可取相应方向底板长度的 0.9 倍。

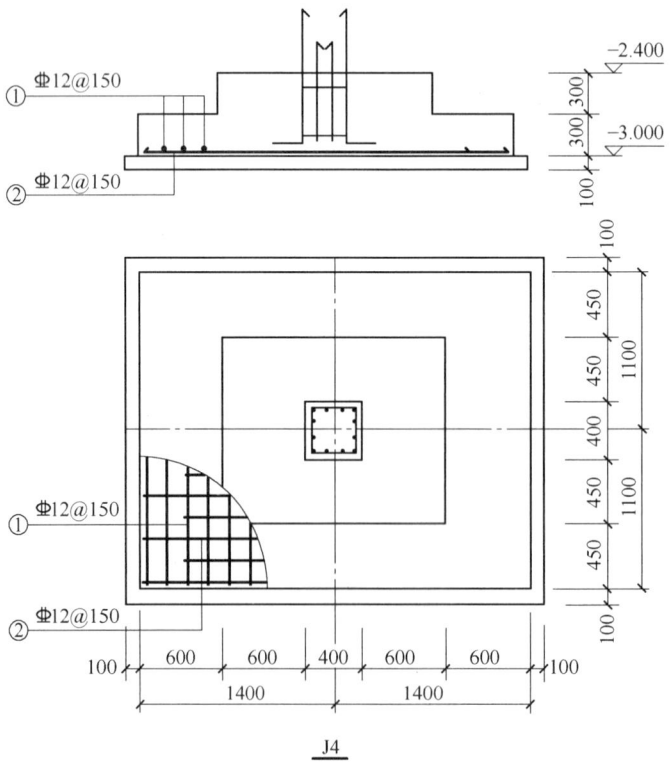

图 7.4-47 独立基础施工图

【解】 ①号钢筋⊈12@150。

单根长度 = 基础底边长 – 保护层×2 = (1100×2 – 40×2)mm = 2120mm = 2.12m

根数 = [基础底边长 – 2×min(75, s/2)] ÷ 钢筋间距 s + 1
= [(1400×2 – 2×75)/150 + 1]根 = 18.7 根 ≈ 19 根

质量 = 钢筋总长度×每米质量 = 2.12×19×5×0.888kg = 178.84kg

②号钢筋⊈12@150。

外侧：单根长度 = (1400×2 – 40×2)mm = 2720mm = 2.72m

根数 = 2 根

质量 = 钢筋总长度×每米质量 = 2.72×2×5×0.888kg = 24.15kg

中部：单根长度 = 0.9×基础底边长 = 0.9×1400×2mm = 2520mm = 2.52m

根数 = [(1100×2 – 75×2)/150 – 1]根 = 12.7 根 ≈ 13 根

质量 = 钢筋总长度×每米质量 = 2.52×13×5×0.888kg = 145.45kg

钢筋工程量 = (178.84 + 24.15 + 145.45)kg = 348.44kg = 0.348t

套用定额子目：A4-241 现浇构件螺纹钢制作安装⊈10 以上。

手工计算钢筋工程量是在钢筋计算表上进行的，独立基础 J4 的填写示例见表 7.4-10。

表 7.4-10 钢筋计算表填写示例

工程名称：××办公楼　　　　　　　　　　　　　　　　　　　　　　第　页共　页

构件名称（数量）	编号	简图/mm	直径/mm	长度/m	数量		质量/kg		备注
					每个构件	合计	每米质量	总质量	
J4（5）	①	2120	⊈12	2.12	19	95	0.888	178.84	
	②	2720	⊈12	2.72	2	10	0.888	24.15	
		2520	⊈12	2.52	13	65	0.888	145.45	
⋮									
本页小计			⊈10 以上					348.44	

(4) 现浇梁钢筋计算

1) 梁钢筋规范构造要求（《11G101-1》）。

①纵向钢筋端支座锚固构造，如图 7.4-48 所示。

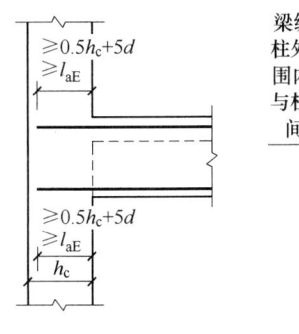
端支座直锚

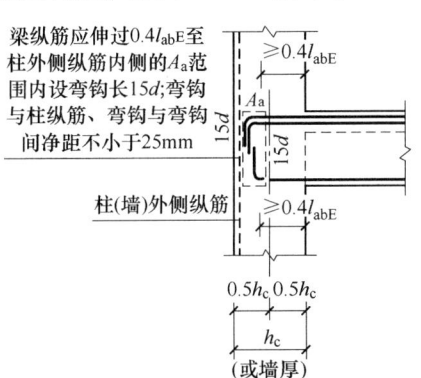
端支座弯锚

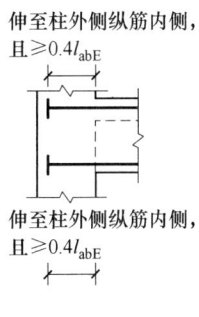
端支座加锚头（锚板）锚固

图 7.4-48　纵向钢筋端支座锚固构造

②抗震楼层框架梁 KL 纵向钢筋构造，如图 7.4-49 所示。

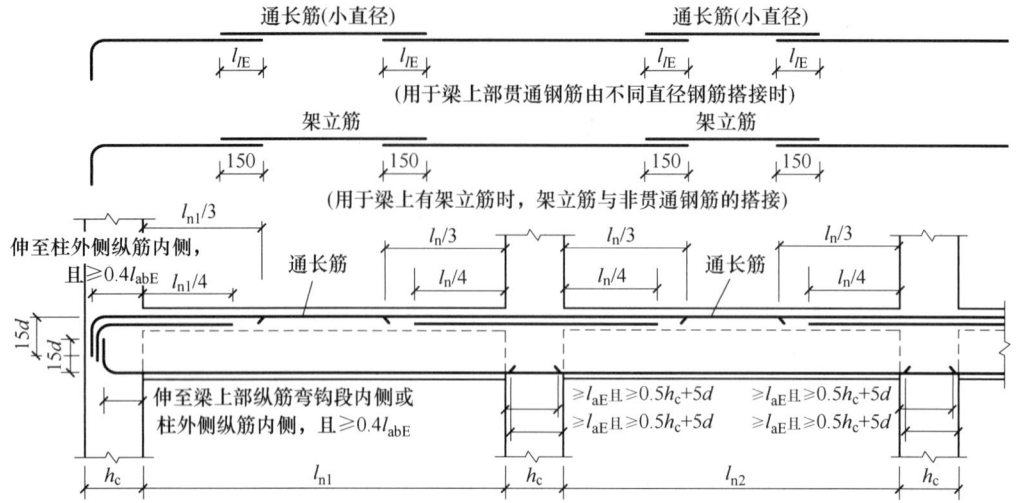

图 7.4-49　抗震楼层框架梁 KL 纵向钢筋构造

注：1. 跨度值 l_n 为左跨 l_{ni} 和右跨 l_{ni+1} 之较大值，其中 $i = 1, 2, 3\cdots$
　　2. 图中 h_c 为柱截面沿框架方向的高度。

③梁的悬挑端配筋构造如图 7.4-50 所示，悬挑梁端附加箍筋构造如图 7.4-51 所示。

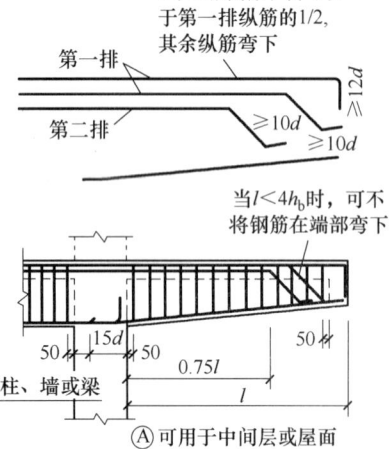

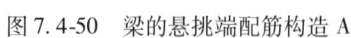

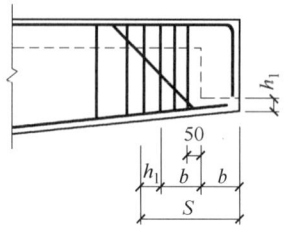

图 7.4-50　梁的悬挑端配筋构造 A

图 7.4-51　悬挑梁端附加箍筋构造

④框架梁中间支座梁截面变化的纵筋构造，如图 7.4-52 所示。

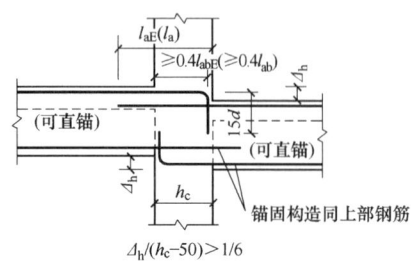

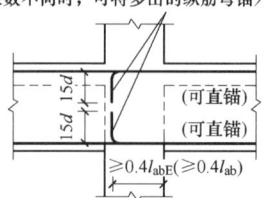

图 7.4-52　框架梁中间支座梁截面变化的纵筋构造

注：括号内数值用于非抗震。

⑤梁侧面纵向构造筋和拉筋的构造，如图 7.4-53 所示。

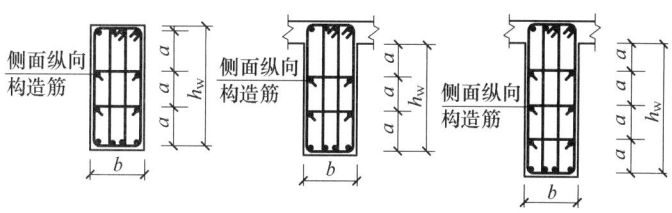

图 7.4-53　梁侧面纵向构造筋和拉筋

注：1. 当梁的腹板高度 $h_w \geqslant 450$mm 时，在梁的两个侧面应沿高度配置纵向构造筋；纵向构造筋间距 $a \leqslant 200$mm。
2. 当梁侧面配有直径不小于构造纵筋的受扭纵筋时，受扭钢筋可以代替构造钢筋。
3. 梁侧面构造纵筋的搭接与锚固长度可取为 $15d$。梁侧面受扭纵筋的搭接长度为 l_l 或 l_{lE}（抗震），其锚固长度为 l_a 或 l_{aE}（抗震），锚固方式同框架梁下部纵筋。
4. 当梁宽 $\leqslant 350$mm 时，拉筋直径为 6mm；梁宽 >350mm 时，拉筋直径为 8mm。拉筋间距为非加密区箍筋间距的 2 倍。当设有多排拉筋时，上下两排拉筋竖向错开设置。

⑥抗震框架梁箍筋加密区范围构造详图及箍筋示意图，如图 7.4-54、图 7.4-55 所示。

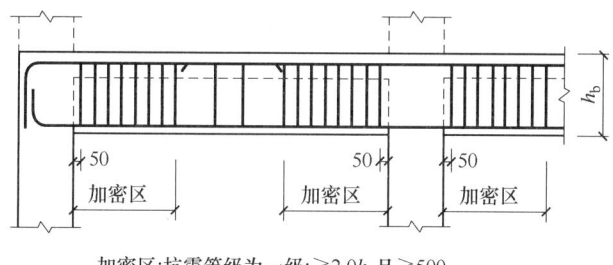
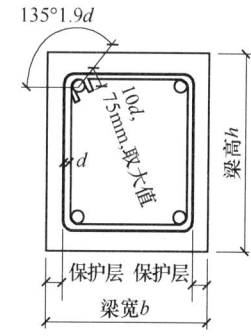

图 7.4-54　抗震框架梁 KL 箍筋加密区范围构造详图　　图 7.4-55　梁箍筋示意图

⑦附加箍筋、吊筋的构造，如图 7.4-56、图 7.4-57 所示。

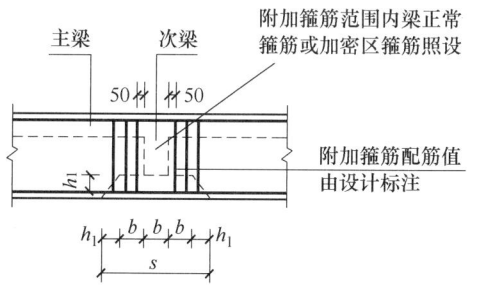
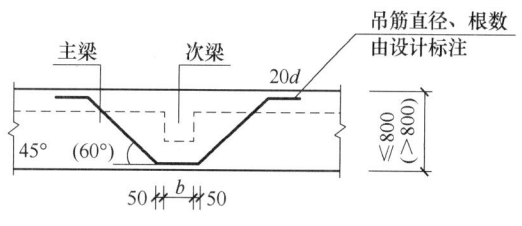

图 7.4-56　附加箍筋构造　　图 7.4-57　附加吊筋构造

2) 梁钢筋计算实例。

【例 7.4-15】 楼层框架梁 KL4 的梁平法施工图如图 7.4-58 所示，计算 KL4 中各钢筋的长度、根数。已知：混凝土强度等级为 C25，所在环境类别为二 a 类，设计使用年限为 50 年，抗震等级为四级抗震，柱截面尺寸为 500mm×500mm，柱纵筋为 8⌀16，柱箍筋为⌀8。图纸说明：①主次梁相交处，在次梁两侧各设置附加箍筋 3 个，间距 50mm，直径与主梁箍筋相同；②梁悬挑端长度大于 1500mm 时，设置鸭筋（类似倒置的吊筋）2⌀16。

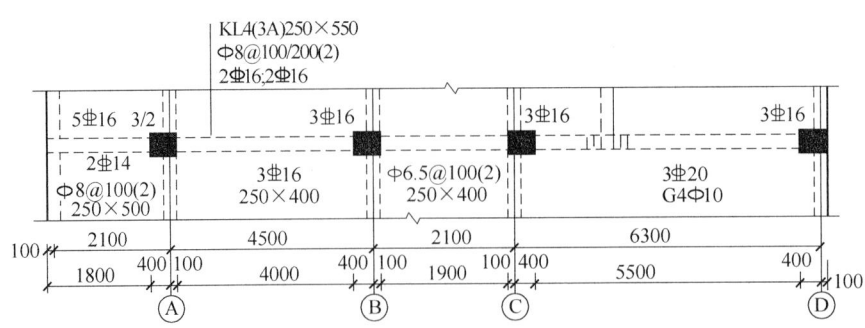

图 7.4-58 KL4 的梁平法施工图

【解】 第一步，查混凝土保护层厚度，计算抗震锚固长度 l_{aE}，判断钢筋在支座是直锚还是弯锚，选用适合该梁的标准构造详图。

查表 7.4-5，可知混凝土保护层的最小厚度为 30mm。（注：混凝土强度等级为 C25，表中保护层厚度数值 25 应增加 5）。查表 7.4-6，可知基本锚固长度 $l_{ab}=40d$，$l_{abE}=40d$。查表 7.4-7，可知四级抗震的抗震锚固长度修正系数 ζ_{aE} 为 1.00。

锚固长度 $l_a = \zeta_a l_{ab} = 1.0 \times 40d = 40d$，抗震锚固长度 $l_{aE} = \zeta_{aE} l_a = 1.0 \times 40d = 40d$。

⊕16 纵筋，其 $l_{aE} = 40 \times 16$mm = 640mm，柱宽 $h_c = 500$mm，即 $h_c < l_{aE}$，所以⊕16 以上纵筋需弯锚。

梁的悬挑端构造如图 7.4-50 所示。梁悬挑端净长 $l = 1800$mm，梁悬挑端截面高度 $h_b = 500$mm，$l < 4h_b$，所以上部第一排纵筋均伸至悬挑梁端头，向下弯折 90° 伸至梁底且 ≥12d。

梁的箍筋加密区范围如图 7.4-54 所示，四级抗震，所以加密区长度为 $1.5h_b$。

第二步，计算纵筋长度。由于梁的钢筋种类较多，为便于理解，画出钢筋排布图，并在其上标注钢筋长度及根数，如图 7.4-59 所示。

第三步，计算箍筋、拉筋的长度及根数。

1）梁悬挑端箍筋为 ⊕8@100，编为 12 号，其长度及根数计算如下：

箍筋长度 = (梁宽 b + 梁高 h - 保护层 ×4) ×2 + 11.9d ×2
= [(250 + 500 - 30 ×4) ×2 + 11.9 ×8 ×2]mm = 1450mm

12 号箍筋根数：[(1800 - 50 - 30)/100 + 1]根 = 19 根

另加悬挑梁端附加箍筋 3 根，合计 22 根。

2）A~B 跨箍筋为 ⊕8@100/200，编为 13 号，其长度及根数计算如下：

箍筋长度 = (梁宽 b + 梁高 h - 保护层 ×4) ×2 + 11.9d ×2
= [(250 + 400 - 30 ×4) ×2 + 11.9 ×8 ×2]mm = 1250mm

加密区长度 max($1.5h_b$, 500) = 1.5 ×400mm = 600mm

加密区根数：(1.5 ×400 - 50)/100 + 1 根 = 7 根 7 ×2 根 = 14 根

非加密区根数：[(4000 - 1.5 ×400 ×2)/200 - 1]根 = 13 根

13 号箍筋根数合计：(14 + 13) 根 = 27 根

3）B~C 跨箍筋为 ⊕6.5@100，编为 14 号，其长度及根数计算如下：

箍筋长度 = (梁宽 b + 梁高 h - 保护层 ×4) ×2 + (1.9d + 75) ×2
= [(250 + 400 - 30 ×4) ×2 + (1.9 ×6.5 + 75) ×2]mm = 1235mm

14 号箍筋根数：[(1900 - 50 ×2)/100 + 1]根 = 19 根

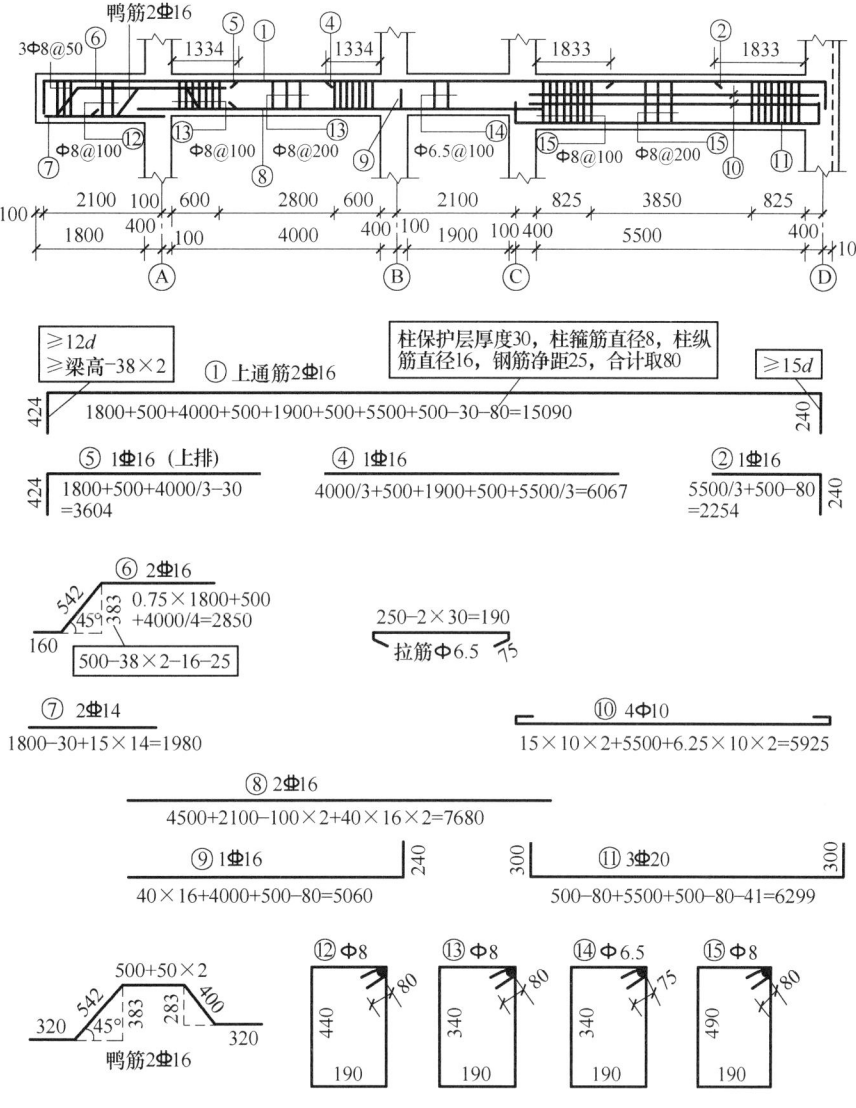

图 7.4-59 梁钢筋排布图

4) C~D 跨箍筋为Φ8@100/200,编为 15 号,其长度及根数计算如下:

箍筋长度 = (梁宽 b + 梁高 h - 保护层×4)×2 + 11.9d×2
　　　　　= [(250 + 550 - 30×4)×2 + 11.9×8×2]mm = 1550mm

加密区长度 max(1.5hb, 500) = 1.5×550mm = 825mm

加密区数量:[(1.5×550 - 50)/100 + 1]×2 根 = 18 根

非加密区数量:[(5600 - 1.5×550×2)/200 - 1]根 = 19 根

另加次梁处附加箍筋 6 根,15 号箍筋合计:(18 + 19 + 6) 根 = 43 根

5) C~D 跨拉筋的长度及根数计算如下:

当梁宽≤350mm 时,拉筋直径为 6mm;拉筋间距为非加密区箍筋间距的 2 倍。因为该梁宽 = 250mm,非加密区箍筋间距为 200mm,所以拉筋取为Φ6.5@400。

拉筋长度 = 梁宽 - 2×保护层厚度 + (1.9d + 75)×2
　　　　= [250 - 2×30 + (1.9×6.5 + 75)×2]mm = 365mm

拉筋根数 $= [(5600 - 50 \times 2)/400 + 1] \times 2$ 根 $= 30$ 根

(5) 板钢筋计算

1) 板钢筋规范构造要求（《11G101-1》）。

①有梁楼盖楼面板 LB 和屋面板 WB 钢筋构造，如图 7.4-60 所示。

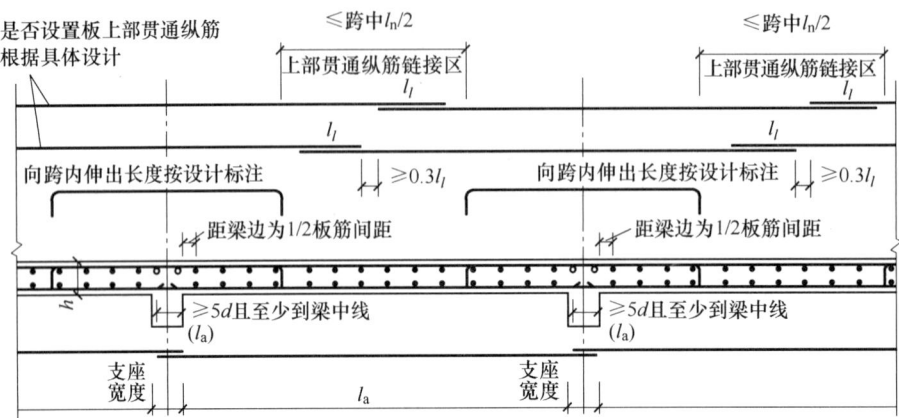

图 7.4-60　有梁楼盖楼面板 LB 和屋面板 WB 钢筋构造

注：括号内的锚固长度 l_a 用于梁板式转换层的板。

②板在端部支座的锚固构造，如图 7.4-61 所示。

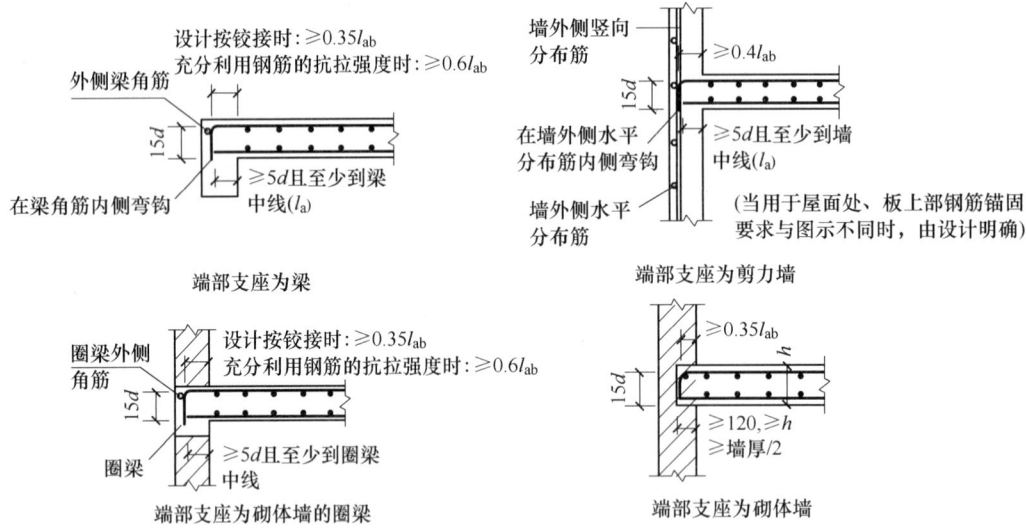

图 7.4-61　板在端部支座的锚固构造

注：1. 括号内的锚固长度 l_a 用于梁板式转换层的板。
　　2. 图中"设计按铰接时"、"充分利用钢筋的抗拉强度时"由设计指定。
　　3. 纵筋在端部支座应伸至支座（梁、圈梁或剪力墙）外侧纵筋内侧后弯折，当直段长度 $\geq l_a$ 时可不弯折。

③单（双）向板配筋示意图，如图 7.4-62 所示。

2) 计算实例

第7章 建筑装饰装修工程工程量计算

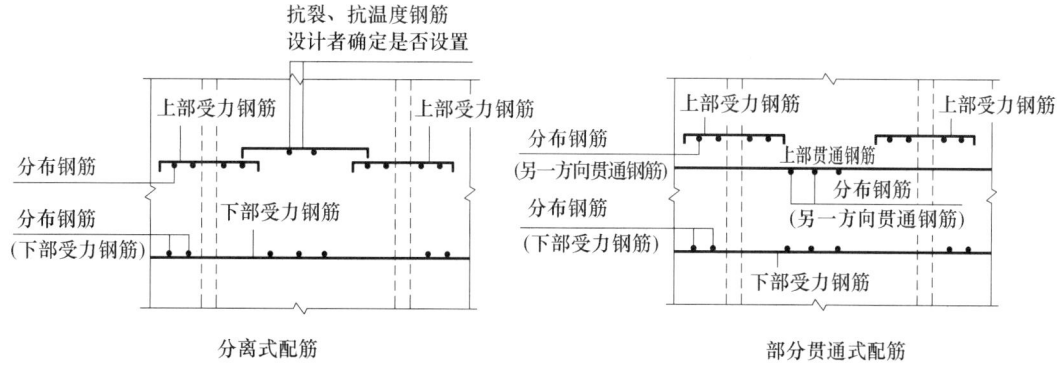

图 7.4-62 单（双）向板配筋示意图

注：1. 抗裂构造钢筋自身及其与受力主筋搭接长度为150，抗温度筋自身及其与受力主筋搭接长度为l_1。
2. 分布筋自身及与受力主筋、构造钢筋的搭接长度为150；当分布筋兼作抗温度筋时，其自身及与受力主筋、构造钢筋的搭接长度为l_1；其在支座的锚固按受拉要求考虑。

【**例 7.4-16**】 某工程屋面板的配筋图如图 7.4-63 所示，计算该屋面板的钢筋工程量，并按2013年《广西壮族自治区建筑装饰装修工程消耗量定额》确定定额子目编号及名称。已知：混凝土强度等级为C25，板的保护层厚度为15mm；梁宽均为250mm，梁的保护层厚度为30mm，梁箍筋直径为10mm，梁纵筋直径为20mm。除图纸注明外，板钢筋按平法图集《11G101-1》规范计算。

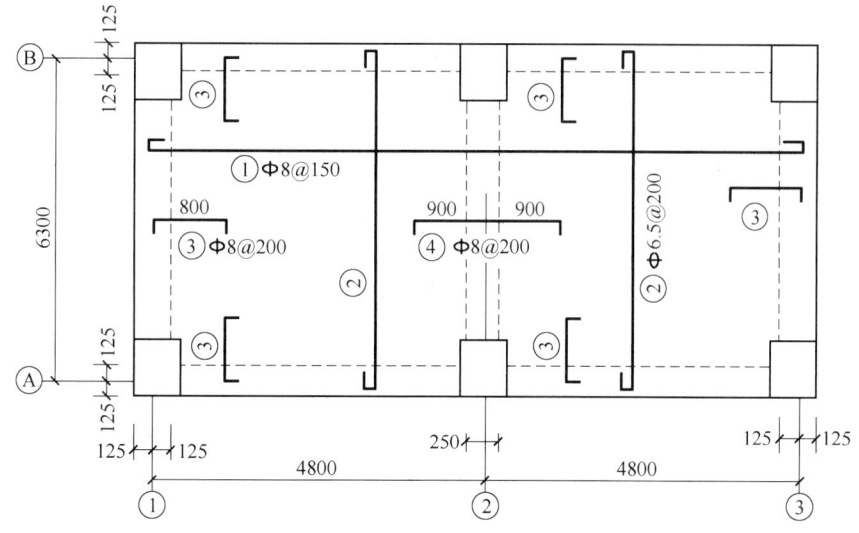

图 7.4-63 屋面板配筋图

说明：1. 板厚均为100mm，设计按铰接。
2. 未表示的板分布筋均为$\phi 6.5@250$。
3. 屋面板板面未配置负筋的区域，均设置抗温度钢筋（双向$\phi 6.5@150$），抗温度钢筋与结构钢筋的搭接长度≥300mm。

【**解**】 第一步，查找基本锚固长度l_{ab}，计算锚固长度l_a，选用合适的构造详图。查表 7.4-6，可知基本锚固长度$l_{ab}=34d$，$l_a=34d$。

对于$\phi 8$的面筋，$l_a = 34d = 34 \times 8\text{mm} = 272\text{mm}$，而梁宽为250mm，所以必须弯锚。

$\phi 8$的面筋：$0.35l_{ab} = 0.35 \times 34 \times 8\text{mm} = 95.2\text{mm}$，根据图7.4-61a的构造要求，板面筋伸到梁外侧角筋内侧弯折，其在梁内的水平段长度 = $(250-30-10-20)$ mm = 190mm > $0.35l_{ab}$，满足设计按铰接的构造要求。

第二步，计算钢筋长度、根数、质量。

```
        ┌──── ① φ8@150 ────┐
                9600
```

①号底筋$\phi 8@150$。

单根长度 = 板净跨 + $\max(5d, 梁宽/2) \times 2 + 12.5d$

$\qquad = (4800 \times 2 - 125 \times 2) + \max(5d, 250/2) \times 2 + 12.5 \times 8\text{mm} = 9700\text{mm} = 9.7\text{m}$

根数 = (板净跨 − 间距S)/S + 1

$\qquad = (6300 - 125 \times 2 - 150)/150 + 1$ 根 = 40.33 根 ≈ 41 根

质量 = 钢筋总长度 × 每米质量

$\qquad = 9.7 \times 41 \times 0.395\text{kg} = 157.09\text{kg}$

```
        ┌──── ② φ6.5@200 ────┐
                6300
```

②号底筋$\phi 6.5@200$。

单根长度 = 板净跨 + $\max(5d, 梁宽/2) \times 2 + 12.5d$

$\qquad = [(6300 - 125 \times 2) + \max(5d, 250/2) \times 2 + 12.5 \times 6.5]\text{mm}$

$\qquad = 6382\text{mm} = 6.382\text{m}$

根数 = (板净跨 − 间距S)/S + 1

$\qquad = [(4800 - 125 \times 2 - 200)/200 + 1] \times 2$ 根 ≈ 23×2 根 = 46 根

质量 = 钢筋总长度 × 每米质量

$\qquad = 6.382 \times 46 \times 0.26\text{kg} = 76.33\text{kg}$

③号负筋$\phi 8@200$。

```
              ③ φ8@200
         120 ┌──────────┐ 85
                865
```

水平段长度 = 负筋标注长度 + 梁宽/2 − (梁保护层 + 梁箍筋直径 + 梁角筋直径)

$\qquad = [800 + 250/2 - (30 + 10 + 20)]\text{mm} = 865\text{mm}$

端部弯折长度 = $15d = 15 \times 8\text{mm} = 120\text{mm}$

中部弯折长度 = 板厚 − 保护层 = 100 − 15mm = 85mm

单根负筋长度 = $(865 + 120 + 85)\text{mm} = 1070\text{mm} = 1.07\text{m}$

负筋根数 = (板净跨 − 间距S)/S + 1

①、③轴负筋根数 = $[(6300 - 250 - 200)/200 + 1] \times 2$ 根 = 62 根

A、B轴负筋根数 = $[(4800 - 250 - 200)/200 + 1] \times 4$ 根 = 92 根

质量 = 钢筋总长度 × 每米质量

$\qquad = 1.07 \times (62 + 92) \times 0.395\text{kg} = 65.09\text{kg}$

```
        分布筋φ6.5@250    分布筋@6.5@250
            5000              3400
```

③号负筋分布筋$\phi 6.5@250$。

分布筋长度 = 梁中心线长度 – 两端负筋标注长度 + 2×150
①、③轴分布筋长度 = [6300 – 800×2 + 2×150]×2mm = 5000×2mm = 10.0m
A、B 轴分布筋长度 = [4800 – 800 – 900 + 2×150]×4mm = 3400×4mm = 13.6m
分布筋根数 = (负筋标注长度 – 梁宽/2 – S/2)/间距 S + 1
分布筋根数 = [(800 – 250/2 – 250/2)/250 + 1]根 = 4 根
质量 = 钢筋总长度 × 每米质量
     = (10.0 + 13.6)×4×0.26kg = 24.54kg
④号负筋 Φ 8@200。

④ Φ 8@200
85 | 1800 | 85

水平段长度 = 负筋标注长度之和
          = (900 + 900)mm = 1800mm
弯折长度 = 板厚 – 保护层 = (100 – 15)mm = 85mm
单根负筋长度 = (1800 + 85 + 85)mm = 1970mm = 1.97m
负筋根数 = (板净跨 – 间距 S)/S + 1
        = [(6300 – 250 – 200)/200 + 1]根 = 31 根
质量 = 钢筋总长度 × 每米质量
     = 1.97×31×0.395kg = 24.12kg
④号负筋的分布筋 Φ 6.5@250

分布筋 Φ 6.5@250
5000

分布筋长度 = 梁中心线长度 – 两端负筋标注长度 + 2×150
          = (6300 – 800×2 + 2×150)mm = 5000mm = 5.0m
分布筋根数 = (负筋水平段长度 – 梁宽 – 间距 S)/S + 2
          = [(1800 – 250 – 250)/250 + 2]根 = 8 根
质量 = 钢筋总长度 × 每米质量
     = 5.0×8×0.26kg = 10.4kg
X 向抗温度钢筋 Φ 6.5@150

X 向温度筋 Φ 6.5@150
85 | 3160 | 85

抗温度筋水平段长度 = 梁中心线长度 – 两端负筋标注长度 + 2×搭接长度 l_l
                 = (4800 – 800 – 900 + 2×300)mm = 3160mm
弯折长度 = 板厚 – 保护层 = (100 – 15)mm = 85mm
单根抗温度筋长度 = (3160 + 85 + 85)mm = 3330mm = 3.33m
根数 = (Y 向的梁中心线长度 – 两端负筋标注长度)/间距 S
    = [(6300 – 800×2)/150]×2 根 = 32×2 根 = 64 根
质量 = 钢筋总长度 × 每米质量
     = 3.33×64×0.26kg = 55.41kg
Y 向抗温度钢筋 Φ 6.5@150

$$Y\text{向温度筋} \phi 6.5@150$$

$$85 \mid 5300 \mid 85$$

抗温度筋长度 = 梁中心线长度 − 两端负筋标注长度 + 2 × 搭接长度 l_1
$$= (6300 - 800 - 800 + 2 \times 300)\text{mm} = 5300\text{mm}$$

弯折长度 = 板厚 − 保护层 = $(100 - 15)$mm = 85mm

单根抗温度筋长度 = $(5300 + 85 + 85)$mm = 5470mm = 5.47m

根数 = (X 向的梁中心线长度 − 两端负筋标注长度)/间距 S
$$= [(4800 - 800 - 900)/150] \times 2 \text{ 根} = 21 \times 2 \text{ 根} = 42 \text{ 根}$$

质量 = 钢筋总长度 × 每米质量
$$= 5.47 \times 42 \times 0.26\text{kg} = 59.73\text{kg}$$

第三步,按定额要求汇总钢筋质量,套用定额。

ϕ10 以内圆钢工程量:

$(157.09 + 76.33 + 65.09 + 24.54 + 24.12 + 10.4 + 55.41 + 59.73)$ kg = 472.71kg = 0.473t

套用定额子目:A4-236,现浇构件圆钢 ϕ10 以内制作安装。

(6) 柱钢筋计算

1) 中柱、边柱、角柱的区分。顶层柱纵筋需要区分中柱、边柱、角柱(图 7.4-64)分别计算。中柱是位于 X 向梁与 Y 向梁(不包括悬挑端)"十"字形相交处的柱;边柱是位于 X 向梁与 Y 向梁(不包括悬挑端)"T"形相交处的柱;角柱是位于 X 向梁和 Y 向梁(不包括悬挑端)"L"形相交处的柱。边柱、角柱的内侧纵筋构造做法与中柱相同,边柱、角柱的外侧纵筋构造做法有多种选择,详见构造做法。

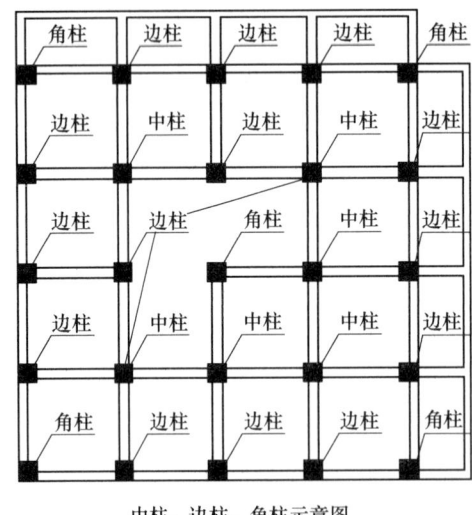

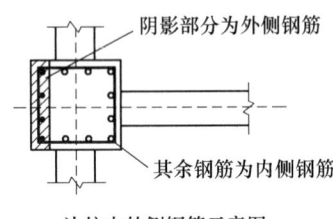

图 7.4-64 中柱、边柱、角柱及内外侧钢筋示意图

2) 柱钢筋规范构造要求(《11G101-1》)。

①柱插筋在基础中的锚固构造,如图 7.4-65 所示。

②抗震 KZ 中柱柱顶纵向钢筋构造,如图 7.4-66 所示。

③抗震 KZ 柱变截面位置纵向钢筋构造,如图 7.4-67 所示。

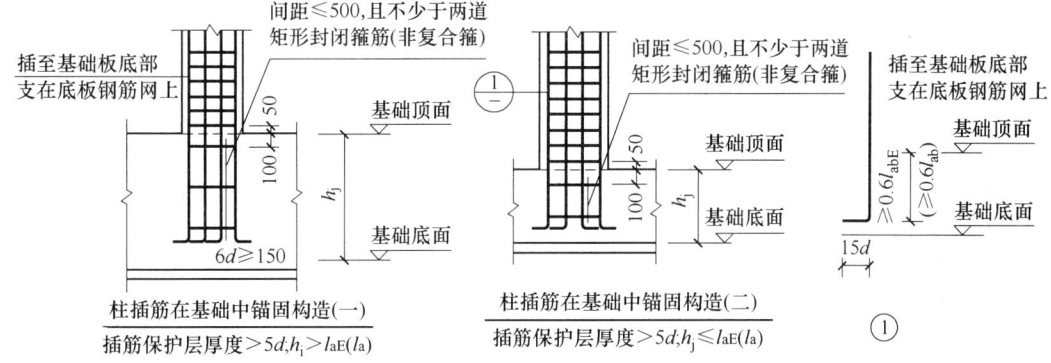

图 7.4-65　柱插筋在基础中的锚固构造

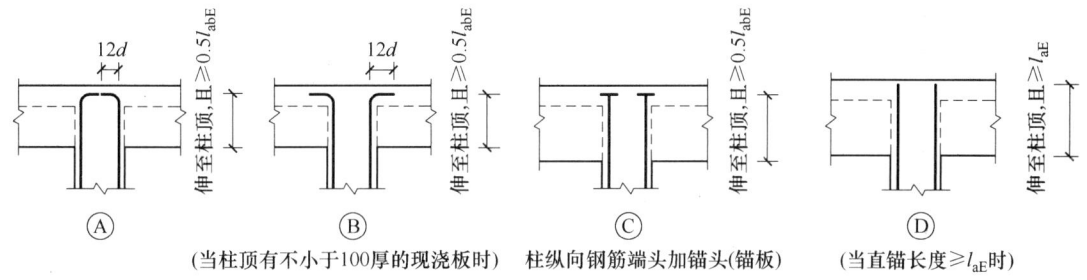

图 7.4-66　抗震 KZ 中柱柱顶纵向钢筋构造

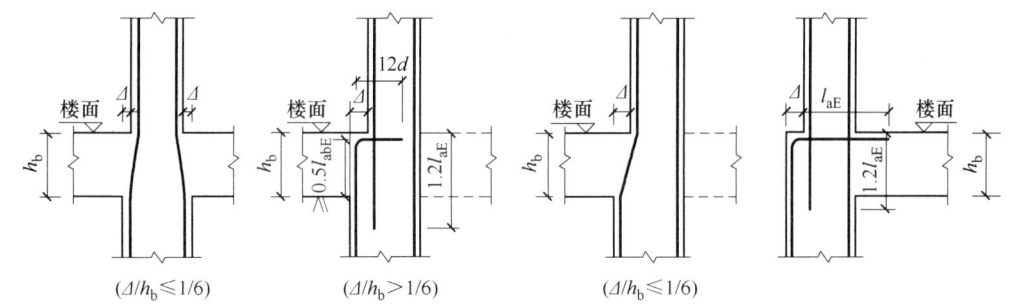

图 7.4-67　抗震 KZ 柱变截面位置纵向钢筋构造

④抗震 KZ 纵向钢筋连接构造，如图 7.4-68 所示。
⑤抗震 KZ 边柱和角柱柱顶纵向钢筋构造，如图 7.4-69 所示。
⑥抗震 KZ 箍筋加密区范围，如图 7.4-70 所示。
⑦矩形箍筋复合方式，如图 7.4-71 所示。

3）柱纵筋计算分析。在预算中计算纵筋的工程量时可不考虑纵筋错开连接的问题，因为对钢筋总量没有影响。当柱截面、柱纵筋直径都不变，且采用图 7.4-69 中节点 B + D 的做法（即边柱、角柱外侧纵筋的 65% 以上伸入梁内，其余纵筋伸入板内）时，柱纵筋可采用以下简便的计算方法。

①采用机械连接或焊接连接时，中柱纵筋、边柱和角柱的内侧纵筋：
弯锚时，单根内侧纵筋总长度 = 柱总高 − 柱顶保护层厚度 + 基础内长度 + $12d$
直锚时，单根内侧纵筋总长度 = 柱总高 − 柱顶保护层厚度 + 基础内长度

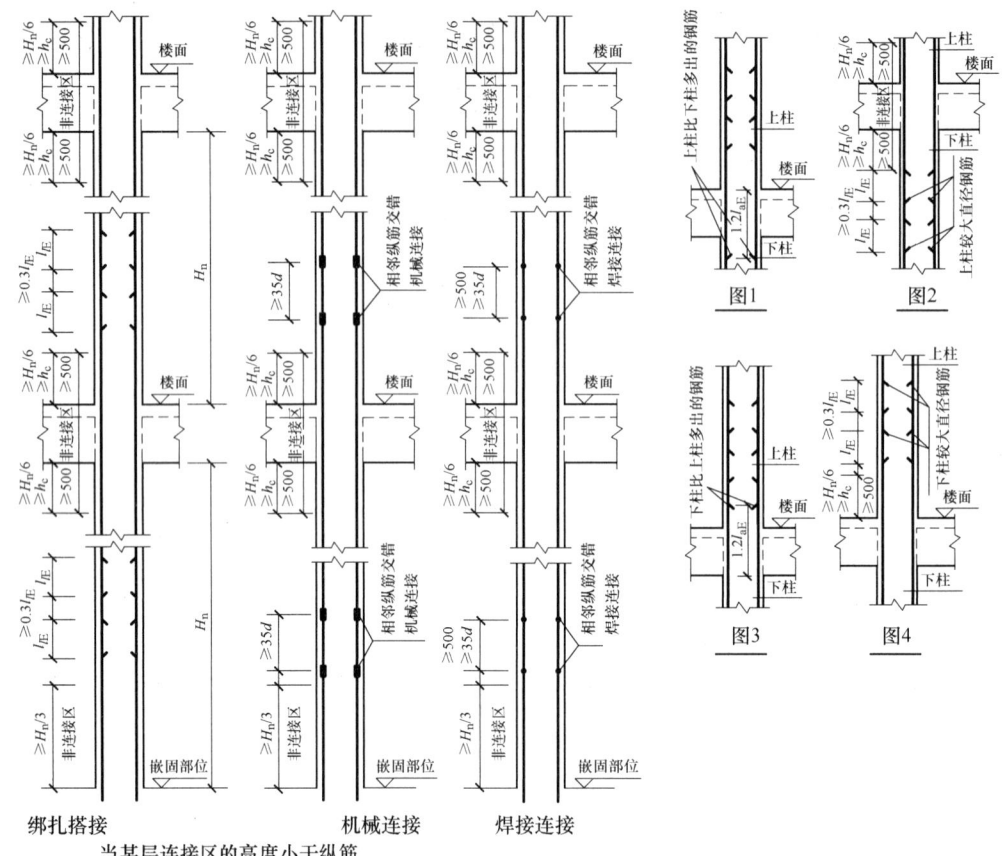

图 7.4-68 抗震 KZ 纵向钢筋连接构造

注：1. 柱相邻纵向钢筋连接接头相互错开。在同一截面内钢筋接头面积百分率不宜大于 50%。
2. 图中 h_c 为柱截面长边尺寸（圆柱为截面直径），H_n 为所在楼层的柱净高。
3. 上柱钢筋比下柱多时见图 1，上柱钢筋直径比下柱钢筋直径大时见图 2，下柱钢筋比上柱多时见图 3，下柱钢筋直径比上柱钢筋直径大时见图 4。图中为绑扎搭接，也可采用机械连接和焊接连接。

②采用机械连接或焊接连接时，边柱和角柱的外侧纵筋：
单根外侧纵筋总长度 = 柱总高 − 顶层梁高 + 基础内长度 + $1.5l_{abE}$
③采用绑扎搭接时，中柱纵筋、边柱和角柱的内侧纵筋：
弯锚时，单根内侧纵筋总长度 = 柱总高 + 层数 × 搭接长度 l_{lE} − 柱顶保护层厚度 + 基础内长度 + $12d$
直锚时，单根内侧纵筋总长度 = 柱总高 + 层数 × 搭接长度 l_{lE} − 柱顶保护层厚度 + 基础内长度
④采用绑扎搭接时，边柱和角柱的外侧纵筋：
单根外侧纵筋总长度 = 柱总高 + 层数 × 搭接长度 l_{lE} − 顶层梁高 + 基础内长度 + $1.5l_{abE}$
式中，柱总高指从基础顶面至柱顶面高度。
4）柱钢筋计算实例。

第 7 章 建筑装饰装修工程工程量计算

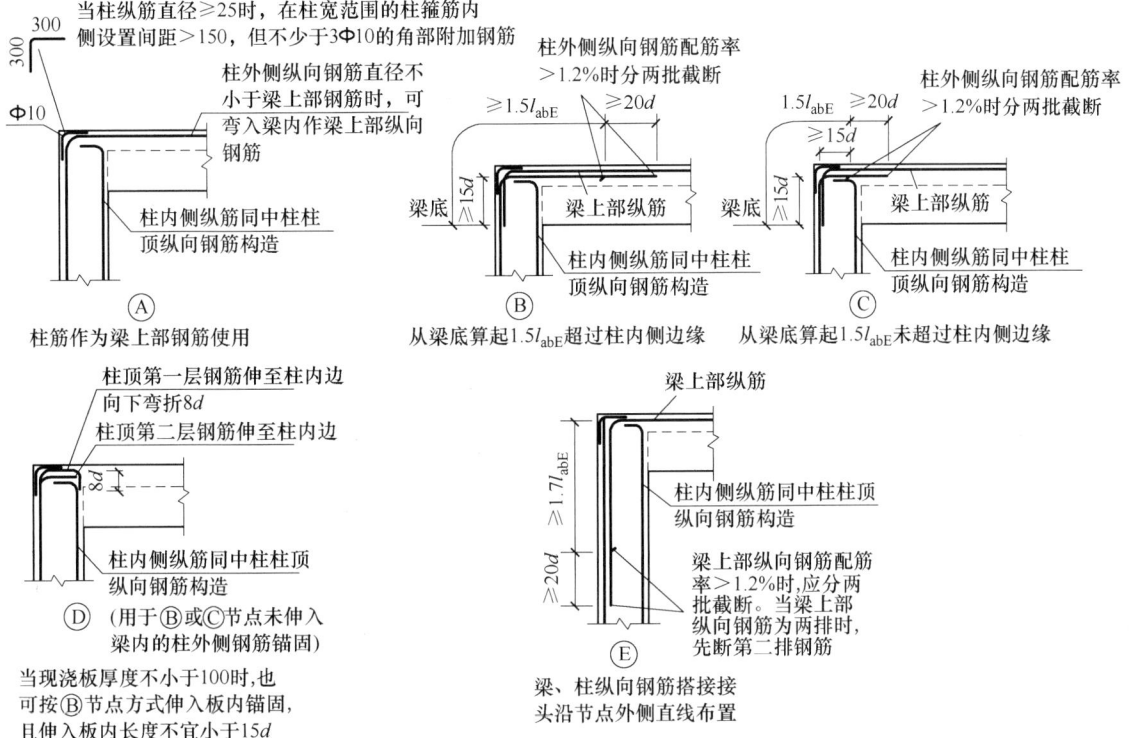

图 7.4-69 抗震 KZ 边柱和角柱柱顶纵向钢筋构造

注：1. 节点 A、B、C、D 应配合使用，节点 D 不应单独使用（仅用于未伸入梁内的柱外侧纵筋锚固），伸入梁内的柱外侧纵筋不宜少于柱外侧全部纵筋面积的 65%。可选择 B+D 或 C+D 或 A+B+D 或 A+C+D 的做法。
2. 节点 E 用于梁、柱纵向钢筋接头沿节点柱外侧直线布置的情况，可与节点 A 组合使用。

【**例 7.4-17**】 计算图 7.4-72 中①轴与 B 轴相交的边柱 KZ1 的钢筋工程量。已知：混凝土强度等级为 C30，环境类别为二 a 类，设计使用年限为 50 年，抗震等级为二级，柱纵筋采用电渣压力焊接。现浇屋面板厚度为 120mm，屋面梁箍筋直径为 10mm，基础保护层厚度为 40mm。

【**解**】 第一步，查混凝土保护层厚度，计算抗震锚固长度 l_{aE}，计算柱插筋在基础中的弯折长度，判断柱内侧钢筋在柱顶是直锚还是弯锚，选用合适的构造详图。

查表 7.4-5，可知混凝土保护层的最小厚度为 25mm。

查表 7.4-6，可知基本锚固长度 $l_{ab}=29d$，$l_{abE}=33d$。查表 7.4-7，可知二级抗震的抗震锚固长度修正系数 ζ_{aE} 为 1.15。

锚固长度 $l_a = \zeta_a l_{ab} = 1.0 \times 29d = 29d$，抗震锚固长度 $l_{aE} = \zeta_{aE} l_a = 1.15 \times 29d = 33.35d \approx 34d$。

计算柱插筋在基础中的弯折长度 a，⌀25 的纵筋其 $l_{aE}=34 \times 25\text{mm} = 850\text{mm}$，而基础高 h_j 为 800mm，即 $h_j < l_{aE}$，所以适用图 7.4-65 中的构造（二），即弯折长度 $a=15d=375\text{mm}$。

⌀25 的纵筋其 $l_{aE} = 34 \times 25\text{mm} = 850\text{mm}$，而梁高为 600mm，即梁高 $< l_{aE}$，所以⌀25 的内侧纵筋在柱顶必须弯锚，选用图 7.4-66 中节点 B 做法。

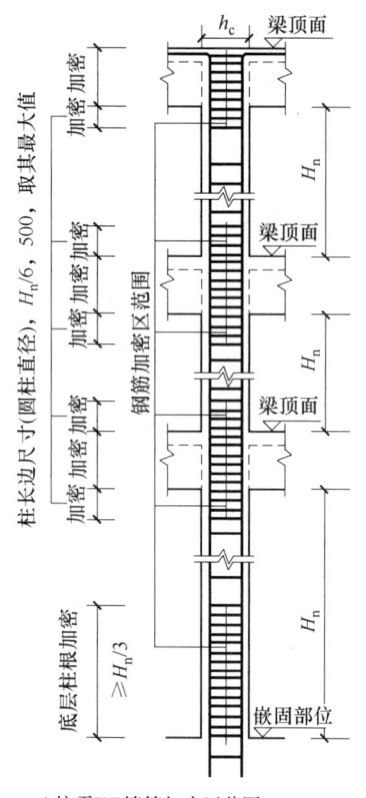
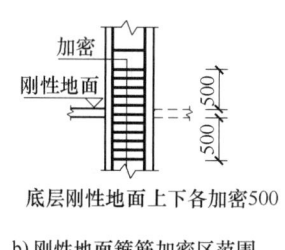
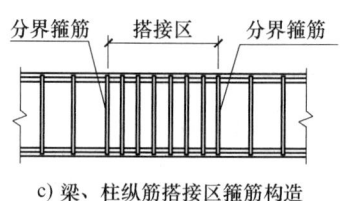

注：1. 除具体工程设计标注有箍筋全高加密的柱外，柱箍筋加密区按本图所示。
2. 当柱纵筋采用搭接连接时，搭接区范围内箍筋构造见图 c。要求：搭接区内箍筋直径 $\geq d/4$（d 为搭接钢筋最大直径），间距不应大于 100mm 及 $5d$（d 为搭接钢筋最小直径）；当受压钢筋直径大于 25mm 时，尚应在搭接接头两个端面外 100mm 的范围内各设置两道箍筋。
3. 当柱在某楼层各向均无梁连接时，计算箍筋加密范围采用的 H_n 按该跃层柱的总净高取用，其余情况同普通柱。
4. 墙上起柱，在墙顶面标高以下锚固范围内的柱箍筋按上柱非加密区箍筋要求配置。梁上起柱，在梁内设两道柱箍筋。

a) 抗震 KZ 箍筋加密区范围　　b) 刚性地面箍筋加密区范围　　c) 梁、柱纵筋搭接区箍筋构造

图 7.4-70　箍筋加密区范围

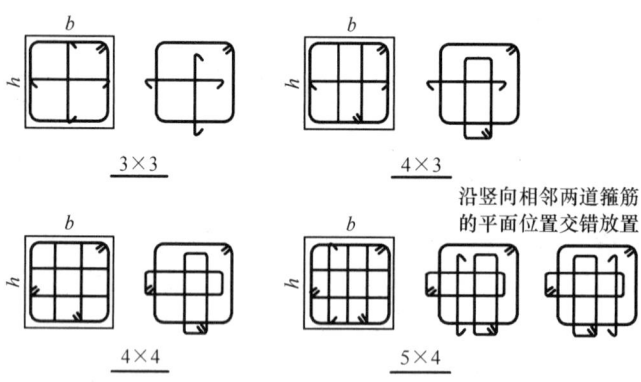

图 7.4-71　矩形箍筋复合方式

⊕25 的外侧纵筋：$1.5l_{abE} = 1.5 \times 33 \times 25\text{mm} = 1237.5\text{mm}$，而梁高为 600mm，柱宽为 600mm，所以从梁底算起 $1.5l_{abE}$ 超过柱内侧边缘。由于柱截面、柱纵筋直径都不变，采用图 7.4-69 中节点 B + D 的做法（即边柱、角柱外侧纵筋的 65% 以上伸入梁内，其余纵筋伸入板内），柱纵筋采用简便的计算方法。

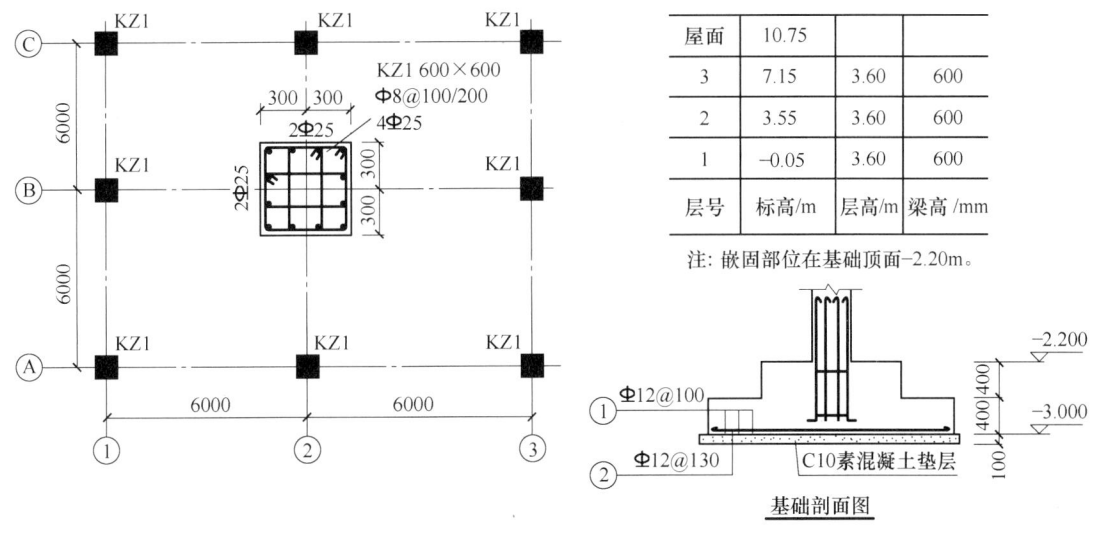

图 7.4-72 −2.20~10.75 柱平法施工图

第二步,计算钢筋长度、根数、质量。

1)边柱的内侧纵筋 8 Φ25:

单根纵筋总长度 = 柱总高 − 柱顶保护层厚度 + 基础内长度 + 12d
= [(10750 + 2200) − (25 + 10) + (375 + 800 − 40 − 12×2) + 12×25]mm
= 14326mm = 14.326m

质量 = 钢筋总长度 × 每米质量 = 14.326 × 8 × 3.85kg = 441.24kg

2)边柱的外侧纵筋 4 Φ25:

单根纵筋总长度 = 柱总高 − 顶层梁高 + 基础内长度 + $1.5l_{abE}$
= [(10750 + 2200) − 600 + (375 + 800 − 40 − 12×2) + 1.5×33×25]mm
= 14699mm = 14.699m

质量 = 钢筋总长度 × 每米质量 = 14.699 × 4 × 3.85kg = 226.36kg

3)计算箍筋根数。一层柱箍筋根数计算见下表:

部位	箍筋间距	箍筋布置范围/mm	根数计算/根
基础顶面	加密区@100	$H_n/3$	根数 = (加密区长度 − 50)/加密间距 + 1
		(3550 + 2200 − 600)/3 = 1717	根数 = (1717 − 50)/100 + 1 = 18
梁高	加密区@100	600	根数 = (梁高 + 梁下加密)/加密间距 + 1
梁下加密	加密区@100	$\max(H_n/6, h_c, 500)$	根数 = (600 + 859)/100 + 1 = 16
		max(5150/6, 600, 500) = 859	
中间部位	非加密区@200	H_n − 上下加密区长度	根数 = 非加密区长度/非加密间距 − 1
		5150 − 859 − 1717 = 2574	根数 = 2574/200 − 1 = 12
基础内部	非加密区@500	基础高度 − 100 − 保护层厚度	根数 = 布置范围/间距 + 1(不少于 2 道)
		800 − 100 − 40 = 660	根数 = 660/500 + 1 = 3(封闭外箍,非复合箍)

一层小计:18 + 16 + 12 + 3 = 49 根,其中①号箍筋 49 根,②号箍筋 46 根,③号箍筋 46 根

二层、三层柱箍筋根数计算见下表:

部位	箍筋间距	箍筋布置范围/mm	根数计算/根
底部加密	加密区@100	$\max(H_n/6, h_c, 500)$	根数 = 加密区长度/加密间距 + 1
		$\max(3000/6, 600, 500) = 600$	根数 = 600/100 + 1 = 7
梁高	加密区@100	600	根数 = (梁高 + 梁下加密)/加密间距 + 1
梁下加密	加密区@100	$\max(H_n/6, h_c, 500)$	根数 = (600 + 600)/100 + 1 = 13
		$\max(3000/6, 600, 500) = 600$	
中间部位	非加密区@200	H_n - 上下加密区长度	根数 = 非加密区长度/非加密间距 - 1
		$3600 - 600 - 600 - 600 = 1800$	根数 = 1800/200 - 1 = 8

二、三层小计:$(7 + 13 + 8) \times 2 = 56$ 根,其中①号箍筋、②号箍筋、③号箍筋均为 56 根

4) 计算箍筋长度。箍筋为 4×4 矩形复合箍筋,如下图所示。

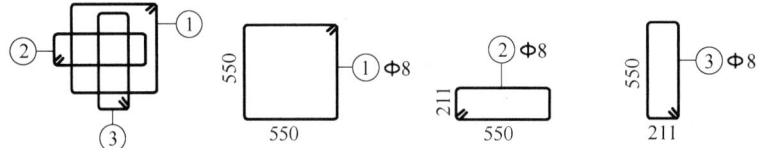

①号箍筋长度 = (柱宽 b + 柱高 h - 保护层 $\times 4$) $\times 2$ + $11.9d \times 2$
$= [(600 + 600 - 25 \times 4) \times 2 + 11.9 \times 8 \times 2]$ mm = 2390 mm = 2.39 m

②号箍筋长度 = [(柱宽 b - 保护层 $\times 2$) + (纵筋净距 + 2 根纵筋直径 + $2d$)] $\times 2$ + $11.9d \times 2$
$= [(600 - 25 \times 2) + (600 - 25 \times 2 - 8 \times 2 - 25 \times 4)/3 + 2 \times 25 + 2 \times 8] \times$
2 mm + $11.9 \times 8 \times 2$ mm
$= 1712$ mm = 1.712 m

③号箍筋长度 = 1.712 m(计算同②号箍筋)

5) 计算箍筋质量。

箍筋质量 = 单根箍筋长度 $\times$ 根数 $\times$ 每米质量

①号箍筋⌽8:质量 = $2.39 \times (49 + 56) \times 0.395$ kg = 99.13 kg

②号箍筋⌽8:质量 = $1.712 \times (46 + 56) \times 0.395$ kg = 68.98 kg

③号箍筋⌽8:质量 = $1.712 \times (46 + 56) \times 0.395$ kg = 68.98 kg

第三步,按定额要求汇总钢筋质量,套用定额。

1) ⌽10 以内圆钢工程量:$99.13 + 68.98 + 68.98$ kg = 237.09 kg = 0.237 t

套用定额:A4-236 现浇构件圆钢⌽10 以内制作安装。

2) ⌽10 以上螺纹钢工程量:$441.24 + 226.36$ kg = 667.6 kg = 0.667 t

套用定额:A4-239 现浇构件螺纹钢⌽10 以上制作安装。

3) 钢筋电渣压力焊接工程量:12×3 个 = 36 个

套用定额:A4-319 钢筋电渣压力焊接。

2. 铁件

(1) 计算规则

1) 铁件按设计图示尺寸以吨计算,不扣除孔眼、切肢、切边质量,不规则钢板按外接矩形面积乘以厚度计算。

2）用于固定预埋螺栓、铁件的支架等，按审定的施工组织设计规定计算，分别套相应铁件子目。

（2）铁件工程量计算方法　铁件工程量是以质量（t）表示的。在实际计算时，先计算出各种钢材的质量（kg），最后再换算成吨。工程量计算式为：

$$铁件工程量 = 铁件中各钢材质量之和$$

常用建筑钢材的质量计算公式见表7.4-11。

表7.4-11　钢材质量计算表

名　称	单　位	计　算　公　式
圆钢	kg/m	$0.00617 \times 直径^2$
方钢	kg/m	$0.00785 \times 边宽^2$
六角钢	kg/m	$0.0068 \times 对边距^2$
扁钢	kg/m	$0.00785 \times 边宽 \times 厚$
等边角钢	kg/m	$0.00795 \times 边厚 \times (2 \times 边宽 - 边厚)$
钢管	kg/m	$0.02466 \times 壁厚 \times (外径 - 壁厚)$
钢板	kg/m²	$7.85 \times 板厚$

（3）计算实例

【例7.4-18】　根据图7.4-73，计算10根预制柱的预埋件工程量，并按2013年《广西壮族自治区建筑装饰装修工程消耗量定额》确定定额子目编号及名称。

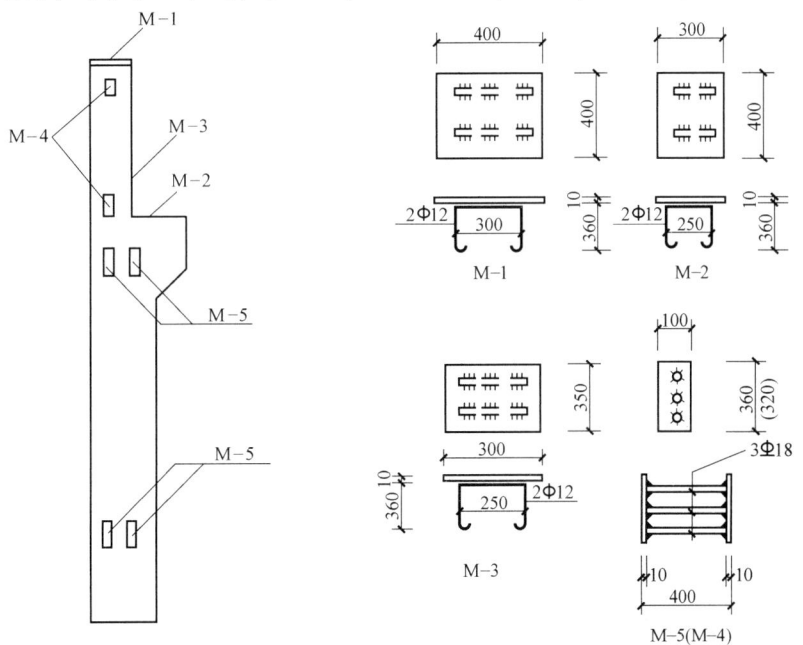

图7.4-73　钢筋混凝土预制柱预埋件布置图

【解】　钢筋每米质量（kg/m）$= 0.00617 d^2$　　d为钢筋直径，单位为mm

钢板每平方米质量（kg/m²）＝7.85×厚度　　厚度单位为 mm

① 每根柱预埋件工程量：

M-1：$0.4 \times 0.4 \times 7.85 \times 10 + (0.3 + 0.36 \times 2 + 12.5 \times 0.012) \times 2 \times 0.00617 \times 12^2 \text{kg} = 14.64 \text{kg}$

M-2：$0.3 \times 0.4 \times 7.85 \times 10 + (0.25 + 0.36 \times 2 + 12.5 \times 0.012) \times 2 \times 0.00617 \times 12^2 \text{kg} = 11.41 \text{kg}$

M-3：$0.3 \times 0.35 \times 7.85 \times 10 + (0.25 + 0.36 \times 2 + 12.5 \times 0.012) \times 2 \times 0.00617 \times 12^2 \text{kg} = 10.23 \text{kg}$

M-4：$0.1 \times 0.32 \times 7.85 \times 10 \times 2 \times 2 + (0.4 - 0.01 \times 2) \times 3 \times 2 \times 0.00617 \times 18^2 \text{kg} = 14.61 \text{kg}$

M-5：$0.1 \times 0.36 \times 7.85 \times 10 \times 2 \times 4 + (0.4 - 0.01 \times 2) \times 3 \times 4 \times 0.00617 \times 18^2 \text{kg} = 31.73 \text{kg}$

② 10 根预制柱的预埋件工程量：

$(14.64 + 11.41 + 10.23 + 14.61 + 31.73) \times 10 \text{kg} = 82.62 \times 10 \text{kg} = 826.2 \text{kg} = 0.826 \text{t}$

套用定额：A4-326 预埋铁件。

三、其他分项工程工程量计算规则

1）楼地面、屋面、墙面及护坡钢筋网制作安装，按钢筋设计图示尺寸以平方米计算。

2）地下连续墙钢筋网片、BDF 管空心楼盖的内模抗浮钢筋网片按设计图示尺寸以吨分别列项计算。

3）先张法预应力钢筋，按设计图示长度乘以单位理论质量以吨计算。

4）砌体内的加固钢筋（含砌块墙体砌块中空安放纵向垂直钢筋、墙与柱的拉结筋）工程量按设计图示长度乘以单位理论质量以吨计算。

5）植筋工程量分不同的直径按种植钢筋以根计算。

6）植化学锚栓分不同直径以套计算。

思考与习题

1. 计算图 7.4-74 中现浇钢筋混凝土杯形基础的浇捣工程量。

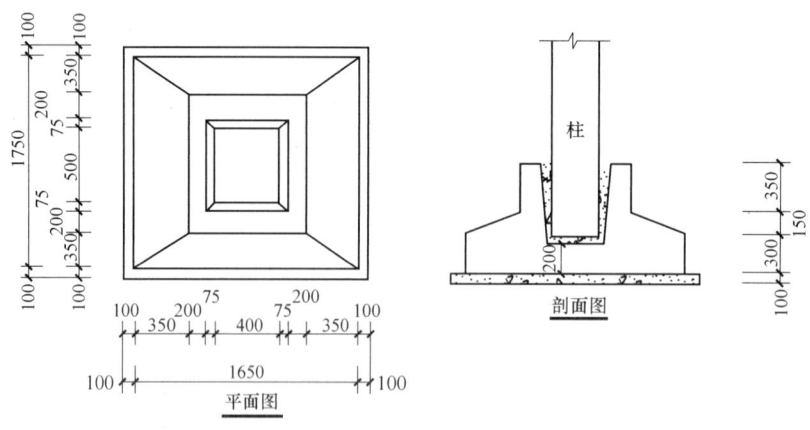

图 7.4-74　杯形基础平面及剖面示意图

2. 如图 7.4-75 所示，计算独立桩承台的混凝土浇捣工程量，并按 2013 年《广西壮族自治区建筑装饰装修工程消耗量定额》确定定额子目编号。

3. 如图 7.4-76 所示，现浇有梁式满堂基础的底板厚度为 300mm，梁截面尺寸为 240mm×350mm，计算该满堂基础的浇捣工程量。

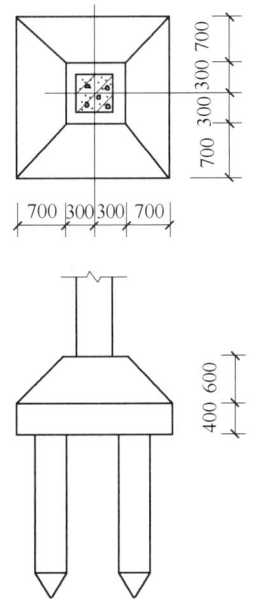

图 7.4-75 独立桩承台示意图

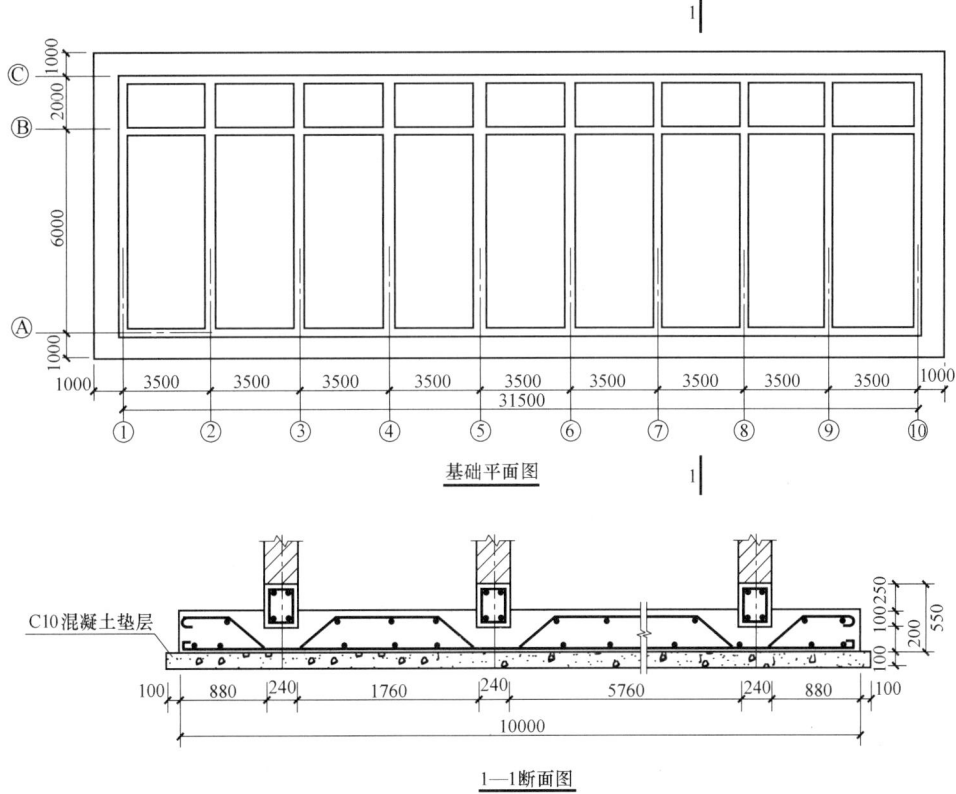

图 7.4-76 基础平面布置与剖面图

4. 如图 7.4-77 所示，某建筑物标准层的现浇钢筋混凝土无梁楼板四周搁置在 200mm 厚的剪力墙上，轴线居墙中，计算该标准层现浇钢筋混凝土无梁楼板及圆柱的混凝土浇捣工程量。

5. 某工程现浇钢筋混凝土有梁板如图 7.4-78 所示，轴线居柱中，计算有梁板的浇捣工程量。

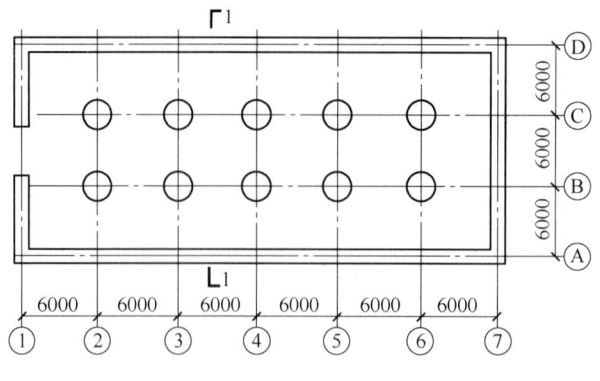
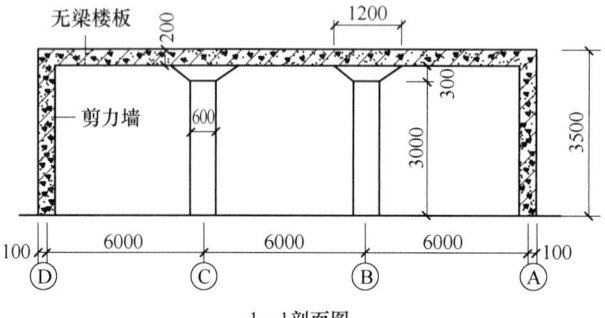

图 7.4-77　无梁楼板及圆柱计算示意图

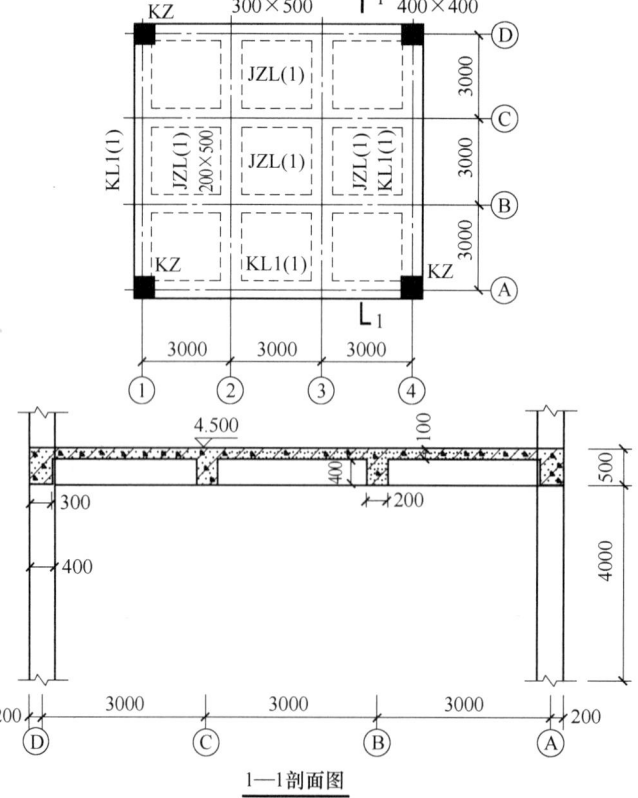

图 7.4-78　有梁板平面布置与剖面图

6. 根据图 7.4-79 所示尺寸，计算预制钢筋混凝土柱子的浇捣工程量。

7. 某工程 50 根预制混凝土方桩的尺寸如图 7.4-80 所示，由于受场地限制，不能直接在施工现场预制，需从 10km 以外的预制构件厂运至施工现场，分别计算预制方桩的制作、运输、安装工程量。

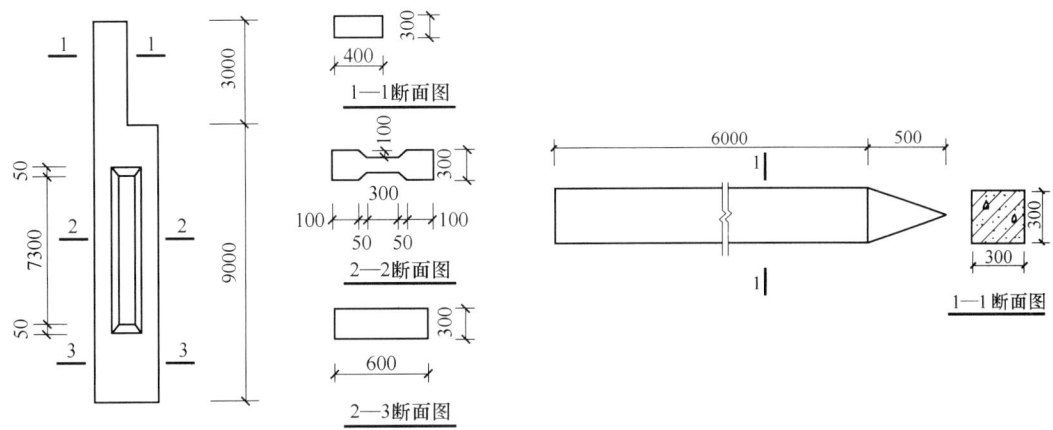

图 7.4-79　钢筋混凝土预制柱构造图　　　　图 7.4-80　预制混凝土方桩示意图

8. 某办公楼工程有独立基础 J4 共 9 个，J4 的施工图如图 7.4-81 所示，已知混凝土保护层厚度为 40mm，计算独立基础 J4 的钢筋工程量，并按 2013 年《广西壮族自治区建筑装饰装修工程消耗量定额》确定定额子目编号及名称。

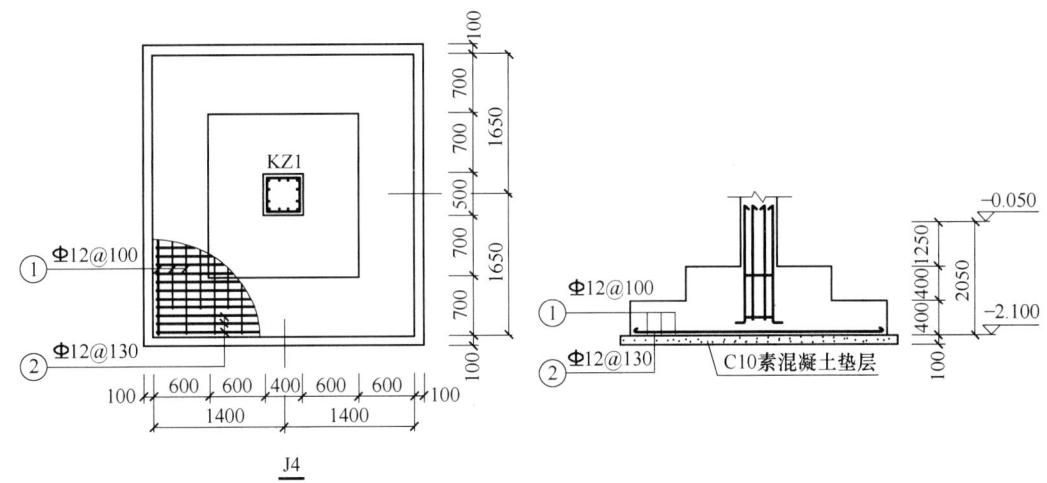

图 7.4-81　独立基础 J4 施工图

9. 计算图 7.4-82 中①轴与 A 轴相交的角柱 KZ1 的钢筋工程量。已知混凝土强度等级为 C25，环境类别为一类，设计使用年限为 50 年，抗震等级为三级，柱纵筋采用电渣压力焊接。现浇屋面板厚度为 150mm，屋面梁箍筋直径为 8mm，基础保护层厚度为 40mm。

10. 某工程楼面板的配筋图如图 7.4-83 所示，计算该楼面板的钢筋工程量。已知混凝土强度等级为 C25，板的保护层厚度为 15mm；梁宽均为 250mm，梁的保护层厚度为 30mm，梁箍筋直径为 10mm，梁纵筋直径为 20mm。除图纸注明外，板钢筋按平法图集《11G101-1》规范计算。

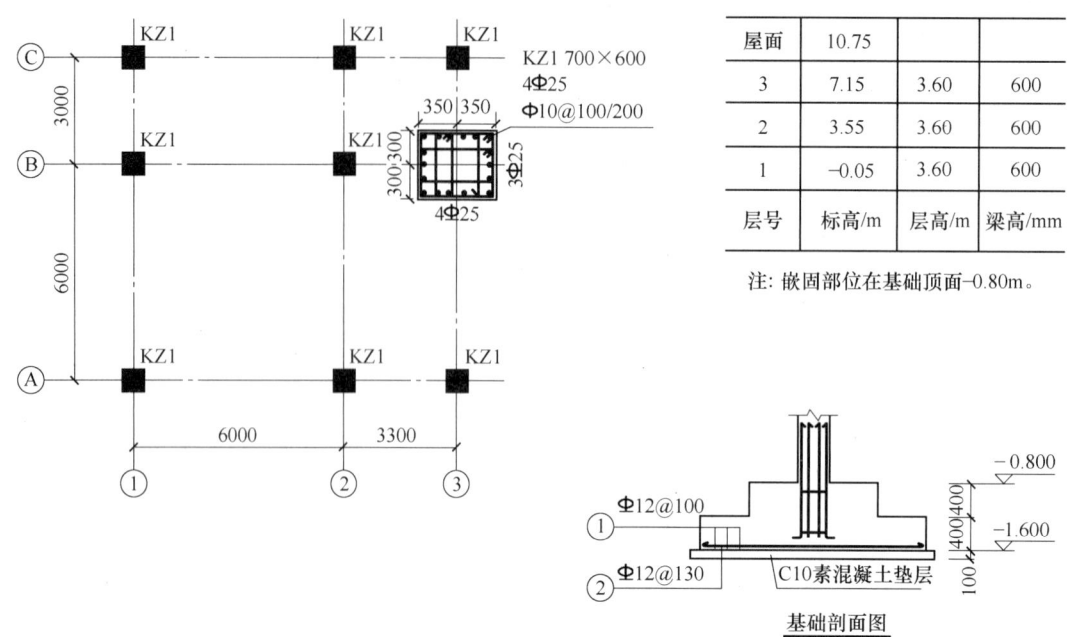

图 7.4-82 -0.80～10.75 柱平法施工图

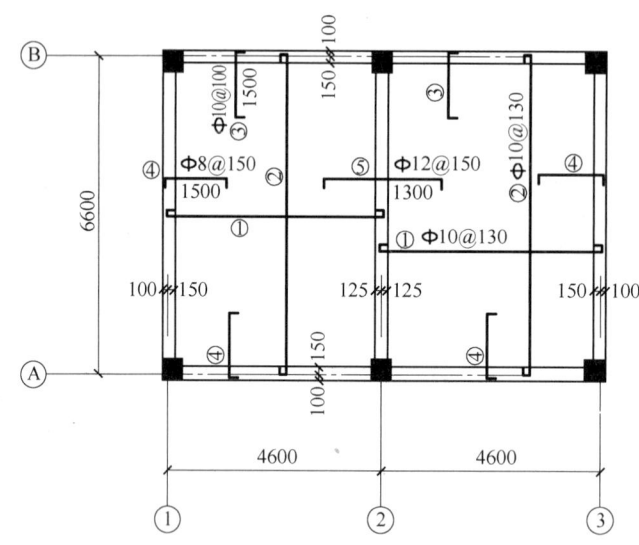

图 7.4-83 楼面板配筋图

说明：1. 板厚均为 100mm，设计按铰接。
2. 未表示的板分布筋均为 Φ6.5@200。
3. 楼面板面未配置负筋的区域，均设置抗裂钢筋（双向 Φ6.5@200）。

11. 楼层框架梁的平法施工图如图 7.4-84 所示，计算图中 KL5 的钢筋工程量。已知混凝土强度等级为 C25，所在环境类别为二 a 类，设计使用年限为 50 年，抗震等级为四级抗震，柱的截面尺寸为 500mm×500mm，柱纵筋为 12Φ20，柱箍筋为 Φ8。

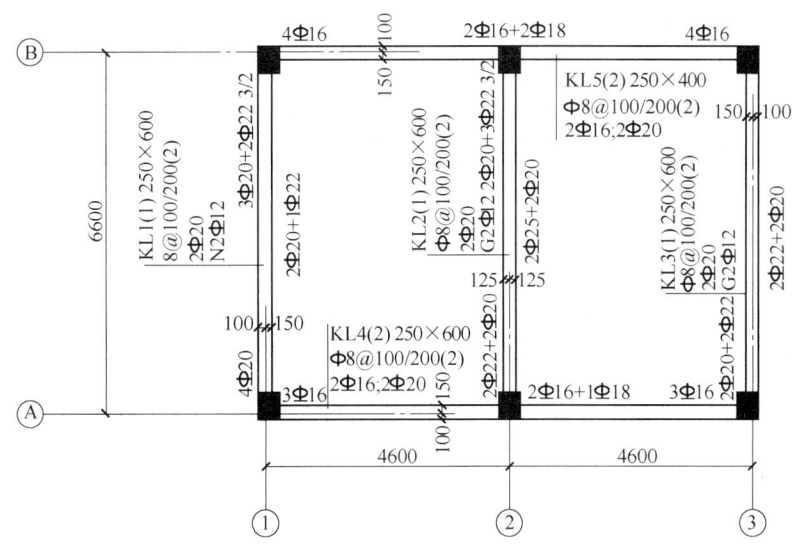

图 7.4-84 楼层框架梁的平法施工图

7.5 木结构工程

一、概述

1. 主要内容

木结构工程包括木屋架、钢木屋架、屋面木基层、木柱、木梁、木楼梯以及其他木构件。

2. 定额说明

1) 定额是按机械和手工操作综合编制的,不论实际采取何种操作方法,均按定额执行。

2) 定额按圆木和方木分别计算。

3) 本章木材木种均以一、二类木种为准,如采用三、四类木种时,按相应项目人工和机械乘以系数 1.35。

4) 定额中所注明的木材断面或厚度均以毛料为准。如设计图纸注明的断面或厚度为净料时,应增加抛光损耗;板、枋材一面刨光增加 3mm;两面刨光增加 5mm;圆木每立方米材积增加 $0.05m^3$。

二、主要分项工程工程量计算

1. 木屋架、钢木屋架、木檩、屋面木基层、封檐板

(1) 计算规则

1) 木屋架制作、安装均按设计断面竣工木料以立方米计算,其后备长度及配制损耗均不另计算。

2) 圆木屋架连接的挑檐木、支撑等如为方木时,其方木部分应乘以系数 1.786 折合成圆木并入屋架竣工木料内;单独的方木挑檐,按矩形木檩计算。

3) 方木屋架:附属于屋架的夹板、垫木等已并入相应的屋架制作项目中,不得另行计算；与屋架连接的挑檐木、支撑等，其工程量并入屋架竣工木料体积内计算。

4) 屋架的制作、安装应区别不同跨度，其跨度应以屋架上下弦杆的中心线交点之间的长度为准。带气楼的屋架并入所依附屋架的体积内计算。

5) 屋架的马尾、折角和正交部分半屋架，应并入相连接屋架的体积内计算。

6) 钢木屋架区分圆、方木，按竣工木料以立方米计算。

7) 木檩按竣工木料以立方米计算，简支檩长度按设计规定计算，如设计无规定者，按屋架或山墙中距共增加200mm计算，如两端出墙，檩条长度算至博风板。连续檩条的长度按设计长度计算，其接头长度的体积按全部连续檩木总体积的5%计算，檩条托木已考虑在相应的木檩制作、安装子目中，不另计算。

8) 屋面木基层（除檩木、封檐板、博风板）：按屋面的斜面积以平方米计算，不扣除房上烟囱、风帽底座、烟道、小气窗、斜沟等所占面积。小气窗的出檐部分不增加面积（图7.5-1）。

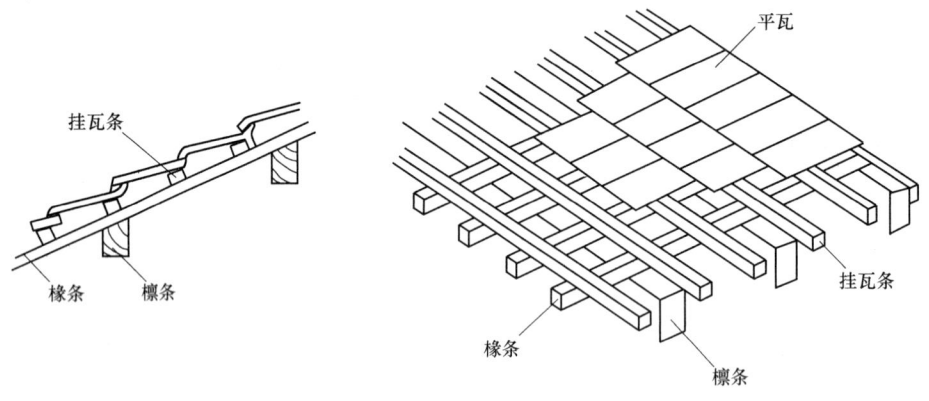

图 7.5-1　屋面木基层及檩条示意图

9) 封檐板按图示檐口外围长度以延长米计算（图7.5-2），博风板按斜长度计算，每个大刀头增加长度500mm（图7.5-3）。

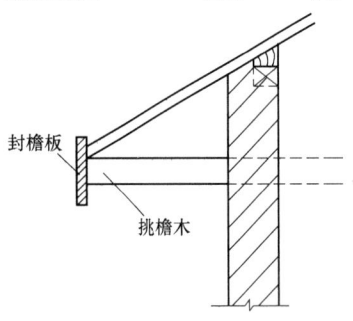

图 7.5-2　挑檐木、封檐板示意图

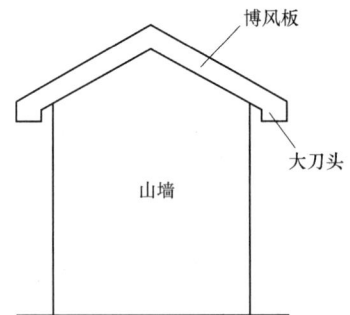

图 7.5-3　博风板、大刀头示意图

(2) 计算实例

【例7.5-1】　求图7.5-4中12m跨度方木屋架工程量。

【解】　上弦工程量 $= 7.937 \times 0.12 \times 0.21 \times 2 m^3 = 0.400 m^3$

下弦工程量 $= (12 + 0.4 \times 2) \times 0.12 \times 0.21 m^3 = 0.323 m^3$

斜撑工程量 $= 2.828 \times 0.12 \times 0.12 \times 2 + 2.236 \times 0.12 \times 0.095 \times 2 m^3 = 0.132 m^3$

挑檐木 $= 0.12 \times 0.12 \times 2 \times 1.5 m^3 = 0.043 m^3$

屋架工程量 $= 0.4 + 0.323 + 0.132 + 0.043 m^3 = 0.898 m^3$

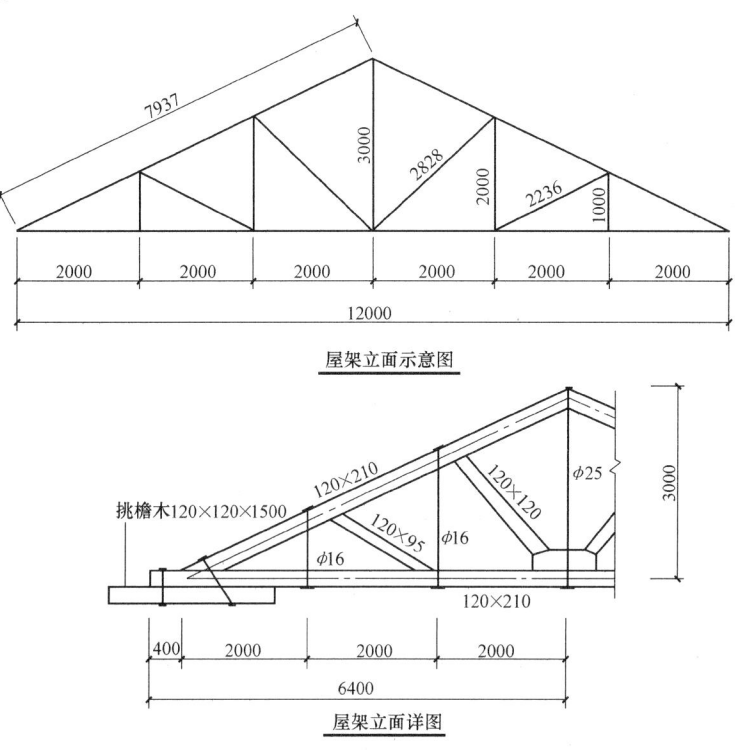

图 7.5-4　12m 跨度方木屋架

2. 木柱、木梁、木楼梯

1）木柱、木梁应分方、圆，按竣工木料以立方米计算，定额内已含刨光损耗。

2）木柱定额内不包括柱与梁、柱与柱基、柱、梁、屋架等连接的安装铁件，如设计需要时可按设计规定计算，人工不变。

3）木楼梯按水平投影面积计算，不扣除宽度小于 300mm 的楼梯井，其踢脚板、平台和伸入墙内部分均已包括在定额内，不另计算。

三、其他分项工程工程量计算规则

其他分项工程包括披水条、盖口板、压缝条、玻璃黑板、木格栅、检修孔木盖板等工程。

1）披水条、盖口板、压缝条按实际长度以延长米计算。

2）玻璃黑板分活动式与固定式两种，按框外围面积计算，其粉笔槽及活式黑板的滑轮、溜槽及钢丝绳等，均包括在定额内，不另计算。

3）木格栅（板）分条形格及方形格，按外围面积计算。

4）检修孔木盖板以洞口面积计算。

5）其他项目按子目所示计量单位计算。

思考与习题

1. 如何计算木屋架工程量？

2. 如何计算檩木工程量？
3. 如何计算屋面木基层工程量？
4. 如何计算封檐板工程量？

7.6 金属结构工程

一、概述

1. 主要内容

金属结构工程包括钢屋架、钢网架、钢托架、钢柱、钢梁、压型钢板墙板、楼板、金属网、其他钢构件的制作、拼装、安装、运输，以及金属结构构件制作平台摊销。

2. 定额说明

（1）构件制作

1）定额钢材损耗率为 6%。损耗率超过 6% 的异型构件，合同无约定的，预算时按 6% 计算，结算时按经审定的施工组织设计计算损耗率，损耗超过 6% 部分的残值归发包人。

2）定额适用于现场加工制作，也适用于企业附属加工厂制作的构件。

3）构件制作包括分段制作和整体预装配的人工、材料、机械台班消耗量，整体预装配用的锚固杆件及螺栓已包括在定额内。

4）定额金属结构制作子目，除螺栓球节点钢网架外，均按焊接方式编制。

5）除机械加工件及螺栓、铁件以外，设计钢材型号、规格、比例与定额不同时，可按实调整，其他不变。

6）定额除注明者外，均包括现场（工厂）内的材料运输、号料、加工、组装及成品堆放等全部工序。

7）定额构件制作子目未包括除锈、刷防锈漆的人工、材料消耗量。

8）H 形钢构件制作子目适用于用钢板焊接成 H 形状的柱、梁、屋架等钢构件，T 形、工字形构件按 H 形钢构件制作定额子目计算；十字形构件套用相应 H 形钢构件制作子目，定额人工、机械乘以系数 1.05。

9）箱形钢构件制作子目适用于用钢板焊接成箱形空腔结构的柱、梁等钢构件。

10）钢支架、钢屋架（包括轻钢屋架）水平支撑、垂直支撑制作，均套屋架钢支撑子目计算。

11）钢筋混凝土组合屋架钢拉杆，按屋架钢支撑制作子目计算。

12）钢拉杆包括两端螺栓；平台、操作台（算式平台）包括钢支架；踏步式、爬式扶梯包括梯围栏、梯平台。

13）钢栏杆制作子目仅适用于工业厂房中平台、操作台的钢栏杆，不适用于民用建筑中的铁栏杆。

14）金属零星构件是指单件质量在 100kg 以内且本定额未列出子目的钢构件。

15）H 形、箱形钢构件制作按直线形构件编制，如设计为弧形时，按其相应子目人工、机械乘以系数 1.2 计算。

16）桁架制作按直线形桁架编制，如设计为曲线、折线时，按其相应子目人工乘以系数 1.3 计算。

17）组合型钢柱制作不分实腹、空腹柱，均套组合型钢柱子目计算。

（2）构件安装

1）定额是按机械起吊点中心回转半径15m以内的距离计算的，如超出15m时，应另按构件1km运输定额子目执行。

2）每一工作循环中，均包括机械的必要位移。

3）定额起重机械是按汽车式起重机编制的，采用其他起重机械不得调整。

4）定额是按单机作业制定的，必须采取双机抬吊时，抬吊部分的构件安装定额人工、机械台班乘以系数2。

5）定额不包括起重机械、运输机械行使道路和吊装路线的修整、加固及铺垫工作的人工、材料和机械。

6）定额内已包括金属构件拼接和安装所需的连接普通螺栓，不包括结构件的高强螺栓，压型钢楼板安装不包括栓钉，高强螺栓、栓钉分别按相关子目计算。

7）钢屋架单榀质量在1t以下者，按轻钢屋架（图7.6-1）定额子目计算。

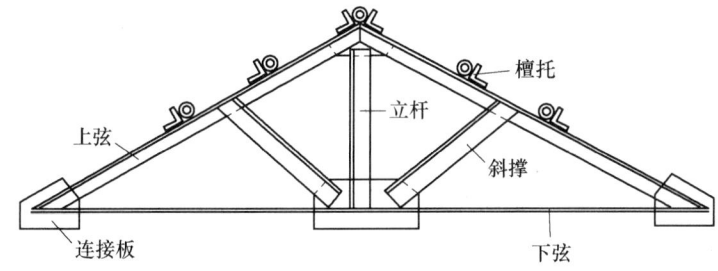

图7.6-1 轻钢屋架示意图

8）钢网架安装是按以下两种方式编制的，若施工方法与定额不同时，可另行补充。

①焊接球节点（图7.6-2）钢网架安装是按分体吊装编制的。

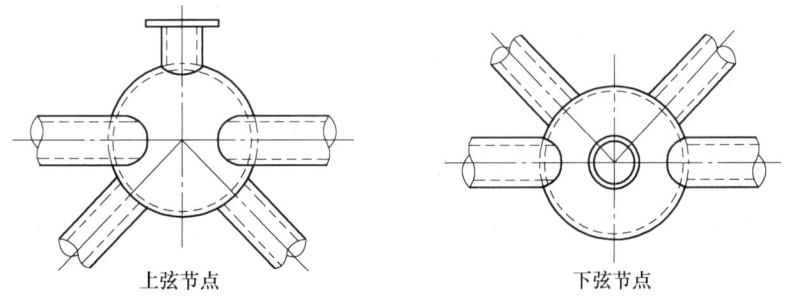

图7.6-2 焊接球节点

②螺栓球节点（图7.6-3）钢网架安装是按高空散装编制的。

9）钢柱安装在混凝土柱上，其人工、机械乘以系数1.43。

10）钢屋架、钢桁架、钢天窗架安装定额中不包括拼装工序，如需拼装时，按相应拼装子目计算。

11）钢制动梁安装按吊车梁定额子目计算。

12）钢构件若需跨外安装时，其人工、机械乘以系数1.18。

13）钢屋架、钢桁架、钢托架制作平台摊销子目，实际发生时才能套用。

14）钢柱制作、安装定额未包括锚栓套架和地脚锚栓。锚栓套架、地脚锚栓按定额"A.4 混凝土及钢筋混凝土工程"相应定额执行。

15）定额构件安装子目已包括临时耳板工料。

16）定额构件安装子目不包括钢构件安装所需的支承胎架，如有发生，按经审定的施工方案计算。

17）金属围护网安装不包括柱基础及预埋在地面（或基础顶）的铁件，柱基础、预埋件按设计另行计算，套用相应定额子目。

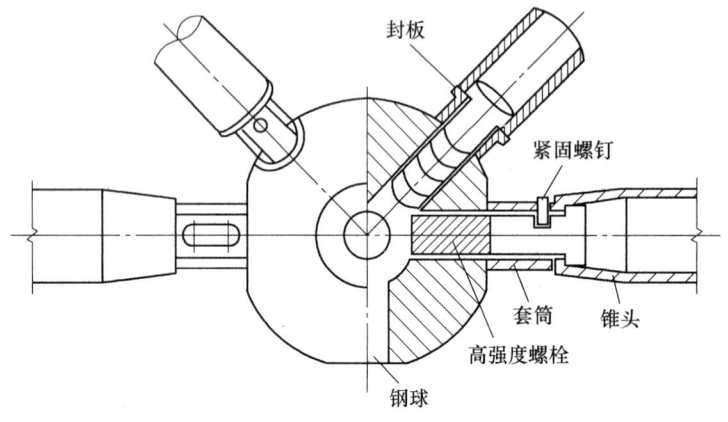

图 7.6-3　螺栓球节点

（3）构件运输

1）定额构件运输适用于由构件堆放场地或构件加工厂至施工现场的运输（图 7.6-4）。定额综合考虑了城镇、现场运输道路等级，重车上、下坡等各种因素，不得因道路条件不同而调整。

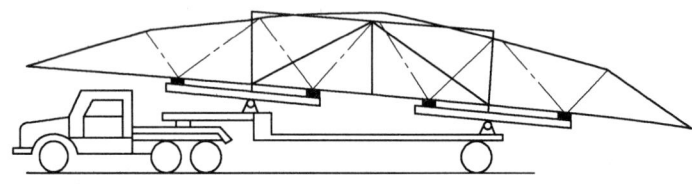

图 7.6-4　拖车运输整榀钢屋架

2）按构件类型和外形尺寸划分为三类，见表 7.6-1（如遇表中未列的构件应参照相近的类别套用）。

表 7.6-1　金属结构构件分类表

类型	项目
1	钢柱、屋架、钢桁架、托架梁、防风架、钢漏斗
2	钢吊车梁、制动梁、型钢檩条、钢支撑、上下档、钢拉杆栏杆、钢盖板、垃圾出灰门、倒灰门、箅子、爬梯、零星构件平台、操作台、走道休息台、扶梯、钢吊车梯台、烟囱紧固箍
3	钢墙架、挡风架、天窗架、组合檩条、轻型屋架、滚动支架、悬挂支架、管道支架、钢门窗、钢网架、金属零星构件

3）构件运输过程中，因路桥限载（限高）而发生的加固、扩宽等费用及公安交通管理部门保安护送费，应另行计算。

(4) 其他说明

1) 定额各子目均不包括焊缝无损探伤（如 X 光透视、超声波探伤、磁粉探伤、着色探伤等），不包括探伤固定支架制作和被检工件的退磁等费用。

2) 金属构件除锈、刷防锈漆及面漆按定额"A.13 油漆涂料裱糊工程"相应定额子目计算。

3) 金属构件安装工程所需搭设的脚手架按施工组织设计或按实际搭设的脚手架计算，套用定额"A.15 脚手架工程"定额子目。

4) 定额钢柱安装按垂直柱考虑，斜柱安装所需的措施费用，应按经审批的施工方案另行计算。

二、主要分项工程工程量计算

(1) 计算规则

1) 金属结构制作、安装、运输工程量，按设计图示尺寸以质量计算。不扣除孔眼的质量，焊条、铆钉、螺栓等不另增加质量。

2) 焊接球节点钢网架工程量按设计图示尺寸的钢管、钢球以质量计算。支撑点钢板及屋面找坡顶管等，并入网架工程量内。

3) 墙架制作工程量包括墙架柱、墙架梁及连接杆件质量。

4) 依附在钢柱上的牛腿及悬臂梁等并入钢柱工程量内。

5) 钢管柱上的节点板、加强环、内衬管、牛腿等并入钢管柱工程量内。

6) 钢制动梁的制作工程量包括制动梁、制动桁架、制动板、车档质量。

7) 压型钢板墙板按设计图示尺寸以铺挂展开面积计算。不扣除单个 $0.3m^2$ 以内的梁、孔洞所占面积，包角、包边、窗台泛水等不另增加面积。

8) 压型钢板楼板按设计图示尺寸以铺设水平投影面积计算。不扣除单个 $0.3m^2$ 以内的柱、垛及孔洞所占面积。

9) 依附钢漏斗的型钢并入钢漏斗工程量内。

10) 金属围护网子目按设计图示框外围展开面积以平方米计算。

11) 紧固高强螺栓及剪力栓钉焊接按设计图示及施工组织设计规定以套计算。

12) 钢屋架、钢桁架、钢托梁制作平台摊销工程量按相应制作工程量计算。

13) 金属结构运输及安装工程量按金属结构制作工程量计算。

14) 锚栓套架按设计图示尺寸以质量计算，设计无规定时按地脚锚栓质量的2倍计算。

(2) 计算方法 金属结构工程量是以金属材料的质量（t）表示的。在实际计算时，先计算出各种钢材的质量（kg），最后再换算成吨。

工程量计算式为：

$$金属构件工程量 = 构件中各钢材质量之和$$

(3) 计算实例

【例 7.6-1】 根据图 7.6-5 所示尺寸，计算柱支撑的制作工程量，并按2013年《广西壮族自治区建筑装饰装修工程消耗量定额》确定定额子目编号。

【解】 1) 不等边角钢每米质量 = $0.00795 \times$ 边厚 $\times$ (长边宽 + 短边宽 − 边厚)

$= 0.00795 \times 6 \times (75 + 50 - 6) kg/m$

$= 5.68 kg/m$

角钢质量 = 5.9 × 2 × 5.68kg = 67.02kg

2）钢板每平方米质量 = 7.85 × 板厚
= 7.85 × 8kg/m²
= 62.8kg/m²

连接板质量 = [(0.2 × 0.2 - (0.05 × 0.16 + 0.15 × 0.14 + 0.04 × 0.06)/2] × 4 × 62.8kg = 6.10kg

柱间支撑制作总工程量 = 67.02 + 6.10kg = 73.12kg = 0.073t

套用定额子目：A6-30。

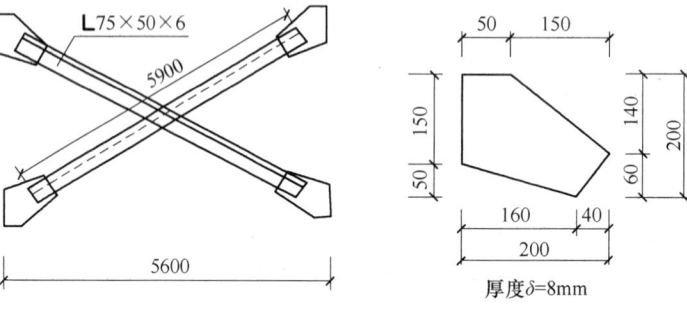

图 7.6-5　柱间支撑及连接板大样图

【例 7.6-2】　计算图 7.6-6 中 10 根钢柱的制作工程量。

【解】　1）柱底座方形钢板 8 厚。

每平方米质量：7.85 × 8kg/m² = 62.8kg/m²

钢板面积：0.3 × 0.3m² = 0.09m²

质量小计：62.8 × 0.09kg = 5.65kg

2）不规则钢板 6 厚。

每平方米质量：7.85 × 6kg/m² = 47.1kg/m²

钢板面积：(0.18 × 0.08 - 0.05 × 0.1/2) × 4 × 2m² = 0.1m²

质量小计：47.1 × 0.1kg = 4.71kg

3）钢管 $\phi 150 \times 4.5$。

每米质量 = 0.02466 × 壁厚 × (外径 - 壁厚)
= 0.02466 × 4.5 × (150 - 4.5) kg/m
= 16.15kg/m

钢管长度 = 3.2 - 0.008m = 3.192m

钢管质量小计：16.15 × 3.192kg = 51.55kg

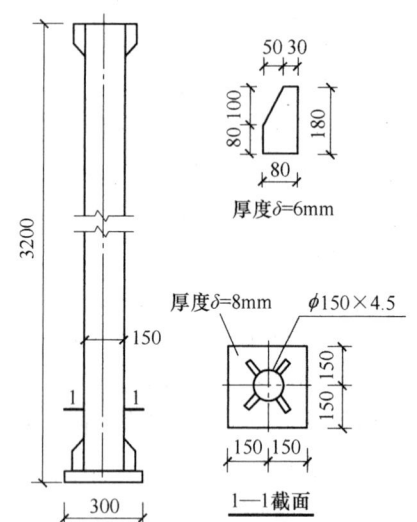

图 7.6-6　钢柱示意图

钢柱质量 = (5.65 + 4.71 + 51.55) × 10kg = 619.1kg = 0.619t

思考与习题

1. 如何计算金属结构制作、安装、运输工程量？
2. 某工程钢屋架如图 7.6-7 所示，计算钢屋架制作、安装工程量，并按 2013 年《广西壮族自治区建筑装饰装修工程消耗量定额》确定定额子目编号。

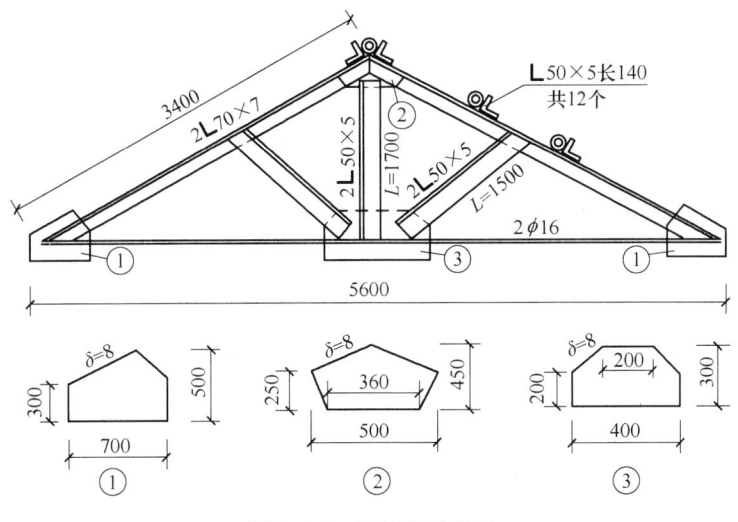

图 7.6-7 钢屋架示意图

3. 已知图 7.6-8 中 32 号槽钢理论质量为 43.107kg/m，计算空腹钢柱的制作工程量。

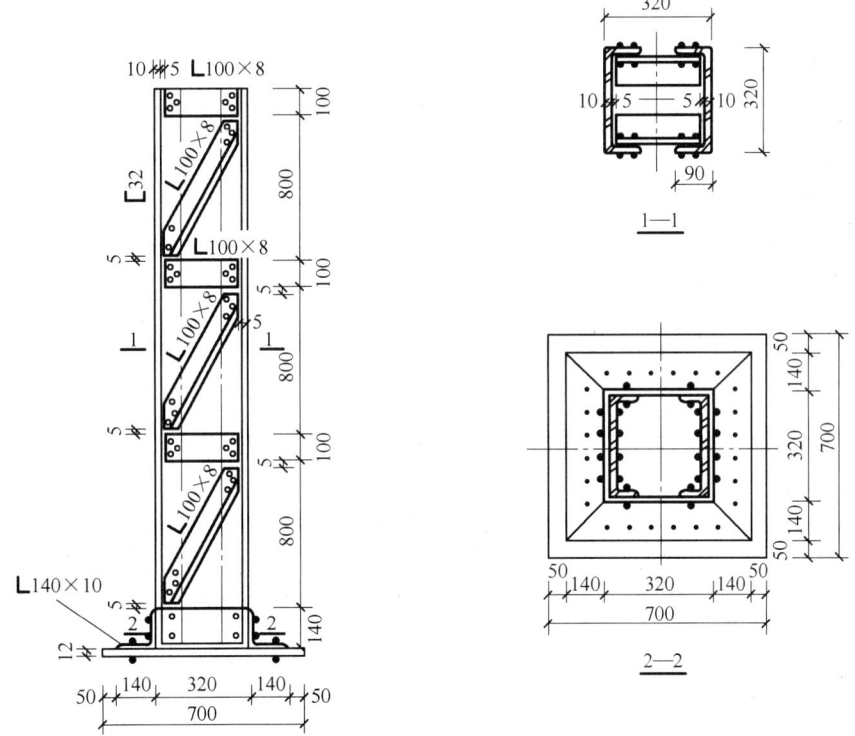

图 7.6-8 空腹钢柱示意图

4. 某单层厂房设计用 15m 跨钢屋架 10 榀，每榀屋架制作工程量 1.3t，由加工厂制作，工地拼接、安装，加工厂至工地拼装地点 10km，计算本工程钢屋架由制作、运输、安装的工程量，并按 2013 年《广西壮族自治区建筑装饰装修工程消耗量定额》确定定额子目编号。

5. 计算图 7.6-9 中钢爬梯的制作工程量，并按 2013 年《广西壮族自治区建筑装饰装修工程消耗量定额》确定定额子目编号。

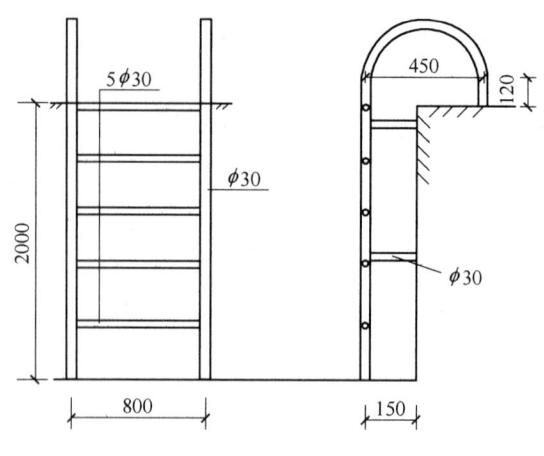

图 7.6-9 钢爬梯示意图

7.7 屋面及防水工程

一、概述

1. 主要内容

屋面及防水工程包括屋面、屋面防水、墙和地面防水防潮、变形缝工程。

2. 定额说明

1）屋面砂浆找平层、面层及找平层分格缝塑料油膏嵌缝按定额"A.9 楼地面工程"相应的定额子目计算。

2）定额中沥青、玛蹄脂均指石油沥青、石油沥青玛蹄脂。

二、主要分项工程工程量计算

1. 屋面工程

屋面工程包括瓦屋面、型材屋面、种植屋面、屋面天沟。

（1）计算规则

1）瓦屋面、型材屋面（彩钢板、波纹瓦）按图 7.7-1 中尺寸的水平投影面积乘以屋面坡度系数（表 7.7-1）的斜面积计算，曲屋面按设计图示尺寸的展开面积计算。不扣除房上

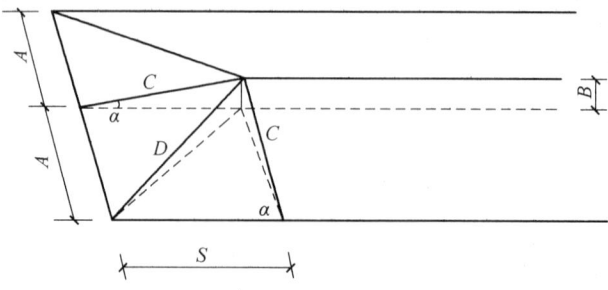

图 7.7-1 坡度系数各字母含义示意图

注：1. 两坡排水屋面（当 α 角相等时，可以是任意坡水）面积为屋面水平投影面积乘以延尺系数 C。
2. 四坡排水屋面斜脊长度 = $A \times D$（当 $S = A$ 时）。
3. 沿山墙泛水长度 = $A \times C$。

第7章 建筑装饰装修工程工程量计算

烟囱、风帽底座、风道、屋面小气窗、斜沟等所占面积，屋面小气窗的出檐部分亦不增加。

2）瓦脊按设计图示尺寸以延长米计算。

3）屋面种植土按设计图示尺寸以立方米计算。

表 7.7-1　屋面坡度系数表

坡高 B ($A=1$)	坡度 $B/2A$	坡度角度 (α)	延尺系数 C ($A=1$)	隅延尺系数 D ($A=1$)	坡高 B ($A=1$)	坡度 $B/2A$	坡度角度 (α)	延尺系数 C ($A=1$)	隅延尺系数 D ($A=1$)
1	1/2	45°	1.4142	1.7321	0.40	1/5	21°48′	1.0770	1.4697
0.75		36°52′	1.2500	1.6008	0.35		19°17′	1.0594	1.4569
0.70		35°	1.2207	1.5779	0.30		16°42′	1.0440	1.4457
0.666	1/3	33°40′	1.2015	1.5620	0.25		14°02′	1.0308	1.4362
0.65		33°01′	1.1926	1.5564	0.20	1/10	11°19′	1.0198	1.4283
0.60		30°58′	1.1662	1.5362	0.15		8°32′	1.0112	1.4221
0.577		30°	1.1547	1.5270	0.125		7°8′	1.0078	1.4191
0.55		28°49′	1.1413	1.5170	0.100	1/20	5°42′	1.0050	1.4177
0.50	1/4	26°34′	1.1180	1.5000	0.083		4°45′	1.0030	1.4166
0.45		24°14′	1.0966	1.4839	0.066	1/30	3°49′	1.0022	1.4157

4）屋面塑料排（蓄）水板按设计图示尺寸以平方米计算（种植屋面的构造做法如图 7.7-2 所示）。

5）屋面铁皮天沟、泛水按设计图示尺寸以展开面积计算，如图纸没有注明尺寸时，可按表 7.7-2 计算。咬口和搭接等已含在定额项目中，不另计算。

（2）有关说明

1）各种瓦屋面的瓦规格与定额不同时，瓦的数量可以换算，但人工、其他材料及机械台班数量不变。

2）琉璃瓦定额以盖 1/3 露 2/3 计算，设计不同时可以换算。

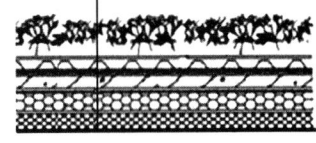

图 7.7-2　种植屋面构造图

表 7.7-2　铁皮天沟、泛水单体零件折算表

名称	天沟	斜沟天窗窗台泛水	天窗侧面泛水	烟囱泛水	通气管泛水	滴水檐头泛水	滴水
	/m						
折算面积/m²	1.30	0.50	0.70	0.80	0.22	0.24	0.11

（3）计算实例

【例 7.7-1】　某别墅四坡排水屋面如图 7.7-3 所示，设计规定屋面坡度为 1/4。计算屋面斜面积工程量。

【解】　查表 7.7-1 可知，延尺系数 C 为 1.118，隅延尺系数 D 为 1.5。

$$\begin{aligned}屋面斜面积工程量 &= 水平面积 \times 延尺系数\ C \\ &= (30+2\times0.6)\times(12+2\times0.6)\times1.118\mathrm{m}^2 \\ &= 460.44\mathrm{m}^2\end{aligned}$$

【例 7.7-2】 根据图 7.7-3 中有关数据，计算四条屋面斜脊的长度。

【解】 屋面斜脊的长度 = $A \times$ 隅延尺系数 $D \times 4$
$$= (12 + 2 \times 0.6)/2 \times 1.5 \times 4\mathrm{m}$$
$$= 39.6\mathrm{m}$$

2. 屋面防水工程

屋面防水工程包括屋面卷材防水、屋面涂膜防水、屋面刚性防水。

（1）基本概念

1）屋面卷材防水是指利用胶结材料粘贴卷材进行防水的屋面。

2）屋面涂膜防水是指在屋面基层上涂刷防水涂料，经固化后形成具有防水效果的薄膜。

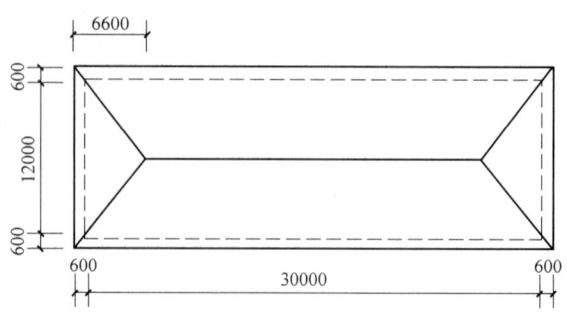

图 7.7-3 四坡屋面平面图

3）屋面刚性防水是指利用细石混凝土、补偿收缩混凝土等进行防水的屋面。

（2）计算规则

1）卷材屋面按设计图示尺寸的面积计算。平屋顶按水平投影面积计算，斜屋顶（不包括平屋顶找坡）按斜面积计算，曲屋面按展开面积计算。不扣除房上烟囱、风帽底座、风道、屋面小气窗和斜沟所占的面积，屋面的女儿墙、伸缩缝和天窗等处的弯起部分，并入屋面工程量内。如图纸无规定时，伸缩缝、女儿墙的弯起部分可按 250mm 计算（图 7.7-4），天窗、房上烟囱、屋顶梯间弯起部分可按 300mm 计算（图 7.7-5）。

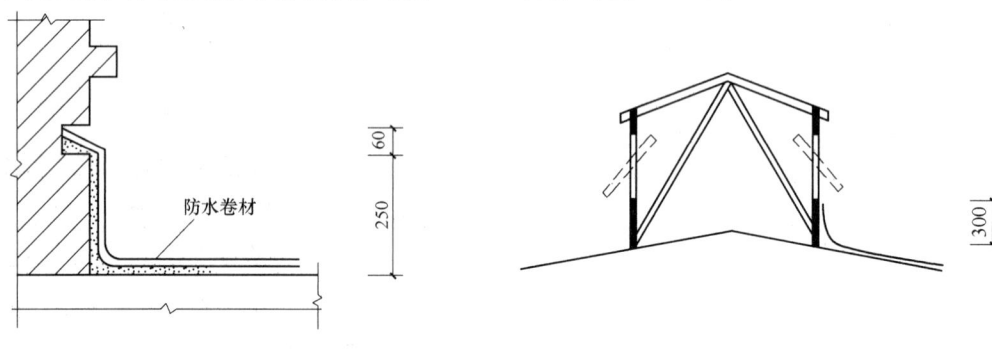

图 7.7-4 女儿墙弯起部分示意图　　　图 7.7-5 天窗弯起部分示意图

2）卷材屋面的附加层、接缝、收头已包含在定额内，不另计算；定额中如已含冷底子油的，不得重复计算。

3）涂膜屋面的工程量计算同卷材屋面。涂膜屋面的油膏嵌缝、玻璃布盖缝、屋面分格缝按图示尺寸以延长米计算。

4）屋面刚性防水按设计图示尺寸以平方米计算，不扣除房上烟囱、风帽底座等所占面积。

（3）有关说明

1）卷材防水子目是按常用卷材编制的，若施工工艺相同，但设计卷材的品种、厚度与定额不同时，卷材可以换算，其他不变。

2）本节中的"一布二涂"或"二布三涂"项目，其"二涂"、"三涂"是指涂料构成防水层数，并非指涂刷遍数；每一层"涂层"刷两遍至数遍不等；在相邻两个涂层之间铺贴一层胎体增强材料（如无纺布、玻纤丝布）叫"一布"。

3）细石混凝土防水层如使用钢筋网者，钢筋制作安装按定额"A.4 混凝土及钢筋混凝土工程"相应的定额子目计算。

（4）计算实例

【例 7.7-3】 如图 7.7-6 所示，某工程屋面采用满铺三元乙丙橡胶卷材冷贴防水，女儿墙厚 240mm，计算其屋面防水工程量，并按 2013 年《广西壮族自治区建筑装饰装修工程消耗量定额》确定定额子目编号。

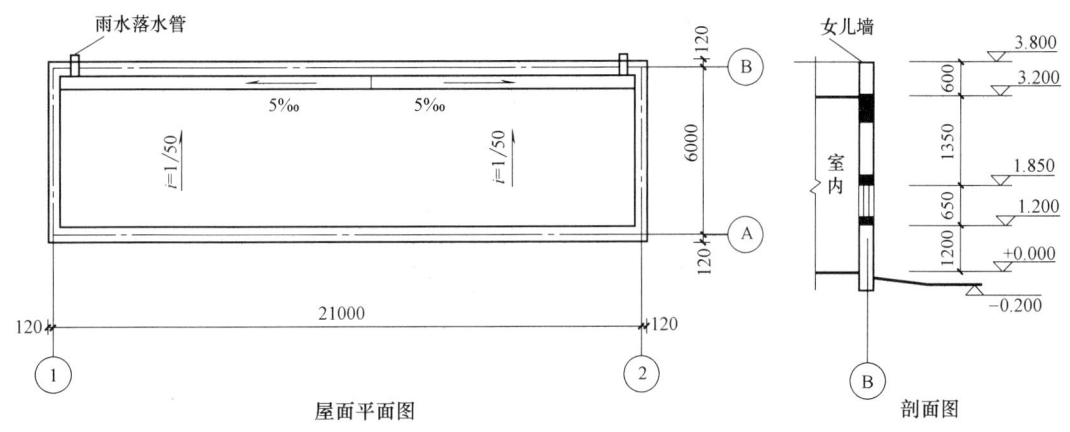

图 7.7-6　屋面防水图

【解】 屋面坡度为 2%，因坡度小于 10%，按平屋面考虑，即按水平投影面积计算；图纸无规定时女儿墙的弯起部分按 250mm 计算。套用定额子目 A7-61。

屋面防水工程量 = $(21 - 2 \times 0.12) \times (6 - 2 \times 0.12) m^2 + [(21 - 2 \times 0.12) \times 2 +$
$(6 - 2 \times 0.12) \times 2] \times 0.25 m^2$
$= 132.84 m^2$

【例 7.7-4】 如图 7.7-7 所示，某工程屋面采用 2mm 厚聚氨酯涂膜防水，计算其屋面防水工程量，并按 2013 年《广西壮族自治区建筑装饰装修工程消耗量定额》确定定额子目编号。

【解】 涂膜屋面的工程量计算同卷材屋面，套用定额子目 A7-80（1.5mm 厚）与 A7-81（每增加 0.5mm 厚）。

屋面防水工程量 = $(20.24 + 2 \times 0.6) \times (8.24 + 2 \times 0.6) m^2 + (20.24 + 8.24 + 0.54 \times 4) \times$
$2 \times 0.22 m^2$
$= 215.88 m^2$

3. 墙和地面防水、防潮工程

墙和地面防水、防潮工程包括卷材防水、涂膜防水、砂浆防水。

（1）计算规则

1）墙和地面防水、防潮工程按设计图示尺寸以平方米计算。

2）建筑物地面防水、防潮层，按主墙间净空面积计算，扣除凸出地面的构筑物、设备基础等所占的面积，不扣除间壁墙及单个 $0.3m^2$ 以内柱、垛、烟囱和孔洞所占面积。与墙面连接处上卷高度在 300mm 以内者按展开面积计算,并入平面工程量内,超过 300mm 时,按立面防水层计算。

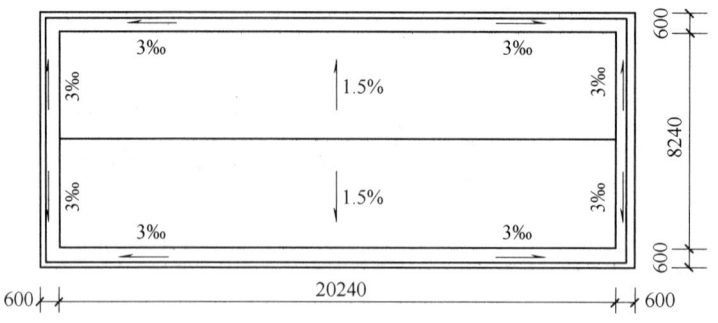

屋面平面图

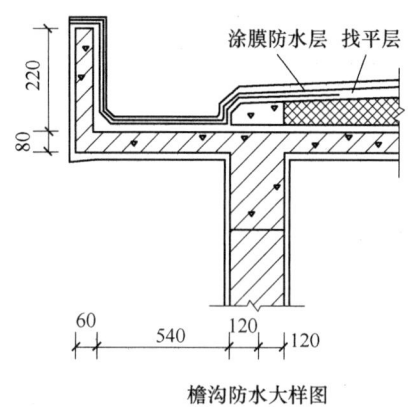

檐沟防水大样图

图 7.7-7　屋面防水图

3) 建筑物墙基防水、防潮层:外墙长度按中心线,内墙按净长乘以宽度以平方米计算。

4) 构筑物及建筑物地下室防水层,按设计图示尺寸以平方米计算,但不扣除 $0.3m^2$ 以内的孔洞面积。平面与立面交接处的防水层,其上卷高度超过 300mm 时,按立面防水层计算。

5) 防水卷材的附加层、接缝、收头和油毡卷材防水的冷底子油等人工、材料均已计入定额内,不另计算。

(2) 有关说明　墙和地面防水、防潮工程适用于楼地面、墙基、墙身、构筑物、水池、水塔及室内厕所、浴室及建筑物 ±0.000 以下的防水、防潮等。

(3) 计算实例

【例 7.7-5】　某框剪结构如图 7.7-8 所示,地下室剪力墙厚 250mm,地下室底板及室外地坪以下外墙面采用满铺 3mm 厚 SBS 改性沥青防水卷材,计算地下室底板及外墙面防水层的工程量,并按 2013 年《广西壮族自治区建筑装饰装修工程消耗量定额》确定定额子目编号。

【解】　建筑物地下室防水层,按设计图示尺寸以平方米计算。平面与立面交接处的防水层,其上卷高度超过 300mm 时,按立面防水层计算。地下室底板防水套用定额子目 A7-110,外墙面防水套用定额子目 A7-111。

地下室底板防水的工程量 = (6 × 4 + 0.15 × 2) × (6 × 2 + 0.15 × 2) m² = 298.89m²

外墙面防水的工程量 = (6 × 4 + 0.15 × 2 + 6 × 2 + 0.15 × 2) × 2 × (8 - 0.45) m² = 552.66m²

【例7.7-6】 如图7.7-9所示，某建筑室内地坪标高为±0.000，图中轴线居墙中，墙基防潮层设在±0.000以下60mm处，做法为20mm厚1:2防水砂浆，计算墙基防潮层的工程量，并按2013年《广西壮族自治区建筑装饰装修工程消耗量定额》确定定额子目编号。

【解】 墙基水平防潮层外墙长度按中心线，内墙按净长乘以宽度以平方米计算，套用定额子目A7-176。

墙基防潮层的工程量 = (21 + 9) × 2 × 0.365 + (9 - 0.365) × 2 × 0.24m² = 26.04m²

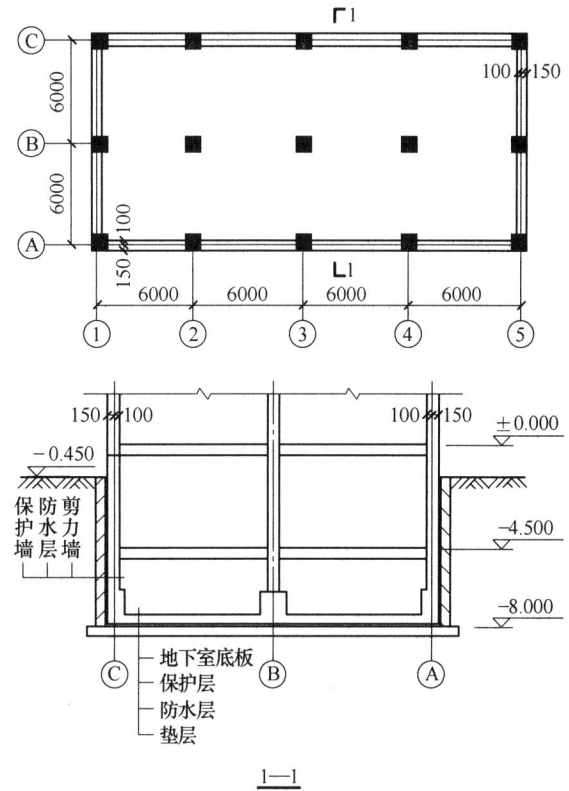

图7.7-8 建筑平面布置和地下室做法示意图

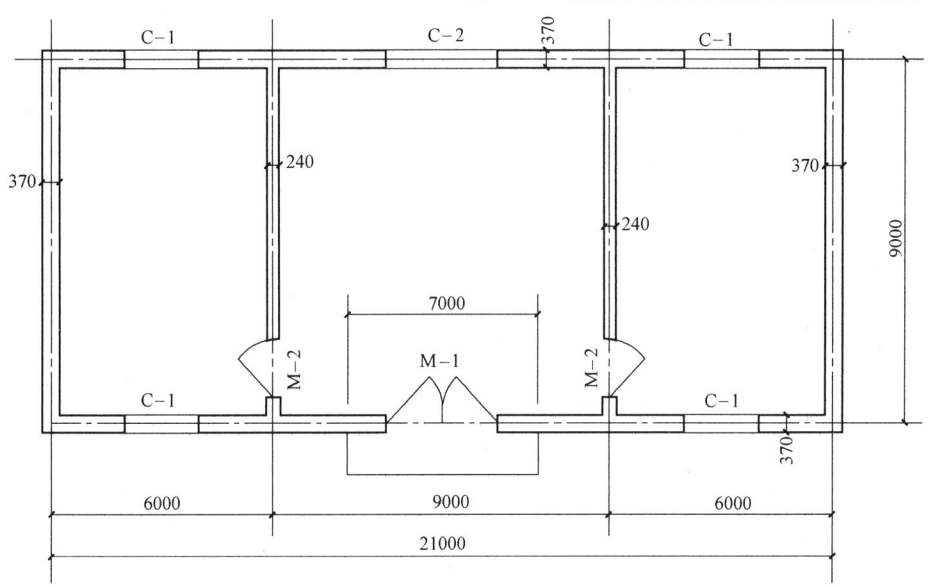

图7.7-9 建筑物平面布置图

4. 变形缝

变形缝包括填缝、止水带、盖缝。

(1) 计算规则 各种变形缝按设计图示尺寸以延长米计算。

（2）有关说明

1）变形缝填缝：建筑油膏、聚氯乙烯胶泥断面取定为 30mm×20mm；油浸木丝板取定为 25mm×150mm；紫铜板止水带厚度为 2mm，展开宽 450mm；钢板止水带厚度为 3mm，展开宽 420mm；氯丁橡胶宽 300mm，涂刷式氯丁胶贴玻璃止水片宽 350mm，其余均为 30mm×150mm。如设计断面不同时，用料可以换算，人工不变。

2）盖缝：盖缝面层材料用量如设计与定额规定不同时，可以换算，其他不变。

思考与习题

1. 怎样利用坡度系数 C 计算屋面工程量？
2. 怎样计算卷材、涂膜、刚性防水屋面工程量？
3. 如图 7.7-10 所示，计算建筑物地面三毡四油防水层的工程量，并按 2013 年《广西壮族自治区建筑装饰装修工程消耗量定额》确定定额编号。

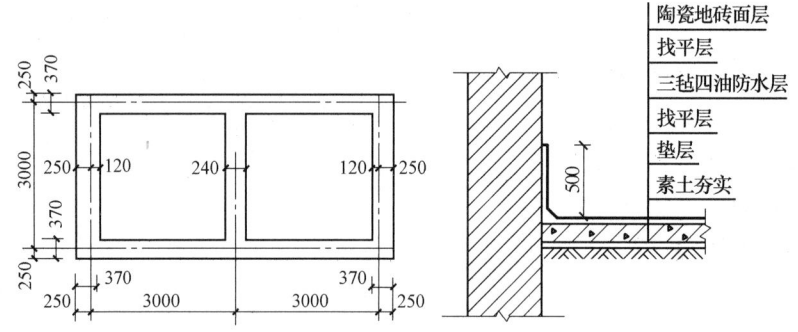

图 7.7-10　建筑物地面防水示意图

4. 某建筑物屋面防水如图 7.7-11 所示，轴线居墙中，计算屋面一的卷材工程量。

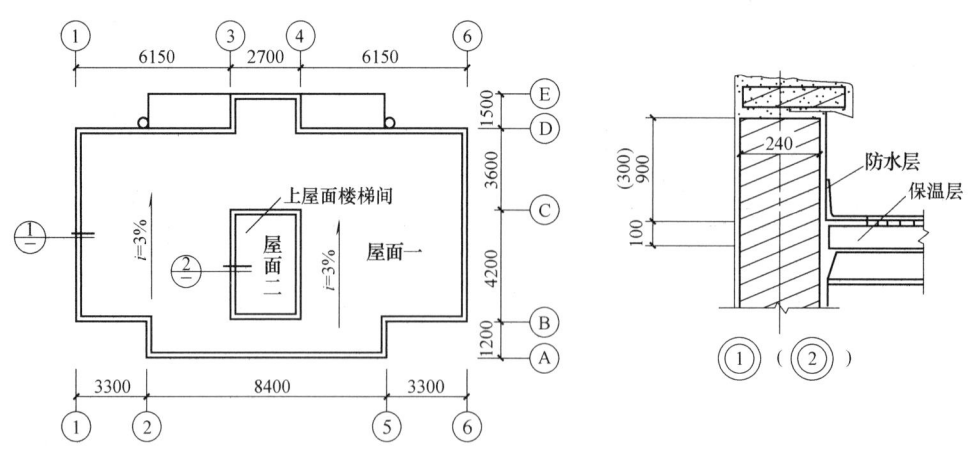

图 7.7-11　屋面防水示意图

5. 某仓库墙、地面的防水层和纵向伸缩缝构造如图 7.7-12 所示，分别计算防水层与伸缩缝的工程量，并按 2013 年《广西壮族自治区建筑装饰装修工程消耗量定额》确定定额子目编号。

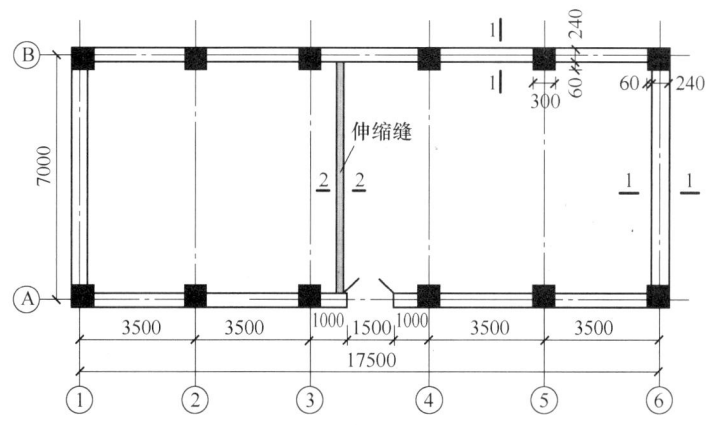

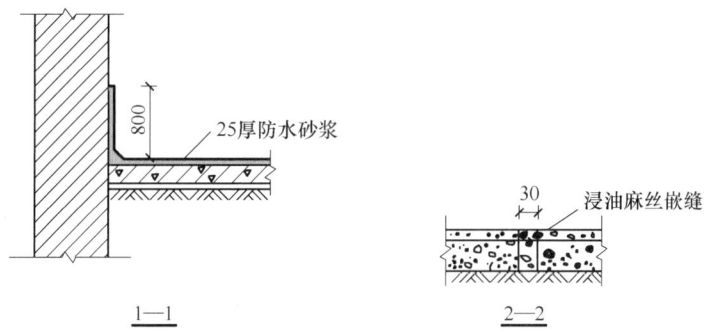

图 7.7-12 墙、地面防水及伸缩缝示意图

7.8 保温、隔热、防腐工程

一、概述

1. 主要内容

保温、隔热、防腐工程包括保温隔热、防腐面层、其他防腐工程。

2. 定额说明

1)保温、隔热工程适用范围:一般保温工程,中温、低温及恒温的工业厂(库)房隔热工程。

2)楼地面保温、隔热无子目的,可套用相应的屋面保温、隔热子目。

3)保温隔热层的厚度按隔热材料(不包括胶结材料)净厚度计算。定额中,除有厚度增减子目外,保温、隔热材料厚度与设计不同时,材料可以换算,其他不变。

4)墙面保温定额中的玻璃纤维网格布,若设计层数与定额不同时,按相应定额调整。保温定额中已考虑正常施工搭接及阴阳角重叠搭接。

5)定额只包括保温隔热材料的铺贴,不包括隔气防潮、保护层或衬墙等。

6)防腐工程中各种砂浆、胶泥、混凝土材料的种类、配合比、强度等级及各种整体面层的厚度,如设计与定额不同时,可以换算,但各种块料面层的结合层砂浆或胶泥厚度不变。

7) 本节的各种面层，除软聚氯乙烯塑料地面外，均不包括踢脚板。

二、主要分项工程工程量计算

1. 保温、隔热

保温、隔热包括屋面隔热、屋面保温、墙体保温、柱梁保温、楼地面隔热。

（1）计算规则

1）屋面保温、隔热层，按设计图示尺寸以面积计算，扣除 $0.3m^2$ 以上的孔洞所占面积（图 7.8-1）。

2）天棚保温层，按设计图示尺寸以面积计算，扣除 $0.3m^2$ 以上的柱、垛、孔洞所占面积。与天棚相连的梁、柱帽按展开面积计算，并入天棚工程量内。

3）墙体保温隔热层按设计图示尺寸以面积计算，扣除门窗洞口及 $0.3m^2$ 以上的孔洞所占面积；门窗洞口侧壁以及与墙相连的柱，并入保温墙体工程量内。

①墙体保温隔热层长度：外墙按保温隔热层中心线长度计算，内墙按保温隔热层净长计算。

②墙体保温隔热层高度：按设计图示尺寸计算。

4）独立墙体和附墙铺贴的区分如图 7.8-2 所示。

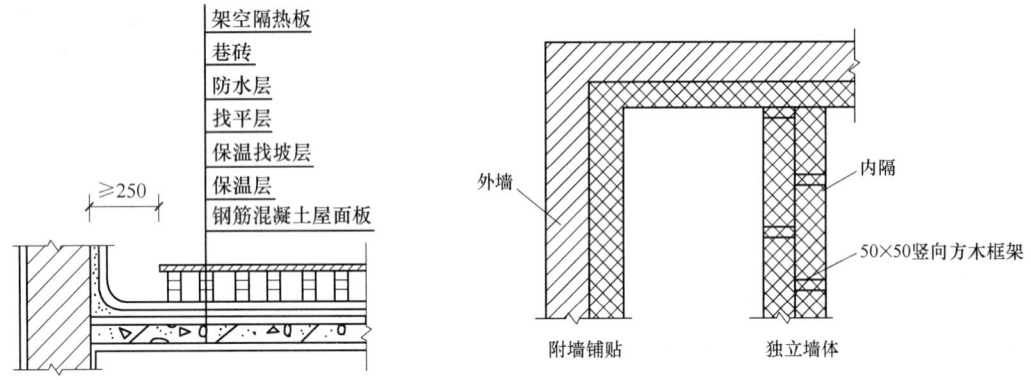

图 7.8-1 屋面保温、隔热层构造示意图　　图 7.8-2 独立墙体和附墙铺贴的区分示意图

5）柱、梁保温层。

①柱按设计图示柱断面保温层中心线展开长度乘以保温层高度以面积计算，扣除 $0.3m^2$ 以上梁所占面积。

②梁按设计图示梁断面保温层中心线展开长度乘以保温层长度以面积计算。

6）楼地面隔热层，按设计图示尺寸以面积计算，扣除 $0.3m^2$ 以上的柱、垛、孔洞等所占面积，门洞、空圈、暖气包槽、壁龛的开口部分不增加。

7）池槽隔热层按设计图示池槽保温隔热层的长、宽及其厚度以立方米计算。其中池壁按墙面计算，池底按地面计算。

（2）计算方法　保温、隔热层工程量计算式：

$$S = 图示面积 - \sum 0.3m^2 \text{以上柱、垛、孔洞所占面积}$$

当保温层兼作找坡层时，应先计算平均厚度，再套用相应定额子目。平均厚度 d 的计算（图 7.8-3）：

单坡找坡层：
$$d = L \times \tan\alpha \times 1/2 + d_1$$

双坡找坡层：
$$d = L \times \tan\alpha \times 1/4 + d_1$$

式中　L——坡宽；

$\tan\alpha$——坡度系数；

d_1——最薄处厚度。

其中 L、d、d_1 均以 mm 为单位。

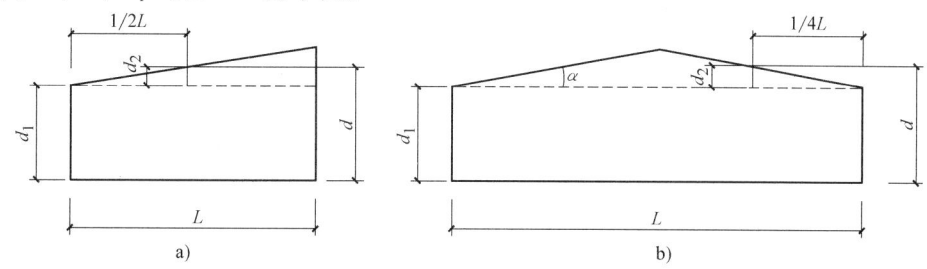

图 7.8-3　屋面找坡层平均厚度示意图
a) 单坡屋面　b) 双坡屋面

(3) 有关说明

1) 玻璃棉、矿渣棉包装材料和人工均已包括在定额内。

2) 聚氨酯硬泡屋面保温定额不包括抗裂砂浆网格布保护层，如设计与定额不同时，套用相应子目另行计算。

3) 聚氨酯硬泡外墙外保温和不上人屋面子目中的聚氨酯硬泡是按 $35kg/m^3$、上人屋面子目是按 $45kg/m^3$ 编制的，如设计规定与定额不同，应进行换算。

4) 若定额中无相应外墙内保温子目，外墙内保温套用相应的外墙外保温子目，人工乘以系数 0.8，其余不变。若定额中无相应柱保温子目，柱保温可套用相应的墙体保温子目，人工乘以系数 1.5，其余不变。

5) 单面钢丝网架聚苯板整浇外墙保温定额仅适用于外墙为现浇混凝土的墙体。

6) 外墙保温遇腰线、门窗套、挑檐等零星项目的人工乘以系数 2，其他不变。

(4) 计算实例

【例 7.8-1】　建筑物屋面如图 7.8-4 所示，炉渣混凝土保温找坡层最薄处为 50mm，计算其找坡层的工程量，并按 2013 年《广西壮族自治区建筑装饰装修工程消耗量定额》确定定额子目编号。

【解】　屋面保温层按设计图示尺寸以面积计算。

找坡层工程量 $= (21 - 0.24) \times (7.6 - 0.24) m^2 = 152.79 m^2$

确定定额帐号时，应计算其平均厚度。

单坡找坡层平均厚度：$d = L \times \tan\alpha \times 1/2 + d_1$
$= [(7600 - 240) \times 3\% \times 1/2 + 50] mm$
$= 160mm$

查定额子目 A8-10 为厚度 100mm 炉渣混凝土，A8-11 为每增减 10mm 炉渣混凝土。因此该找坡层套用定额子目为 A8-10、A8-11 换（定额乘以系数 6）。

2. 防腐面层

(1) 计算规则

1) 防腐工程项目应区分不同防腐材料种类及其厚度，按设计图示尺寸以面积计算。

①平面防腐面层、隔离层、防腐涂料：扣除凸出地面的构筑物、设备基础等以及 $0.3m^2$ 以上的柱、垛、孔洞等所占面积。门洞、空圈、暖气包槽、壁龛的开口部分不增加。

②立面防腐面层、隔离层、防腐涂料：扣除门、窗、洞口以及 $0.3m^2$ 以上的孔洞、梁所占面积，门、窗、洞口侧壁、垛突出部分按展开面积并入墙面积内。

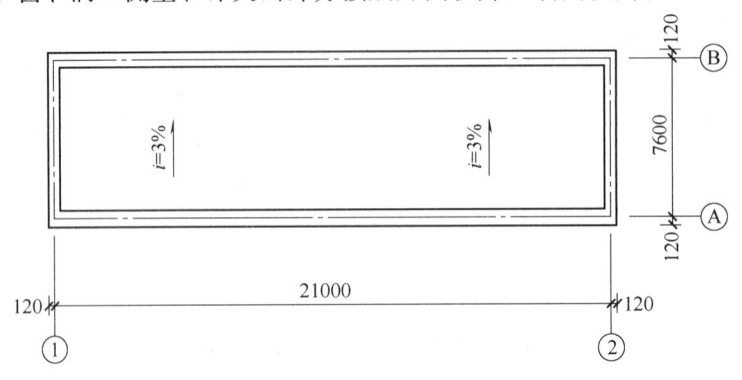

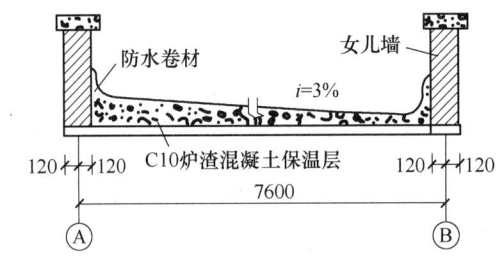

图 7.8-4　屋面保温找坡示意图

2）踢脚板按设计图示尺寸以面积计算，应扣除门洞所占面积并相应增加侧壁展开面积。

3）池槽防腐：按设计图示尺寸以展开面积计算。

4）平面砌筑双层耐酸块料时，按单层面积乘以系数 2 计算。

5）砌筑沥青浸渍砖，按设计图示尺寸以体积计算。

6）防腐卷材接缝、附加层、收头等人工材料，已计入定额中，不得另行计算。

7）烟囱、烟道内涂刷隔绝层涂料，按内壁面积扣除 $0.3m^2$ 以上孔洞面积计算。

(2) 有关说明

1）防腐整体面层、隔离层适用于平面、立面的防腐耐酸工程，包括沟、坑、槽。如用于天棚时，人工乘以系数 1.38。

2）块料防腐面层以平面砌为准，砌立面者按平面砌相应项目，人工乘以系数 1.38，踢脚板人工乘以系数 1.56，其他不变。

3）花岗岩板以六面剁斧的板材为准。如底面为毛面者，相应定额子目水玻璃砂浆增加 $0.38m^3$、耐酸沥青砂浆增加 $0.44m^3$。

(3) 计算实例

【例 7.8-2】　某酸池如图 7.8-5 所示，池壁与池底贴耐酸瓷砖（230mm×113mm×65mm），求块料耐酸瓷砖的工程量并按 2013 年《广西壮族自治区建筑装饰装修工程消耗量定额》确定定额编号。

【解】　池槽防腐按设计图示尺寸以展开面积计算，块料耐酸瓷砖面层是以平面砌为准，套用定额子目 A8-179；砌立面者按平面砌相应项目，套用定额子目 A8-179 换，人工乘以系数 1.38。

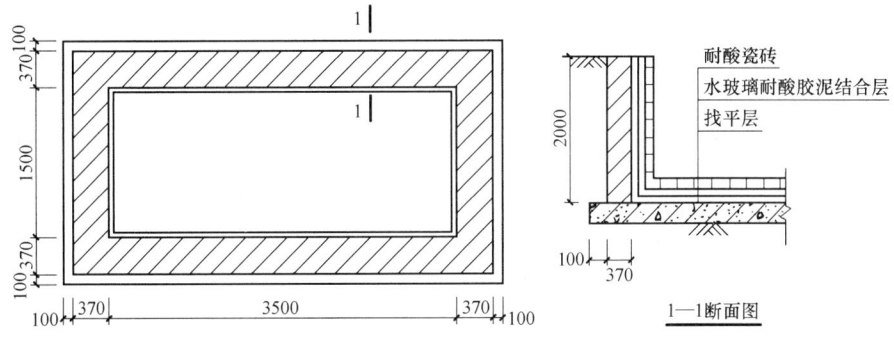

图 7.8-5 酸池结构示意图

池底耐酸瓷砖工程量 = 3.5 × 1.5 = 5.25m²

池壁耐酸瓷砖工程量 = (3.5 + 1.5) × 2 × 2 = 20m²

思考与习题

1. 怎样确定屋面找坡层的平均厚度？
2. 怎样计算保温隔热层工程量？
3. 某屋面尺寸如图 7.8-6 所示，檐沟宽 600mm，分别计算屋面找坡层、隔热层的工程量（檐沟不计），并按 2013 年《广西壮族自治区建筑装饰装修工程消耗量定额》确定定额子目编号。

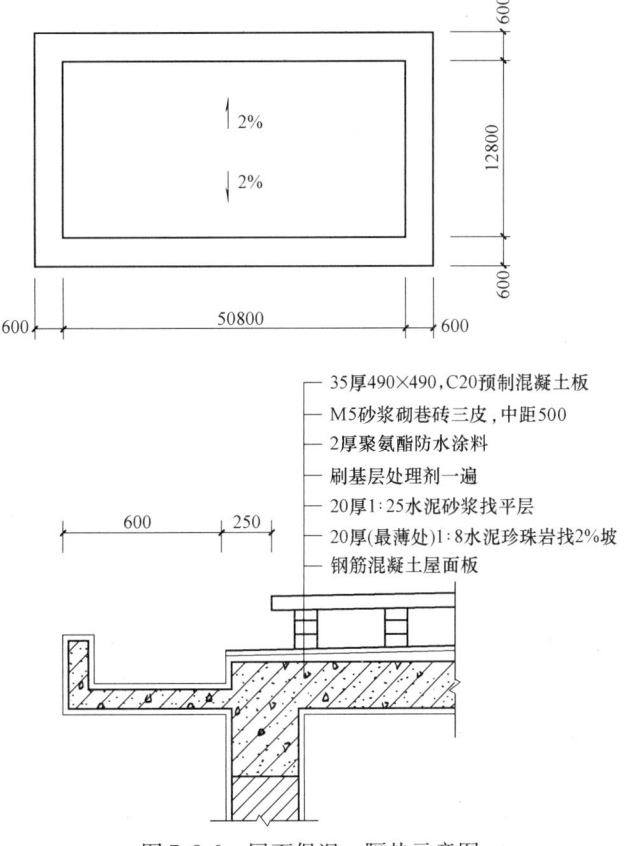

图 7.8-6 屋面保温、隔热示意图

4. 已知找坡层最薄处为 30mm，计算图 7.8-7 中屋面找坡层的平均厚度。

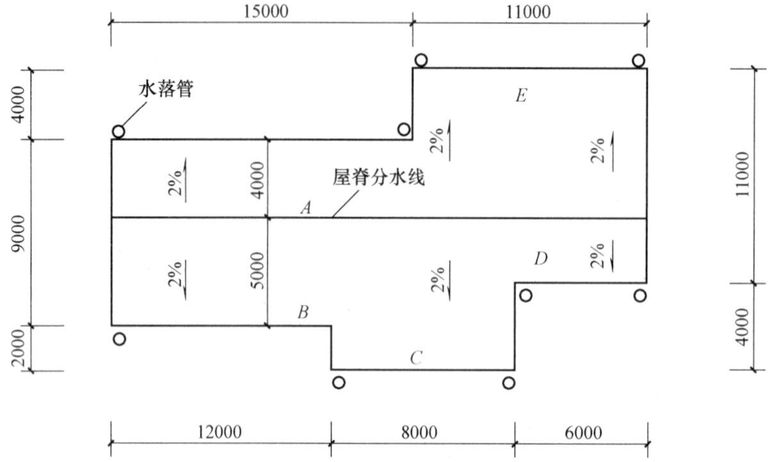

图 7.8-7　屋面找坡示意图

7.9　楼地面工程

一、概述

1. 主要内容

楼地面工程包括找平层、整体面层、块料面层、其他（分格嵌条、防滑条）等分项工程项目。

楼地面分底层地面和楼层地面，楼地面直接承受荷载的作用、摩擦和冲击。底层地面自下而上一般由基土、垫层、地面防水（潮）层、找平层、结合层、面层等构成。其中基土、垫层分别在定额"A.1 土（石）方工程"、"A.3 砌筑工程"中列项计算。楼层地面从结构层开始自下而上一般由找平层、结合层、面层等构成。

2. 定额说明

1) 砂浆和水泥砂浆的配合比及厚度、混凝土的强度等级、饰面材料的型号规格如设计与定额规定不同时，可以换算，其他不变。

2) 零星子目适用于台阶侧面装饰、小便池、蹲位、池槽以及单个面积在 0.5m² 以内且定额未列的少量分散的楼地面工程。

3) 石材底面刷养护液、正面刷保护液亦适用于其他章节石材装饰子目。

4) 现浇水磨石子目内已包括酸洗打蜡工料，其余子目均不包括酸洗打蜡，如发生时，按《广西壮族自治区建筑装饰装修工程消耗量定额》相应子目计算。

5) 刷素水泥浆按定额"A.10 墙、柱面工程"相应定额子目计算。

6) 楼地面伸缩缝及防水层按定额"A.7 屋面及防水工程"相应定额子目计算。

7) 石材磨边按定额"A.14 其他装饰工程"相应定额子目计算。

8) 普通水泥自流平子目适用于基层的找平，不适用于面层型自流平。

9) 定额中找平层、整体面层、块料面层子目的砂浆找平层厚度及配合比等，均按照《中南标准图集》2011ZJ001 相应做法编制。

二、主要分项工程工程量计算

1. 找平层、整体面层

找平层包括水泥砂浆找平层、细石混凝土找平层、沥青砂浆找平层、找平层分格缝/塑料油膏嵌缝、普通水泥自流平等。

整体面层包括水泥砂浆整体面层、水磨石整体面层、楼地面铺砌卵石整体面层、环氧自流平地面等。

（1）基本概念

1）找平层：主要指楼地面和屋面部分，由工艺或技术上的需要进行找平才能便于下道工序施工的过滤层。

2）整体面层：是以建筑砂浆为主要材料，用现场浇筑法一次性铺筑而成的大面积面层。

3）结合层：指底层与上层之间的一层称为结合层，有素水泥浆、砂浆等结合层。

（2）计算规则 找平层、整体面层均按设计图示尺寸以平方米计算，扣除凸出地面的构筑物、设备基础、室内管道、地沟等所占面积，不扣除间壁墙、单个 0.3m² 以内的柱、垛、附墙烟囱及孔洞所占面积，门洞、暖气包槽、壁龛的开口部分不增加面积。

（3）有关说明

1）整体面层中的楼地面子目，均不包括踢脚线工料。

2）细石混凝土找平层按商品混凝土编制，当采用非泵送混凝土时按定额"A9-4 子目人工费乘以系数 1.22，A9-5 子目人工费乘以系数 1.20"计算。

3）找平层分格缝按断面 4cm² 编制的，如果断面不同时，以断面比例调整材料消耗量。

（4）计算实例

【例 7.9-1】 如图 7.9-1 所示为某单层建筑物平面图，墙厚均为 240mm，轴线居墙中，地面做法为：素土夯实；60mm 厚 C15 混凝土；素水泥浆结合层一遍；20mm 厚 1:2 水泥砂浆抹面压光。计算水泥砂浆整体面层的工程量，并按 2013 年《广西壮族自治区建筑装饰装修工程消耗量定额》确定定额子目编号。

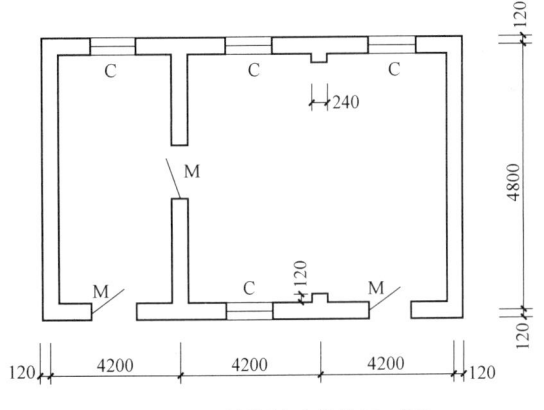

图 7.9-1 某单层建筑物平面图

【解】 整体面层均按设计图示尺寸以平方米计算，不扣除间壁墙、单个 0.3m² 以内的柱、垛所占面积，门洞开口部分不增加面积，套用定额子目 A9-10。

水泥砂浆整体面层的工程量 = (4.2 - 0.24) × (4.8 - 0.24) + (8.4 - 0.24) × (4.8 - 0.24)
= 55.27m²

2. 块料面层

块料面层包括大理石、花岗岩、方整石、预制水磨石块、广场砖、陶瓷地砖、陶瓷锦砖（马赛克）、缸砖、玻璃地面、塑料板及橡胶板、PVC 塑胶地面、聚氨酯弹性安全地砖、球场面层、地毯及附件、竹地板及木地板、防静电地板等块料面层。

(1) 基本概念　块料面层是以陶质材料制品及天然石材等为主要材料，用建筑砂浆或粘剂作结合层嵌砌的直接接受各种荷载、摩擦、冲击的表面层。

(2) 计算规则

1) 块料面层按设计图示尺寸以平方米计算。门洞、空圈、暖气包槽、壁龛的开口部分面积并入相应的工程量内。

2) 块料面层拼花按拼花部分实贴面积以平方米计算。

3) 块料面层波打线（嵌边）按设计图示尺寸以平方米计算。

4) 块料面层点缀按个计算，计算主体铺贴地面面积时，不扣除点缀所占面积。

5) 石材、块料面层弧形边缘增加费按其边缘长度以延长米计算，石材、块料损耗可按实调整。

6) 橡胶、塑料、地毯、竹木地板、防静电活动地板、金属复合地板面层、地面（地台）龙骨按设计图示尺寸以平方米计算。门洞、暖气包槽、壁龛的开口部分并入相应的工程量内。

(3) 有关说明

1) 同一铺贴面上有不同花色且镶拼面积小于 $0.015m^2$ 的大理石板和花岗岩板执行点缀定额子目。

2) 块料面层中的楼地面子目，均不包括踢脚线工料。

3) 陶瓷地砖不分品种，按"周长 800mm，1200mm，1600mm，2000mm，2400mm，3200mm 以内和 3200mm 以上"分 7 个步距以密缝、离缝分别套用定额子目。离缝 8mm 子目用白水泥填缝，如使用填缝剂时可以换算。

(4) 计算实例

【例 7.9-2】　如图 7.9-1 所示为某单层建筑物平面图，墙厚均为 240mm，轴线居墙中，门的尺寸为 900mm×2100mm，地面做法为：素土夯实；80mm 厚 C15 混凝土；素水泥浆结合层一遍；20mm 厚 1:4 干硬性水泥砂浆；600mm×600mm 陶瓷地砖铺实拍平，水泥浆擦缝。计算陶瓷地砖面层的工程量，并按 2013 年《广西壮族自治区建筑装饰装修工程消耗量定额》确定定额编号。

【解】　块料面层按设计图示尺寸以平方米计算。门洞、空圈、暖气包槽、壁龛的开口部分面积并入相应的工程量内，套用定额子目 A9-83。

陶瓷地砖房间地面工程量 $S_1 = (4.2 - 0.24) \times (4.8 - 0.24) + (8.4 - 0.24) \times (4.8 - 0.24)$
$= 55.27m^2$

门洞开口部分面积 $S_2 = 0.9 \times 0.24 \times 3 = 0.65m^2$

墙垛所占面积 $S_3 = 0.24 \times 0.12 \times 2 = 0.06m^2$

陶瓷地砖楼地面面层工程量合计 $S = S_1 + S_2 - S_3 = 55.27 + 0.65 - 0.06 = 55.86m^2$

【例 7.9-3】　如图 7.9-2 所示，该楼面在水泥砂浆找平层上二次装修，铺贴装饰面层，计算楼面装饰面层的工程量。

【解】　按计算规则的规定，该楼面装饰面层的工程量分石材拼花、块料面层、波打线三项计算。

1) 石材拼花面层工程量 $S = \pi R^2 = 3.14 \times 1.6^2 = 8.04m^2$

2) 象牙白地砖块料面层工程量 $S = (9.0 - 0.6) \times (7.5 - 0.6) - 8.04 = 49.92m^2$

3) 芝麻黑花岗岩波打线工程量 $S = [(9.0 - 0.3) \times 2 + (7.5 - 0.3) \times 2] \times 0.3 = 9.54m^2$

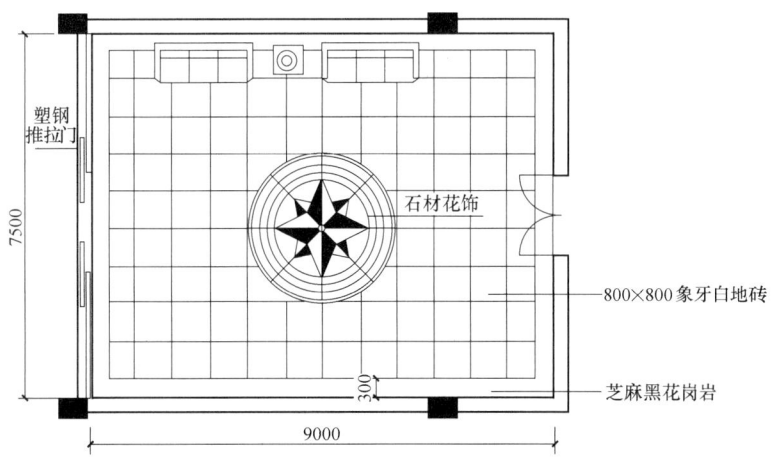

图 7.9-2 室内地面装饰图

3. 楼梯面层

楼梯面层与楼地面面层做法相同,也包括整体面层和块料面层。

(1) 计算规则

1) 楼梯面层按楼梯(包括踏步、休息平台以及小于 500mm 宽的楼梯井)水平投影面积以平方米计算。楼梯与楼地面相连时,算至梯口梁外侧边沿;无梯口梁者,算至最上一层踏步边沿加 300mm。

2) 楼梯不满铺地毯子目按实铺面积以平方米计算。

3) 楼梯踏步防滑条按设计图示尺寸(无设计图示尺寸者按楼梯踏步两端距离减 300mm)以延长米计算。

(2) 有关说明

1) 楼梯面层不包括防滑条、踢脚线及板底抹灰,防滑条、踢脚线、板底抹灰另按相应定额子目计算。

2) 弧形、螺旋形楼梯面层,按普通楼梯子目人工、块料及石料切割锯片、石料切割机械乘以系数 1.2 计算。

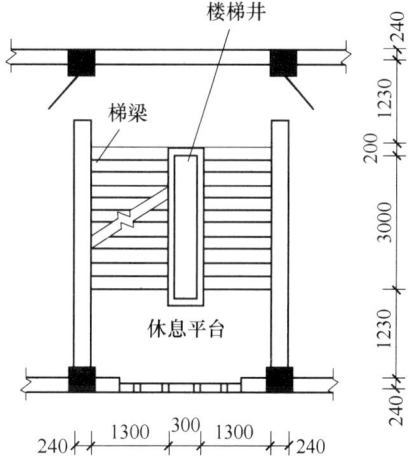

图 7.9-3 标准层楼梯平面图

(3) 计算实例

【例 7.9-4】 如图 7.9-3 所示,某四层住宅,不上人屋面,楼梯铺贴陶瓷地砖面层,计算陶瓷地砖楼梯面层的工程量,并按 2013 年《广西壮族自治区建筑装饰装修工程消耗量定额》确定定额编号。

【解】 楼梯面层按楼梯(包括踏步、休息平台以及小于 500mm 宽的楼梯井)水平投影面积以平方米计算,套用定额子目 A9-96。

陶瓷地砖楼梯面层工程量 = $(1.23 + 3 + 0.2) \times (1.3 \times 2 + 0.3) \times (4 - 1) = 38.54 m^2$

4. 台阶面层

(1) 基本概念 室外踏步(台阶)两端有时设计为花池,有时设计为砖砌的矮挡墙(即称之为梯带或牵边),如图 7.9-4 所示。

(2) 计算规则 台阶面层（包括踏步及最上一层踏步边沿加 300mm）按水平投影面积以平方米计算。

(3) 有关说明

1) 台阶面层分为整体面层及块料面层，查找定额时按具体做法进行查找。

2) 台阶面层子目不包括牵边、侧面装饰及防滑条。

(4) 计算实例

【例 7.9-5】 如图 7.9-5 所示，某建筑物的台阶具体做法为：素土夯实；300mm 厚三七灰土；60mm 厚 C15 混凝土台阶；素水泥浆结合层一遍；30mm 厚 1:4 干硬性水泥砂浆；20mm 厚花岗岩踏步。计算台阶装饰面层的工程量，并按 2013 年《广西壮族自治区建筑装饰装修工程消耗量定额》确定定额编号。

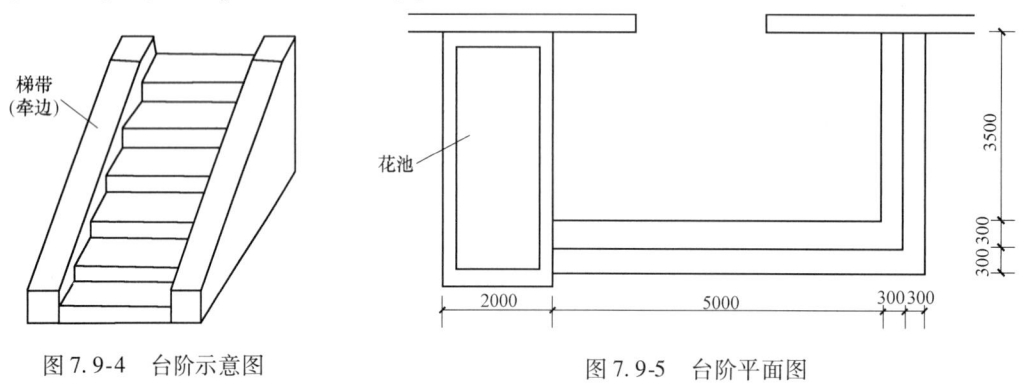

图 7.9-4 台阶示意图

图 7.9-5 台阶平面图

【解】 台阶面层（包括踏步及最上一层踏步边沿加 300mm）按水平投影面积以平方米计算，因此该装饰面层的工程量应分别按楼地面面层、台阶面层两项计算。

① 定额子目编号：A9-48。

花岗岩楼地面面层工程量 = $(5-0.3) \times (3.5-0.3) \text{m}^2 = 15.04 \text{m}^2$

② 定额子目编号：A9-54。

花岗岩台阶面层工程量 = $(5+0.3 \times 2) \times (3.5+0.3 \times 2) - 15.04 \text{m}^2 = 7.92 \text{m}^2$

5. 踢脚线

(1) 基本概念 踢脚线：用以遮盖楼地面与墙面的接缝和保护墙面，以防撞坏或拖洗地面时把墙面弄脏的板。

(2) 计算规则 踢脚线按设计图示尺寸以平方米计算（即踢脚线长度乘以高度）。

(3) 有关说明

1) 楼梯踢脚线套用相应踢脚线子目乘以系数 1.15，楼梯踢脚线中的三角形面积（锯齿形）并入楼梯踢脚线工程量内。

2) 弧形踢脚线子目仅适用于使用弧形块料的踢脚线。

(4) 计算实例

【例 7.9-6】 如图 7.9-6 所示为某单层

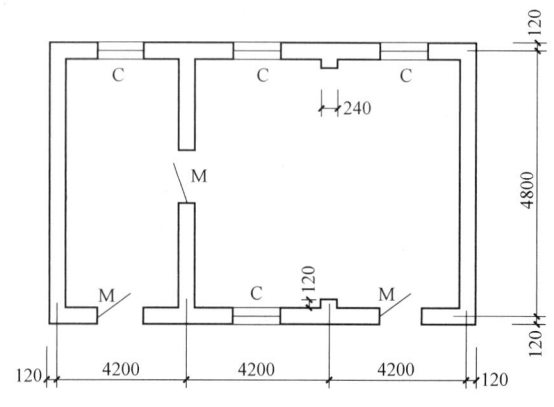

图 7.9-6 某单层建筑物平面图

建筑物平面图,墙厚均为 240mm,轴线居墙中,门的尺寸为 900mm×2100mm,门框厚 90mm,门居墙中安装,室内踢脚线高 150mm,具体做法:15mm 厚 1:3 水泥砂浆;5mm 厚 1:1 水泥砂浆加水重 20% 建筑胶镶贴;10mm 厚大理石板材,水泥浆擦缝。计算踢脚装饰面的工程量,并按 2013 年《广西壮族自治区建筑装饰装修工程消耗量定额》确定定额子目编号。

【解】 踢脚线按设计图示尺寸以平方米计算(即踢脚线长度乘以高度),套用定额子目 A9-37。

大理石踢脚工程量 = [(4.2 − 0.24 + 4.8 − 0.24) × 2 − 0.9 × 2 + (4.2 × 2 − 0.24 + 4.8 − 0.24) × 2 − 0.9 × 2 + 0.12 × 4 + (0.24 − 0.09) × 2 + (0.24 − 0.09) ÷ 2 × 4] × 0.15 m² = 5.99 m²

三、其他分项工程工程量计算规则

1) 大理石、花岗岩梯级挡水线按设计图示水平投影面积以平方米计算。
2) 零星子目按设计图示结构尺寸以平方米计算。
3) 石材底面及侧面刷养护液工程量按表 7.9-1 计算。

表 7.9-1 石材底面及侧面刷养护液工程量计算系数表

项目名称	系数	工程量计算方法
楼地面	1.13	楼地面工程相应子目工程量×系数
波打线	1.33	
楼梯	1.79	
台阶	1.95	
零星项目	1.30	
踢脚线	1.33	
墙面		墙柱面工程相应子目工程量×定额石材用量×系数
梁、柱面	1.12	
零星项目		

4) 石材正面刷保护液工程量按相应面层工程量计算。
5) 木地板煤渣防潮层按需填煤渣防潮层部分木地板面层工程量以平方米计算。
6) 地面金属嵌条按设计图示尺寸以延长米计算。

思考与习题

1. 计算楼地面找平层、整体面层工程量时,哪些面积应扣除?哪些面积不扣除?哪些面积不增加?
2. 台阶面层如何计算工程量?
3. 楼梯踢脚线如何计算工程量?
4. 如例 7.9-1 中地面做法 20mm 厚 1:2 水泥砂浆抹面压光改为 25mm 厚 1:2 水泥砂浆抹面压光,则应该如何套用定额?
5. 某建筑物房间平面图如图 7.9-7 所示,轴线居墙中,房间地面做法如下:素土夯实;80mm 厚 C15 混凝土;素水泥浆结合层一遍;20mm 厚 1:4 干硬性水泥砂浆;8~10mm 厚陶瓷地砖铺实拍平,水泥浆擦缝。室内踢脚线高 120mm,具体做法:17mm 厚 1:3 水泥砂浆;4mm 厚 1:1 水泥砂浆加水重 20% 建筑胶镶贴;10mm 厚陶瓷面砖,水泥浆擦缝。计算室内地面陶瓷地砖面层和陶瓷踢脚线的工程量。

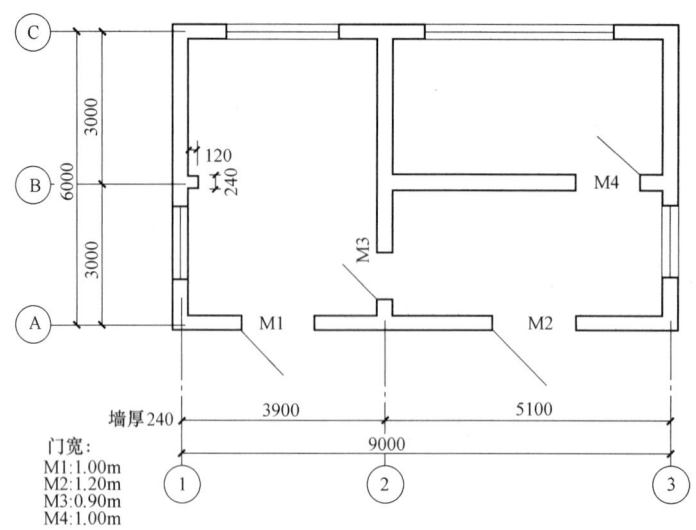

图 7.9-7　某建筑物房间平面图

7.10　墙、柱面工程

一、概述

1. 主要内容

墙、柱面装饰是指建筑物空间垂直面的装饰，包括一般抹灰、装饰抹灰、镶贴块料面层、墙（柱）面装饰、幕墙等分项工程项目。

2. 定额说明

1）定额凡注明的砂浆种类、强度等级，如设计与定额不同时，可按设计规定调整，但人工、其他材料、机械消耗量不变。

2）抹灰厚度，同类砂浆列总厚度，不同砂浆分别列出厚度，如定额子目中(15+5)mm即表示两种不同砂浆的各自厚度。抹灰砂浆厚度如设计与定额不同时，定额注明有厚度的子目可按抹灰厚度每增减1mm子目进行调整，定额未注明抹灰厚度的子目不得调整。

3）砌块砌体墙面、柱面的一般抹灰、装饰抹灰、镶贴块料，按砖墙、砖柱相应子目执行。

4）圆弧形、锯齿形、不规则墙面抹灰、镶贴块料、饰面，按相应定额子目人工费乘以系数1.15，材料乘以系数1.05。

5）混凝土表面的装饰抹灰、镶贴块料子目不包括界面处理和基层毛化处理，如设计要求混凝土表面涂刷界面剂或基层毛化处理时，执行定额相应子目。

6）木材种类除周转木材及注明者外，均以一、二类木种为准，如采用三、四类木种，其人工及木工机械乘以系数1.3。

7）面层、隔墙（间壁）、隔断子目内，除注明者外均未包括压条、收边、装饰线（板），如设计要求时，应按定额"A.14 其他装饰工程"相应子目计算。

8）面层、木基层均未包括刷防火涂料，如设计要求时，另按定额"A.13 油漆、涂料、裱糊工程"相应子目计算。

9）一般抹灰、装饰抹灰、镶贴块料面层子目的砂浆找平层厚度及配合比等，均按照《中南标准图集》2011ZJ001 相应做法编制。

二、主要分项工程工程量计算

1. 墙面抹灰

墙面抹灰包括墙面一般抹灰、墙面装饰抹灰、墙面勾缝等分项工程。

一般抹灰包括石灰砂浆、混合砂浆、水泥砂浆、其他砂浆等抹灰和墙面勾缝、假面砖、钉（挂）网等墙面做法。

装饰抹灰包括水刷石、干粘石、斩假石、普通水磨石等抹灰和墙面分格或嵌缝、基层界面处理等墙面做法。

（1）计算规则　墙面抹灰、勾缝按设计图示尺寸以平方米计算。扣除墙裙、门窗洞口、单个 0.3m² 以外的孔洞及装饰线条、零星抹灰所占面积，不扣除踢脚线、挂镜线（图 7.10-1）和墙与构件交接的面积（图 7.10-2），门窗洞口和孔洞的侧壁及顶面不增加面积。附墙柱、梁、垛、烟囱侧壁（图 7.10-3）并入相应的墙面面积内。

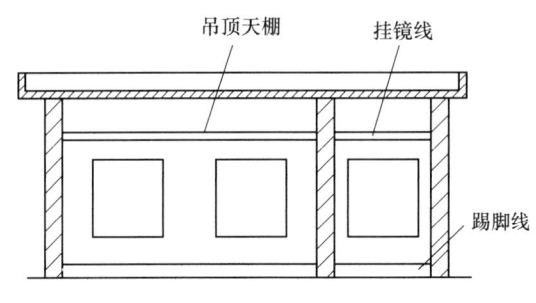

图 7.10-1　挂镜线、踢脚线示意图

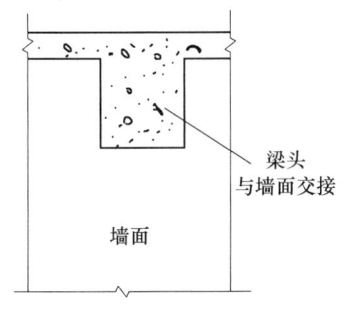

图 7.10-2　梁头与墙面交接示意图

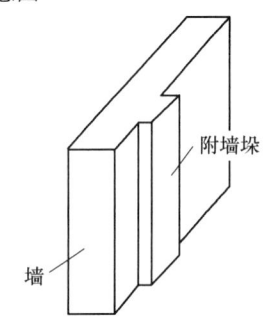

图 7.10-3　附墙垛示意图

1）外墙抹灰、勾缝面积按外墙垂直投影面积计算。飘窗凸出外墙面增加的抹灰并入外墙工程量内。

2）外墙裙（图 7.10-4）抹灰面积按其长度乘以高度计算。

3）内墙抹灰、勾缝面积按主墙间的净长乘以高度计算。其高度确定如下。

①无墙裙的，其高度按室内地面或楼面至天棚底面之间距离计算。

②有墙裙的，其高度按墙裙顶至天棚底面之间距离计算。

③有吊顶天棚的，其高度按室内地面、楼面或墙裙顶面至天棚底面计算。

4) 内墙裙抹灰面积按内墙净长乘以高度计算。

(2) 有关说明

①墙面一般抹灰、装饰抹灰子目已包括门窗洞口侧壁（图 7.10-5）抹灰及水泥砂浆护角线在内。

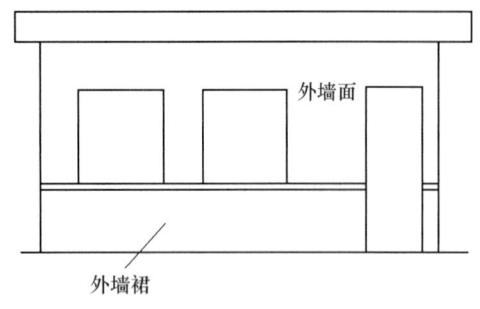

图 7.10-4　外墙裙示意图

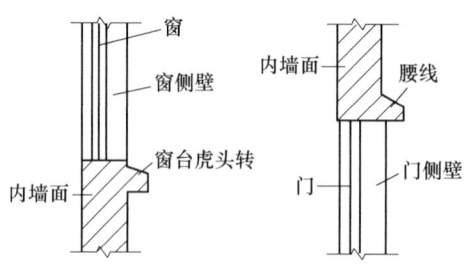

图 7.10-5　门窗洞口侧壁示意图

②有吊顶天棚的内墙面抹灰，其高度按室内地面、楼面或墙裙顶面至天棚底面计算，超抹部分不计算面积，在套内墙抹灰相应子目乘以系数 1.036 中考虑。

③混凝土表面的一般抹灰子目已包括基层毛化处理，如与设计要求不同时，按本定额相应子目进行调整。

④抹灰子目中，如设计墙面需钉网者，钉网部分抹灰子目人工费乘以系数 1.3。

⑤混凝土面打磨子目适用于混凝土墙、柱、梁、天棚面打磨。

(3) 计算实例

【例 7.10-1】　某单层砖混结构建筑物平面图如图 7.10-6 所示，层高 3m，墙厚 240mm，板厚 100mm。内墙面做法为：15mm 厚 1∶1∶6 水泥石灰砂浆；5mm 厚 1∶0.5∶3 水泥石灰砂浆，面刮成品腻子。陶瓷面砖踢脚高 150mm。木门尺寸为 900mm×2100mm，门框厚 90mm，90 系列铝合金推拉窗尺寸为 1500mm×1800mm，门、窗均居墙中安装。计算该工程的内墙面抹灰工程量，并按 2013 年《广西壮族自治区建筑装饰装修工程消耗量定额》确定定额子目编号。

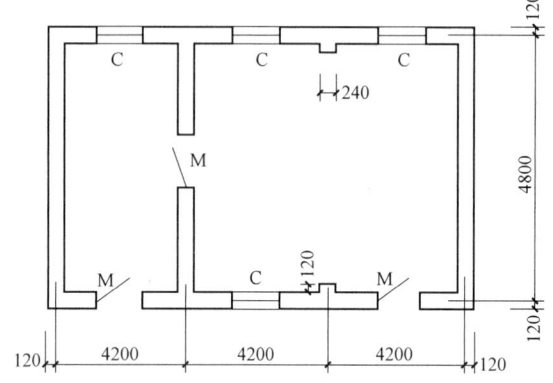

图 7.10-6　某单层建筑物平面图

【解】　墙面抹灰按设计图示尺寸以平方米计算，扣除门窗洞口所占面积，不扣除踢脚线面积，门窗洞口侧壁及顶面不增加面积，附墙垛侧壁并入相应的墙面面积内。套用定额子目 A10-7。

$$\begin{aligned}内墙面抹灰工程量 =& [(4.2-0.24+4.8-0.24)\times2+(4.2\times2-0.24+4.8-0.24)\times\\&2+0.12\times4]\times(3-0.1)\text{m}^2-(0.9\times2.1\times4+1.5\times1.8\times4)\text{m}^2\\=&106.22\text{m}^2\end{aligned}$$

2. 柱面抹灰

柱面抹灰包括柱面一般抹灰、柱面装饰抹灰等分项工程。

(1) 计算规则　独立柱、梁面抹灰、勾缝按设计图示柱、梁的结构断面周长乘以高度

（长度）以平方米计算。其高度确定与内墙抹灰高度规定相同。

（2）有关说明

1）柱面一般抹灰、装饰抹灰子目已包括水泥砂浆护角线在内。

2）装饰抹灰柱面子目已按方柱、圆柱综合考虑。

（3）计算实例

【例 7.10-2】 如图 7.10-7 所示为某建筑物室外有柱雨篷立面示意图，柱面装饰做法为：15mm 厚 1:1:6 水泥石灰砂浆；5mm 厚 1:0.5:3 水泥石灰砂浆，面刷涂料；陶瓷面砖踢脚高 150mm。计算该工程的独立柱抹灰工程量，并按 2013 年《广西壮族自治区建筑装饰装修工程消耗量定额》确定定额子目编号。

【解】 独立柱抹灰按设计图示柱的结构断面周长乘以高度以平方米计算，套用定额子目 A10-17。

独立柱面抹灰工程量 = 0.6×4×4×5m² = 48m²

3. 零星项目、装饰线条抹灰

零星项目抹灰包括零星项目一般抹灰、零星项目装饰抹灰等分项工程。

装饰线条抹灰包括一般抹灰。

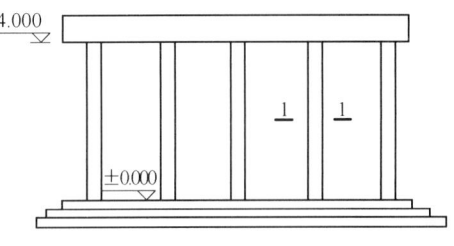

图 7.10-7 有柱雨篷立面图

（1）计算规则

1）零星项目按设计图示结构尺寸以平方米计算。

2）装饰线条按设计图示尺寸以延长米计算。

（2）有关说明

1）一般抹灰的"零星项目"适用于各种壁柜、碗柜、暖气壁龛、空调搁板、池槽、小型花台以及 0.5m² 以内少量分散的其他抹灰。

2）一般抹灰的"装饰线条"适用于窗台线、门窗套、挑檐、腰线、扶手、压顶、遮阳板、宣传栏边框等凸出墙面或抹灰面展开宽度小于 300mm 以内的竖、横线条抹灰。超过 300mm 的线条抹灰按"零星项目"执行（如图 7.10-8）。

3）装饰抹灰的"零星项目"适用于壁柜、碗柜、暖气壁龛、空调搁

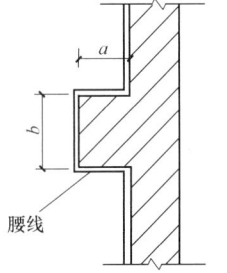
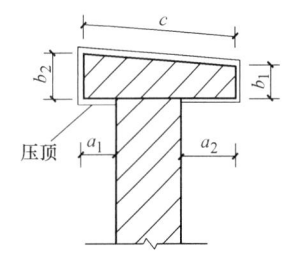

图 7.10-8 腰线、压顶示意图

板、池槽、小型花台、挑檐、天沟、腰线、窗台线、窗台板、门窗套、压顶、扶手、栏杆、遮阳板、雨篷周边及 0.5m² 以内少量分散的装饰抹灰。

4. 墙、柱面镶贴块料

墙、柱面镶贴块料包括大理石、花岗岩、钢骨架干挂石板、预制水磨石、陶瓷锦砖（马赛克）、陶瓷面砖、文化石、丰包石、河卵石等块料面层项目。

（1）计算规则

1）墙面按设计图示尺寸以平方米计算。

①镶贴块料面层高度在1500mm以下为墙裙。
②镶贴块料面层高度在300mm以下为踢脚线。
2）独立柱、梁面。
①柱、梁面粘贴、干挂、挂贴子目，按设计图示结构尺寸以平方米计算。
②柱、梁面钢骨架干挂子目，按设计图示外围饰面尺寸以平方米计算。
③花岗岩、大理石柱帽、柱墩（图7.10-10）按最大外径周长以延长米计算。
3）干挂石材钢骨架按设计图示尺寸以吨计算。

【例7.10-3】 如图7.10-9所示为某单层建筑物平面图，层高3.3m，板厚100mm，Z1截面尺寸为400mm×400mm，已知：木门M1尺寸900mm×2100mm，门框厚90mm；90系列铝合金推拉窗C1尺寸1500mm×1800mm，窗离地高度为900mm；门、窗均居墙中安装。内墙面做法为：15mm厚1∶1∶6水泥石灰砂浆；5mm厚1∶0.5∶3水泥石灰砂浆，面刷涂料；内墙裙做法为：17mm厚1∶3水泥砂浆；刷素水泥浆一遍；4mm厚1∶1水泥砂浆；300mm×300mm釉面砖，白水泥浆擦缝，墙裙高900mm（窗台面不贴釉面砖）。计算该工程的内墙面装饰工程量，并按2013年《广西壮族自治区建筑装饰装修工程消耗量定额》确定定额子目编号。

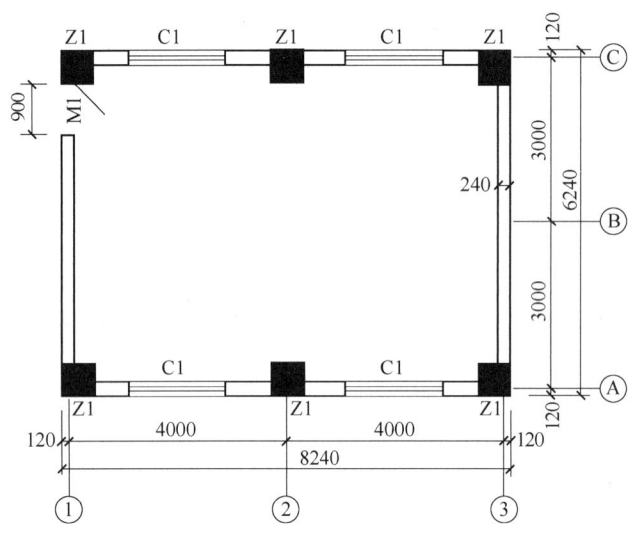

图7.10-9 某单层建筑物平面图

【解】 ①定额子目编号：A10-7。
内墙面抹灰工程量合计 = [(8.24 − 0.48 + 6.24 − 0.48) × 2 + (0.4 − 0.24) × 4] × (3.3 − 0.1 − 0.9)m^2 − 0.9 × (2.1 − 0.9)m^2 − 1.5 × 1.8 × 4m^2
= 51.78m^2

②定额子目编号：A10-170。
内墙裙贴釉面砖工程量 = [(8.24 − 0.48 + 6.24 − 0.48) × 2 + (0.4 − 0.24) × 4] × 0.9m^2
− 0.9 × 0.9m^2 + (0.24 − 0.09) ÷ 2 × 2 × 0.9m^2
= 24.24m^2

③抹灰面刷涂料在定额"A.13 油漆、涂料、裱糊工程"中列项计算。

【例7.10-4】 将图7.10-8所示的柱面装饰做法改为挂贴大理石，剖面如图7.10-11所示。计算该工程独立柱面挂贴大理石工程量,并按2013年《广西壮族自治区建筑装饰装修工程消耗量定额》确定定额子目编号。

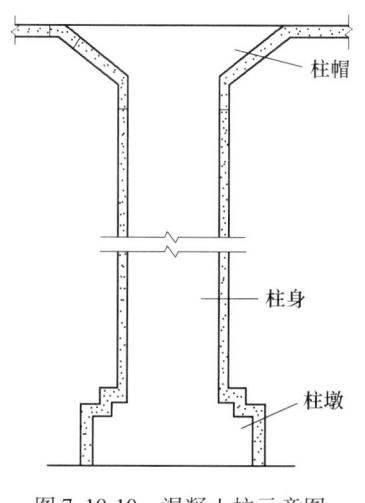

图 7.10-10　混凝土柱示意图

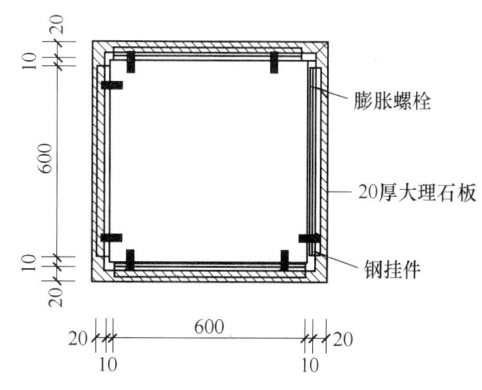

图 7.10-11　柱面装饰做法示意图

【解】　柱面挂贴按设计图示结构尺寸以平方米计算,套用定额子目 A10-99。

独立柱面挂贴大理石工程量 $=0.6\times4\times4\times5\text{m}^2=48\text{m}^2$

(2) 有关说明

1) 镶贴面砖子目,面砖消耗量分别按缝宽 5mm 以内、10mm 以内和 20mm 以内考虑,如不离缝、横竖缝宽步距不同或灰缝宽度超过 20mm 以上者,其块料及灰缝材料(1∶1 水泥砂浆) 用量允许调整,其他不变。

2) 镶贴瓷板执行镶贴面砖相应定额子目。玻璃马赛克执行陶瓷马赛克相应定额子目。

3) 花岗岩、大理石、丰包石、面砖块料面层均不包括阳角处的现场磨边,如设计要求磨边者按定额 "A.14 其他装饰工程" 相应定额执行。若石材的成品价已包括磨边,则不得再另立磨边子目计算。

4) 钢骨架干挂石板、面砖子目不包括钢骨架制作安装,钢骨架制作安装按定额相应子目计算。

5) 陶瓷墙面砖不分品种,按块料周长 600mm 以内分 "缝宽 5mm、10mm 和 20mm 以内" 3 个步距列项,块料周长 600mm 以上的按 "800mm、1200mm、1600mm、2000mm、2400mm、3200mm 以内" 6 个步距列项,子目按施工方法分为水泥砂浆粘贴和干粉胶粘剂粘贴。

5. 零星镶贴块料

(1) 计算规则　零星项目按设计图示结构尺寸以平方米计算。

(2) 有关说明　块料镶贴的 "零星项目" 适用于壁柜、碗柜、暖气壁龛、空调搁板、池槽、小型花台、挑檐、天沟、腰线、窗台线、窗台板、门窗套、压顶、扶手、栏杆、遮阳板、雨篷周边及 0.5m² 以内少量分散的块料面层。

6. 墙柱饰面

墙柱饰面装饰包括龙骨、板基层、卷材隔离层、面层、隔断、隔墙、柱龙骨基层及饰面、罗马柱等分项工程。

(1) 计算规则

1）墙面装饰（包括龙骨、基层、面层）按设计图示饰面外围尺寸以平方米计算，扣除门窗洞口及单个0.3m²以外的孔洞所占面积。

2）柱、梁面装饰按设计图示饰面外围尺寸以平方米计算。柱帽、柱墩并入相应柱饰面工程量内，如图7.10-12所示。

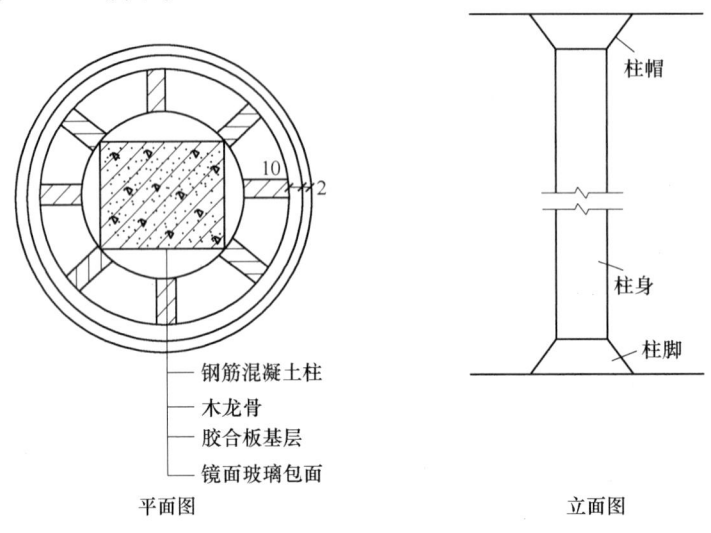

图7.10-12　柱装饰示意图

（2）有关说明

1）定额所用的型钢龙骨、轻钢龙骨、铝合金龙骨等，是按常用材料及规格组合编制的，如设计要求与定额不同时允许按设计调整，人工、机械不变。

2）木龙骨是按双向计算的，设计为单向时，材料用量、人工费乘以系数0.55。

3）埃特板基层执行石膏板基层定额子目。

4）饰面材料型号规格如设计与定额取定不同时，可按设计规定调整，但人工、机械消耗量不变。

7. 隔断

（1）计算规则　隔断按设计图示尺寸以平方米计算，扣除单个0.3m²以外的孔洞所占面积。

1）塑钢隔断、浴厕木隔断上门的材质与隔断相同时，门的面积并入隔断面积内。

2）玻璃隔断如有玻璃加强肋者，肋玻璃面积并入隔断工程量内。

3）全玻璃隔断的不锈钢边框工程量按边框饰面表面积以平方米计算。

4）成品浴厕隔断（包括同材质的门及五金配件），按脚底面至隔断顶面高度乘以设计长度以平方米计算。

（2）有关说明

1）木龙骨用于隔断、隔墙时，取消相应定额内木砖，每100m²增加0.07m³一等杉方材。

2）浴厕夹板隔断包括门扇制作、安装及五金配件。

8. 幕墙

幕墙包括铝合金玻璃幕墙、铝板（铝塑）复合板幕墙、全玻璃幕墙、幕墙封顶（封边）、幕墙骨架调整等分项工程。

（1）计算规则

1）带骨架幕墙按设计图示框外围尺寸以平方米计算。

2）全玻璃幕墙按设计图示尺寸以平方米计算（不扣除胶缝，但要扣除吊夹以上钢结构部分的面积）。带肋全玻幕墙，肋玻璃面积并入幕墙工程量内。如肋玻璃的厚度与幕墙面层玻璃不同时，允许换算。

3）幕墙封顶、封边按设计图示尺寸以平方米计算。

4）幕墙骨架调整按质量以吨计算。

（2）有关说明

1）幕墙龙骨如设计要求与定额规定不同时应按设计调整，调整量按幕墙骨架调整子目计算。

2）幕墙定额中已综合考虑避雷装置、防火隔离层、砂浆嵌缝费用，幕墙的封顶、封边按定额相应子目计算。

3）玻璃幕墙中的玻璃均按成品玻璃考虑，玻璃幕墙中有同材质的平开窗、推拉窗、悬（上、中、下）窗，按玻璃幕墙计算，不另立子目。

4）全玻璃幕墙子目考虑以玻璃作为加强肋，用其他材料作为加强肋的，加强肋部分应另行计算。

5）幕墙子目均不包括预埋件，如发生时，按定额"A.4 混凝土及钢筋混凝土工程"相应子目计算。

6）幕墙子目中不包括幕墙性能试验费、螺栓拉拔试验费、相溶性试验费及防雷检测费等，其费用另行计算。

三、其他分项工程工程量计算规则

1）水泥黑板按设计框外围尺寸以平方米计算。黑板边框、粉笔灰槽抹灰已考虑在定额内，不另行计算。

2）抹灰面分格、嵌缝按设计图示尺寸以延长米计算。

3）混凝土面凿毛按凿毛面积以平方米计算。

思考与习题

1. 计算墙面抹灰工程量时，应扣除哪些面积？不扣除哪些面积？哪些面积不增加？哪些面积增加？
2. 一般抹灰的"零星项目"适用于哪些部位？工程量如何计算？
3. 一般抹灰的"装饰线条"适用于哪些部位？工程量如何计算？
4. 在镶贴块料面层时，怎样区分墙裙、踢脚线、墙面项目？
5. 某单层砖混建筑平面布置如图 7.10-13 所示，墙厚均为 240mm。内墙面做法为：15mm 厚 1:1:6 混合砂浆；5mm 厚 1:0.5:3 混合砂浆。外墙面做法为：12mm 厚 1:3 水泥砂浆；8mm 厚 1:2 水泥砂浆。踢脚线高 150mm。

①计算其内外墙抹灰的工程量，并按 2013 年《广西壮族自治区建筑装饰装修工程消耗量定额》确定定额编号。

②如果会议室内设有 500mm 高的铝合金天棚吊顶，计算其内墙抹灰的工程量。

6. 某砖混结构建筑物如图 7.10-14 所示，外墙做法为：10mm 厚 1:3 水泥砂浆；刷素水泥浆一遍；10mm 厚 1:1.5 水泥石子，水刷表面。计算正立面外墙水刷石工程量（腰线、窗台线高 120mm，突出墙面 120mm），并按 2013 年《广西壮族自治区建筑装饰装修工程消耗量定额》确定定额编号。

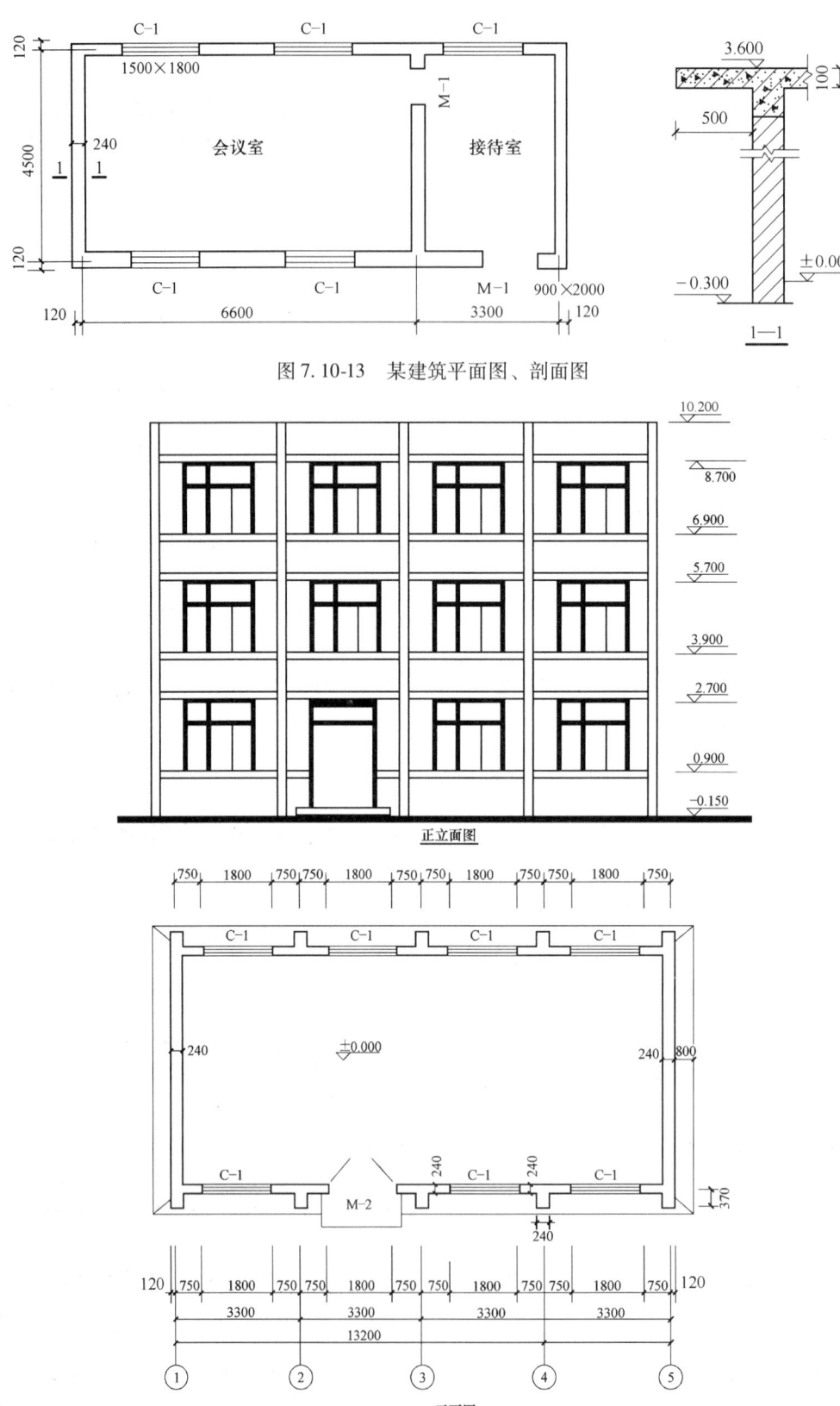

图 7.10-13 某建筑平面图、剖面图

图 7.10-14 某建筑平面、正立面图

7.11 天棚工程

一、概述

1. 主要内容

天棚工程包括天棚抹灰、天棚吊顶、采光天棚、天棚其他装饰分项工程项目。

2. 定额说明

1) 定额所注明的砂浆种类、配合比,如设计规定与定额不同时,可按设计换算,但人工、其他材料和机械用量不变。

2) 抹灰厚度,同类砂浆列总厚度,不同类砂浆分别列出厚度,如定额子目中 (5 + 5) mm 即表示两种不同砂浆的各自厚度。如设计抹灰砂浆厚度与定额不同时,除定额有注明厚度的子目可以换算砂浆消耗量外,其他不作调整。

3) 装饰天棚项目已包括 3.6m 以下简易脚手架的搭设及拆除。当高度超过 3.6m 需搭设脚手架时,可按定额 "A.15 脚手架工程" 相应子目计算,但 100m² 天棚应扣除周转板枋材 0.016m³。

4) 木材种类除周转木材及注明者外,均以一、二类木种为准,如采用三、四类木种,其人工及木工机械乘以系数 1.3。

二、主要分项工程工程量计算

1. 天棚抹灰

天棚抹灰包括石灰砂浆、石膏砂浆、混合砂浆、水泥砂浆等项目,适用于各种基层(混凝土板面、吊顶面)上的抹灰工程。

(1) 计算规则

1) 各种天棚抹灰面积,按设计图示尺寸以水平投影面积计算。不扣除间壁墙、垛、柱、附墙烟囱、检查口和管道所占的面积,带梁天棚的梁两侧抹灰面积并入天棚面积内,如图 7.11-1 所示。圆弧形、拱形等天棚的抹灰面积按展开面积计算,板式楼梯底面抹灰面积按斜面积计算,锯齿形楼梯底面抹灰面积按展开面积计算。

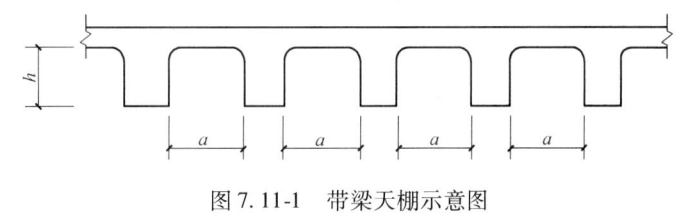

图 7.11-1 带梁天棚示意图

2) 天棚抹灰如带有装饰线时,区别三道线以内或五道线以内按延长米计算,线角的道数以一个突出的棱角为一道线,如图 7.11-2 所示。

3) 天棚中的折线、灯槽线、圆弧形线等艺术形式的抹灰,按展开面积计算。

4) 檐口、天沟天棚的抹灰面积,并入相同的天棚抹灰工程量内计算。

(2) 有关说明 计算天棚抹灰时,带梁的天棚,梁的两侧抹灰面积并入天棚面积内;但当梁下砌有到梁底的墙时,梁的两侧抹灰面积并入墙面抹灰面积计算。

(3) 计算实例

【例 7.11-1】 某单层建筑平面、屋面结构布置如图 7.11-3 所示,板厚 100mm,轴线居

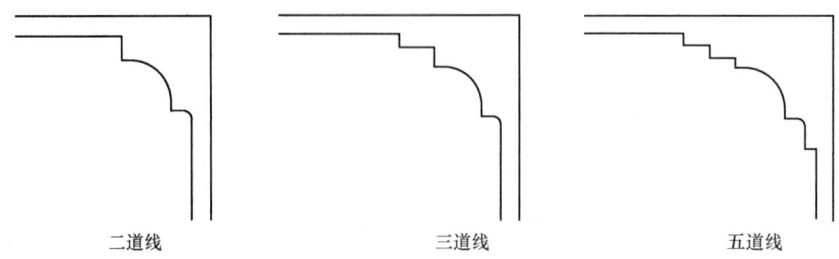

图 7.11-2 天棚装饰线示意图

柱中。室内、挑檐天棚面做法为：5mm 厚 1:3 水泥砂浆，5mm 厚 1:2 水泥砂浆，表面刮成品腻子两遍。计算该工程的天棚面抹灰工程量，并按 2013 年《广西壮族自治区建筑装饰装修工程消耗量定额》确定定额子目编号。

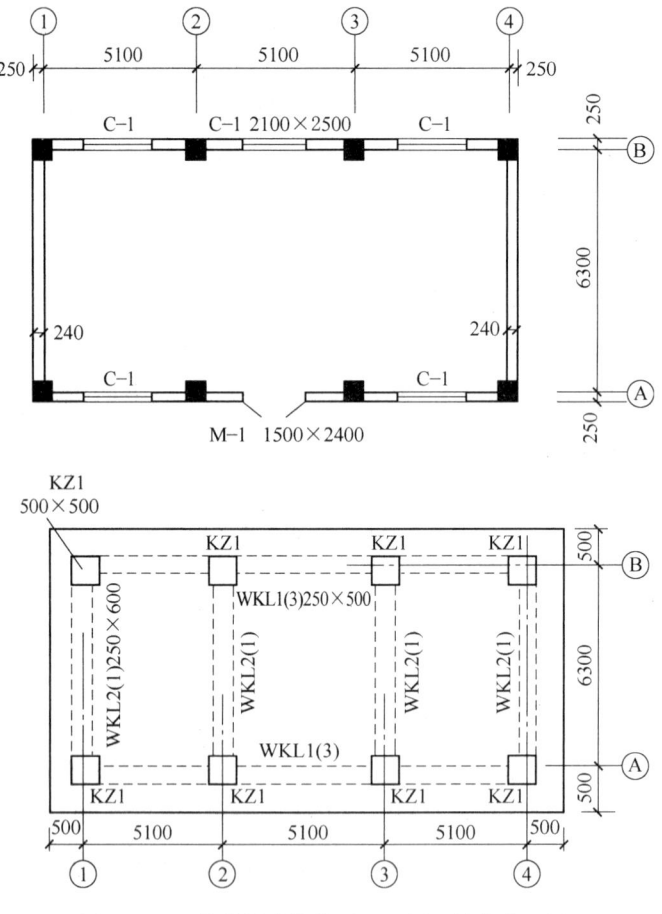

图 7.11-3 某单层建筑物平面、屋面结构布置图

【解】 天棚抹灰面积按设计图示尺寸以水平投影面积计算，带梁天棚的梁两侧抹灰面积并入天棚面积内计算，檐沟天棚的抹灰面积并入相同的天棚抹灰工程量内计算。套用定额子目 A11-7。

室内天棚抹灰工程量 $S_1 = [(5.1 \times 3 + 0.25 \times 2 - 0.24 \times 2) \times (6.3 + 0.25 \times 2 - 0.24 \times 2)] \mathrm{m}^2$

$= 96.82\text{m}^2$

梁侧面抹灰工程量 $S_2 = [(6.3 - 0.25 \times 2) \times (0.6 - 0.1) \times 2 \times 2]\text{m}^2 = 11.6\text{m}^2$

挑檐天棚抹灰工程量 $S_3 = [(5.1 \times 3 + 0.5 \times 2) \times (6.3 + 0.5 \times 2)]\text{m}^2 - [(5.1 \times 3 + 0.25 \times 2) \times (6.3 + 0.25 \times 2)]\text{m}^2$
$= 11.55\text{m}^2$

天棚面抹灰工程量合计 $S = S_1 + S_2 + S_3 = (96.82 + 11.6 + 11.55)\text{m}^2 = 119.97\text{m}^2$

2. 天棚吊顶

天棚吊顶包括平面、跌级天棚和其他天棚。

(1) 计算规则

1) 各种天棚吊顶龙骨,按设计图示尺寸以水平投影面积计算。不扣除间壁墙、检查口、附墙烟囱、柱、垛和管道所占面积。

2) 天棚基层及装饰面层按实钉(胶)面积以平方米计算,不扣除间壁墙、检查口、附墙烟囱、垛和管道所占面积,应扣除单个 0.3m^2 以上的独立柱、灯槽与天棚相连的窗帘盒及孔洞所占的面积。

3) 定额中,龙骨、基层、面层合并列项的子目,工程量按设计图示尺寸以水平投影面积计算。不扣除间壁墙、检查口、附墙烟囱、柱、垛和管道所占面积。

4) 不锈钢钢管网架按水平投影面积计算。

5) 采光天棚按设计图示尺寸以平方米计算。

(2) 有关说明

1) 定额龙骨的种类、间距、规格和基层、面层材料的型号是按常用材料和做法考虑的,如设计规定与定额不同时,材料可以换算,人工、机械不变。其中,轻钢龙骨、铝合金龙骨定额中为双层结构(即中、小龙骨紧贴大龙骨底面吊挂),如为单层结构时(大、中龙骨底面在同一水平上),人工乘以系数 0.85。

2) 天棚面层在同一标高或面层标高高差在 200mm 以内者为平面天棚,天棚面层不在同一标高且面层标高高差在 200mm 以上者为跌级天棚;跌级天棚其面层人工乘以系数 1.1。

3) 定额中平面和跌级天棚指一般直线形天棚,不包括灯光槽的制作安装。灯光槽的制作安装应按定额相应子目执行。

4) 龙骨、基层、面层的防火处理,另按定额"A.13 油漆、涂料、裱糊工程"相应定额子目执行。

5) 天棚检查孔的工料已包括在定额子目内,不另计算。

6) 铝合金方板天棚龙骨(嵌入式)与铝合金方板天棚(嵌入式)配套使用。

7) 铝合金方板天棚龙骨(浮搁式)与铝合金方板天棚(浮搁式)配套使用。

8) 铝合金条板天棚龙骨与铝合金条板天棚配套使用。

9) 铝合金隔片式天棚龙骨与铝合金条形挂片天棚配套使用。

(3) 计算实例

【例 7.11-2】 某单层建筑平面布置如图 7.11-4 所示,墙厚均为 240mm,轴线居墙中,会议室天棚采用不上人装配式 U 形轻钢龙骨石膏板面层(600mm×600mm),吊顶底标高为 3.900m,计算会议室的天棚吊顶工程量,并按 2013 年《广西壮族自治区建筑装饰装修工程消耗量定额》确定定额子目编号。

【解】 天棚基层及装饰面层按实际面积以平方米计算,查定额可知天棚基层与装饰面

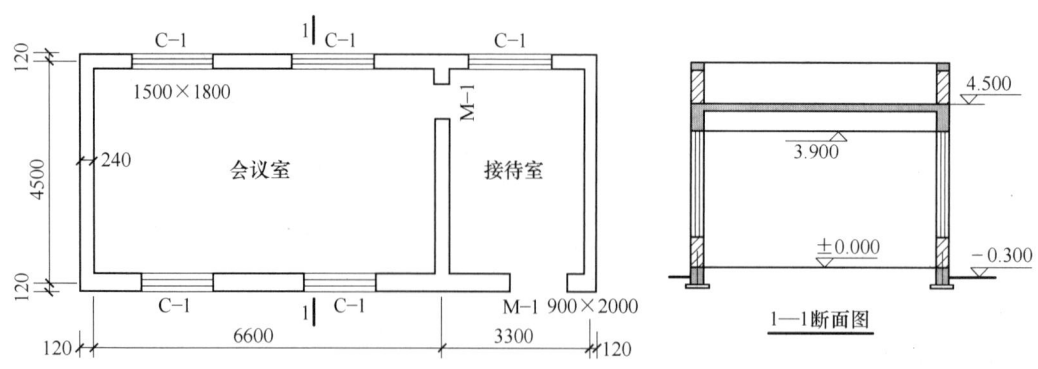

图 7.11-4 某建筑平面、断面图

层应分别列项计算。

① 不上人装配式 U 形轻钢龙骨，定额编号 A11-29。

轻钢龙骨工程量 = $[(6.6-0.24) \times (4.5-0.24)] m^2 = 27.09 m^2$

② 石膏板面层，定额编号 A11-94。

石膏板面层工程量 = 27.09 m^2

三、其他分项工程工程量计算规则

1）灯光槽按设计图示尺寸以框外围（展开）面积计算。

2）送（回）风口，按设计图示数量以个计算。

3）天棚面层嵌缝按延长米计算。

思考与习题

1. 某工程现浇井字梁天棚如图 7.11-5 所示，板厚 100mm。天棚面做法为：5mm 厚 1∶1∶4 水泥石灰砂浆，5mm 厚 1∶0.5∶3 水泥石灰砂浆，表面刮成品腻子。计算该工程的天棚面抹灰工程量，并按 2013 年《广西壮族自治区建筑装饰装修工程消耗量定额》确定定额子目编号。

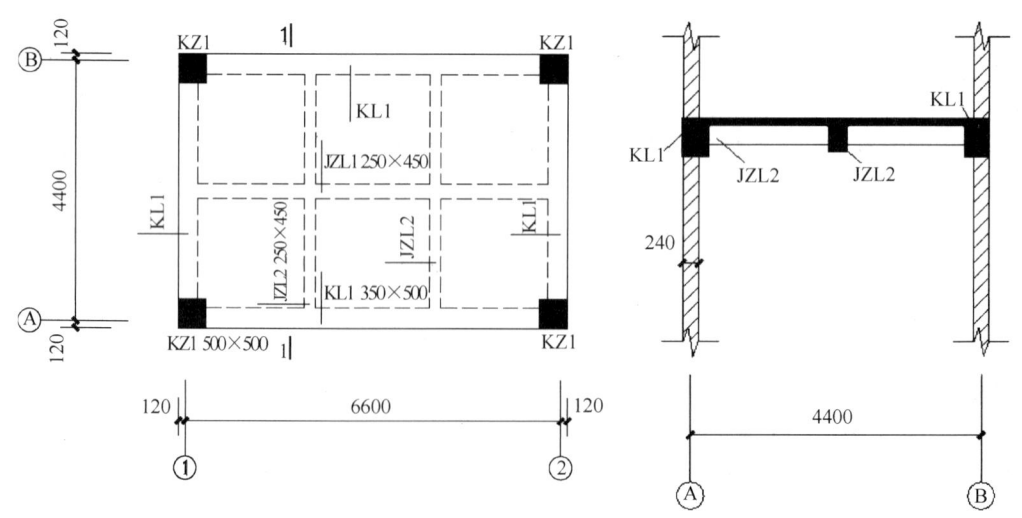

图 7.11-5 现浇井字梁天棚平面图与断面图

2. 某办公室吊顶装饰如图 7.11-6 所示,中间采用方木龙骨,边上为不上人 U 形轻钢龙骨,均用纸面石膏板罩面,刷两遍乳胶漆,计算该工程的龙骨、面层工程量,并按 2013 年《广西壮族自治区建筑装饰装修工程消耗量定额》确定定额子目编号。

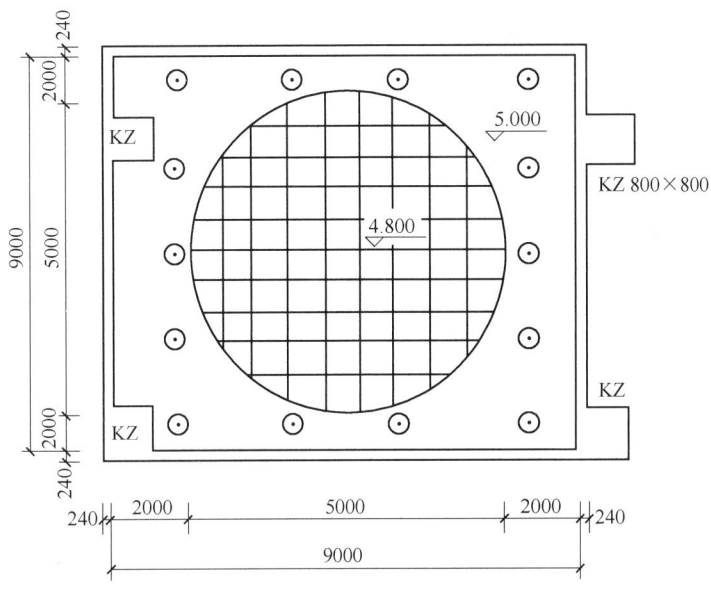

图 7.11-6 某办公室吊顶示意图

7.12 门窗工程

一、概述

1. 主要内容

门窗工程包括木门,金属门,金属卷帘(闸)门,厂库房大门、特种门,其他门,木窗,金属窗,门窗套,窗台板,窗帘、窗帘盒、轨,门窗周边塞缝,门窗运输,木门窗普通五金配件表分项工程项目。

2. 定额说明

1) 定额是按机械和手工操作综合编制的,不论实际采用何种操作方法,均按定额执行。

2) 本节木材木种均以一、二类木种为准,如采用三、四类木种时,相应子目的人工机械分别乘以下列系数:木门窗制作乘以系数 1.3;木门窗安装乘以系数 1.16;其他项目乘以系数 1.35。

3) 定额中所注明的木材断面或厚度均以毛料为准,如设计图样注明的断面或厚度为净料时,应增加刨光损耗:板、枋材一面刨光增加 3mm;两面刨光增加 5mm;圆木每立方米材积增加 0.05m³。

4) 定额中木门窗框、扇断面是综合取定的,如与实际不符时,不得换算。

5) 普通木门窗定额中已包括框、扇、亮子的制作、安装和玻璃安装以及安装普通五金配件,但不包括普通五金配件材料、贴脸、压缝条、门锁,如发生时可按相应子目计算。普通五金配件规格、数量设计与定额不同时,可以换算。门窗贴脸按定额"A.14 其他装饰工程"线条相应子目计算。

6) 玻璃的种类、设计规格与定额不同时,可以换算,其他不变。

7) 成品门窗的安装,如每 $100m^2$ 洞口中门窗实际用量超过定额含量 ±1% 以上时,可以调整,但人工、机械用量不变。门窗成品包括安装铁件、普通五金配件在内,但不包括特殊五金,如发生时,可按相应子目计算。

8) 钢木大门、全板钢大门子目中的钢骨架是按标准图用量计算的,与设计要求不同时,可以换算。

9) 厂库房大门定额中已含扇制作、安装,定额中的五金零件均是按标准图用量计算的,设计与定额消耗量不同时,可以换算。

10) 特种门定额按成品门安装编制,设计铁件及预埋件与定额消耗量不同时不得调整。

11) 保温门的填充料种类设计与定额不同时可以换算,其他工料不变。

12) 金属防盗网制作安装钢材用量与定额不同时可以换算,其他工料不变。

二、主要分项工程工程量计算

1. 门窗制作安装

木门制作安装工程包括普通镶板木门、普通胶合板门、半截玻璃门及门连窗、其他木门等分项工程;木窗制作安装工程包括木质平开窗、木质推拉窗、矩形木百叶窗、木纱窗扇、木天窗、异形木固定窗等分项工程。

金属门制作安装工程包括铝合金平开门、地弹簧门、铝合金推拉门、塑钢门、普通钢门、防盗门、格栅门等分项工程;金属窗制作安装工程包括铝合金窗、钢窗、塑钢窗、防盗栅(网)、特殊五金等分项工程。

金属卷帘(闸)门制作安装工程包括铝合金卷闸门、防火卷帘门等分项工程。

厂库房大门、特种门制作安装工程包括厂库房大门、成品特种门、钢木大门、全板钢大门、围墙铁丝网门等分项工程。

其他门制作安装工程包括防火门、电子感应门、电动伸缩门、无框全玻门、不锈钢包门框(门扇)等分项工程。

(1) 计算规则

1) 各类门、窗制作安装工程量,除注明者外,均按设计门、窗洞口面积以平方米计算。

2) 各类木门框、门扇、窗扇、纱扇制作安装工程量,均按设计门、窗洞口面积以平方米计算。

3) 成品门扇安装按扇计算。

4) 卷闸门安装按洞口高度增加 600mm 乘以门实际宽度以平方米计算,卷闸门安装在梁底时高度不增加 600mm;如卷闸门上有小门,应扣除小门面积,小门安装另以个计算;卷闸门电动装置安装以套计算。

5) 铝合金纱扇、塑钢纱扇按扇外围面积以平方米计算。

6) 金属防盗网制作安装工程按围护尺寸展开面积以平方米计算,刷油漆按定额"A.13 油漆、涂料、裱糊工程"相应子目计算。

7) 门窗周边塞缝按门窗洞口尺寸以延长米计算。

8) 特殊五金按定额规定单位以数量计算。

9) 无框全玻门五金配件按扇计算;木门窗普通五金配件按樘计算。

(2) 有关说明

1)普通胶合板门均按三合板计算,设计板材规格与定额不同时,可以换算,其他不变。

2)木门窗不论现场或加工厂制作,均按定额执行;铝合金门窗、卷闸门(包括卷筒、导轨)、钢门窗、塑钢门窗、纱扇等安装以成品门窗编制。供应地至现场的运输费按门窗运输子目计算。

3)定额中木门窗子目均不含纱扇,若为带纱门窗应另套纱扇子目。

4)目前在广西计价市场,计算铝合金窗造价时有两种方式。一种是按定额进行列项,进入分部分项工程费里面计算;另一种是按当地造价管理部门发布的"造价信息"价格计价,此价格已经包括了除税金以外的所有费用,按税前项目计算。当工程建造地能查阅当地造价管理部门发布的《造价信息》价格时,多选用第二种方法进行计算。

5)成品门窗安装定额不包括门窗周边塞缝,门窗周边塞缝按相应定额子目计算。

6)安装铝合金门窗与门窗周边塞缝不一定由一个施工单位完成。因此铝合金平开门、地弹簧门、铝合金推拉门、塑钢门(A12-38~A12-45)、铝合金窗(A12-114~A12-120)、塑钢窗(A12-126~A12-129)安装子目中的门窗周边塞缝,应另列门窗周边塞缝子目(A12-166、A12-167)计算。

2. 门窗运输

门窗运输工程以门、窗制作安装工程量合并后按运距分子目计算。

(1)计算规则 门窗运输按设计洞口面积以平方米计算。

(2)计算实例

【例 7.12-1】 如图 7.12-1 所示某单层建筑物,门窗表见表 7.12-1。铝合金推拉窗安装不锈钢防盗网,不锈钢管直径为 19mm,内设直径为 16mm 的 HPB300 钢筋;门、窗周边采用 1:2.5 水泥砂浆填缝;门、窗运输距离为 5km。计算门、窗相关工程量,并按 2013 年《广西壮族自治区建筑装饰装修工程消耗量定额》确定定额子目编号。

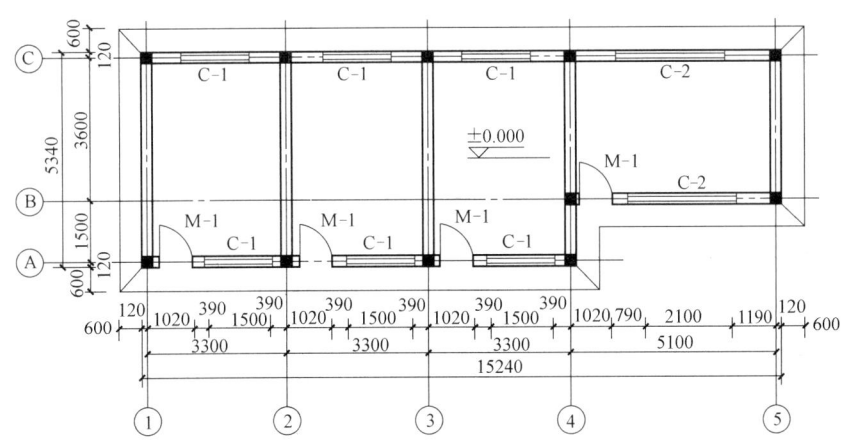

图 7.12-1 某单层建筑物平面图

表 7.12-1 门窗统计表

门窗名称	代号	洞口尺寸/mm×mm	数量/樘	备 注
镶板木门	M-1	900×2100	4	无亮带纱、球形执手锁
铝合金推拉窗	C-1	1500×1800	6	70系列无亮
铝合金推拉窗	C-2	2100×1800	2	70系列无亮

【解】（1）镶板木门列项计算

①单扇无亮镶板木门制作安装，定额子目编号：A12-3。

木门制作安装工程量 = $(0.9 \times 2.1 \times 4) m^2 = 7.56 m^2$

②单扇木纱门扇制作安装，定额子目编号：A12-29。

木纱门扇制作安装工程量 = $7.56 m^2$

③木门球形执手锁，定额子目编号：A12-142。

球形执手锁安装工程量 = 4 把

④木门运输5km，定额子目编号：A12-168（运距1km）、A12-169换（定额乘以系数4）。

木门运输工程量 = $7.56 m^2$

⑤带纱单扇无亮木门普通五金配件，定额子目编号：A12-176。

木门普通五金配件工程量 = 4 樘

（2）铝合金推拉窗、不锈钢防盗网列项计算

1）按定额列项计算。

①不带亮铝合金推拉窗制作、安装，定额编号：A12-115。

铝合金推拉窗制作、安装工程量 = $(1.5 \times 1.8 \times 6 + 2.1 \times 1.8 \times 2) m^2 = 23.76 m^2$

②不锈钢防盗枝制作、安装，定额编号：A12-138。

防盗枝制作、安装工程量 = $23.76 m^2$

③铝合金推拉窗周边塞缝，定额编号：A12-166。

塞缝工程量 = $[(1.5+1.8) \times 2 \times 6 + (2.1+1.8) \times 2 \times 2] m = 55.2 m$

④铝合金推拉窗运输5km，定额子目编号：A12-168（运距1km）、A12-169换（定额乘以系数4）。

铝合金推拉窗运输工程量 = $23.76 m^2$

2）按当地造价管理部门发布的"造价信息"价格计价列项计算。

①铝合金推拉窗制作、安装、运输及周边塞缝，补充定额子目编号：B-。

推拉窗工程量 = $23.76 m^2$

②不锈钢防盗枝制作、安装，补充定额子目编号：B-。

防盗网工程量 = $23.76 m^2$

三、其他分项工程工程量计算规则

1）小型柜门（橱柜、鞋柜）按设计框外围面积以平方米计算。

2）木门扇皮制隔音面层及装饰隔音板面层，按扇外围单面面积计算。

3）普通木窗上部带有半圆窗的应分别按半圆窗和普通窗计算，其分界线以普通窗和半圆窗之间的横框上裁口线为分界线。

4）围墙铁丝网门制作、安装工程量按设计框外围面积以平方米计算。

5）成品特种门安装工程量按设计门洞口面积以平方米计算。

6）不锈钢包门框按框外围饰面表面积以平方米计算。

7）电子感应自动门按成品安装以樘计算，电动装置安装以套计算。

8）不锈钢电动伸缩门及轨道以延长米计算，电动装置安装以套计算。

9）屋顶小气窗按不同形式，分别以个为单位计算，定额包括骨架、窗框、窗扇、封檐板、檐壁钉板条及泛水工料在内，但不包括屋面板及汛水用镀锌铁皮工料。

10）窗台板、门窗套按展开面积以平方米计算，门窗贴脸分规格按实际长度以延长米计算。

11）窗帘盒、窗帘轨按设计图示尺寸以延长米计算，如设计图纸没有注明尺寸，按洞口宽度尺寸加300mm计算。

思考与习题

1. 例7.12-1中镶板木门改为不带纱装饰成品门时，试列项并计算相应工程量，并按2013年《广西壮族自治区建筑装饰装修工程消耗量定额》确定定额编号。

2. 卷帘门的尺寸如图7.12-2所示，计算卷帘门的安装工程量。

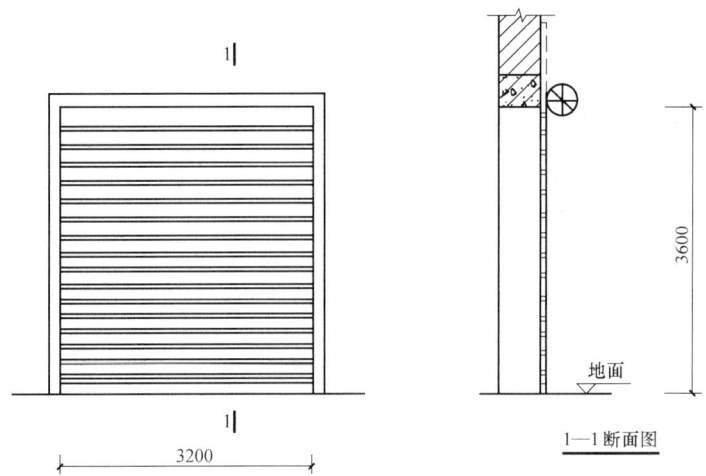

图 7.12-2　卷帘门示意图

3. 某工程有木质门连窗（不带纱扇）12樘，尺寸如图7.12-3所示，门上安装L形执手锁，加工厂到施工现场的运输距离为10km，计算门连窗相关项目的工程量。

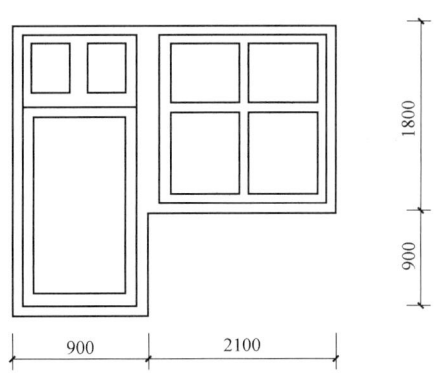

图 7.12-3　木质门连窗示意图

7.13 油漆、涂料、裱糊工程

一、概述

1. 主要内容

油漆、涂料、裱糊工程包括门油漆，窗油漆，木扶手及其他板条、线条油漆，木材面油漆，金属面油漆，抹灰面油漆，喷刷涂料，裱糊分项工程项目。

2. 定额说明

1）定额中油漆、涂料子目采用常用的操作方法编制，如实际操作方法不同时，不得调整。

2）定额油漆子目的浅、中、深各种颜色已综合在定额内，颜色不同，不得调整。

3）定额在同一平面上的分色及门窗内外分色已综合考虑，如需做美术图案者另行计算。

4）油漆、涂料的喷、涂、刷遍数，设计与定额规定不同时，按相应每增加一遍定额子目进行调整。

5）定额中的单层门刷油是按双面刷油考虑的，如采用单面刷油，其定额消耗量乘以系数 0.49。

6）定额中的氟碳漆子目仅适用于现场施工。

二、主要分项工程工程量计算

1. 木材面油漆

木材面油漆工程包括各类木门油漆、木窗油漆、木扶手油漆、其他木材面油漆、木龙骨及基层板面防火涂料、木地板油漆等分项工程。

（1）计算规则　木材面油漆的工程量分别按表 7.13-1～表 7.13-5 相应的工程量计算方法计算。

表 7.13-1　执行单层木门窗油漆定额工程量系数表

项　目　名　称	系　数	工程量计算方法
单层木门	1.00	单面洞口面积×系数
双层（一玻一纱）木门	1.36	
单层全玻门	0.83	
木百叶门	1.25	
厂库大门	1.10	
单层玻璃窗	1.00	
双层（一玻一纱）窗	1.36	
木百叶窗	1.50	

表 7.13-2　执行木扶手油漆定额工程量系数表

项　目　名　称	系　数	工程量计算方法
木扶手（不带托板）	1.00	按延长米×系数
木扶手（带托板）	2.60	
窗帘盒	2.04	
封檐板、顺水板	1.74	
黑板框、单独木线条 100mm 以外	0.52	
单独木线条 100mm 以内	0.35	

表 7.13-3　执行其他木材面油漆定额工程量系数表

项　目　名　称	系　数	工程量计算方法
木板、纤维板、胶合板天棚	1.00	相应装饰面积 × 系数
木护墙、木墙裙	1.00	
清水板条天棚、檐口	1.07	
木方格吊顶天棚	1.20	
吸音板墙面、天棚面	0.87	
窗台板、筒子板、盖板、门窗套	1.00	
屋面板（带檩条）	1.11	斜长 × 宽 × 系数
木间隔、木隔断	1.90	单面外围面积 × 系数
玻璃间壁露明墙筋	1.65	
木栅栏、木栏杆（带扶手）	1.82	
木屋架	1.79	［跨度［长］× 中高 × 1/2］× 系数
衣柜、壁柜	1.00	实刷展开面积
零星木装修	1.10	实刷展开面积 × 系数
梁、柱饰面	1.00	

表 7.13-4　执行木龙骨、基层板面防火涂料定额工程量系数表

项　目　名　称	系　数	工程量计算方法
隔墙、隔断、护壁木龙骨	1.00	单面外围面积
柱木龙骨	1.00	面层外围面积
木地板中木龙骨及木龙骨带毛地板	1.00	地板面积
天棚木龙骨	1.00	水平投影面积
基层板面	1.00	单面外围面积

表 7.13-5　执行木地板油漆定额工程量系数表

项　目　名　称	系　数	工程量计算方法
木地板、木踢脚板	1.00	相应装饰面积 × 系数
木楼梯（不包括底面）	2.30	水平投影面积 × 系数

（2）计算实例

【例 7.13-1】 例 7.12-1 中的木门刷底油一遍、调和漆两遍，计算带纱单扇无亮木门油漆工程量，并按 2013 年《广西壮族自治区建筑装饰装修工程消耗量定额》确定定额子目编号。

【解】 查表 7.13-1 可知，木门油漆的工程量按单面洞口面积乘以系数计算，双层木门的系数为 1.36。套用定额编号：A13-1。

带纱单扇无亮木门油漆工程量 = （0.9 × 2.1 × 1.36 × 4）m^2 = 10.28m^2

2. 金属面油漆

金属面油漆工程包括各类钢门窗油漆、其他金属面油漆等分项工程。

（1）计算规则　金属面油漆的工程量分别按表 7.13-6 ~ 表 7.13-7 相应的工程量计算方法计算。

表 7.13-6　执行单层钢门窗定额工程量系数表

项　目　名　称	系　数	工程量计算方法
单层钢门窗	1.00	单面洞口面积 × 系数
双层（一玻一纱）钢门窗	1.48	
钢百叶钢门	2.74	

(续)

项　目　名　称	系　数	工程量计算方法
半截百叶钢门	2.22	单面洞口面积×系数
满钢门或包铁皮门	1.63	
钢折叠门	2.30	
射线防护门	2.96	
厂库房平开、推拉门	1.70	框（扇）外围面积×系数
铁丝网大门	0.81	
间壁	1.85	长×宽×系数
平板屋面	0.74	斜长×宽×系数
排水、伸缩缝盖板	0.78	展开面积×系数
吸气罩	1.63	水平投影面积×系数

表 7.13-7　金属结构面积折算表

项　目　名　称	m²/t	项　目　名　称	m²/t
钢屋架、钢桁架、钢托架、气楼、天窗架、挡风架、型钢梁、制动梁、支撑、型钢檩条	38	钢平台、操作台、走台、钢梁车档	27
		钢栅栏门、栏杆、窗栅、拉杆螺栓	65
		钢梯	35
墙架（空腹式）	19	轻钢屋架	54
墙架（格板式）	32	C形、Z形檩条	133
钢柱、吊车梁、钢漏斗	24	零星构、铁件	50

注：本折算表不适用于箱型构件、单个（榀、根）重量7t以上的金属构件。

（2）有关说明

1）金属镀锌定额按热镀锌考虑。

2）金属面油漆实际展开表露面积超出附表7.13-7折算面积的±3%时，超出部分工程量按实调整。

3）定额中钢结构防火涂料子目分不同厚度编制考虑，如设计与定额不同时，按相应子目进行调整。如设计仅标明耐火等级，无防火涂料厚度时，应参照表7.13-8规定计算。

表 7.13-8　钢结构防火涂料耐火极限与厚度对应表

耐火等级不低于/小时	3	2.5	2	1.5	1	0.5
厚型/厚度 mm	50	40	30	20	15	
薄型/厚度 mm				7	5.5	3
超薄型/厚度 mm			2	1.5	1	0.5

3. 抹灰面油漆、涂料、裱糊

抹灰面油漆工程包括抹灰面刮腻子、乳胶漆、氟碳漆、调和漆等做法的分项工程。

（1）计算规则　抹灰面油漆、涂料、裱糊的工程量分别按表7.13-9相应的工程量计算方法计算。

表 7.13-9　抹灰面油漆、涂料、裱糊工程量系数表

项　目　名　称	系　数	工程量计算方法
楼地面、墙面、天棚面、柱、梁面	1.00	展开面积
混凝土栏杆、花饰、花格	1.82	单面外围面积×系数
线条	1.00	延长米
其他零星项目、小面积	1.00	展开面积

(2) 有关说明

1) 喷塑（一塑三油）：底油、装饰漆、面油，其规格划分如下，大压花：喷点压平，点面积在 $1.2cm^2$ 以上；中压花：喷点压平，点面积为 $1\sim1.2cm^2$；喷中点、幼点：喷点面积在 $1cm^2$ 以下。

2) 混凝土栏杆花格已有定额子目的按相应子目套用，没有子目的按墙面子目乘以表 7.13-9 相应系数计算。

3) 梁、柱、天棚面刮腻子按相应墙面子目人工费乘以系数 1.18。

(3) 计算实例

【例 7.13-2】 计算例 7.10-1 中内墙面刮腻子的工程量，并按 2013 年《广西壮族自治区建筑装饰装修工程消耗量定额》确定定额子目编号。

【解】 墙面腻子按展开面积以平方米计算，套用定额 A13-206。

内墙面刮腻子工程量 $S_1 = \{[(4.2-0.24+4.8-0.24)\times2+(4.2\times2-0.24+4.8-0.24)\times2+0.12\times4]\times(3-0.1-0.15)\}m^2$
$= 118.14m^2$

门窗面积 $S_2 = [0.9\times(2.1-0.15)\times4+1.5\times1.8\times4]m^2 = 17.82m^2$

门侧壁面积 $S_3 = \{[0.9+(2.1-0.15)\times2]\times(0.24-0.09)\times2\}m^2 = 1.44m^2$

窗侧壁面积 $S_4 = \{[(1.5+1.8)\times2\times(0.24-0.09)\div2\times4]\}m^2 = 1.98m^2$

内墙面刮腻子工程量合计 $S = S_1 - S_2 + S_3 + S_4 = (118.14-17.82+1.44+1.98)m^2$
$= 103.74m^2$

【例 7.13-3】 计算例 7.11-1 中的天棚面刮腻子工程量，并按 2013 年《广西壮族自治区建筑装饰装修工程消耗量定额》确定定额子目编号。

【解】 天棚面腻子按展开面积以平方米计算。套用墙面腻子定额，且人工费乘系数 1.18，定额编号为 A13-206 换。

室内天棚底面刮腻子工程量 $S_1 = [(5.1\times3+0.25\times2-0.24\times2)\times(6.3+0.25\times2-0.24\times2)]m^2$
$= 96.82m^2$

梁侧面刮腻子工程量 $S_2 = [(6.3-0.25\times2)\times(0.6-0.1)\times2\times2]m^2 = 11.6m^2$

扣突出柱面积 $S_3 = [(0.5-0.24)\times(0.5-0.24)\times4+0.5\times(0.5-0.24)\times4]m^2$
$= 0.79m^2$

挑檐天棚刮腻子工程量 $S_4 = [(5.1\times3+0.5\times2)\times(6.3+0.5\times2)-(5.1\times3+0.25\times2)\times(6.3+0.25\times2)]m^2$
$= 11.55m^2$

天棚面刮腻子工程量 $S = S_1 + S_2 - S_3 + S_4 = (96.82+11.6-0.79+11.55)m^2$
$= 119.18m^2$

思考与习题

1. 如图 7.13-1 所示为单扇单层全百叶木门，图中尺寸为门的洞口尺寸，设计要求刷底油一遍，调和漆三遍，计算油漆的工程量，并按 2013 年《广西壮族自治区建筑装饰装修工程消耗量定额》确定定额编号。

2. 如图 7.13-2 所示为三扇双层（一玻一纱）木窗，图中尺寸为窗的洞口尺寸，设计要求刷底油一遍，调和漆两遍，计算油漆的工程量，并按 2013 年《广西壮族自治区建筑装饰装修工程消耗量定额》确定定额编号。

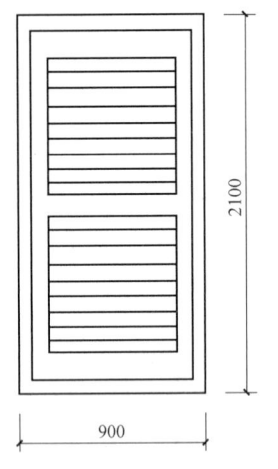

图 7.13-1　单扇单层全百叶木门示意图

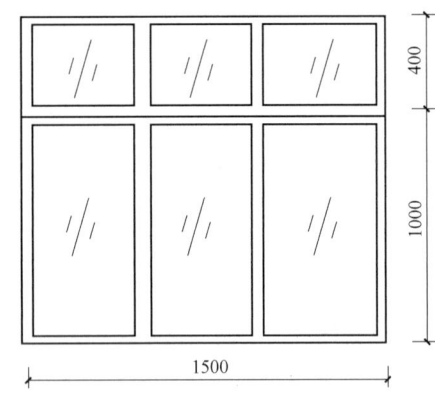

图 7.13-2　三扇双层（一玻一纱）木窗示意图

3. 计算例 7.10-2 中的内墙面涂料工程量。

4. 计算图 7.11-5 中的天棚面刮腻子工程量，并按 2013 年《广西壮族自治区建筑装饰装修工程消耗量定额》确定定额编号。

7.14　其他装饰工程

一、概述

1. 主要内容

其他装饰工程包括柜类、货架，压条、装饰线，浴厕配件、扶手、栏杆及栏板装饰，暖气罩，浴厕配件，雨篷、旗杆，招牌、灯箱，美术字，分项工程项目。

2. 定额说明

1) 定额中的材料品种、规格，设计与定额不同时，可以换算，人工、机械不变。

2) 定额中铁件已包括刷防锈漆一遍，如设计需涂刷其他油漆、防火涂料，按定额"A.13 油漆、涂料、裱糊工程"相应定额执行。

二、主要分项工程工程量计算

1. 柜类、货架

柜类、货架工程包括不锈钢柜台、柜台、货架、收银台、酒吧台、酒吧吊柜、服务台、吧台大理石面板、展台、试衣间、嵌入式木壁柜、附墙矮柜、隔断木衣柜、附墙书柜、附墙衣柜、附墙酒柜、厨房矮橱、吊橱、壁橱等分项工程。

（1）计算规则

1) 货架均按设计图示正立面面积（包括脚的高度在内）以平方米计算。

2) 收银台、试衣间按设计图示数量以个计算。

3) 其他项目按所示子目计量单位计算。

（2）有关说明　柜类、货架定额中未考虑面板拼花及饰面板上贴其他材料的花饰、造型艺术品。

2. 浴厕配件

浴厕配件工程包括石板材洗漱台、帘子杆、浴缸拉手、毛巾杆、毛巾环、卫生纸盒、肥皂盒、浴厕镜面玻璃等分项工程。

(1) 计算规则

1) 石板材洗漱台按设计图示台面水平投影面积以平方米计算（不扣除孔洞、挖弯、削角所占面积）。

2) 毛巾环、肥皂盒、金属帘子杆、浴缸拉手、毛巾杆安装按设计图示数量以个、副、套或延长米计算。

3) 镜面玻璃安装按设计图示正立面面积以平方米计算。

(2) 有关说明

1) 石板洗漱台定额中已包括挡板、吊沿板的石材用量，不另计算。

2) 石材磨边、磨斜边、磨半圆边及台面开孔子目均为现场磨制。

3. 压条、装饰线条

压条、装饰线条工程包括金属装饰线、木质装饰线、石材装饰线、其他装饰线等分项工程。

(1) 计算规则 压条、装饰线条、挂镜线均按设计图示尺寸以延长米计算。

(2) 有关说明

1) 木装饰线条、石材装饰线、石膏装饰线均以成品安装为准。石材装饰线条磨边、磨圆角均包括在成品的单价中，不另计算。

2) 装饰线条以墙面上直线安装为准，如天棚安装直线形、圆弧形或其他图案者，按以下规定计算：

①天棚面安装直线形装饰线条人工费乘以系数 1.34。

②天棚面安装圆弧形装饰线条人工费乘以系数 1.6，材料乘以系数 1.1。

③墙面安装圆弧形装饰线条人工费乘以系数 1.2，材料乘以系数 1.1。

④装饰线条做艺术图案者，人工费乘以系数 1.8，材料乘以系数 1.1。

4. 栏杆、栏板、扶手

栏杆或栏板是楼梯及平台临空一侧所设的安全设施，扶手设在栏杆或栏板的上面，作为行走时依附之用，如图 7.14-1 所示。定额中栏杆、栏板、扶手工程包括铝合金、不锈钢、铜管、型钢及铸铁、硬木等材质的做法。

(1) 计算规则

1) 栏杆、栏板、扶手按设计图示中心线长度以延长米计算（不扣除弯头所占长度）。

2) 弯头按设计数量以个计算。

3) 铸铁栏杆按设计图示安装铸铁栏杆尺寸以延长米计算。

(2) 有关说明

1) 适用于楼梯、走廊、回廊及其他装饰性栏杆、栏板。

2) 栏杆、栏板子目不包括扶手及弯头制作安装，扶手及弯头分别列项计算。

3) 未列弧形、螺旋形子目的栏杆、扶手子目，如用于弧形、螺旋形栏杆、扶手，按直形栏杆、扶手子目人工乘以系数 1.3，其余不变。

4) 栏杆、栏板、扶手、弯头子目的材料规格、用量，如设计规定与定额不同时，可以换算，其他材料及人工、机械不变。

5) 铸铁围墙栏杆不包括栏杆的面漆及压脚混凝土梁捣制，栏杆面漆及压脚混凝土梁按设计另列项目计算。

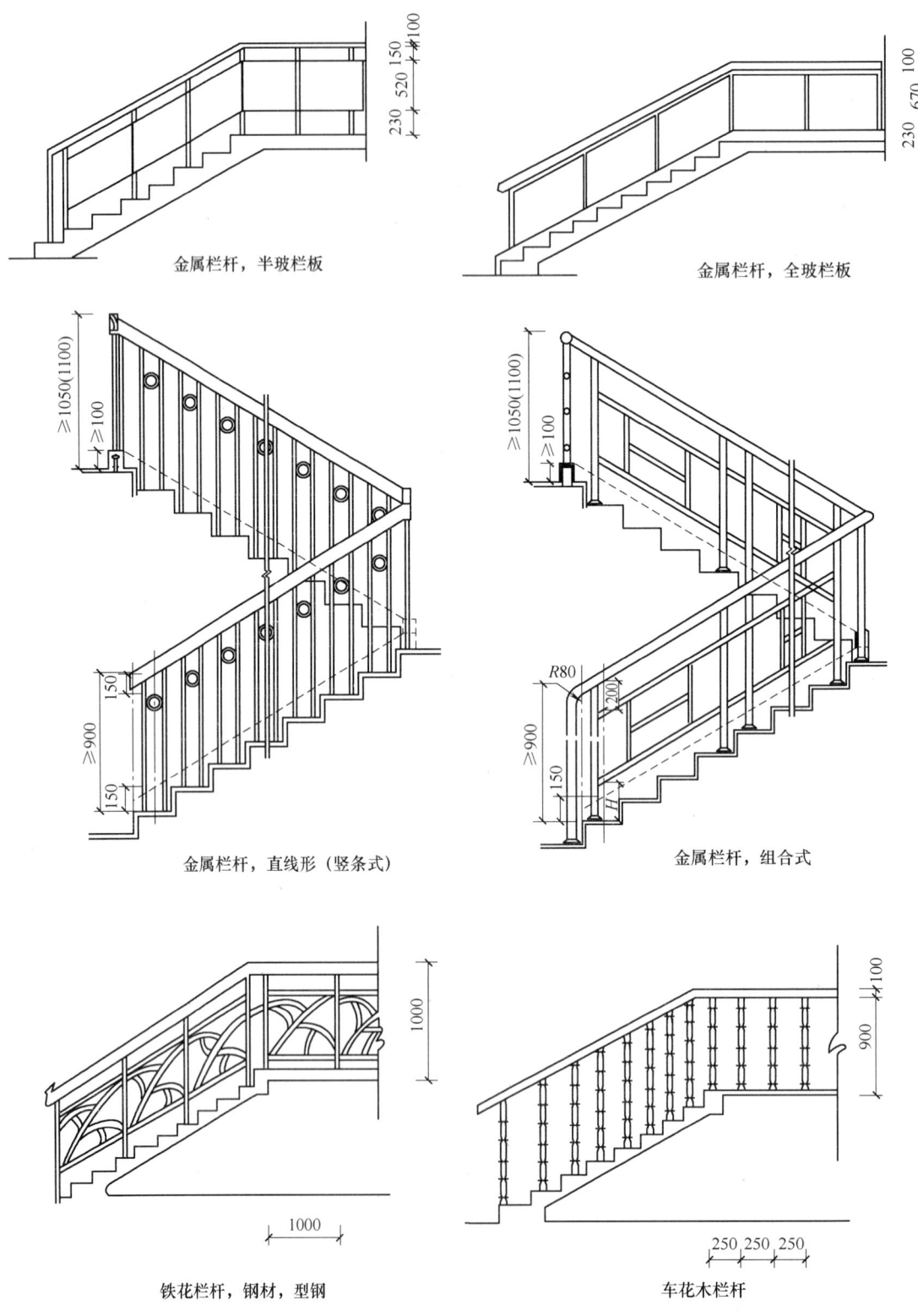

图 7.14-1 楼梯栏杆示意图

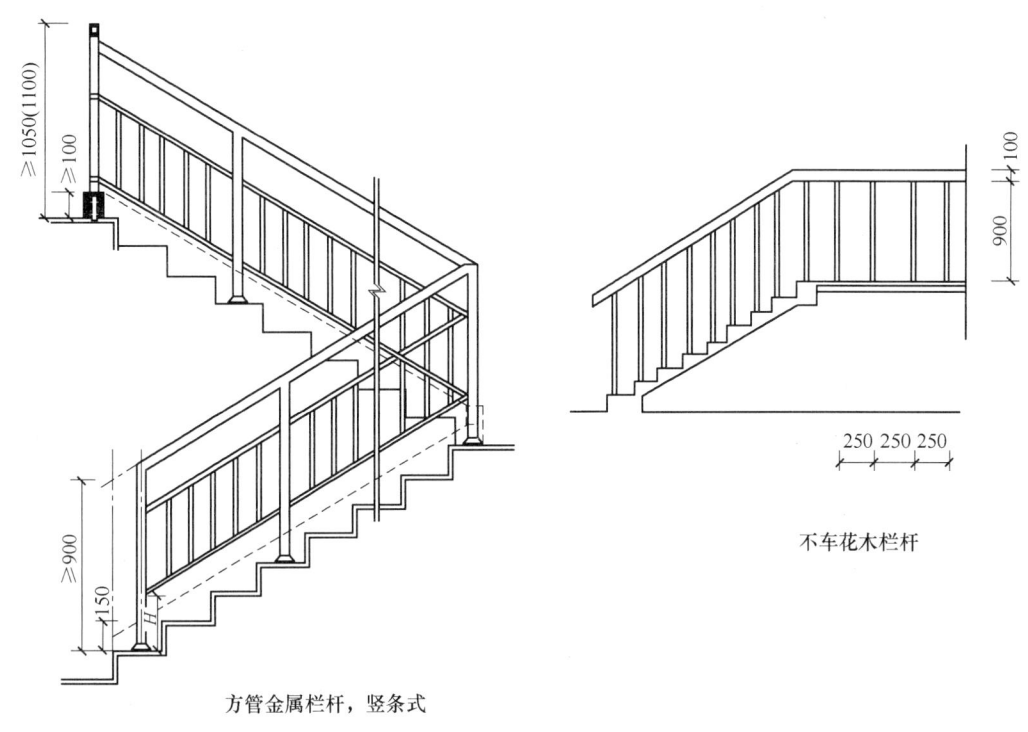

图 7.14-1 楼梯栏杆示意图（续）

(3) 计算实例

【例 7.14-1】 某二层不上人屋面的住宅楼，楼梯栏杆采用不锈钢栏杆全玻栏板，玻璃为 10mm 厚有机玻璃，栏杆为 $\phi50\text{mm} \times 1.5\text{mm}$ 不锈钢管，栏杆扶手为 $\phi60\text{mm} \times 1.5\text{mm}$ 不锈钢管，楼梯间及楼梯栏杆扶手如图 7.14-2 所示，墙厚为 240mm。试计算栏杆、扶手、弯头工程量，并按 2013 年《广西壮族自治区建筑装饰装修工程消耗量定额》确定定额编号。

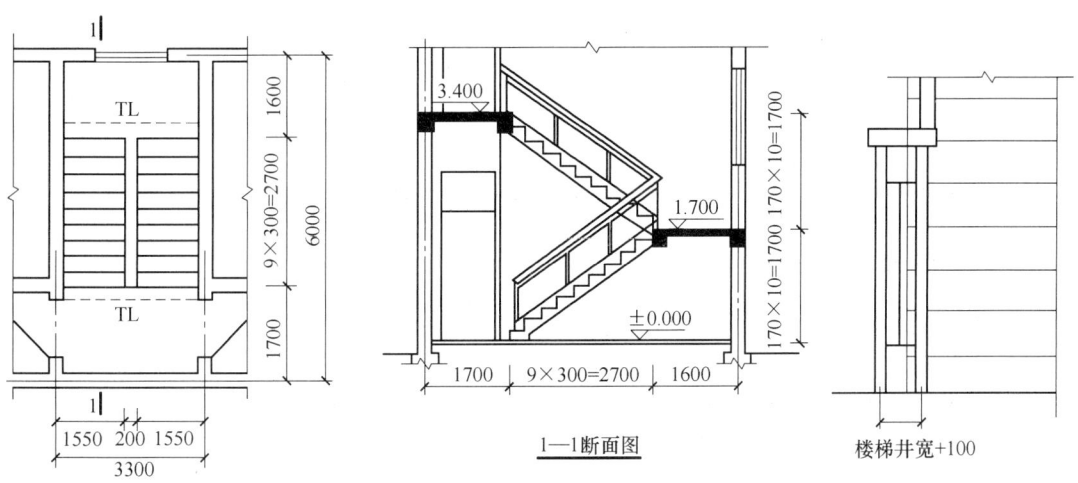

图 7.14-2 楼梯及栏杆扶手示意图

【解】 栏板、扶手按设计图示中心线长度以延长米计算（不扣除弯头所占长度）。

① 不锈钢栏杆/10mm 厚有机玻璃全玻栏板，定额子目编号：A14-102。

不锈钢栏杆、全玻栏板工程量 = $[\sqrt{2.7^2 + 1.7^2} \times 2 + (0.2 + 0.1) \times 2 + 1.55 - 0.12 - 0.05]$m

= 8.36m

② $\phi 60$ 不锈钢管直行扶手，定额编号：A14-119。

不锈钢管扶手工程量 = 8.36m

③ $\phi 60$ 不锈钢弯头，定额编号：A14-124。

不锈钢弯头的工程量 = 3 个

5. 招牌、灯箱

招牌、灯箱工程包括平面招牌基层、箱式招牌基层、竖式标箱基层、招牌及灯箱面层等分项工程。

(1) 计算规则

1) 平面招牌基层按设计图示正立面面积以平方米计算，复杂形的凹凸造型部分也不增减。

2) 沿雨篷、檐口或阳台走向的立式招牌基层，执行平面招牌复杂型项目，按展开面积以平方米计算。

3) 箱式招牌和竖式标箱的基层，按设计图示外围体积以立方米计算。突出箱外的灯饰、店徽及其他艺术装潢等均另行计算。

4) 灯箱的面层按设计图示展开面积以平方米计算。

(2) 有关说明

1) 平面招牌是指安装在门前的墙面上；箱式招牌、竖式标箱是指六面体固定在墙上；沿雨篷、檐口、阳台走向立式招牌，执行平面招牌复杂子目。

2) 一般招牌和矩形招牌是指正立面平整无凹凸面；复杂招牌和异形招牌是指正立面有凹凸造型。

3) 招牌、广告牌的灯饰、灯光及配套机械均不包括在定额内。

6. 美术字

美术字安装工程包括泡沫塑料、有机玻璃字、木质字、金属字等分项工程。

(1) 计算规则 美术字安装按字的最大外围矩形面积以个计算。

(2) 有关说明

1) 美术字均以成品安装固定为准。

2) 美术字不分字体均执行《广西壮族自治区建筑装饰装修工程消耗量定额》。

三、其他分项工程工程量计算规则

1) 不锈钢旗杆按设计图示尺寸以延长米计算。

2) 橡胶减速带按设计长度以延长米计算。

3) 橡胶车轮档、橡胶防撞护角、车位锁按设计图示数量以个或把计算。

思考与习题

1. 如图 7.14-3 所示，求镜面不锈钢装饰线、石材装饰线、镜面玻璃等的工程量。

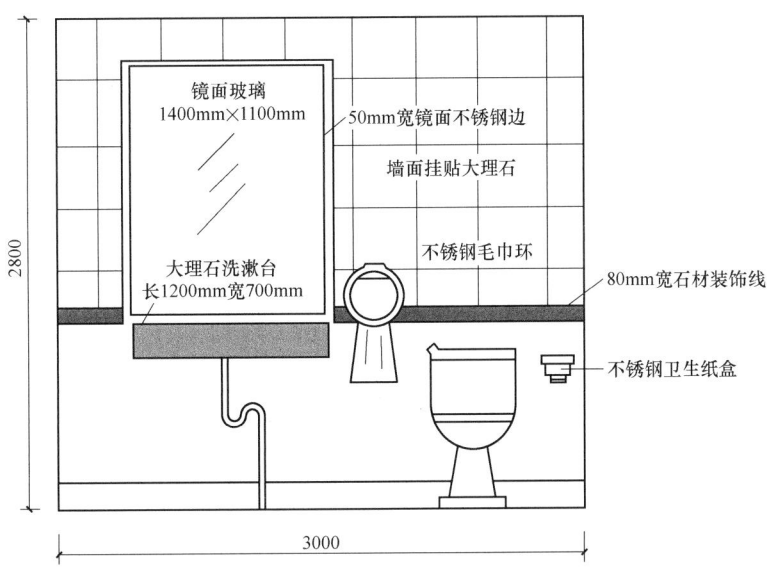

图 7.14-3 卫生间示意图

2. 某六层不上人屋面的住宅楼,楼梯栏杆采用普通型钢栏杆(Φ20),钢管扶手直径为50mm,楼梯间及楼梯栏杆、扶手如图 7.14-4 所示。已知每层层高为 3.6m,台口梁与平台梁宽均为240mm。试计算栏杆、扶手、弯头工程量,并按 2013 年《广西壮族自治区建筑装饰装修工程消耗量定额》确定定额子目编号。

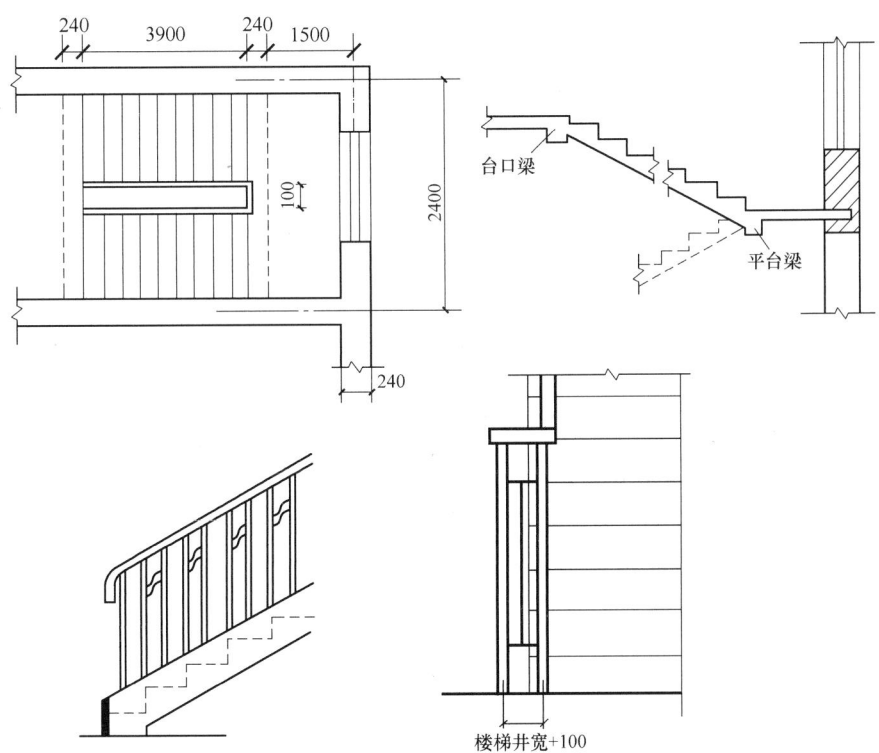

图 7.14-4 楼梯及栏杆扶手示意图

7.15 脚手架工程

一、概述

1. 主要内容

脚手架工程包括砌筑脚手架、现浇混凝土脚手架、装修脚手架、构筑物脚手架等分项工程项目。

2. 定额说明

1）外脚手架适用于建筑、装饰装修一起施工的工程；外脚手架如仅用于砌筑者，按外脚手架相应子目，材料乘以系数0.625，人工、机械不变；装饰装修脚手架适用于工作面高度在1.6m以上需要重新搭设脚手架的装饰装修工程。

2）外脚手架定额内，已综合考虑了卸料平台、缓冲台、附着式脚手架内的斜道。

3）钢管脚手架的管件维护及牵拉点费用等已包含在其他材料费中。

4）定额脚手架子目中不含支撑地面的硬化处理、水平垂直安全维护网、外脚手架安全挡板等费用，其费用已含在安全文明施工费中，不另计算。

二、主要分项工程工程量计算

1. 砌筑脚手架

（1）计算规则

1）不论何种砌体，凡砌筑高度超过1.2m以上者，均需计算脚手架。

2）砌筑脚手架的计算按墙面（单面）垂直投影面积以平方米计算。门窗洞口及穿过建筑物的车辆通道空洞面积等，均不扣除。

3）外墙脚手架按外墙外围长度（应计凸阳台两侧的长度，不计凹阳台两侧的长度）乘以外墙高度，再乘以系数1.05计算其工程量。

外墙脚手架的计算高度按室外地坪至以下情形分别确定（图7.15-1）：

①有女儿墙者，高度算至女儿墙顶面（含压顶）。

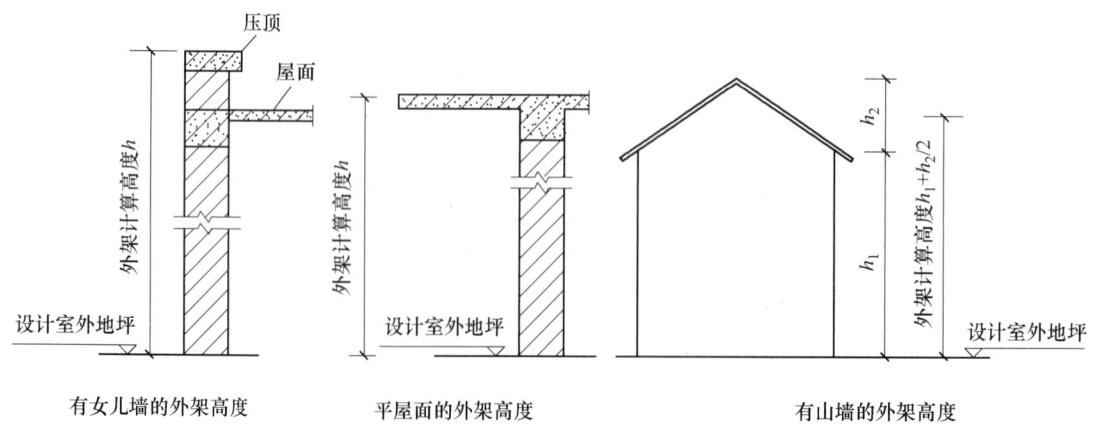

图7.15-1 外墙脚手架计算高度示意图

②平屋面或屋面有栏杆者,高度算至楼板顶面。

③有山墙者,高度按山墙平均高度计。

4) 同一栋建筑物内:有不同高度时,应分别按不同高度计算外脚手架;不同高度间的分隔墙,按相应高度的建筑物计算外脚手架;如从楼面或天面搭起的,应从楼面或天面起计算。

5) 天井四周墙砌筑,如需搭外架时,其计算工程量如下:

①天井短边净宽 $b \leqslant 2.5 \mathrm{m}$ 时,按长边净宽乘以高度再乘以系数 1.2 计算外脚手架工程量。

②天井短边净宽在 $2.5 \mathrm{m} < b \leqslant 3.5 \mathrm{m}$ 时,按长边净宽乘以高度再乘以系数 1.5 计算外脚手架工程量。

③天井短边净宽 $b > 3.5 \mathrm{m}$ 时,按一般外脚手架计算。

6) 独立砖柱、凸出屋面的烟囱脚手架按其外围周长加 3.6m 后乘以高度计算。

7) 如遇下列情况者,按单排外脚手架计算。

①外墙檐高 (图 7.15-2) 在 16m 以内,并无施工组织设计规定时。

②独立砖柱与凸出屋面的烟囱。

③砖砌围墙。

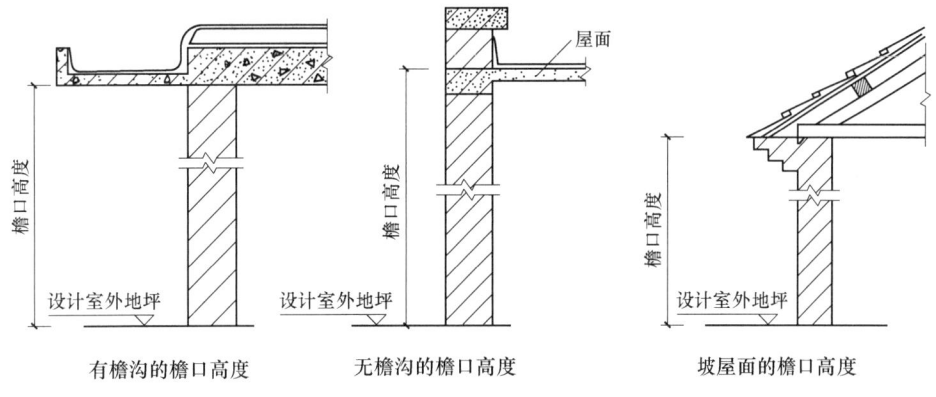

图 7.15-2 檐口高度示意图

8) 如遇下列情况者,按双排外脚手架计算。

①外墙檐高超过 16m 者。

②框架结构间砌外墙。

③外墙面带有复杂艺术形式者 (艺术形式部分的面积占外墙总面积 30% 以上),或外墙勒脚以上抹灰面积 (包括门窗洞口面积在内) 占外墙总面积 25% 以上,或门窗洞口面积占外墙总面积 40% 以上者。

④片石墙 (含挡土墙、片石围墙)、大孔混凝土砌块墙,墙高超过 1.2m 者。

⑤施工组织设计有明确规定者。

9) 凡厚度在两砖 (490mm) 以上的砖墙,均按双面搭设脚手架计算,如无施工组织设计规定时:高度在 3.6m 以下的外墙,外面按单排外脚手架计算,内面按里脚手架计算;高度在 3.6m 以上的外墙,外面按双排外脚手架计算,内面按里脚手架计算;内墙按双面计算相应高度的里脚手架。

10) 在旧有的建筑物上加层：加两层以内时，其外墙脚手架按砌筑脚手架计算规则3)的规定乘以系数0.5计算；加层在两层以上时，按上述办法计算，不乘以系数。

11) 内墙按内墙净长乘以实砌高度计算里脚手架工程量。下列情况者，也按相应高度计算里脚手架工程量。

①砖砌基础深度超过3m时（室外地坪以下），或四周无土砌筑基础，高度超过1.2m时。

②高度超过1.2m的凹阳台的两侧墙及正面墙、凸阳台的正面墙（图7.15-3）及双阳台的隔墙（图7.15-4）。

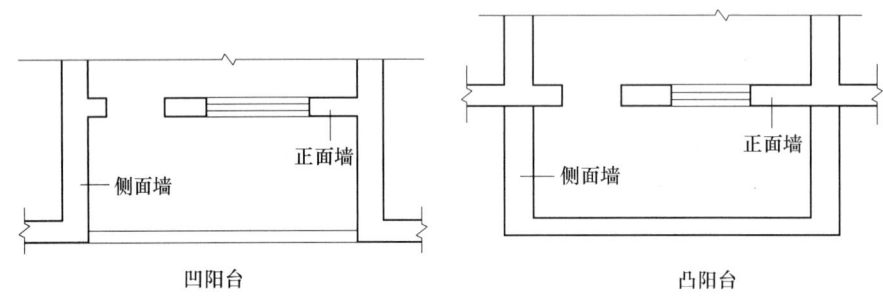

图7.15-3 凹凸阳台侧面墙、正面墙示意图

（2）计算方法

1) 外墙砌筑脚手架工程量计算式：

$$S = (外墙外围长度 \times 外墙脚手架计算高度) \times 1.05$$

其中外墙外围长度应计凸阳台两侧的长度，凹阳台两侧的长度不计。

2) 内墙砌筑脚手架工程量计算式：

$$S = 内墙净长 \times 实砌高度$$

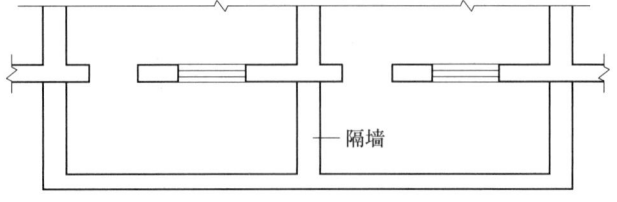

图7.15-4 双阳台隔墙示意图

（3）有关说明

1) 安全通道宽度超过3m时，应按实际搭设的宽度比例调整定额的人工费、材料及机械台班消耗量。

2) 搭设圆形（包括弧形）外脚手架，半径≤10m者，按外脚手架的相应子目，人工费乘以系数1.3计算；半径>10m者，不增加。

（4）计算实例

【例7.15-1】 如图7.15-5所示，某建筑和装饰装修工程一起承包的框架结构工程，建筑物从室外地坪至女儿墙顶面的高度分别为15m、51m、24m，天面居女儿墙顶面高度均为1.0m，外墙为抹灰面上刷防水涂料，按2013年《广西壮族自治区建筑装饰装修工程消耗量定额》确定定额子目编号并计算建筑物外墙脚手架工程量。

【解】 有女儿墙的外墙脚手架按外墙外围长度乘以室外地坪至女儿墙顶面高度，再乘以系数1.05计算其工程量；框架结构间砌外墙而且外墙抹灰面积占外墙总面积25%以上，按双排外脚手架计算。

1) 双排脚手架(20m 以内)，套用定额子目 A15-6。

$$\text{工程量} = [(26 + 12 \times 2 + 8) \times 15 \times 1.05] \text{m}^2 = 913.5 \text{m}^2$$

2) 双排脚手架(30m 以内)，套用定额子目 A15-7。

$$\text{工程量} = \{[(18 \times 2 + 32) \times 24 + 32 \times (51 - 24 + 1)] \times 1.05\} \text{m}^2 = 2654.4 \text{m}^2$$

3) 双排脚手架(40m 以内)，套用定额子目 A15-8。

$$\text{工程量} = [(26 - 8) \times (51 - 15 + 1) \times 1.05] \text{m}^2 = 699.3 \text{m}^2$$

4) 双排脚手架(60m 以内)，套用定额子目 A15-10。

$$\text{工程量} = [(18 + 24 \times 2 + 4) \times 51 \times 1.05] \text{m}^2 = 3748.5 \text{m}^2$$

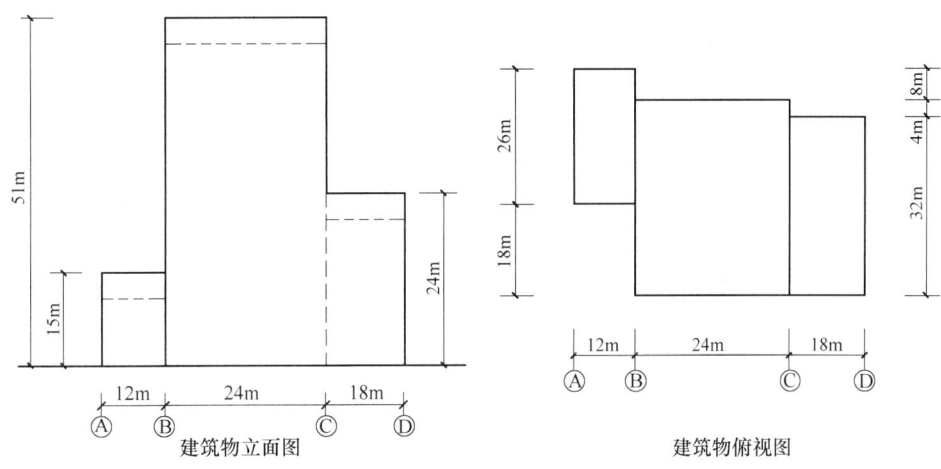

图 7.15-5　建筑物立面及平面示意图

【例 7.15-2】　某建筑物标准层平面布置如图 7.15-6 所示，轴线居墙中，板厚 100mm，层高 3.3m。外墙墙厚 240mm，内墙墙厚 180mm；墙上均有框架梁 300mm×600mm；柱截面尺寸均为 400mm×400mm，计算该层建筑物里脚手架的工程量，并按 2013 年《广西壮族自治区建筑装饰装修工程消耗量定额》确定定额子目编号。

【解】　内墙按内墙净长乘以实砌高度计算里脚手架工程量，不扣除门窗洞口面积。套用定额子目 A15-1。

$$\text{里脚手架工程量} = \{[(8 + 0.24 - 0.4 \times 2) \times 2 + 5 - 0.12 - 0.09] \times (3.3 - 0.6)\} \text{m}^2$$
$$= 53.11 \text{m}^2$$

【例 7.15-3】　C15 混凝土带形基础如图 7.15-7 所示，基础长 50m，室外地坪为 -0.200m，计算砖基础的砌筑脚手架工程量。

【解】　砖砌基础深度超过 3m 时（室外地坪以下），按相应高度计算里脚手架工程量。

$$\text{里脚手架工程量} = [50 \times (3.6 - 0.3 - 0.2)] \text{m}^2 = 155 \text{m}^2$$

2. 现浇混凝土脚手架

(1) 计算规则

1) 现浇混凝土需用脚手架时，应与砌筑脚手架综合考虑。如确实不能利用砌筑脚手架者，可按施工组织设计规定或按实际搭设的脚手架计算。

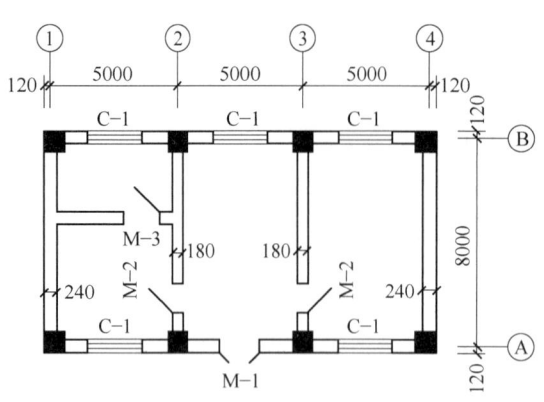

图 7.15-6 某建筑物标准层平面布置图

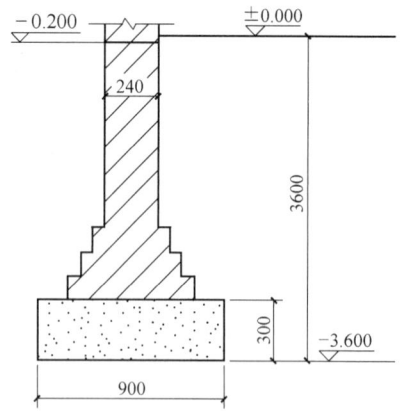

图 7.15-7 混凝土带形基础示意图

2）单层地下室的外墙脚手架按单排外脚手架计算，两层及两层以上地下室的外墙脚手架按双排外脚手架计算（图 7.15-8）。

3）现浇混凝土基础运输道：

①深度大于 3m（3m 以内不得计算）的带形基础按基槽底面积计算。

②满堂基础运输道适用于满堂式基础、箱形基础、基础底短边大于 3m 的柱基础、设备基础，其工程量按基础底面积计算。

4）现浇混凝土框架运输道，适用于楼层为预制板的框架柱、梁，其工程量按框架部分的建筑面积计算。

5）现浇混凝土楼板运输道，适用于框架柱、梁、墙、板整体浇捣工程，工程量按浇捣部分的建筑面积计算。

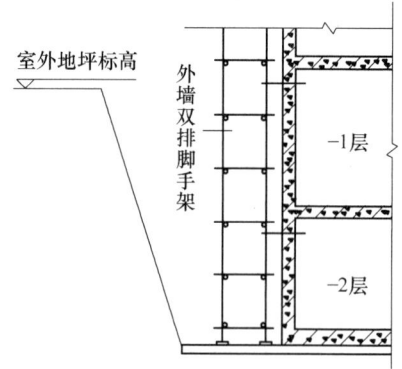

图 7.15-8 两层地下室外墙脚手架示意图

下列情况者，按相应规定计算：

①层高不到 2.2m 的，按外墙外围面积计算混凝土楼板运输道。

②底层架空层不计算建筑面积或计算一半面积时，按顶板水平投影面积计算混凝土楼板运输道。

③坡屋面不计算建筑面积时，按其水平投影面积计算混凝土楼板运输道。

④砖混结构工程的现浇楼板按相应定额子目乘以系数 0.5。

6）计算现浇混凝土运输道，采用泵送混凝土时应按如下规定计算：

①基础混凝土不予计算。

②框架结构、框架—剪力墙结构、筒体结构的工程，定额乘以系数 0.5。

③砖混结构工程，定额乘以系数 0.25。

7）装配式构件安装，两端搭在柱上，需搭设脚手架时，其工程量按柱周长加 3.6m 乘以柱高度计算，并按相应高度的单排外脚手架定额乘以系数 0.5 计算。

8）现浇钢筋混凝土独立柱，如无脚手架利用时，按（柱外围周长 +3.6m）×柱高度按相应外脚手架计算。

9）单独浇捣的梁，如无脚手架利用时，应按（梁宽 +2.4m）×梁跨度按相应高度

(梁底高度)的满堂脚手架计算。

10) 电梯井脚手架按井底板面至顶板面高度,套用相应定额子目以座计算。

11) 设备基础高度超过 1.2m 时:

①实体式结构:按其外形周长乘以地坪至外形顶面高度以平方米计算单排脚手架。

②框架式结构:按其外形周长乘以地坪至外形顶面高度以平方米计算双排脚手架。

(2) 实例计算

【例 7.15-4】 某砖混结构建筑物的平面图及剖面图如 7.15-9 所示,墙厚 240mm,轴线居墙中。雨篷板挑出外墙 2500mm,宽 7500mm。楼板浇筑采用泵送混凝土,计算现浇混凝土楼板运输道的工程量,并按 2013 年《广西壮族自治区建筑装饰装修工程消耗量定额》确定定额编号。

【解】 第 2 层层高不到 2.2m,按建筑面积计算规则规定应计算 1/2 面积。但现浇混凝土楼板运输道计算规则规定,层高不到 2.2m,按外墙外围面积计算混凝土楼板运输道。因此,该工程现浇混凝土楼板运输道工程量不等于建筑面积。

楼板运输道工程量 = $[(3.6 \times 6 + 7.2 + 0.24) \times (5.4 \times 2 + 2.4 + 0.24) \times 5 + 2.5 \times 7.5/2] m^2$
$= 1960.86 m^2$

该砖混结构建筑物的楼板浇筑采用泵送混凝土,因此套用定额编号 A15-28 换(定额乘以系数 0.25)。

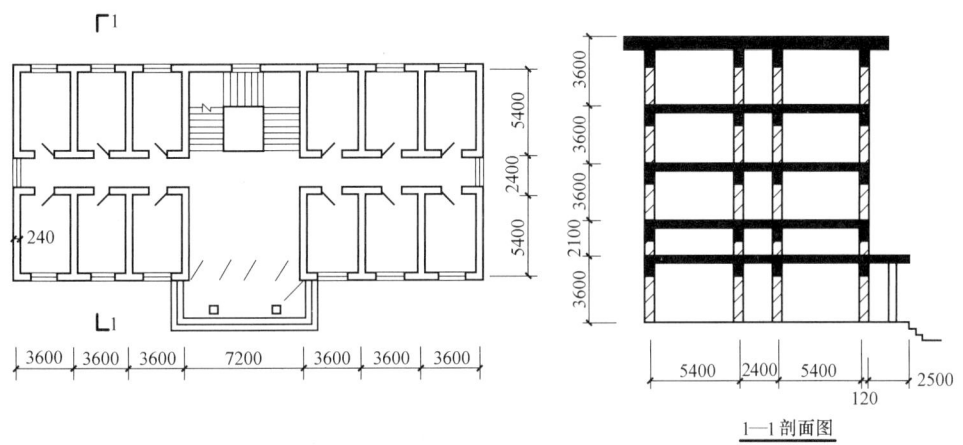

图 7.15-9 建筑物平面与剖面示意图

【例 7.15-5】 例 7.15-3 中,若砖基础下部的带形基础混凝土为满槽浇筑,混凝土采用非泵送,计算现浇混凝土基础运输道的工程量。

【解】 深度大于 3m 的带形基础按基槽底面积计算现浇混凝土基础运输道。

基础运输道工程量 = $(0.9 \times 50) m^2 = 45 m^2$

3. 装饰脚手架

(1) 计算规则

1) 满堂脚手架按需要搭设的室内水平投影面积计算。

2) 定额规定满堂脚手架基本层实高按 3.6m 计算,增加层实高按 1.2m 计算,基本层操作高度按 5.2m 计算(基本层操作高度为基本层高 3.6m 加上人的高度 1.6m)。室内天棚净高超过 5.2m 时,计算了基本层后,增加层的层数 = (天棚室内净高 - 5.2m) ÷ 1.2m,按四舍五入取整数。如建筑物天棚室内净高为9.2m,其增加层的层数为：$(9.2-5.2)\div1.2\approx$ 3.3,则按3个增加层计算。

3) 高度超过3.6m以上者,有屋架的屋面板底喷浆、勾缝及屋架等油漆,按装饰部分的水平投影面积套悬空脚手架计算,无屋架或其他构件可利用搭设悬空脚手架者,按满堂脚手架计算。

4) 凡墙面高度超过3.6m,而无搭设满堂脚手架条件者,则墙面装饰脚手架按3.6m以上的装饰脚手架计算。工程量按装饰面投影面积（不扣除门窗洞口面积）计算。

5) 外墙装饰脚手架工程量按砌筑脚手架等有关规定计算。

6) 铝合金门窗工程,如需搭设脚手架时,可按内墙装饰脚手架计算,其工程量按门窗洞口宽度每边加500mm乘以楼地面至门窗顶高度计算。

7) 外墙电动吊篮（图7.15-10）,按外墙装饰面尺寸以垂直投影面积计算,不扣除门窗洞口面积。

(2) 有关说明

1) 凡净高超过3.6m的室内墙面、天棚粉刷或其他装饰工程,均可计算满堂脚手架,斜面尺寸按平均高度计算,计算满堂脚手架后,墙面装饰工程不得再计算脚手架。

2) 用于单独装饰装修脚手架的安全通道,按安全通道相应定额子目,材料乘以系数0.375,人工、机械不变。

(3) 计算实例

【例7.15-6】 如图7.15-11所示,某单层建筑物天棚面进行二次装修,层高8.1m,墙厚240mm,板厚100mm,计算该工程满堂脚手架的工程量及增加层层数,并按2013年《广西壮族自治区建筑装饰装修工程消耗量定额》确定定额子目编号。

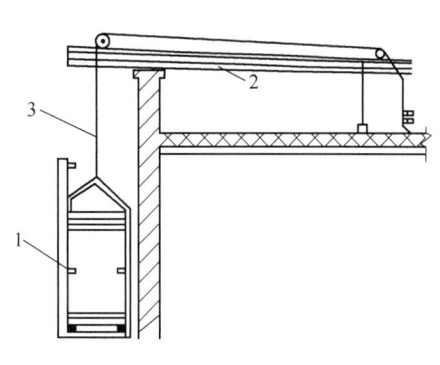

图7.15-10 电动吊篮
1—吊架 2—支承设施 3—吊索

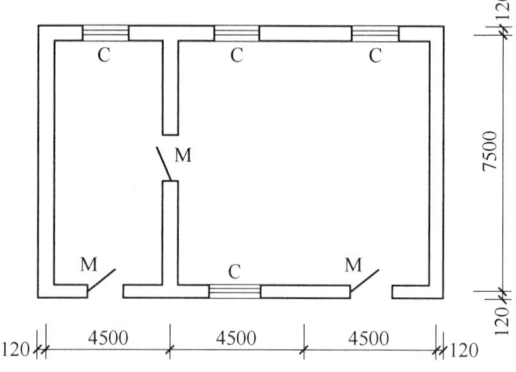

图7.15-11 建筑物平面图

【解】 满堂脚手架按需要搭设的室内水平投影面积计算。

满堂脚手架工程量 $=[(4.5-0.24)\times(7.5-0.24)]m^2+$
$[(4.5\times2-0.24)\times(7.5-0.24)]m^2$
$=94.53m^2$

室内净高 $=(8.1-0.1)m=8m>5.2m$,需计算增加层。

其增加层的层数：$[(8-5.2)\div1.2]$个≈2.3个,按2个增加层计算。

套用定额子目A15-84和A15-85换（定额乘以系数2）。

思考与习题

1. 建筑物的檐高如何确定？
2. 内、外墙砌筑脚手架如何计算？
3. 什么情况需计算现浇混凝土基础运输道？
4. 某多层砖混结构建筑如图 7.15-12 所示，采用 240mm 中砖砖墙，每层均设有圈梁（圈梁高 300mm），外墙贴彩色面砖，楼板浇筑采用泵送混凝土，计算砌筑工程脚手架以及现浇混凝土楼板运输道的工程量。

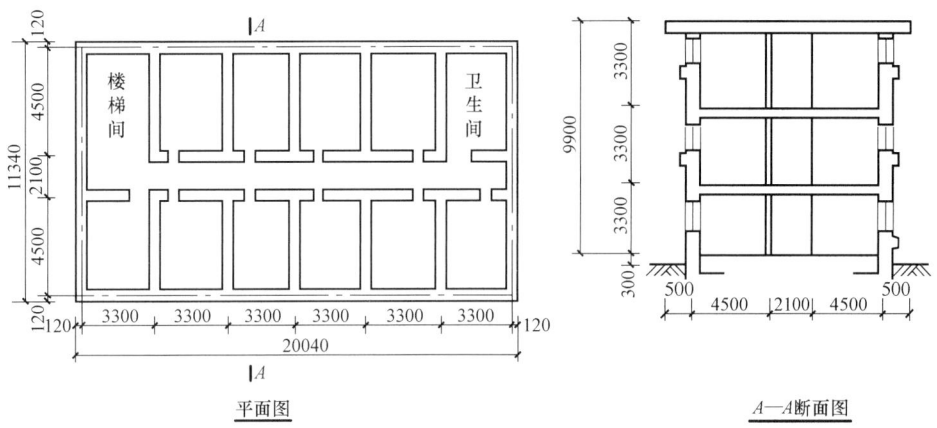

图 7.15-12 建筑物平面与剖面示意图

5. 已知须搭设装饰满堂脚手架条件如下，计算增加层层数。
   ① 板厚 100mm，层高 10.2m。
   ② 板厚 150mm，层高 20m。
   ③ 净高 8.3m。
   ④ 净高 5.8m。

6. 某乒乓球活动室平面及剖面如图 7.15-13 所示，现浇混凝土平屋面，板厚 120mm，计算室内墙面、天棚抹灰的脚手架工程量，并按 2013 年《广西壮族自治区建筑装饰装修工程消耗量定额》确定定额子目编号。

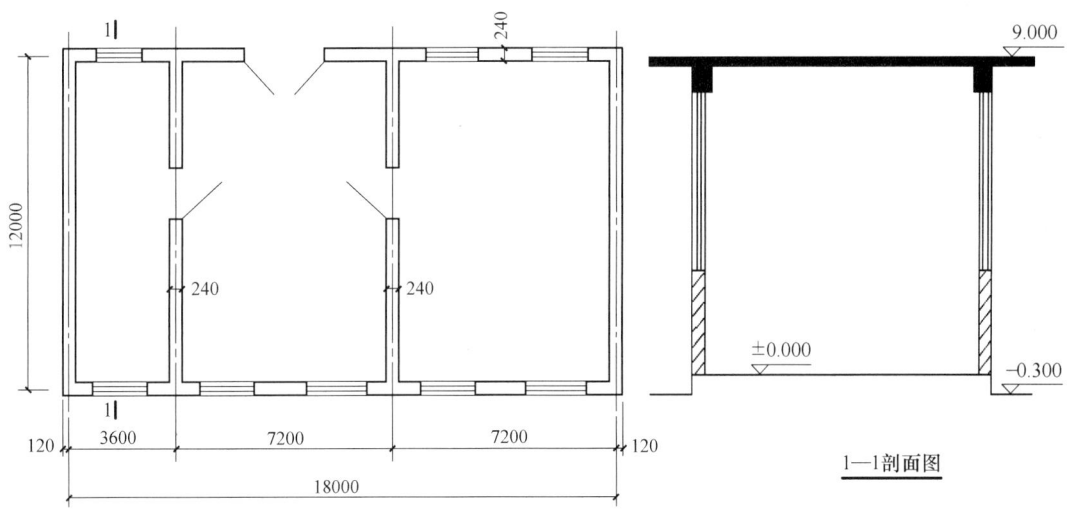

图 7.15-13 建筑物平面与剖面示意图

7.16 垂直运输工程

一、概述

1. 主要内容

垂直运输工程包括建筑物的垂直运输、构筑物的垂直运输、局部装饰装修垂直运输。

2. 定额说明

1）建筑物、构筑物垂直运输适用于单位工程在合理工期内完成建筑、装饰装修工程所需的垂直运输机械台班。建筑工程和装饰装修工程分开发包时，建筑工程套用建筑物垂直运输子目乘以系数 0.77；装饰装修工程套用建筑物垂直运输子目乘以系数 0.33（表 7.16-1）。

表 7.16-1 建筑装饰装修工程垂直运输系数表

1	建筑装饰工程由一个单位承包	按 A.16 计算垂直运输
2	单独承包的建筑工程	按 A.16 套用建筑物垂直运输定额子目计算，定额乘以系数 0.77
3	单独承包的装饰装修工程	按 A.16 套用建筑物垂直运输定额子目计算，定额乘以系数 0.33
4	承包局部装饰装修工程	按 A.16 套用局部装饰装修垂直运输定额子目计算
5	如局部分包（例：外墙涂料），分包单位利用总包单位垂直运输机械	分包工程不应计算垂直运输，该费用应在总承包服务费中的总分包配合费考虑

2）建筑物、构筑物工程垂直运输高度划分。

①室外地坪以上高度是指设计室外地坪至檐口滴水的高度，没有檐口的建筑物，算至屋顶板面，坡屋面算至起坡处。女儿墙不计高度，突出主体建筑物屋面的梯间、电梯机房、设备间、水箱间、塔楼、望台等（图 7.16-1），其水平投影面积小于主体顶层投影面积 30% 的不计其高度。

②室外地坪以下高度是指设计室外地坪至相应地下层底板底面的高度。带地下室的建筑物，地下层垂直运输高度由设计室外地坪标高算至地下室底板底面，套用相应高度的定额子目。

③构筑物的高度是指设计室外地坪至结构最高顶面的高度。

3）地下层、单层建筑物、围墙垂直运输高度小于 3.6m 时，不得计算垂直运输费用。

4）同一建筑物中有不同檐高时，按建筑物不同檐高做纵向分割，分别计算建筑面积，以不同檐高分别套用相应高度的定额子目（图 7.16-2）。

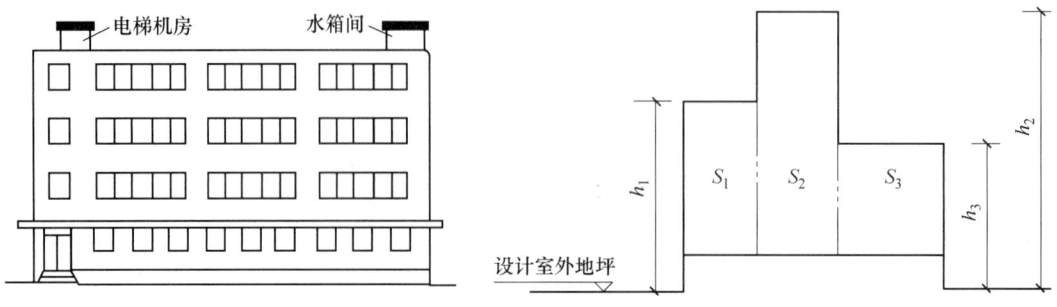

图 7.16-1 突出建筑物屋面的电梯机房、水箱间

图 7.16-2 建筑物中不同檐高垂直运输计算示意图

5) 如采用泵送混凝土时,定额子目中的塔吊机械台班应乘以系数 0.8。

6) 建筑物局部装饰装修工程垂直运输高度划分:

①室外地坪以上高度是指设计室外地坪至装饰装修工程楼层顶板的高度。

②室外地坪以下高度是指设计室外地坪至相应地下层地(楼)面的高度。带地下室的建筑物,地下层垂直运输高度由设计室外地坪标高算至地下室地(楼)面,套用相应高度的定额子目。

二、主要分项工程工程量计算

(1) 建筑物、构筑物工程计算规则

1) 建筑物垂直运输区分不同建筑物的结构类型和檐口高度,按建筑物设计室外地坪以上的建筑面积以平方米计算。高度超过 120m 时,超过部分按每增加 10m 定额子目(高度不足 10m 时,按比例)计算。

2) 地下室的垂直运输按地下层的建筑面积以平方米计算。

3) 构筑物的垂直运输以座计算。超过规定高度时,超过部分按每增加 1m 定额子目计算,高度不足 1m 时,按 1m 计算。

(2) 建筑物局部装饰装修工程计算规则 区别不同的垂直运输高度,按各楼层装饰装修部分的建筑面积分别计算。

(3) 实例计算

【例 7.16-1】 某框架结构的建筑物如图 7.16-3 所示,裙楼五层,主楼二十层,屋顶楼梯、电梯机房一层;天面距女儿墙顶面高度为 1.2m。若该工程建筑与装饰装修由一个施工单位承包,采用商品泵送混凝土施工。计算此建筑物垂直运输的工程量,并按 2013 年《广西壮族自治区建筑装饰装修工程消耗量定额》确定定额子目编号。

【解】 同一建筑物中有不同檐高时,按建筑物不同檐高做纵向分割,分别计算建筑面积,以不同檐高分别套用相应高度的定额子目。

1) 确定垂直运输高度。

①女儿墙不计高度。

②判断屋顶楼梯、电梯机房是否计算高度。

屋顶楼梯间、电梯机房面积 = (10.24 × 7.24)m² = 74.14m²

主楼顶层面积 = (36.24 × 18.24)m² = 661.02m²

74.14/661.02 = 11.22% < 30%,可确定屋顶楼梯间、电梯机房不计高度。

因此,该建筑物需考虑两个不同的垂直运输高度。

2) 根据垂直运输高度确定定额子目,并计算相应工程量。

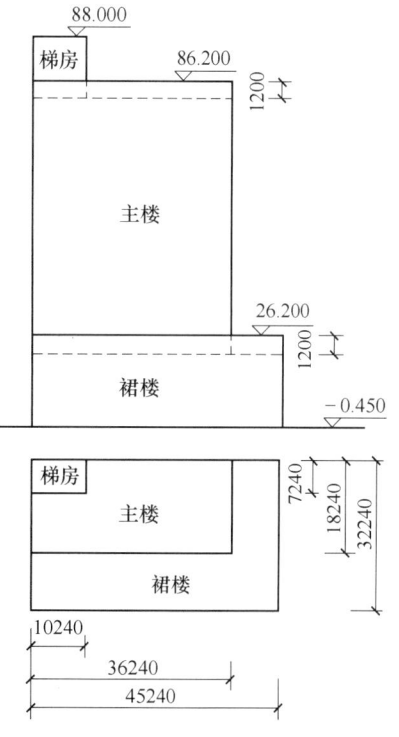

图 7.16-3 建筑物立面图及俯视图

①建筑物垂直运输高度 = (26.2 + 0.45 - 1.2) m = 25.45m,套用定额子目 A16-7 换(因采用泵送混凝土,其定额子目中的塔吊机械台班乘以系数 0.8)。

垂直运输工程量 = $[(45.24 \times 32.24 - 36.24 \times 18.24) \times 5]m^2$
= $3987.6 m^2$

②建筑物垂直运输高度 = $(86.2 + 0.45 - 1.2)m = 85.45m$，套用定额子目 A16-13 换（塔吊机械台班乘以系数0.8）。

垂直运输工程量 = $[36.24 \times 18.24 \times (20 + 5) + 10.24 \times 7.24 \times 1]m^2 = 16599.58m^2$

思考与习题

1. 地下层垂直运输高度如何计算？
2. 如采用泵送混凝土时，定额子目中的卷扬机机械台班需要乘以系数0.8吗？
3. 什么情况下需考虑局部装饰装修垂直运输定额子目？如何计算其工程量？
4. 计算例题7.15-4中建筑物的垂直运输工程量。
5. 某工程框架结构如图7.16-4所示，地下二层，裙楼二层，主楼十二层，天面距女儿墙顶面高度为1.2m。若该工程建筑与装饰装修由一个施工单位承包，采用泵送混凝土施工。若垂直运输机械为塔吊与卷扬机配合，计算此建筑物垂直运输的工程量，并按2013年《广西壮族自治区建筑装饰装修工程消耗量定额》确定定额编号。

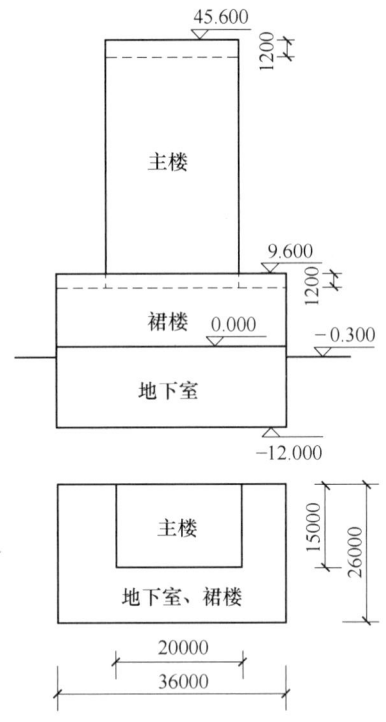

图7.16-4 建筑物立面图及俯视图

7.17 模板工程

一、概述

1. 主要内容

模板工程包括现浇建筑物混凝土模板、构筑物混凝土模板、预制混凝土模板制作安装。

2. 定额说明

1) 现浇构件模板分三种材料配制：钢模板、胶合板模板、木模板。其中钢模板配钢支撑，木模板配木支撑，胶合板模板配钢支撑或木支撑。

2) 现浇构筑物模板，除另有规定外，按现浇构件模板规定计算。

3) 预制混凝土模板，区分不同构件按组合钢模板、木模板、定型钢模、长线台钢拉模编制，定额中已综合考虑需配制的砖地模，砖胎模、长线台混凝土地模。

4) 应根据模板种类套用子目，实际使用支撑与定额不同时不得换算。如实际使用模板与定额不同时，按相近材质套用；如定额只有一种模板的子目，均套用该子目执行，不得换算。

5) 模板工作内容包括：模板清理、场内运输、安装、刷隔离剂、浇灌混凝土时模板维护、拆模、集中堆放、场外运输。木模板包括制作（预制构件包括刨光），组合钢模板、胶合板模板包括装箱。

6) 如设计要求清水混凝土施工，相应模板子目的人工费乘以系数1.05，胶合板消耗量乘以系数1.1。

7) 符合以下条件之一者按高大模板计算：

①支撑体系高度达到或超过8m。

②结构跨度达到或超过18m。

③按《建筑施工模板安全技术规范》（JGJ 162—2008）（以下简称JGJ 162—2008）进行荷载组合之后的施工面荷载达到或超过$15kN/m^2$。

④按JGJ 162—2008进行荷载组合之后的施工线荷载达到或超过20kN/m。

⑤按JGJ 162—2008进行荷载组合之后的施工单点集中荷载达到或超过7kN的作业平台。

8) 定额中高大模板钢支撑搭拆时间是按三个月编制的，如实际搭拆时间与定额不同时，定额周转材料消耗量按比例调整。

9) 本说明对混凝土结构构件划分没有明确规定的，可参照定额"A.4 混凝土及钢筋混凝土工程"相应规定执行。

二、主要分项工程工程量计算

现浇混凝土模板制作安装包括基础、柱、梁、墙、板、楼梯、后浇带及其他现浇混凝土构件模板的制作安装；预制混凝土模板制作安装包括桩、柱、梁、屋架、板、楼梯、其他预制构件模板的制作安装。

现浇混凝土模板工程量，除另有规定外，应区分不同材质，按混凝土与模板接触面积（图7.17-1）以平方米计算。

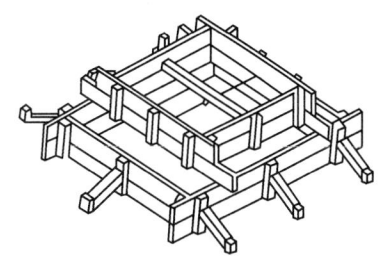

图7.17-1 阶梯形基础的木模板示意图

1. 基础模板

（1）计算规则

①杯形基础杯口高度大于外杯口大边长度的（图7.17-2），套用高杯基础定额。

②有肋式条形基础（图7.17-3），肋高与肋宽之比在4:1以内的按有肋式带形基础计

算；肋高与肋宽之比超过 4∶1 的，其底板按板式带形基础计算，以上部分按墙计算。

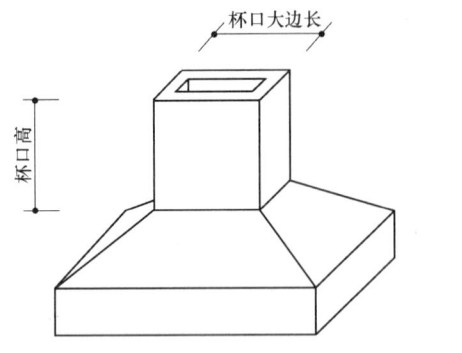

图 7.17-2　高杯基础示意图

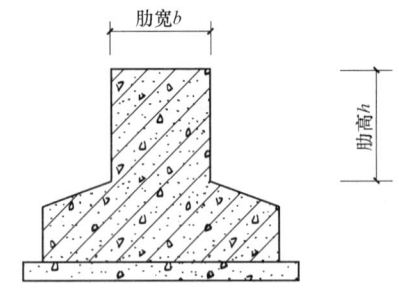

图 7.17-3　有肋带形基础示意图

③桩承台按独立式桩承台编制，带形桩承台按条形基础定额执行。

④箱式满堂基础应分别按满堂基础、柱、梁、墙、板有关规定计算。

（2）有关说明　基础模板用砖胎模时，可按零星砌体计算，不再计算相应面积的模板费用，砖胎模需要抹灰时，按定额"A.10 墙、柱面工程"的井壁、池壁子目计算。

（3）计算实例

【例 7.17-1】　现浇钢筋混凝土独立基础如图 7.17-4 所示，采用木模板木支撑，计算基础的模板工程量，并按 2013 年《广西壮族自治区建筑装饰装修工程消耗量定额》确定定额子目编号。

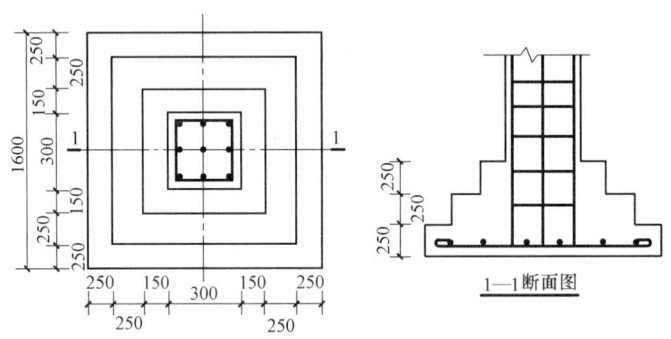

图 7.17-4　现浇钢筋混凝土独立基础示意图

【解】　模板工程量按接触面积计算，套用定额子目 A17-15。

$$\text{模板工程量} = (1.6 \times 4 + 1.1 \times 4 + 0.6 \times 4) \times 0.25 \text{m}^2 = 3.3 \text{m}^2$$

2. 柱、梁、墙、板模板

（1）计算规则

1）柱模板。

①柱高按下列规定确定（图 7.17-5）：有梁板的柱高，应自柱基或楼板的上表面至上层楼板底面计算；无梁板的柱高，应自柱基或楼板的上表面至柱帽下表面计算。

②计算柱模板时，不扣除梁与柱交接处（图 7.17-6）的模板面积。

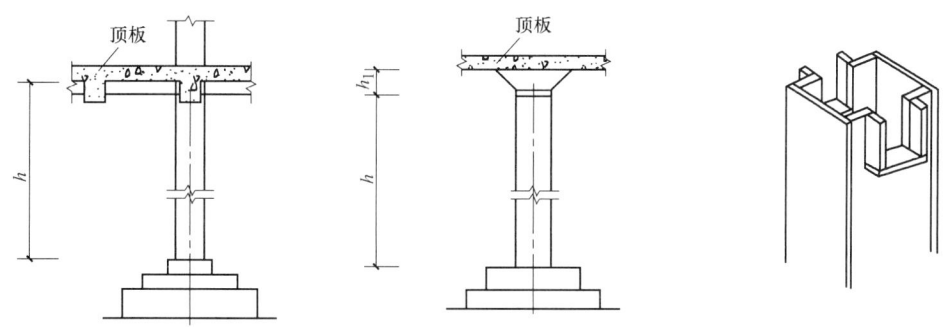

图 7.17-5 有梁板与无梁板的柱高示意图　　图 7.17-6 梁与柱交接处模板示意图

③构造柱按外露部分计算模板面积,留马牙槎的按最宽面计算模板宽度,如图 7.17-7 所示。

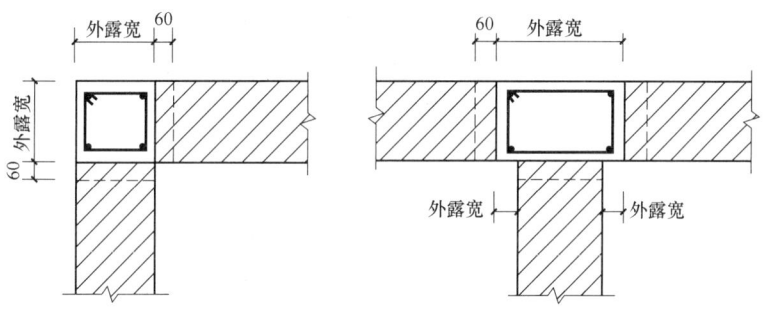

图 7.17-7 构造柱外露宽需支模板示意图

2) 梁模板。

①梁长按下列规定确定:梁与柱连接时,梁长算至柱侧面;主梁与次梁连接时,次梁长算至主梁侧面。

②计算梁模板时,不扣除梁与梁交接处的模板面积。

③高大梁模板的钢支撑工程量按经评审的施工专项方案搭设面积乘以支模高度(楼地面至板底高度)以立方米计算,如无经评审的施工专项方案,搭设面积则按梁宽加600mm乘以梁长度计算。

3) 墙、板模板。

①墙高应自墙基或楼板的上表面至上层楼板底面计算。

②计算墙模板时,不扣除梁与墙交接处的模板面积。

③墙、板上单孔面积在 0.3m² 以内的孔洞不扣除,洞侧模板也不增加,单孔面积在 0.3m² 以上应扣除,洞侧模板并入墙、板模板工程量计算。

④计算板模板时,不扣除柱、墙所占的面积。

⑤梁、板、墙模板均不扣除后浇带所占的面积。

⑥薄壳板由平层和拱层两部分组成,按平层水平投影面积计算工程量。

⑦现浇悬挑板按外挑部分的水平投影面积计算,伸出墙外的牛腿、挑梁及板边的模板不另计算。

⑧高大有梁板模板的钢支撑工程量按搭设面积乘以支模高度(楼地面至板底高度)以立方米计算,不扣除梁柱所占的体积。

(2) 有关说明

①现浇构件梁、板、柱、墙是按支模高度（地面至板底）3.6m 编制的。超过3.6m时，按超高子目（不足1m按比例）套用定额，支撑超高子目的工程量按整个构件的模板面积计算。

②现浇挑檐天沟、悬挑板、水平遮阳板等以外墙外边线为分界线，与梁连接时，以梁外边线为分界线。

③混凝土斜板，当坡度为11°19′~26°34′时，按相应板定额子目人工费乘以系数1.15计算；当坡度为26°34′~45°时，按相应板定额子目人工费乘以系数1.2计算；当坡度在45°以上时，按墙子目计算。

④弧形半径≤10m 的混凝土墙（梁）模板按弧形混凝土墙（梁）模板计算。

⑤如有混凝土垫层，施工时不用支底模及底支撑的基础梁模板，应套圈梁子目。

(3) 计算实例

【例7.17-2】 某框架结构如图7.17-8所示，轴线居墙中，墙厚240mm，层高4.5m，板厚100mm，构造柱的马牙槎为60mm，墙上均有600mm高的框架梁。若构造柱模板采用胶合板模板钢支撑，计算现浇混凝土构造柱的模板工程量，并按2013年《广西壮族自治区建筑装饰装修工程消耗量定额》确定定额编号。

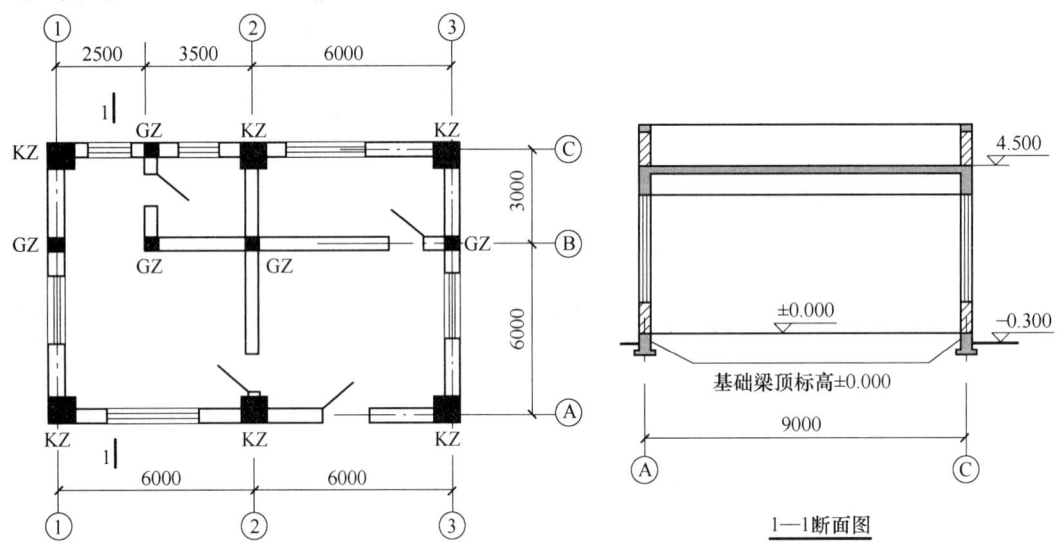

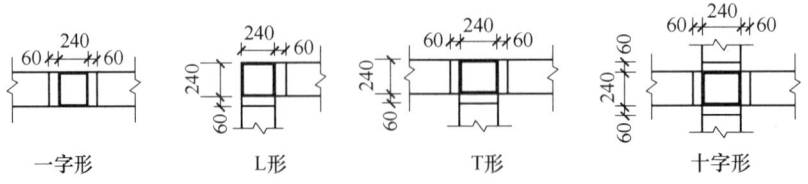

图7.17-8 构造柱平面布置及构造详图

【解】 1）构造柱模板按面积以平方米计算，留马牙槎的构造柱按最宽面计算模板宽度，高度从基础梁顶算至框架梁底。

一字形构造柱模板工程量 $S_1 = [0.36 \times 2 \times (4.5 - 0.6) \times 1]m^2 = 2.81m^2$

L 形构造柱模板工程量 $S_2 = [(0.3 \times 2 + 0.06 \times 2) \times (4.5 - 0.6) \times 1] m^2 = 2.81 m^2$

T 形构造柱模板工程量 $S_3 = [(0.36 + 0.06 \times 4) \times (4.5 - 0.6) \times 2] m^2 = 4.68 m^2$

十字形构造柱模板工程量 $S_4 = [0.06 \times 8 \times (4.5 - 0.6) \times 1] m^2 = 1.87 m^2$

构造柱模板工程量 $S = S_1 + S_2 + S_3 + S_4 = (2.81 + 2.81 + 4.68 + 1.87) m^2 = 12.17 m^2$

应根据模板及支撑种类套用定额,实际使用支撑与定额不同时不得换算,因此定额子目为 A17-58。

2) 定额中构造柱的支模高度(地面至板底)按 3.6m 编制,超过 3.6m 时按超高子目(不足 1m 按比例)套用定额,支撑超高子目的工程量按整个构件的模板面积计算。

支撑超高高度 $= (4.5 - 0.1 - 3.6) m = 0.8 m$

构造柱支撑超高模板工程量 = 构造柱模板工程量 = $12.17 m^2$

定额子目为 A17-60 换(定额乘以系数 0.8)。

【例 7.17-3】 某框剪结构地下负一层平面布置及断面图如图 7.17-9 所示,墙厚 250mm,板厚 200mm,轴线居墙中,墙基顶标高及门洞底标高为 -3.500m。若剪力墙模板采用钢模板钢支撑,计算该层现浇混凝土剪力墙的模板工程量,并按 2013 年《广西壮族自治区建筑装饰装修工程消耗量定额》确定定额子目编号。

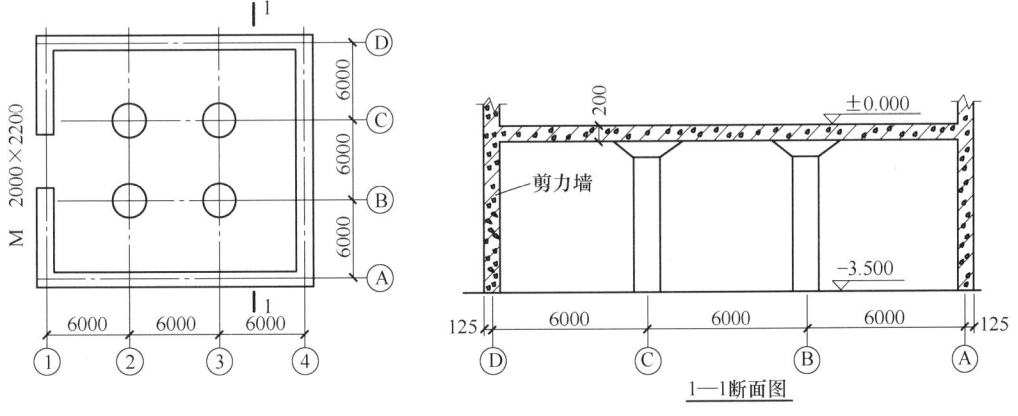

图 7.17-9 负一层平面布置及断面图

【解】 剪力墙模板按面积以平方米计算,墙高自墙基算至上层楼板底面,墙上单孔面积在 $0.3 m^2$ 以上应扣除,洞侧模板并入墙模板工程量计算。

剪力墙侧模工程量 $S_1 = [6 \times 3 \times 4 \times (3.5 - 0.2) - 2 \times 2.2] \times 2 m^2 = 466.4 m^2$

门洞侧模工程量 $S_2 = [(2.2 \times 2 + 2) \times 0.25] m^2 = 1.6 m^2$

剪力墙模板工程量 $S = S_1 + S_2 = (466.4 + 1.6) m^2 = 468 m^2$

剪力墙模板采用钢模板钢支撑,且其支撑高度没有超过 3.6m,因此定额子目为 A17-82。

【例 7.17-4】 某单层框架结构楼板如图 7.17-10 所示,轴线居柱中,板厚 100mm,柱基顶面至楼板板面高度为 3.5m,计算现浇混凝土柱与有梁板的模板工程量。

【解】 1) 有梁板的柱高,应自柱基的上表面至上层楼板底面计算。

柱模板工程量 $= [0.4 \times 4 \times (3.5 - 0.1) \times 8] m^2 = 43.52 m^2$

2) 梁与柱连接时,梁长算至柱侧面;计算板模板时,不扣除柱所占的面积。

梁、板底模板工程量 $S_1 = [(5.4 \times 3 + 0.4) \times (7.2 + 0.4)] m^2 = 126.16 m^2$

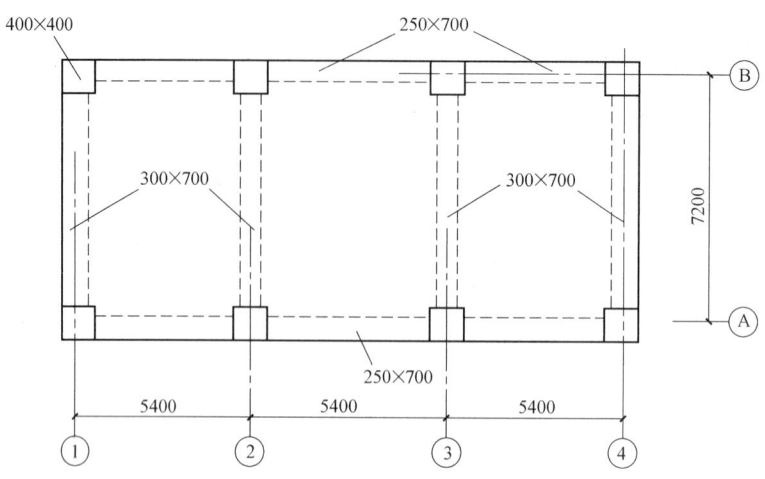

图 7.17-10 柱与有梁板平面布置图

梁、板侧模板工程量 $S_2 = [(5.4 \times 3 - 0.4 \times 3) \times (0.7 - 0.1) \times 2 \times 2] m^2 + [(7.2 - 0.4) \times (0.7 - 0.1) \times 2 \times 4] m^2 + [(5.4 \times 3 + 0.4 + 7.2 + 0.4) \times 2 \times 0.1] m^2$

$= 73.48 m^2$

有梁板模板工程量 $S = S_1 + S_2 = 199.64 m^2$

【例 7.17-5】 图 7.17-11 中单独浇捣的混凝土雨篷长度为 2.5m,计算雨篷模板的工程量,按 2013 年《广西壮族自治区建筑装饰装修工程消耗量定额》确定定额子目编号。

【解】 根据"A.4 混凝土及钢筋混凝土工程"中构件划分规定,单独浇捣的雨篷按悬挑板考虑,模板按外挑部分的水平投影面积计算(嵌入墙内的梁按圈梁计算),套用定额子目 A17-109。

雨篷模板工程量 $= (2.5 \times 0.9) m^2 = 2.25 m^2$

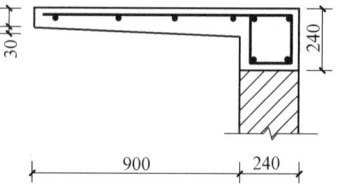

图 7.17-11 雨篷示意图

3. 楼梯模板

(1) 计算规则 楼梯包括休息平台、梁、斜梁及楼梯与楼板的连接梁,按设计图示尺寸以水平投影面积计算,不扣除宽度小于 500mm 的楼梯井所占面积,楼梯踏步、踏步板、平台梁等侧面模板不另计算,伸入墙内部分亦不增加。

(2) 计算实例

【例 7.17-6】 某住宅标准层的现浇混凝土楼梯如图 7.17-12 所示,轴线居墙中。墙厚均为 240mm,TL 截面尺寸为 250mm×350mm,计算该标准层现浇混凝土楼梯模板工程量。

【解】 现浇混凝土楼梯模板按设计图示尺寸以水平投影面积计算,包括休息平台、梁、斜梁及楼梯与楼板的连接梁,不扣除宽度小于 500mm 的楼梯井所占面积。

楼梯模板工程量 $= [(1.6 - 0.12 + 2.7 + 0.25) \times (3.3 - 0.24)] m^2$

$= 13.56 m^2$

4. 其他构件模板

现浇混凝土其他构件模板包括现场支模浇筑压顶、扶手、小型构件、小型池槽、台阶、散水、明沟、地沟、后浇带等的模板。

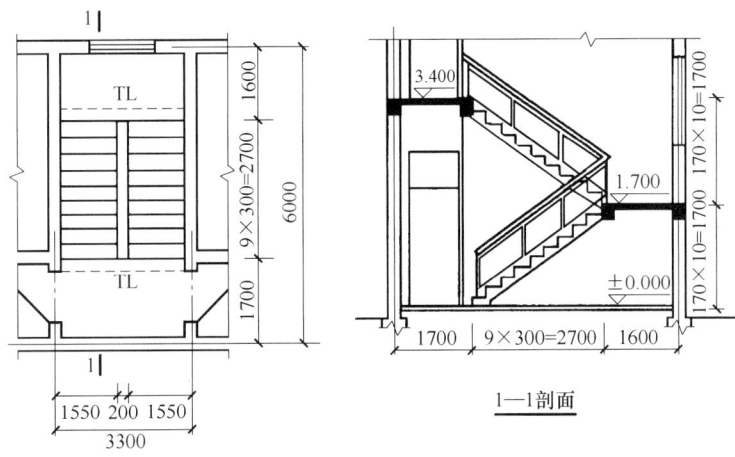

图 7.17-12 标准层楼梯平面及断面图

(1) 计算规则

1) 混凝土压顶、扶手按延长米计算。
2) 屋顶水池,分别按柱、梁、墙、板项目计算。
3) 小型池槽模板按构件外围体积计算,池槽内、外侧及底部的模板不另计算。
4) 台阶模板按水平投影面积计算,台阶两侧模板面积不另计算。架空式混凝土台阶,按现浇楼梯计算。
5) 现浇混凝土散水按水平投影面积以平方米计算,现浇混凝土明沟按延长米计算。
6) 小立柱、装饰线条、二次浇灌模板套用小型构件定额子目,按模板接触面积以平方米计算。
7) 后浇带分为结构后浇带、温度后浇带。结构后浇带分为墙、板后浇带。后浇带模板工程量按后浇部分混凝土体积以立方米计算。

(2) 有关说明

1) 混凝土小型构件是指单个体积在 $0.05m^3$ 以内的本节定额未列出定额项目的构件。
2) 外形体积在 $2m^3$ 以内的池槽为小型池槽。
3) 装饰线条是指窗台线、门窗套、挑檐、腰线、扶手、压顶、遮阳板、宣传栏边框等凸出墙面 150mm 以内、竖向高度 150mm 以内的横、竖混凝土线条。
4) 后浇带支模时为了防止混凝土溢出,使用钢丝网等阻隔,安拆钢丝网等的工、料不得另计,已含在后浇带模板子目中。

(3) 计算实例

【例 7.17-7】 求图 7.17-13 中现浇混凝土台阶的模板工程量。

【解】 台阶模板按水平投影面积计算,台阶两侧不另计算模板面积。

$$台阶模板工程量 = (4 \times 1.2)m^2 = 4.8m^2$$

5. 预制混凝土构件

(1) 计算规则

1) 预制混凝土模板工程量,除另有规定外均按混凝土实体体积以立方米计算。
2) 小型池槽按外形体积以立方米计算。

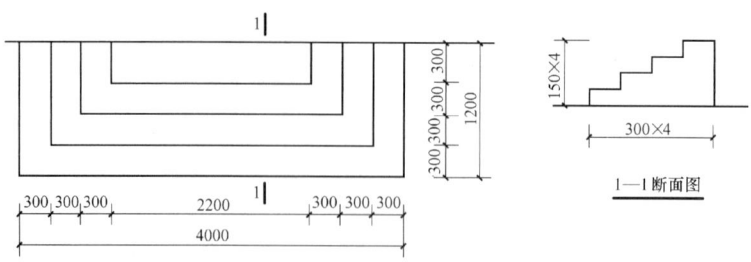

图 7.17-13 混凝土台阶平面与断面示意图

3) 预制混凝土桩尖按桩尖最大截面积乘以桩尖高度以立方米计算。

(2) 计算实例

【例 7.17-8】 如图 7.17-14 所示，某厂房工程的 T 形吊车梁 30 根，从预制构件厂制作后运至施工现场安装，计算 T 形吊车梁的模板工程量。

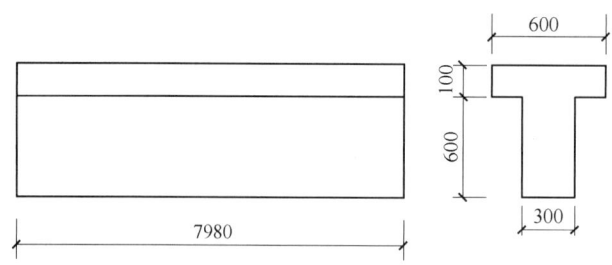

图 7.17-14 T 形吊车梁示意图

【解】 预制 T 形吊车梁模板工程量，按混凝土实体体积以立方米计算。

T 形吊车梁模板工程量 $= [(0.6 \times 0.1 + 0.3 \times 0.6) \times 7.98 \times 30] m^3 = 57.46 m^3$

思考与习题

1. 计算图 7.17-15 中现浇混凝土独立桩承台的模板工程量。

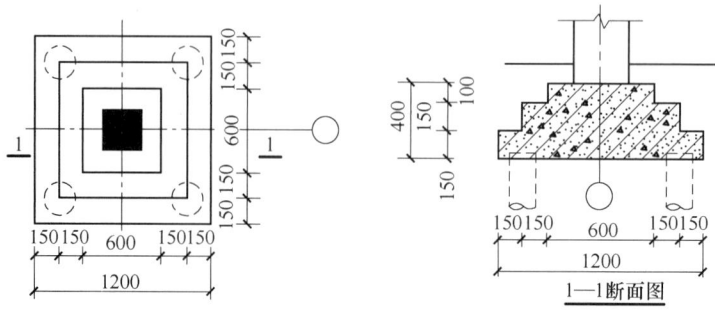

图 7.17-15 独立桩承台平面与断面示意图

2. 计算图 7.17-16 中现浇钢筋混凝土杯形基础模板工程量。

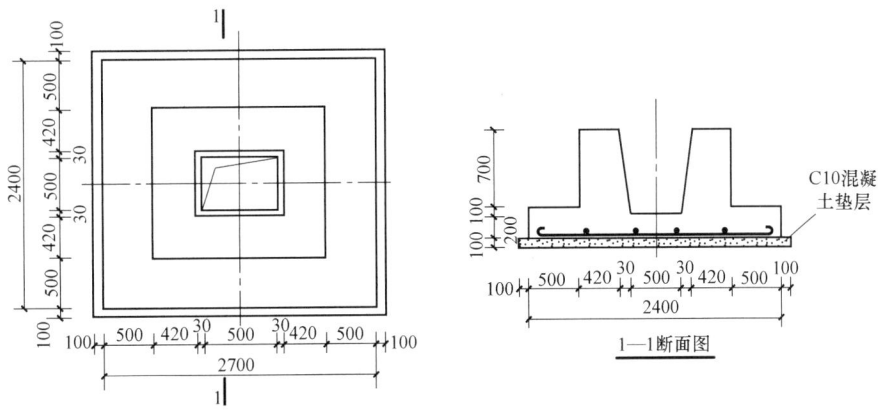

图 7.17-16 钢筋混凝土杯形基础平面与断面示意图

3. 计算图 7.17-17 中现浇钢筋混凝土有梁式满堂基础模板工程量。

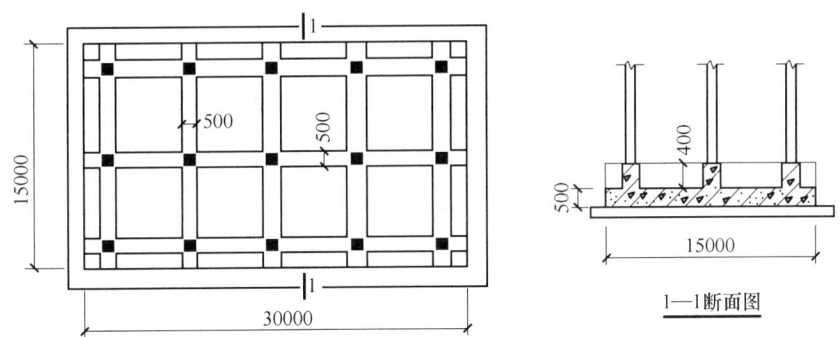

图 7.17-17 有梁式满堂基础平面与断面示意图

4. 某单层框架屋面结构布置如图 7.17-18 所示,轴线居梁中,计算现浇钢筋混凝土屋面板的模板工程量。

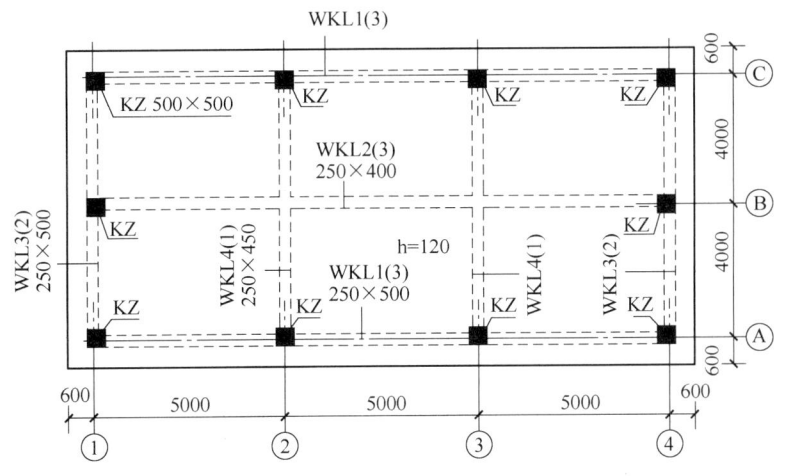

图 7.17-18 屋面结构布置图

5. 图 7.17-19 中现浇混凝土檐沟的长度为 60m，计算其模板工程量。

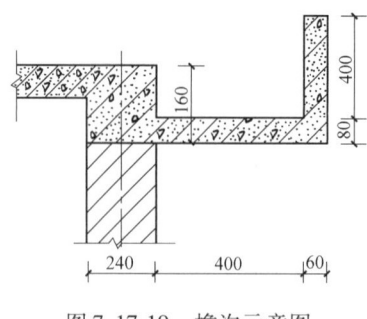

图 7.17-19　檐沟示意图

7.18　混凝土运输及泵送工程

一、概述

1. 主要内容

混凝土运输及泵送工程包括现场搅拌站混凝土的运输、混凝土泵送。

2. 定额说明

1）当工程使用现场搅拌站混凝土或商品混凝土时，如需运输和泵送的，可按定额相应子目计算混凝土运输和泵送费用。如商品混凝土运输费已在发布的参考价中考虑，则运输不再套定额计算。

2）如商品混凝土的运输损耗2%，已在各地市造价管理站发布的商品混凝土参考价中。

二、主要分项工程工程量计算

（1）计算规则

1）混凝土运输：混凝土运输工程量，按混凝土浇捣相应子目的混凝土定额分析量（如需泵送，加上泵送损耗）计算。

2）混凝土泵送：混凝土泵送工程量，按混凝土浇捣相应子目的混凝土定额分析量计算。

（2）计算方法

1）当采用非泵送、现场搅拌站拌制混凝土时：

混凝土运输工程量 = 混凝土定额分析量

混凝土拌制工程量 = 混凝土定额分析量 + 运输损耗

2）当采用泵送、现场搅拌站拌制混凝土时：

混凝土泵送工程量 = 混凝土定额分析量

混凝土运输工程量 = 混凝土定额分析量 + 泵送损耗

混凝土拌制工程量 = 混凝土定额分析量 + 泵送损耗 + 运输损耗

3）当采用非泵送商品混凝土时，分以下两种情况：

①商品混凝土信息价（或半成品合同价）为出厂价（不含运输）的，应计算运输费；

混凝土运输工程量 = 混凝土定额分析量

②商品混凝土信息价（或半成品合同价）为到工地价（含运输费）的，不能再计算运输费。

4) 当采用泵送商品混凝土时，分以下三种情况：

①泵送商品混凝土信息价（或半成品合同价）为出厂价（不含运输及泵送费）的，应计算运输及泵送费。

混凝土泵送工程量 = 混凝土定额分析量

混凝土运输工程量 = 混凝土定额分析量 + 泵送损耗

②泵送商品混凝土信息价（或半成品合同价）为到工地价（含运费但不含泵送费）的，只能计算泵送费，不能再计取运输费。

混凝土泵送工程量 = 混凝土定额分析量

③泵送商品混凝土信息价（或半成品合同价）为泵送到构件部位价（即含运输费及泵送费）的，不能再计算运输费及泵送费。

(3) 有关说明　混凝土泵送高度以檐高来确定：

①当建筑物有不同檐高时，执行"A.19 建筑物超高增加费"说明的规定，计算加权平均高度，确定檐高。

②基础及地下室泵送高度，按设计室外地坪至地下室底板底面的垂直距离计算。

(4) 计算实例

【例7.18-1】　某建筑物第三层有梁板300m³需采用输送泵车泵送商品混凝土。已知建筑物檐口标高为12.000，室内地坪标高为±0.000，室外地坪标高为-0.500。若工程所在地造价管理站发布的商品混凝土参考价为到工地价，计算第三层有梁板混凝土的泵送工程量，并按2013年《广西壮族自治区建筑装饰装修工程消耗量定额》确定定额子目编号。

【解】　工程所在地的造价管理站发布的商品混凝土参考价为工地价，即已含运费但不含泵送费。混凝土泵送工程量按混凝土浇捣相应子目的混凝土定额分析量计算。

由于混凝土泵送高度(12 + 0.5)m = 12.5m < 60m，因此套用定额子目 A18-3。

查找有梁板的浇捣定额子目 A4-31 可知：浇捣10m³混凝土有梁板，其定额分析量为10.15m³。

有梁板的混凝土泵送工程量 = 混凝土定额分析量 = (300 × 10.15/10) m³ = 304.5m³

思考与习题

1. 商品泵送混凝土的运输工程量是否要计算？
2. 商品泵送混凝土的泵送工程量与浇捣工程量有什么关系？
3. 若例7.18-1 中的第三层有梁板混凝土在距工地2km 外的现场搅拌站（生产能力为60m³/h）拌制，运至工地后再用输送泵泵送，已知混凝土运输损耗为2%，试计算该有梁板混凝土的拌制、运输和泵送工程量，并按2013年《广西壮族自治区建筑装饰装修工程消耗量定额》确定定额子目编号。

7.19　建筑物超高增加费

一、概述

1. 主要内容

建筑物超高增加费包括建筑装饰装修超高增加费、局部装饰装修超高增加费以及建筑物超高加压水泵台班。

2. 定额说明

1) 建筑物超高增加费适用于建筑工程、装饰装修工程和专业分包工程；局部装饰装修超高增加费适用于楼层局部装饰装修的工程。

2) 定额适用于:

①建筑物地上超过六层或设计室外标高至檐口高度超过 20m 以上的工程,檐高或层数只需符合一项指标即可套用相应定额子目。

②建筑物地下超过六层或设计室外地坪标高至地下室底板地面高度超过 20m 以上的工程,高度或层数只需符合一项指标即可套用相应定额子目。

③构筑物超高增加费已含在定额里,不另计算。

3) 建筑物超高人工、机械降效系数是指由于建筑物地上(地下)高度超过六层或设计室外标高至檐口(地下室底板地面)高度超过 20m 时,操作工人的工效降低、垂直运输运距加长影响的时间增加以及由于人工降效引起随工人班组配置确定台班量的机械效率相应降低。

4) 建筑物檐口高度的确定及室外地坪以上的高度计算,执行定额"A.16 垂直运输工程"说明中的规定。

5) 当建筑物有不同檐高时,按不同檐高的建筑面积计算加权平均降效高度(图 7.19-1),当加权平均降效高度大于 20m 时,套相应高度的定额子目。

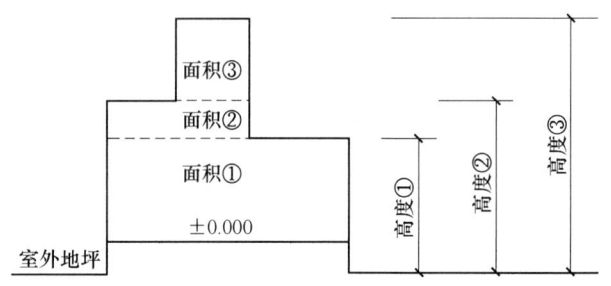

图 7.19-1 加权平均降效高度的计算示意图

加权平均降效高度 = 高度①×面积① + 高度②×面积② + ……/总面积

6) 建筑物局部装饰装修超高高度的确定,执行定额"A.16 垂直运输工程"说明中的规定。

7) 建筑物超高加压水泵台班主要考虑自来水水压不足所需增压的加压水泵台班。

8) 一个承包方同时承包几个单位工程时,两个单位工程按超高加压水泵台班子目乘以系数 0.85 计算;两个以上单位工程按超高加压水泵台班子目乘以系数 0.7 计算。

二、主要分项工程工程量计算

(1) 计算规则

1) 建筑、装饰装修工程超高增加人工、机械降效费的计算方法:

①人工、机械降效费按建筑物 ±0.000 以上(以下)全部工程项目(不包括脚手架工程、垂直运输工程、各章节中的水平运输子目、各定额子目中水平运输机械)中的全部人工费、机械费乘以相应子目人工、机械降效率以元计算。

②建筑物檐高超过 120m 时,超过部分按每增加 10m 子目(高度不足 10m 按比例)计算。

2) 建筑物局部装饰装修工程超高增加人工、机械降效费的计算方法:

①区别不同的垂直运输高度,将各自装饰装修楼层(包括楼层所有装饰装修工程量)的人工费之和、机械费之和(不包括脚手架、垂直运输工程,各章节中的水平运输子目,各定额子目中的水平运输机械)分别乘以相应子目人工、机械降效率以元计算。

②垂直运输高度超过 120m 时,按每增加 20m 定额子目计算;高度不足 20m 时,按比例计算。

3) 建筑物超高加压水泵台班的工程量，按±0.000以上建筑面积以平方米计算；建筑物高度超过120m时，超过部分按每增加10m子目（高度不足10m按比例）计算。

(2) 计算实例

【例 7.19-1】 某框架结构如图 7.19-2 所示，底层与二层建筑面积之和为 15000m²，三至六层建筑面积之和为 18000m²，七至十二层建筑面积之和为 9000m²，计算该工程的降效高度。

【解】 当建筑物有不同高度时，按不同高度的建筑面积计算加权平均降效高度。

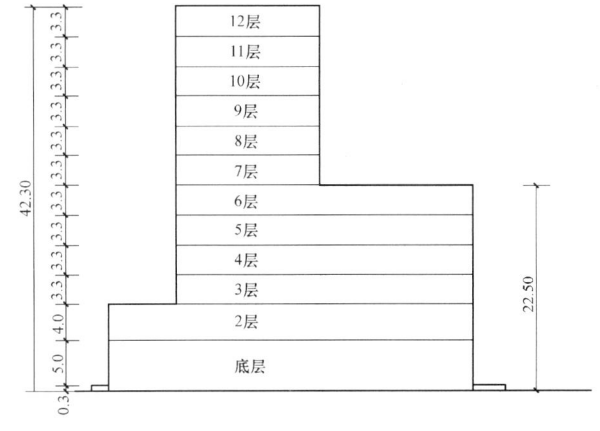

图 7.19-2　建筑物立面示意图

加权平均降效高度 = $[(5+4+0.3) \times 15000 + 22.5 \times 18000 + 42.3 \times 9000)]m^3 /$
$(15000 + 18000 + 9000)m^2$
$= 22.03m$

【例 7.19-2】 在例 7.19-1 中，已知人工费为 1428000 元，机械费为 928000 元（数据均不包括脚手架工程、垂直运输工程、各章节中的水平运输子目及子目中的水平运输机械），根据 2013 年《广西壮族自治区建筑装饰装修工程消耗量定额》计算该工程建筑、装饰装修工程超高人工降效费和机械降效费。

【解】 查定额子目 A19-1 可知，平均降效高度 30m 以内的人工降效系数为 1.67%，机械降效系数为 2%。

1) 人工降效费 = 1428000 元 × 1.67% = 23847.6 元
2) 机械降效费 = 928000 元 × 2% = 18560 元

思考与习题

1. 建筑物局部装饰装修如何计算人工和机械降效费？
2. 某框架结构教学楼如图 7.19-3 所示，分别由图示 A、B、C 单元楼组合为一栋整体建筑，天面居女

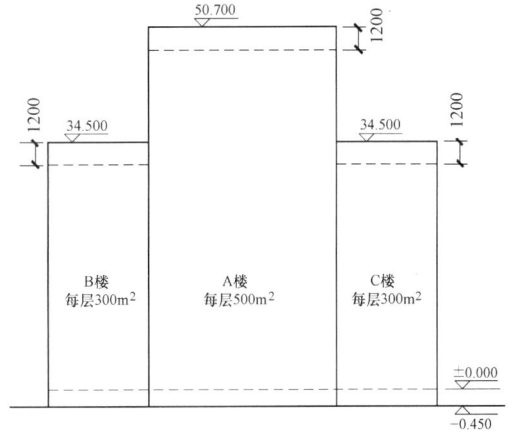

图 7.19-3　建筑物立面示意图

儿墙顶面高度为 1.2m。已知 A 楼 15 层，每层建筑面积为 500m²，B 楼、C 楼均为 10 层，每层建筑面积为 300m²，计算该教学楼工程的降效高度。

7.20 大型机械设备基础、安拆及进退场费

一、概述

1. 主要内容

大型机械设备基础、安拆及进退场费包括塔式起重机与施工电梯基础、大型机械安装与拆卸一次费用、大型机械场外运输费。

2. 定额说明

1）塔式起重机、施工电梯基础。

①塔式起重机固定式基础如需打桩时，其打桩费用按有关子目计算。

②定额不包括基础拆除的相关费用，如实际发生，另行计算。

③塔式起重机固定式基础、施工电梯基础如与定额不同时，可按经审定的施工组织设计分别套用相应定额子目计算。

2）大型机械安装、拆卸一次费用。

①安装拆卸费定额中已包括机械安装完成后的试运转费用。

②塔式起重机安装、拆卸定额是按塔高 60m 确定的，如塔高超过 60m 时，每增加 15m，定额消耗量（扣除试车台班后）增加 10%。

3）大型机械场外运输费用。

①大型机械场外运输费为运距 25km 以内的机械进出场费用。运距在 25km 以上者，按实办理签证。

②大型机械场外运输费用不计算机械本机台班费用。

③大型机械场外运输费已包括机械的回程费用。

④自升式塔式起重机场外运输费是按塔高 60m 确定的，如塔高超过 60m 时，每增加 15m，场外运输定额消耗量增加 10%。

4）大型机械安装、拆卸一次费用子目中的试车台班及场外运输费用子目中的本机使用台班可根据实际使用机型换算，其他不变。

5）潜水钻机、转盘钻机、冲孔钻机等机械套用工程钻机相应子目，钻机可根据实际机型换算，其他不变。

二、主要分项工程工程量计算

（1）计算规则

1）自升式塔式起重机、施工电梯基础。

①自升式塔式起重机基础以座计算。

②施工电梯基础以座计算。

2）大型机械安装、拆卸一次费用均以台次计算。

3）大型机械场外运输费均以台次计算。

（2）计算实例

【例7.20-1】 某桩基础工程施工时,采用运输车将2台压力2000kN的液压静力压桩机从15km处运至施工现场,计算静力压桩机安装、拆卸以及场外运输的工程量,并按2013年《广西壮族自治区建筑装饰装修工程消耗量定额》确定定额子目编号。

【解】 压力2000kN的液压静力压桩机属于大型机械,大型机械安装、拆卸一次费用以及场外运输费均以台次计算,分别套用定额子目A20-10、A20-30。

液压静力压桩安拆工程量 = 2台次

液压静力压桩场外运输工程量 = 2台次

思考与习题

1. 大型机械场外运输的运距在25km以上,如何计算场外运输费?
2. 某新建工程为地上20层、地下1层;檐高70m。已批准的相关施工组织设计如下:

①采用2台斗容量1.0m³的液压挖掘机开挖土方,6台8t自卸汽车外运土方。

②一台塔高75m的自升式塔式起重机(固定式基础、带配重)和一台70m高的施工电梯为垂直运输机械,塔式起重机与施工电梯基础均采用GD40碎石C40商品普通混凝土。

已知各种机械进场的距离均为20km,根据2013年《广西建筑装饰装修工程消耗量定额》确定与"A.20大型机械设备基础、安拆及进退场费"相关的定额子目编号并计算工程量。

7.21 材料二次运输

一、概述

1. 主要内容

材料二次运输包括金属材料、水泥及其制品、石灰、砂、石、屋面保温材料、竹、木材及其制品、砖、瓦、小型空心砌块、装饰石材、陶瓷面砖、天棚材料、门窗制品及玻璃等不同材料的二次运输。

2. 定额说明

1) 定额适用于建筑、装饰工程中的建筑材料二次运输费的计算。

2) 材料二次运输中,因水泥和玻璃(指门窗平板玻璃)重复装卸损耗较大,可另计算二次运输损耗费,其损耗率为:水泥0.5%;玻璃2%。二次运输损耗费计算式:

二次运输损耗费 = 该材料量 × 材料单价 × 损耗率

3) 垂直运输材料,按照垂直运输距离折合7倍水平运输距离,套用定额子目计算。

4) 水平运距的计算分别以取料中心点为起点,以材料堆放中心点为终点。不足整数者,进位取整数。

二、主要分项工程工程量计算

(1) 计算规则 各种材料二次运输按定额表中的定额子目的计量单位计算。

(2) 有关说明

1) 二次运输费是指因施工场地条件限制而发生的材料、构配件、半成品等一次运输不能到达堆放地点,必须进行二次或多次搬运所发生的费用。

上述堆放地点是指定额取定的材料运距范围内的堆放地点。定额材料成品、半成品等运距取定见表 7.21-1，超出表中运距范围的材料成品、半成品运输可计算二次运输费。

2）材料二次运输中，因水泥和玻璃（门窗平板玻璃）重复装卸损耗较大，可另计算二次运输损耗费，其余材料不得计算二次运输损耗费。

表 7.21-1 定额材料成品、半成品等运距取定表

序号	材料名称	起止地点	定额取定运距/m
1	水泥	仓库——搅拌	100
2	砂	堆放——搅拌	100
3	碎（砾）石	堆放——搅拌	100
4	毛石	堆放——使用	100
5	方整石	堆放——使用	100
6	白石子		200
7	石屑		200
8	石灰（袋装）、石灰膏		100
9	炉渣	堆放——使用	100
10	砖	堆放——使用	150
11	瓦		150
12	瓷砖		200
13	马赛克		200
14	水泥砖、缸砖		200
15	大理石、水磨石板		200
16	天然及人造石板		200
17	地面块料		200
18	砂浆	搅拌——使用	150
19	沥青砂浆	搅拌——使用	200
20	混凝土	搅拌——制作	150
21	细石混凝土	搅拌——使用	200
22	轻质混凝土		150
23	炉渣混凝土	搅拌——使用	150
24	沥青混凝土	搅拌——使用	200
25	加气混凝土		150
26	混凝土块	堆放——使用	100
27	预制混凝土构件	制作——堆放	50
28	硅酸盐砌块		100
29	水泥蛭石块、沥青珍珠岩块	堆放——使用	150
30	石灰炉（矿）渣	拌和——使用	100
31	水泥石灰炉（矿）渣		200
32	现浇水泥珍珠岩块、水泥蛭石		200
33	干铺珍珠岩蛭石		200
34	黏土		130
35	钢筋	制作	50
		取料——加工	80
		现场堆放——使用	100
		工厂加工——使用	150
36	铁件	堆放——使用	100
37	铁皮	仓库——使用	150
38	铸铁水斗、出水口罩、水落管	堆放——使用	150
39	金属结构钢材	制作	150
		安装	100
40	钢门窗	制作	100
		安装	150

(续)

序号	材料名称	起止地点	定额取定运距/m
41	组合钢模板	堆放——安装	200
		拆除——堆放	200
42	木模板	取料——加工	80
		加工——工厂堆放	80
		现场堆放——安装	200
		拆除——堆放	200
43	木制半成品	取料——加工	80
		加工——堆放	100
		现场堆放——安装	220
44	木门窗	制作——堆放	80
		堆放——安装	170
45	屋架	制作	50
		安装	150
46	檩木	制作	50
		安装	150
47	瓦条		150
48	望板		150
49	木地板、木楞	制作	100
		安装	200
50	脚手架用料	搭设 拆除	200
51	钢管脚手杆		200
52	脚手杆		200
53	脚手板		200
54	排木		200
55	毛竹	堆放——使用	200
56	卷材、油毡、玻璃布	仓库——使用	200
57	沥青	堆放——熬制——操作	150
58	沥青胶		200
59	塑料板	仓库——使用	200
60	玻璃棉、矿渣棉	堆放——使用	200
61	麻刀		100
62	草袋片	堆放——使用	100
63	木柴、煤	堆放——使用	100
64	玻璃		150

(3) 计算实例

【例 7.21-1】 某工程因为施工场地条件限制，150m³ 碎石堆放在距离搅拌站 250m 处，根据 2013 年《广西壮族自治区建筑装饰装修工程消耗量定额》确定碎石二次运输的定额子目编号，并计算其工料机费。

【解】 查定额材料成品、半成品运距取定表可知，碎石定额运距取定为 100m。

碎石的二次运输运距 = (250 - 100)m = 150m

套用定额子目为 A21-15 和 A21-16 换(定额乘以系数 2)。

碎石二次运输工料机费 = [150 × (10.08 + 2.88 × 2)] 元 = 2376 元

思考与习题

1. 若例 7.21-1 中的碎石堆放在距离搅拌站 280m 处，如何根据 2013 年《广西壮族自治区建筑装饰装修工程消耗量定额》确定碎石二次运输定额子目编号?

2. 某工程因为施工场地狭窄,20t 水泥只能堆放在距离搅拌机200m 处,已知该水泥的市场价为470元/t,计算水泥的二次运输损耗费。

7.22 成品保护工程

一、概述

1. 主要内容

成品保护工程包括楼地面成品保护、楼梯与栏杆成品保护、台阶成品保护、柱墙面及电梯内装饰保护。

2. 定额说明

1)定额适用于建筑装饰装修工程的成品保护。

2)成品保护是指施工过程中对装饰装修面所进行的保护。

3)定额编制是以成品保护所需的材料考虑的。

二、主要分项工程工程量计算

(1)计算规则

1)楼梯、台阶,按设计图示尺寸以水平投影面积计算。

2)栏杆、扶手,按设计图示尺寸以中心线长度计算。

3)其他成品保护,按被保护面层以面积计算。

(2)计算实例

【例 7.22-1】 例 7.9-4 中的楼梯铺贴陶瓷地砖面层后采用麻袋保护,计算楼梯装饰面层的成品保护工程量,并根据2013年《广西壮族自治区建筑装饰装修工程消耗量定额》确定定额子目编号。

【解】 楼梯的成品保护按设计图示尺寸以水平投影面积计算,套用定额子目 A22-7。

$$楼梯成品保护工程量 = 楼梯装饰面层工程量 = 38.54 m^2$$

【例 7.22-2】 例 7.14-1 中的不锈钢栏杆采用毛坯布保护,计算楼梯栏杆的成品保护工程量,并根据2013年《广西壮族自治区建筑装饰装修工程消耗量定额》确定定额子目编号。

【解】 栏杆的成品保护按设计图示尺寸以中心线长度计算,套用定额子目 A22-8。

$$栏杆成品保护工程量 = 栏杆工程量 = 8.36m$$

思考与习题

1. 例 7.9-5 中的花岗岩台阶采用毛坯布保护,计算台阶装饰面层的成品保护工程量,并根据2013年《广西壮族自治区建筑装饰装修工程消耗量定额》确定定额子目编号。

2. 例 7.10-4 中的挂贴大理石柱采用胶合板护角,计算大理石柱护角工程量,并根据2013年《广西壮族自治区建筑装饰装修工程消耗量定额》确定定额子目编号。

第 8 章　建筑装饰装修工程费用

8.1　建筑装饰装修工程的费用组成

建筑装饰装修工程费用是指施工发承包工程造价，根据 2013 年《广西壮族自治区建筑装饰装修工程费用定额》的规定，建筑装饰装修工程费用组成划分有两种形式，一是按费用构成要素划分为直接费、间接费、利润、税金四个部分，如图 8-1 所示；二是按工程造价形成划分为分部分项工程费、措施项目费、其他项目费、规费、税前项目费、税金六个部分，如图 8-2 所示。

一、按费用构成要素划分

根据 2013 年《广西壮族自治区建筑装饰装修工程费用定额》的规定，按费用构成要素划分，建筑装饰装修工程费用由直接费、间接费、利润、税金组成。

1. 直接费

直接费由人工费、材料费、施工机械使用费（简称"机械费"）组成。

1）人工费：按工资总额构成规定，支付给从事工程施工的生产工人和附属生产单位的各项费用。内容包括：

①计时工资或计件工资：按计时工资标准和工作时间或已做工作按计件单价支付给个人的劳动报酬。

②津贴、补贴：为了补偿职工特殊或额外的劳动消耗和因其他特殊原因支付给个人的津贴，以及为了保证职工工资水平不受物价影响支付给个人的物价补贴。如流动施工津贴、高温作业临时津贴、高空津贴等。

③特殊情况下支付的工资：根据国家法律、法规和政策规定，因病、工伤、产假、计划生育假、婚丧假、事假、探亲假、定期休假、停工学习、执行国家或社会义务等原因按计时工资标准或计件工资标准的一定比例支付的工资。

2）材料费：施工过程中耗费的原材料、辅助材料、构配件、零件、半成品或成品的费用和周转使用材料的摊销（或租赁）费用。内容包括：

①材料原价：材料的出厂价格或商家供应价格。

②运杂费：材料自来源地运至工地仓库或指定堆放地点所发生的全部费用。

③运输损耗费：材料在运输装卸过程中不可避免的损耗。

④采购及保管费：为组织采购、供应、保管材料的过程中所需要的各项费用，包括采购费、仓储费、工地保管费、仓储损耗。

3）机械费：是指施工作业所发生的机械使用费以及机械安拆费和场外运输费或其租赁费。由下列七项费用组成：

①折旧费：施工机械在规定的使用年限内，陆续收回其原值的费用及购置资金的时间价值。

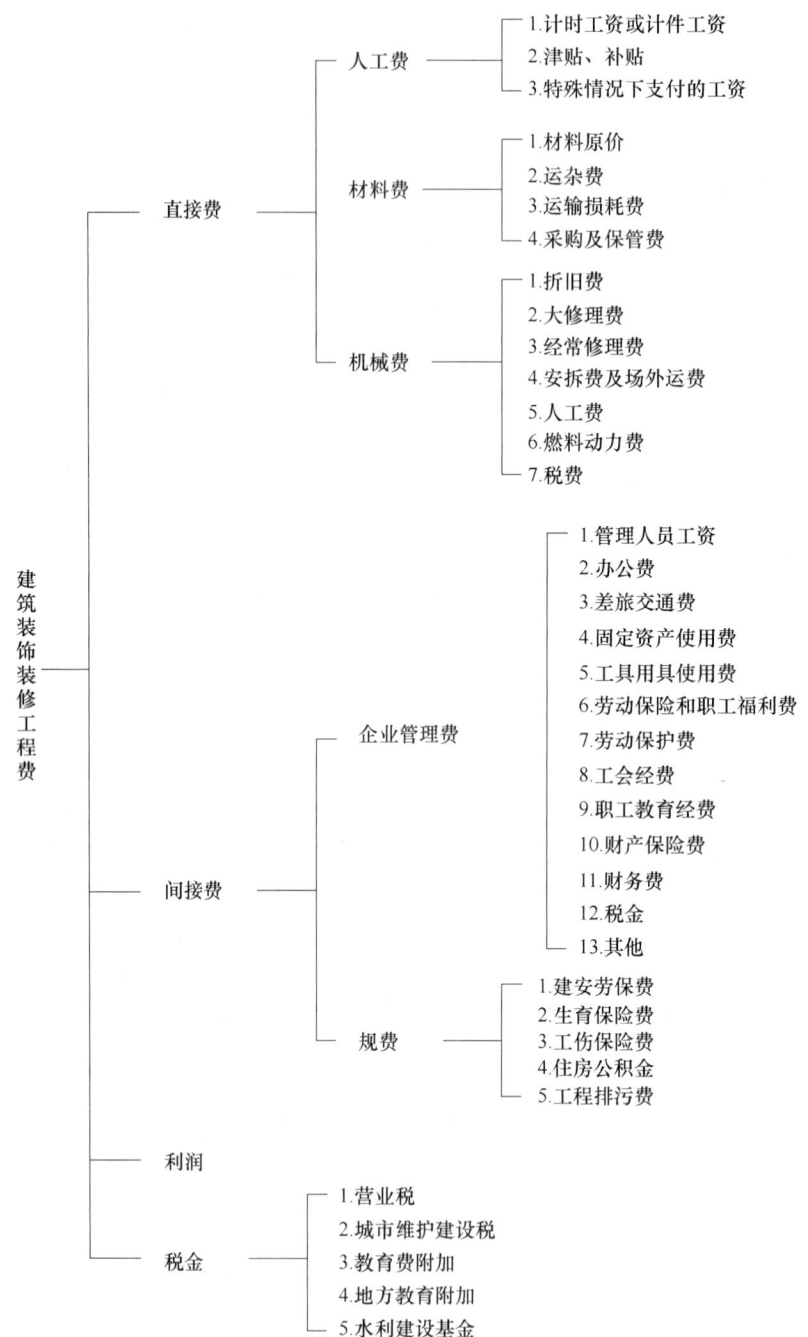

图 8-1 广西现行建筑装饰装修工程费用组成（按费用构成要素划分）

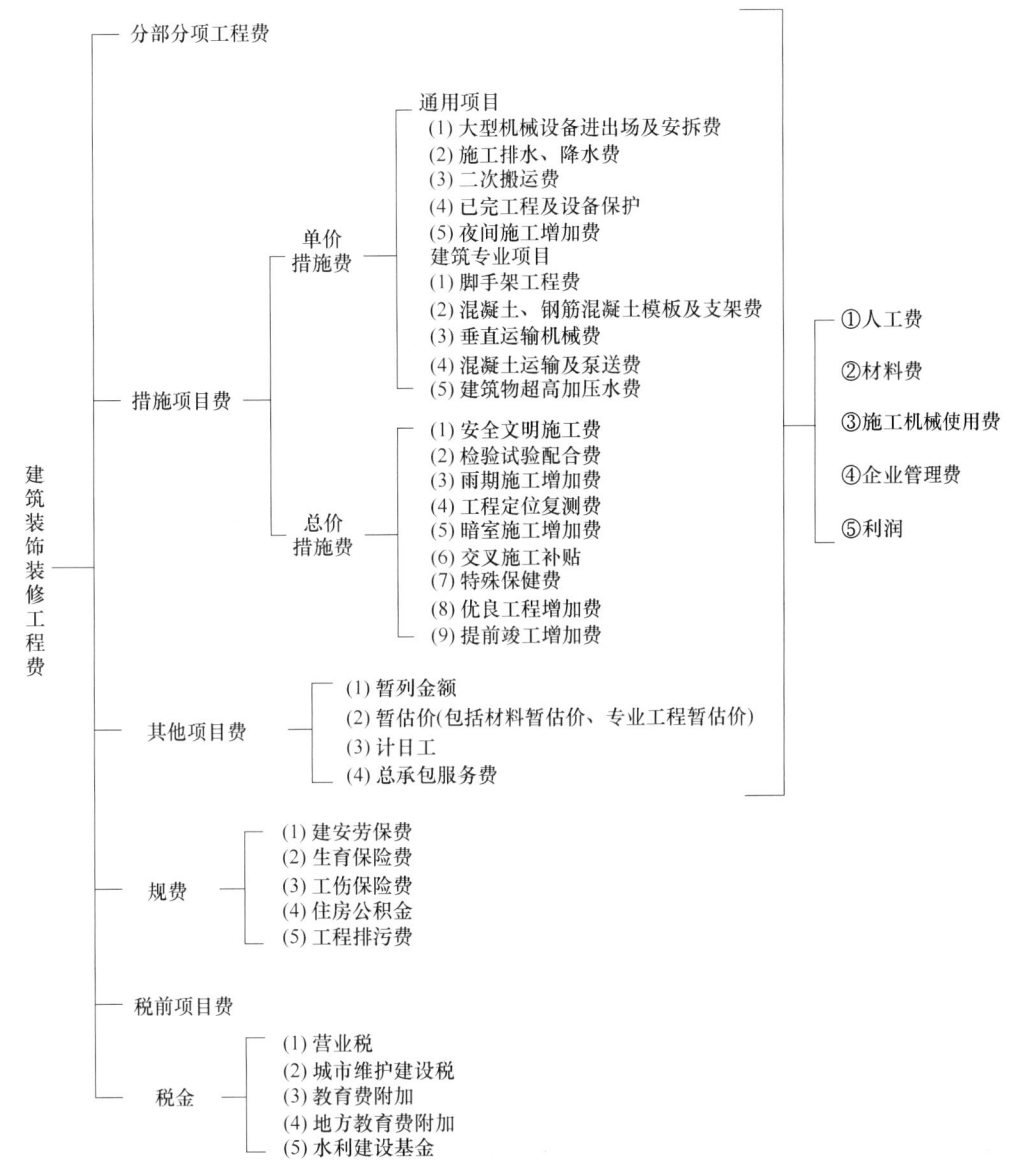

图 8-2 广西现行建筑装饰装修工程费用组成（按工程造价形成划分）

②大修理费：施工机械按规定的大修理间隔台班进行必要的大修理，以恢复其正常功能所需的费用。

③经常修理费：施工机械除大修理以外的各级保养和临时故障排除所需的费用，包括为保障机械正常运转所需替换设备与随机配备工具附具的摊销和维护费用，机械运转中日常保养所需润滑与擦拭的材料费用及机械停滞期间的维护和保养费用等。

④安拆费及场外运费：安拆费指施工机械（大型机械另计）在现场进行安装与拆卸所需的人工、材料、机械和试运转费用以及机械辅助设施的折旧、搭设、拆除等费用；场外运费指施工机械整体或分体自停放地点运至施工现场或由一施工地点运至另一施工地点的运输、装卸、辅助材料及架线等费用。

⑤人工费：机上司机和其他操作人员的人工费。

⑥燃料动力费：施工机械在运转作业中所消耗的各种燃料及水、电费用等。
⑦税费：施工机械按照国家规定应缴纳的车船使用税、保险费及年检费等。

2. 间接费

间接费由企业管理费和规费组成。

1）企业管理费：建筑安装企业组织施工生产和经营管理所需的费用。内容包括：

①管理人员工资：按规定支付给管理人员的计时工资、津贴补贴、加班加点工资及特殊情况下支付的工资等。

②办公费：企业管理办公用的文具、纸张、账表、印刷、邮电、书报、办公软件、现场监控、会议、水电、烧水和集体取暖降温（包括现场临时宿舍取暖降温）等费用。

③差旅交通费：职工因公出差、调动工作的差旅费、住勤补助费，市内交通费和误餐补助费，职工探亲路费，劳动力招募费，职工退休、退职一次性路费，工伤人员就医路费，工地转移费以及管理部门使用的交通工具的油料、燃料等费用。

④固定资产使用费：管理和附属生产单位使用的属于固定资产的房屋、设备、仪器等的折旧、大修、维修或租赁费。

⑤工具用具使用费：企业管理使用的不属于固定资产的工具、器具、家具、交通工具、测绘、消防用具等的购置、维修和摊销费。

⑥劳动保险和职工福利费：由企业支付的职工退职金、按规定支付给离休干部的经费，集体福利费、冬季取暖补贴、上下班交通补贴等。

⑦劳动保护费：企业按规定发放的劳动保护用品的支出，如工作服、手套、防暑降温饮料以及在有碍身体健康的环境中施工的保健费用等。

⑧工会经费：指企业按《中华人民共和国工会法》规定的全部职工工资总额比例计提的工会经费。

⑨职工教育经费：指按职工工资总额的规定比例计提，企业为职工进行专业技术和职业技能培训，专业技术人员继续教育、职工职业技能鉴定、职业资格认定以及根据需要对职工进行各类文化教育所发生的费用。

⑩财产保险费：指施工管理用财产、车辆等的保险费用。

⑪财务费：企业为施工生产筹集资金或提供预付款担保、履约担保、职工工资支付担保等所发生的各种费用。

⑫税金：企业按规定缴纳的房产税、非施工机械车船使用税、土地使用税、印花税等。

⑬其他：包括技术转让费、技术开发费、投标费、业务招待费、绿化费、广告费、公证费、法律顾问费、审计费、咨询费、保险费等。

2）规费：按国家法律、法规规定，由省级政府和省级有关权力部门规定必须缴纳或计取的费用。包括：

①建筑安装工程劳动保险费（以下简称"建安劳保费"）：企业按照规定标准为职工缴纳的养老保险费、失业保险费、医疗保险费；服务和保障建筑业务人员合法权益，符合劳动保障政策的其他相关费用。

②生育保险费：企业按照规定标准为职工缴纳的生育保险费。

③工伤保险费：企业按照规定标准为职工缴纳的工伤保险费。

④住房公积金：企业按规定标准为职工缴纳的住房公积金。

⑤工程排污费：按规定缴纳的施工现场工程排污费。

3）利润：施工企业完成所承包工程获得的盈利。

4）税金：国家税法规定的应计入建筑装饰装修工程造价内的营业税、城市维护建设税、教育费附加以及地方教育附加、水利建设基金。

二、按工程造价形成划分

根据 2013 年《广西壮族自治区建筑装饰装修工程费用定额》的规定，按照工程造价形成划分，建筑装饰装修工程费由分部分项工程费、措施项目费、其他项目费、规费、税前项目费、税金组成。其中分部分项工程费、措施项目费、其他项目费包含人工费、材料费、机械费、企业管理费和利润。

1. 分部分项工程费

分部分项工程费是指施工过程中，建筑装饰装修工程的分部分项工程应予列支的各项费用。分部分项工程划分见现行国家建设工程工程量计算规范，如房屋建筑与装饰工程划分的土石方工程、地基处理与桩基工程、砌筑工程、钢筋及钢筋混凝土工程等。

综合单价：完成一个分部分项工程项目所需的人工费、材料费、施工机械使用费、企业管理费、利润以及一定范围内的风险费用。

2. 措施项目费

措施项目费是指为完成工程项目施工，发生于该工程施工准备和施工过程中的技术、生活、安全、环境保护等方面的非工程实体项目，包括单价措施费和总价措施费。

1）单价措施费：措施项目中以单价计算的项目，即根据施工图（含设计变更）和现行国家计量规范及广西计量规范实施细则规定的工程量计算规则进行计量，与相应综合单价进行价款计算的项目。内容包括：

①脚手架工程费：施工需要的各种脚手架搭、拆、运输费用以及脚手架购置费的摊销（或租赁）费用。

②垂直运输机械费：在合理工期内完成单位工程全部项目所需的垂直运输机械台班费用。

③混凝土、钢筋混凝土模板及支架费：混凝土施工过程中需要的各种模板及支架的支、拆、运输费用和模板及支架的摊销（或租赁）费用。

④混凝土运输及泵送费：运输及泵送混凝土所发生的费用。

⑤大型机械设备进出场及安拆费：大型机械整体或分体自停放场地运至施工现场或由一个施工地点运至另一个施工地点，所发生的机械进出场运输转移费用及机械在施工现场进行安装、拆卸所需的人工费、材料费、机械费、试运转费和安装所需的辅助设施（如塔吊基础）的费用。

⑥二次搬运费：因施工场地条件限制而发生的材料、构配件、半成品等一次运输不能到达堆放地点，必须进行二次或多次搬运所发生的费用。

⑦已完工程及设备保护费：竣工验收前，对已完工程进行保护所需的费用。

⑧施工排水、降水费：为确保工程在正常条件下施工，采取各种排水、降水措施所发生的各种费用。

⑨建筑物超高加压水泵费：建筑物地上超过 6 层或设计室外标高至檐口高度超过 20m 以上，水压不够，需增加加压水泵而发生的费用。

⑩夜间施工增加费：因夜间施工所发生的夜班补助费、夜间施工降效、夜间施工照明设

备摊销及照明用电等费用。

2）总价措施费：措施项目中以总价计算的项目，即此类项目在现行国家计量规范及广西计量规范实施细则中无工程量计算规则，以总价（或计算基础乘以费率）计算的项目。内容包括：

①安全文明施工费：

a. 环境保护费：施工现场为达到环保部门要求所需要的各项费用。

b. 文明施工费：施工现场文明施工所需要的各项费用。

c. 安全施工费：施工现场安全施工所需要的各项费用。

d. 临时设施费：施工企业为进行建设工程施工所必须搭设的生活和生产用的临时建筑物、构筑物和其他临时设施费用，包括临时设施的搭设、维修、拆除、清理费或摊销费等。

临时设施包括：临时宿舍、文化福利及公用事业房屋与构筑物、仓库、办公室、加工厂（场）以及在规定范围内道路、水、电、管线等临时设施和小型临时设施。

②检验试验配合费：施工单位按规定进行建筑材料、构配件等试样的制作、封样、送检和其他保证工程质量进行的检验试验所发生的费用。

③雨期施工增加费：在雨期施工期间所增加的费用。包括防雨和排水措施、工效降低等费用。

④工程定位复测费：工程施工过程中进行全部施工测量放线和复测工作的费用。

⑤暗室施工增加费：在地下室（或暗室）内进行施工时所发生的照明费、照明设备摊销费及人工降效费。

⑥交叉施工补贴：建筑装饰装修工程与设备安装工程进行交叉作业而相互影响的费用。

⑦特殊保健费：在有毒有害气体和有放射性物质区域范围内施工人员的保健费，与建设单位职工享受同等特殊保健津贴。

⑧优良工程增加费：招标人要求承包人完成的单位工程质量达到合同约定为优良工程所必须增加的施工成本费。

⑨提前竣工增加（赶工补偿）费：在工程发包时发包人要求压缩工期天数超过定额工期的20%或在施工过程中发包人要求缩短合同工期，由此产生的应由发包人支付的费用。

⑩其他：根据各专业、地区及工程特点补充的施工组织措施费用项目。

3. 其他项目费

1）暂列金额：招标人在工程量清单中暂定并包括在工程合同价款中的一笔款项。用于工程合同签订时尚未确定或者不可预见的所需材料、服务的采购，施工中可能发生的工程变更、合同约定调整因素出现时的合同价款调整以及发生的索赔、现场签证确认等的费用。暂列金额由发包人暂定并掌握。

2）暂估价：招标人在工程量清单中提供的用于支付必然发生但暂时不能确定价格的材料以及专业工程的金额。

3）计日工：在施工过程中，承包人完成发包人提出的工程合同范围以外的零星项目或工作，按合同中约定的单价计价的一种方式。计日工综合单价应包含了除税金以外的全部费用。

4）总承包服务费：总承包人为配合协调发包人进行的专业工程发包，对发包人自行采购的材料等进行保管以及施工现场管理、竣工资料汇总整理等服务所需的费用。一般包括总分包管理费、总分包配合费、甲供材的采购保管费。

①总分包管理费：总承包人对分包工程和分包人实施统筹管理而发生的费用，一般包

括：涉及分包工程的施工组织设计、施工现场管理协调、竣工资料的汇总整理等活动所发生的费用。

②总分包配合费：分包人使用总承包人的现有设施所支付的费用，一般包括：脚手架、垂直运输机械设备、临时设施、临时水电管线的使用，提供施工用水电及总包和分包约定的其他费用。

③甲供材的采购保管费：发包人供应的材料需总承包人接受及保管的费用。

5）停工窝工损失费：建筑施工企业进入现场后，由于设计变更、停水、停电累计超过8小时（不包括周期性停水、停电）以及按规定应由建设单位承担责任的原因造成的、现场调剂不了的停工、窝工损失费用。

6）机械台班停滞费：非承包商责任造成的机械停滞所发生的费用。

4. 规费

规费定义同前。

5. 税前项目费

税前项目费是指在费用计价程序的税金项目前，根据交易习惯按市场价格进行计价的项目费用。

税前项目的综合单价不按定额和清单规定程序组价，而按市场规则组价，其内容包含了除税金以外的全部费用。

6. 税金

税金定义同前。

8.2 建筑装饰装修工程费用的计算

本节根据2013年《广西壮族自治区建筑装饰装修工程费用定额》的规定，结合工程实例讲述建筑装饰装修工程费用的计价程序和计算方法。目前有两种计价模式：一是工程量清单计价，二是工料单价法计价，本节只讲述工料单价法计价模式。

一、计价程序

工料单价法计价程序见表8-1。

表8-1 工料单价法计价程序

序 号	项目名称	计算程序
1	分部分项工程费用计价合计	∑（分部分项定额子目工程量×相应综合单价）
1.1	其中：人工费	∑（分部分项定额子目工程量×相应消耗量定额人工费）
1.2	材料费	∑（分部分项定额子目工程量×相应消耗量定额材料费）
1.3	机械费	∑（分部分项定额子目工程量×相应消耗量定额机械费）
2	措施项目费用计价合计	<2.1>+<2.2>
2.1	单价措施费用计价小计	∑（单价措施项目定额子目工程量×相应综合单价）
2.1.1	其中：人工费	∑（单价措施项目定额子目工程量×相应消耗量定额人工费）
2.1.2	材料费	∑（单价措施项目定额子目工程量×相应消耗量定额材料费）
2.1.3	机械费	∑（单价措施项目定额子目工程量×相应消耗量定额机械费）
2.2	总价措施费用计价小计	（<1.1>+<1.2>+<1.3>+<2.1.1>+<2.1.2>+<2.1.3>）×相应费率或按有关规定计算

(续)

序号	项目名称	计算程序
3	其他项目费计价合计	按有关规定计算
4	规费	<4.1> + <4.2> + <4.3> + <4.4>
4.1	建安劳保费	(<1.1> + <2.1.1>) × 相应费率
4.2	生育保险费	(<1.1> + <2.1.1>) × 相应费率
4.3	工伤保险费	(<1.1> + <2.1.1>) × 相应费率
4.4	住房公积金	(<1.1> + <2.1.1>) × 相应费率
4.5	工程排污费	(<1.1> + <1.2> + <1.3> + <2.1.1> + <2.1.2> + <2.1.3>) × 相应费率
5	税前项目费	
6	税金	(<1> + <2> + <3> + <4> + <5>) × 相应费率
7	工程造价	<1> + <2> + <3> + <4> + <5>

注:"< >"内的数字均为表中对应的序号。

二、计算方法及取费标准

1. 分部分项工程费及单价措施费

$$分部分项工程费 = \sum(分部分项定额子目工程量 \times 相应综合单价)$$

$$单价措施费 = \sum(单价措施项目定额子目工程量 \times 相应综合单价)$$

式中,分部分项定额子目工程量、单价措施项目定额子目工程量按施工图纸及相应的工程量计算规则计算。综合单价的计算方法如下:

(1) 综合单价的组成 工料单价法综合单价组成见表8-2。

表8-2 工料单价法综合单价组成表

		工料单价法综合单价
序号	组成内容	计算方法
		以"人工费 + 机械费"为计算基数
A	人工费	消耗量定额子目人工费
B	材料费	∑(消耗量定额子目材料含量 × 相应材料单价)
C	机械费	∑(消耗量定额子目机械台班含量 × 相应机械台班单价)
D	管理费	(A + C) × 管理费费率
E	利润	(A + C) × 利润费率
	小计	A + B + C + D + E

(2) 综合单价的计算方法

$$综合单价 = 人工费 + 材料费 + 机械费 + 管理费 + 利润$$

1) 人工费。人工费按消耗量定额子目中的人工费(包括机械台班中的人工费)计算,自治区建设行政主管部门发布系数时进行相应调整。计日工(包括现场签证中的零工)中的人工费不得作为计费基数。

2) 材料费。

$$材料费 = \sum(材料消耗量 \times 材料单价)$$

式中,材料消耗量按消耗量定额确定;材料单价按当时当地造价管理机构发布的信息价或市场询价确定，无信息价或市场询价时，可参照基期价计算。材料租赁费不得作为计费基数。

3) 机械费。

$$机械费 = \sum(机械台班消耗量 \times 机械台班单价)$$

式中，机械台班消耗量按消耗量定额确定；机械台班单价按自治区造价管理机构发布的价格计取，其中人工和燃料按有关规定调整。机械租赁费不得作为计费基数。

4) 管理费及利润。

$$管理费 = (人工费 + 机械费) \times 管理费费率$$
$$利润 = (人工费 + 机械费) \times 利润费率$$

式中，管理费费率、利润费率的计取见表8-3。

表8-3 管理费、利润费率表

编号	项目名称	计算基数	管理费费率/%	利润费率/%
1	建筑工程	∑（分部分项、单价措施项目人工费+机械费）	32.15～39.29	0～20
2	装饰装修工程		26.79～32.75	0～16.67
3	土（石）方及其他工程		8.46～10.34	0～5.26
4	地基基础与桩基础工程		13.39～16.37	0～8.30

编制施工图预算、标底、招标控制价时，按费率区间的中值至上限值取定。一般工程按费率中值取定，特殊工程可根据工程投资规模、技术含量、复杂程度在费率中值至上限值间选择，并在招标文件中载明。无费率区间的项目一律按规定的费率取值。编制投标报价的，企业可根据费率区间自主确定。

在表8-3中，项目划分为建筑工程、装饰装修工程、土（石）方及其他工程、地基基础与桩基础工程四类，各类工程的适用范围规定如下：

①建筑工程：适用于工业与民用新建、改建、扩建的建筑物、构筑物工程。包括各种房屋、设备基础、烟囱、水塔、水池、站台、围墙工程等。但建筑工程中的装饰装修工程、土石方及其他工程、地基基础与桩基础工程单列计费，具体划分见表8-4。

②装饰装修工程：适用于工业与民用新建、改建、扩建的建筑物、构筑物等的装饰装修工程。

③土（石）方及其他工程：适用于建筑物和构筑物的土（石）方工程（包括爆破工程）、垂直运输工程、混凝土运输及泵送工程、建筑物超高增加加压水泵台班、大型机械安拆及进退场费、材料二次运输。

④地基基础与桩基础工程：适用于工业与民用建筑物、构筑物等地基基础及桩基础工程。

表8-4 适用范围与《广西壮族自治区建筑装饰装修工程消耗量定额》章节对应表

序号	名 称	《广西壮族自治区建筑装饰装修工程消耗量定额》章节
1	建筑工程	A.3 砌筑工程；A.4 混凝土及钢筋混凝土工程；A.5 木结构工程；A.6 金属结构工程；A.7 屋面及防水工程；A.8 保温、隔热、防腐工程；A.15 脚手架工程；A.17 模板工程；A.19.1 建筑超高增加费；A.20.1 塔式起重机、施工电梯基础

序号	名称	《广西壮族自治区建筑装饰装修工程消耗量定额》章节
2	装饰装修工程	A.9 楼地面工程；A.10 墙、柱面工程；A.11 天棚工程；A.12 门窗工程；A.13 油漆、涂料、裱糊工程；A.14 其他装饰工程；A.19.1 装饰超高增加费；A.19.2 局部装饰超高增加费；A.22 成品保护工程
3	地基基础及桩基础工程	A.2 桩与地基基础工程
4	土（石）方及其他工程	A.1 土（石）方工程；A.16 垂直运输工程；A.18 混凝土运输及泵送工程；A.19.3 建筑物超高加压水泵台班；A.20.2 大型机械安拆费；A.20.3 大型机械场外运输费；A.21 材料二次运输

（3）综合单价的计算实例

【例 8-1】 某建筑工程的现浇混凝土构件中有ϕ10 以内钢筋20t，实际施工时ϕ10 以内的钢筋当时当地市场价格为5577 元/t，若人工费、其他材料费及机械台班费均按2013 年《广西壮族自治区建筑装饰装修工程消耗量定额》保持不变。该工程管理费率取35.72%，利润率取10%，请计算该项目的综合单价和合价。

【解】 查2013 年《广西壮族自治区建筑装饰装修工程消耗量定额》定额子目 A4-236，见表8-5。

表8-5 现浇构件圆钢制作安装定额

工作内容：钢筋制作、绑扎、安装 （单位：t）

定额编号				A4-236	A4-237
项目				现浇构件圆钢制作安装	
				ϕ10 以内	ϕ10 以上
参考基价/元				5066.79	5619.43
其中	人工费/元			545.49	461.13
	材料费/元			4471.37	5063.16
	机械费/元			49.93	95.14
编码	名称	单位	单价/元	数量	
010501001	圆钢 HPB300 ϕ10 以内（综合）	t	4336.00	1.02	—
010501002	圆钢 HPB300 ϕ10 以上（综合）	t	4777.00	—	1.045
032203012	镀锌铁丝22 号	kg	5.40	9.010	3.216
031501001	焊条	kg	7.71	—	6.920
310101065	水	m³	3.40	—	0.137
990801002	钢筋切断机 [直径40mm]	台班	40.71	0.110	0.090
990801003	钢筋弯曲机 [直径40mm]	台班	22.60	0.200	0.230
991201002	交流电弧焊机 [容量30kVA]	台班	159.74	—	0.440
991205003	对焊机 [容量75kVA]	台班	199.86	—	0.080
990532003	电动卷扬机 [单筒慢速牵引力50kN]	台班	124.02	0.330	—

人工费 = 545.49 元/t

材料费 = (1.02×5577 + 9.01×5.4) 元/t = 5737.19 元/t

或材料费 = [4471.37 + 1.02×(5577 - 4336)] 元/t = 5737.19 元/t

机械费 = 49.93 元/t

管理费 = (545.49 + 49.93) 元/t × 35.72% = 212.68 元/t

利　润 = (545.49 + 49.93) 元/t × 10% = 59.54 元/t

综合单价 = (545.49 + 5737.19 + 49.93 + 212.68 + 59.54) 元/t = 6604.83 元/t

合价 = (20 × 6604.83) 元 = 132096.6 元

2. 总价措施费用

$$总价措施费 = 计算基数 × 相应费率或按有关规定计算$$

式中，计算基数是分部分项工程费及单价措施项目费中的"人工费 + 材料费 + 机械费"。相应费率或有关规定见表8-6、表8-7。

措施费项目应根据广西现行定额规定或结合工程实际确定。广西现行定额未包括的其他措施费项目，发承包双方可自行补充或约定。

安全文明施工费按表8-6规定的费率计算，为不可竞争费用。

表8-6　安全文明施工费费率表

编号	项目名称		计算基数	费率（%）或标准		
				市区	城（镇）	其他
1	安全文明施工费	$S < 10000m^2$	Σ（分部分项、单价措施项目人工费 + 材料费 + 机械费）	6.96	5.93	4.87
		$10000m^2 \leq S \leq 30000m^2$		6.10	5.20	4.27
		$S > 30000m^2$		5.24	4.46	3.67

注：S 表示单位工程的建筑面积。

表8-7　其他费率表

编号	项目名称	计算基数	费率（%）或标准
1	检验试验配合费	Σ（分部分项、单价措施项目人工费 + 材料费 + 机械费）	0.1%
2	雨期施工增加费		0.5%
3	优良工程增加费		3% ~ 5%
4	提前竣工（赶工补偿）费		按经审定的赶工措施方案计算
5	工程定位复测费		0.05%
6	暗室施工增加费	暗室施工定额人工费	25%
7	交叉施工补贴	交叉部分定额人工费	10%
8	特殊保健费	厂区（车间）内施工项目的定额人工费	厂区内：10% 车间内：20%
9	夜间施工增加费	夜间施工工日数（工日）	15元/工日
10	其他	按有关规定计算	

3. 其他项目费

其他项目费的内容及费率见表8-8。

表8-8　其他项目费率表

编号	项目名称	计算基数	费率（%）或标准
1	暂列金额	Σ（分部分项工程费 + 措施项目费）	5% ~ 10%
2	总承包服务费		

（续）

编号		项目名称	计算基数	费率（%）或标准
其中	2.1	总分包管理费	分包工程造价	1.5%
	2.2	总分包配合费		3.5%
	2.3	甲供材料的采购保管费		按规定计算
3	暂估价	材料暂估价	按实际发生计算	
		专业工程暂估价		
4		计日工	按暂定工程量×相应单价	
5		机械台班停滞费	签证停滞台班×机械停滞台班费	系数1.10
6		停工窝工人工补贴	停工窝工工日数（工日）	30.00元/工日

注：采用信息价的计日工（包括人工、材料、机械），计日工综合单价＝相应信息价×综合费率1.3。

1) 暂列金额：暂列金额由建设单位根据工程特点，按分部分项工程费与措施项目费之和的5%～10%估算，施工过程中由建设单位掌握使用、扣除合同价款调整后如有余额，归建设单位。

2) 总分包管理费＝分包工程造价(不含税金)×1.5%。

3) 总分包配合费＝分包工程造价(不含税金)×3.5%。

4) 甲供材料的采购保管费：甲供材料的采购保管费按《广西壮族自治区建筑装饰装修工程人工材料配合比机械台班基期价》附表一"材料采购及保管费率表"规定计算。甲供材料费应计入相应的材料费中，按计费程序规定计取各项费用，工程结算时在工程总造价中扣除甲供材料费。

5) 计日工＝暂定工程量×相应单价。

暂定工程量：投标或编招标控制价时，按招标文件中列出的项目和数量；结算时，计日工的数量按完成发包人发出的计日工指令的数量。

相应单价：指计日工综合单价，计日工综合单价应包含了除税金以外的全部费用。采用信息价的计日工（包括人工、材料、机械），计日工综合单价＝相应信息价×综合费率1.3。

6) 机械台班停滞费＝签证停滞台班×机械停滞台班费×1.1。

机械停滞台班费:按《广西壮族自治区建筑装饰装修工程人工材料配合比机械台班基期价》的规定。

7) 停工窝工人工补贴＝停工窝工工日数（工日）×30.00元/工日。

4. 规费

规费＝计算基数×相应费率

规费的内容、计算基数及费率见表8-9。

表8-9 规费费率表

编号	项目名称	计算基数	费率/%
1	建安劳保费	Σ分部分项、单价措施项目人工费	27.93
2	生育保险费		1.16
3	工伤保险费		1.28
4	住房公积金		1.85
5	工程排污费	Σ（分部分项、单价措施项目人工费＋材料费＋机械费）	0.40

5. 税金

税金＝(分部分项工程费＋措施项目费＋其他项目费＋税前项目费＋规费)×相应税率

税金的内容及税率见表 8-10。

表 8-10 建筑装饰工程税（费）取费费率表

编号	项目名称	计算基数	费率/%		
			市区	城（镇）	其他
1	营业税	（分部分项工程费合计+措施项目费合计+其他项目费+税前项目费+规费）	3.11	3.10	3.10
2	城市维护建设税		0.22	0.16	0.03
3	教育费附加		0.09	0.09	0.09
4	地方教育附加		0.06	0.06	0.06
5	水利建设基金		0.10	0.10	0.10
	合 计		3.58	3.51	3.38

三、相关说明

1) 2013 年《广西壮族自治区建筑装饰装修工程费用定额》适用于广西辖区范围内的建筑装饰装修工程、构筑物工程，与广西颁发的相应工程消耗量定额配套执行。

2) 编制施工图预算、标底、招标控制价时，有费率区间的项目应按费率区间的中值至上限值取定。一般工程按费率中值取定，特殊工程可根据工程投资规模、技术含量、复杂程度在费率中值至上限值间选择，并在招标文件中载明。无费率区间的项目一律按规定的费率取值。

3) 投标报价时，除不可竞争费用、规费和税金按广西现行费用定额规定的费率计算外，其余各项费用企业可自主确定。

4) 建筑装饰装修工程造价未包括检验试验费，仅包括检验试验配合费。检验试验费应在建设单位的工程建设其他费用中单独计算，由建设单位和检验试验机构另行结算。

5) 2013 年《广西壮族自治区建筑装饰装修工程费用定额》未包括的其他项目，发承包双方可自行补充或约定。

四、工程总造价计算实例

【例 8-2】 南宁市某建筑工程，建筑面积为 5000m^2，包工包料。经施工图计算已知：分部分项工程费中的人工费 60 万元，材料费 120 万元，机械费 20 万元；单价措施费中的人工费 15 万元，材料费 30 万元，机械费 5 万元。总价措施费包括安全文明施工费、检验试验配合费、雨季施工增加费、工程定位复测费。其他项目费包括暂列金额，暂列金额费率取 9%。管理费率取 35.72%，利润率取 10%。根据已知条件和 2013 年《广西建筑装饰装修工程费用定额》规定计算该工程总造价。

【解】 按照计价程序，各项费用计算如下：

1. 分部分项工程费

分部分项工程费 = 人工费 + 材料费 + 机械费 + 管理费 + 利润
= [60 + 120 + 20 + (60 + 20) × (35.72% + 10%)] 万元 = 236.576 万元

2. 措施项目费合计 = (59.144 + 19.03) 万元 = 78.174 万元

2.1 单价措施费 = 人工费 + 材料费 + 机械费 + 管理费 + 利润
= [15 + 30 + 5 + (15 + 5) × (35.72% + 10%)] 万元 = 59.144 万元

2.2 总价措施费合计 = (17.4 + 0.25 + 1.25 + 0.13) 万元 = 19.03 万元

2.2.1 安全文明施工费 = (分部分项、单价措施项目人工费 + 材料费 + 机械费) × 费率

$= (60 + 120 + 20 + 15 + 30 + 5)$ 万元 $\times 6.96\% = 17.4$ 万元

2.2.2 检验试验配合费 $= (60 + 120 + 20 + 15 + 30 + 5)$ 万元 $\times 0.1\% = 0.25$ 万元

2.2.3 雨季施工增加费 $= (60 + 120 + 20 + 15 + 30 + 5)$ 万元 $\times 0.5\% = 1.25$ 万元

2.2.4 工程定位复测费 $= (60 + 120 + 20 + 15 + 30 + 5)$ 万元 $\times 0.05\% = 0.13$ 万元

3. 其他项目费合计 28.328 万元

3.1 暂列金额 $=$ (分部分项工程费 + 措施项目费) $\times$ 费率
$= (236.576 + 78.174)$ 万元 $\times 9\% = 28.328$ 万元

4. 规费合计 $= (20.95 + 0.87 + 0.96 + 1.39 + 1.0)$ 万元 $= 25.17$ 万元

4.1 建安劳保费 $= \sum$ 分部分项、单价措施项目人工费 $\times$ 费率
$= (60 + 15)$ 万元 $\times 27.93\% = 20.95$ 万元

4.2 生育保险费 $= (60 + 15)$ 万元 $\times 1.16\% = 0.87$ 万元

4.3 工伤保险费 $= (60 + 15)$ 万元 $\times 1.28\% = 0.96$ 万元

4.4 住房公积金 $= (60 + 15)$ 万元 $\times 1.85\% = 1.39$ 万元

4.5 工程排污费 $= \sum$ (分部分项、单价措施项目人工费 + 材料费 + 机械费) $\times$ 费率
$= (60 + 120 + 20 + 15 + 30 + 5)$ 万元 $\times 0.40\% = 1.0$ 万元

5. 税金 $=$ (分部分项工程费 + 措施项目费 + 其他项目费 + 规费) $\times$ 费率
$= (236.576 + 78.174 + 28.328 + 25.17)$ 万元 $\times 3.58\% = 13.183$ 万元

6. 工程总造价 $= (236.576 + 78.174 + 28.328 + 25.17 + 13.183)$ 万元 $= 381.431$ 万元

【例 8-3】 南宁市某装饰工程,建筑面积为 $11000m^2$,包工包料。经施工图计算可得表 8-11 数据。总价措施费包括:安全文明施工费、检验试验配合费、雨季施工增加费、工程定位复测费。幕墙由甲方另外分包,幕墙分包工程造价为 50 万元。铝合金窗按税前项目费计价(350 元/m^2,共 200m^2)。管理费率取 30%,利润率取 8%。根据已知条件和 2013 年《广西建筑装饰装修工程费用定额》规定计算该工程总造价。

表 8-11 分部分项工程和单价措施项目工、料、机数据(不含幕墙、铝合金窗)

	人工费/万元	材料费/万元	机械费/万元
分部分项工程	90	410	70
单价措施项目	40	90	5

【解】 按照计价程序,各项费用计算如下:

1. 分部分项工程费

分部分项工程费 = 人工费 + 材料费 + 机械费 + 管理费 + 利润
$= [90 + 410 + 70 + (90 + 70) \times (30\% + 8\%)]$ 万元 $= 630.8$ 万元

2. 措施项目费合计 $= (152.1 + 47.588)$ 万元 $= 199.688$ 万元

2.1 单价措施费 = 人工费 + 材料费 + 机械费 + 管理费 + 利润
$= [40 + 90 + 5 + (40 + 5) \times (30\% + 8\%)]$ 万元 $= 152.1$ 万元

2.2 总价措施费合计 $= (43.005 + 0.705 + 3.525 + 0.353)$ 万元 $= 47.588$ 万元

2.2.1 安全文明施工费 $=$ (分部分项、单价措施项目人工费 + 材料费 + 机械费) $\times$ 费率
$= (90 + 410 + 70 + 40 + 90 + 5)$ 万元 $\times 6.10\% = 43.005$ 万元

2.2.2 检验试验配合费 $= (90 + 410 + 70 + 40 + 90 + 5)$ 万元 $\times 0.1\% = 0.705$ 万元

2.2.3 雨季施工增加费 $= (90 + 410 + 70 + 40 + 90 + 5)$ 万元 $\times 0.5\% = 3.525$ 万元

2.2.4 工程定位复测费 = (90 + 410 + 70 + 40 + 90 + 5)万元 × 0.05% = 0.353 万元
3. 其他项目费合计 = (0.75 + 1.75)万元 = 2.5 万元
3.1 总分包管理费 = 分包工程造价 × 1.5% = 50 万元 × 1.5% = 0.75 万元
3.2 总分包配合费 = 分包工程造价 × 3.5% = 50 万元 × 3.5% = 1.75 万元
4. 规费合计 = (36.309 + 1.508 + 1.664 + 2.405 + 2.82)万元 = 44.706 万元
4.1 建安劳保费 = ∑分部分项、单价措施项目人工费 × 费率
              = (90 + 40)万元 × 27.93% = 36.309 万元
4.2 生育保险费 = (90 + 40)万元 × 1.16% = 1.508 万元
4.3 工伤保险费 = (90 + 40)万元 × 1.28% = 1.664 万元
4.4 住房公积金 = (90 + 40)万元 × 1.85% = 2.405 万元
4.5 工程排污费 = ∑(分部分项、单价措施项目人工费 + 材料费 + 机械费) × 费率
              = (90 + 410 + 70 + 40 + 90 + 5)万元 × 0.40% = 2.82 万元
5. 税前项目费
铝合金窗：(350 × 200)元 = 70000 元 = 7 万元
6. 税金 = (分部分项工程费 + 措施项目费 + 其他项目费 + 规费 + 税前项目费) × 费率
       = (630.8 + 199.688 + 2.5 + 44.706 + 7)万元 × 3.58% = 31.672 万元
7. 工程总造价 = (630.8 + 199.688 + 2.5 + 44.706 + 7 + 31.672)万元 = 916.366 万元

思考与习题

1. 根据 2013 年《广西壮族自治区建筑装饰装修工程费用定额》的规定，建筑装饰装修工程费用组成按工程造价形成划分为哪些项目？

2. 根据 2013 年《广西壮族自治区建筑装饰装修工程费用定额》的规定，措施项目费包含哪些内容？

3. 根据 2013 年《广西壮族自治区建筑装饰装修工程费用定额》的规定，综合单价由哪些费用组成？管理费、利润的计算基础是什么？

4. 某建筑工程的现浇混凝土矩形柱 35.6m³，混凝土使用非泵送碎石 GD40 商品混凝土 C25，该商品混凝土当时当地市场价格为 324 元/m³，若其他材料费及机械台班费均按《广西壮族自治区建筑装饰工程消耗量定额》保持不变。根据广西现行计价文件要求，按一般工程编制招标控制价，计算该项目的综合单价和合价。混凝土矩形柱浇捣定额子目见表 4-3。

5. 某市区教学楼装饰装修工程，建筑面积为 11000m²，包工包料。经施工图计算已知：分部分项工程费中的人工费为 100 万元，材料费为 430 万元，机械费为 80 万元；单价措施费中的人工费为 50 万元，材料费为 110 万元，机械费为 15 万元。总价措施费包括：安全文明施工费、检验试验配合费、雨期施工增加费、工程定位复测费。幕墙由甲方另外分包，幕墙分包工程造价为 90 万元，总分包配合费费率取 3.5%。管理费率取 29.8%，利润率取 8.3%。根据已知条件和 2013 年《广西壮族自治区建筑装饰装修工程费用定额》规定计算该工程总造价。

附 录

附录 A 办公楼建筑装饰装修工程施工图预算编制

办公楼工程图纸目录

序号	图号	建施目录 图名
1	建施 0	建筑设计总说明
2	建施 1	首层平面图
3	建施 2	二层平面图
4	建施 3	屋顶平面图
5	建施 4	南立面图
6	建施 5	北立面图
7	建施 6	1—1剖面图、踏步详图
8	建施 7	阳台、楼梯、雨篷详图

序号	图号	结施目录 图名
1	结施 0	结构设计总说明
2	结施 1	柱基平面布置图
3	结施 2	基础剖面图
4	结施 3	基础梁平面布置图
5	结施 4	3.6m 结构配筋图
6	结施 5	7.2m 结构配筋图
7	结施 6	3.6m 楼板配筋图
8	结施 7	7.2m 楼板配筋图
9	结施 8	3.6m、7.2m 柱结构平面图
10	结施 9	楼梯、PTL1（TL1）配筋图

附 录

建筑设计总说明

一、建筑室内标高±0.000。
二、本施工图所注尺寸，所有标高以米为单位，其余均以毫米为单位。
三、楼地面：
1. 一层地面做法参见 11 ZJ001 地 202（采用 600mm×600mm 抛光砖）。
2. 二层楼面做法参见 11 ZJ001 楼 202（采用 600mm×600mm 抛光砖），楼梯采用 300mm×300mm 防滑砖。
四、内墙装修：
1. 房间内墙详见 11 ZJ001 内墙 102A，面刮熟胶粉腻子两遍。
五、外墙面：外墙做法按 11 ZJ001 外墙 10。
六、顶棚装修：11 ZJ001 顶 103，面刮熟胶粉腻子两遍。
七、屋面：
屋面一做法详见 11 ZJ001 屋 105（取消保温层），其中防水层采用基层处理剂，满铺二层 3.0mm 厚 SBS 改性沥青防水卷材，隔热板与女儿墙距离 250mm。
八、雨篷顶采用屋面二，做法详见 11 ZJ001 屋 108。
1. 散水：散水 1:2.5 水泥砂浆抹面压光，做法详见 11ZJ001 散 3：
2. 20mm 厚 1:2.5 水泥砂浆结合层一道，向外坡 4%。
3. 60mm 厚 C15 混凝土。
4. 150mm 厚三七灰土。
5. 素土夯实，向外坡 4%。
九、踢脚：踢脚做法详见 11ZJ001 踢 5 A（高度为 150mm）。
十、楼梯栏杆：楼梯栏杆详见 11ZJ401 第 6 页 2W，扶手为 DN50 钢管，栏杆距边 50mm。
十一、金属面油漆选用 11ZJ001 涂 201：①清理金属面除锈；②防锈漆成红丹一遍；③刮腻子；④磨光；⑤调和漆两遍。
十二、木材面油漆选用 11ZJ001 涂 101A：①木基层清理、除污、打磨等；②刮腻子；③磨光；④底油一遍；⑤调和漆两遍。

门窗表

门窗编号	门窗类型	洞口尺寸/mm		数量	备注
		宽	高		
M-1	铝合金地弹门	2400	2700	1	46系列（2.0mm 厚）
M-2	胶合板门	900	2400	4	
M-3	胶合板门	900	2100	2	
MC-1	塑钢门连窗	2400	2700	1	窗台高 900mm，80 系列 5mm 厚白玻
C-1	铝合金窗	1500	1800	8	窗台高 900mm，96 系列带纱推拉窗
C-2	铝合金窗	1800	1800	2	窗台高 900mm，96 系列带纱推拉窗

图集附图

图集编号	名称	用料做法
11 ZJ001 地 202／楼 202	陶瓷地砖地面楼面	①8～10mm 厚地砖铺实拍平，水泥砂浆擦缝或 1:1 水泥砂浆填缝 ②20mm 厚 1:4 干硬性水泥砂浆 ③素水泥浆结合层一道 ④80mm 厚 C15 混凝土 ④现浇钢筋混凝土楼板 ⑤素土夯实
11 ZJ001 内墙 102A	混合砂浆墙面	①15mm 厚 1:1:6 水泥石灰砂浆 ②5mm 厚 1:0.5:3 水泥石灰砂浆
11 ZJ001 内墙 103A	水泥砂浆墙面	①15mm 厚 1:3 水泥砂浆 ②5mm 厚 1:2 水泥砂浆
11 ZJ001 外墙 10	涂料外墙面	①12mm 厚 1:3 水泥砂浆打底扫毛或划出纹道 ②8mm 厚 1:2.5 水泥砂浆抹平 ③喷或滚刷底涂料一遍 ④喷或滚刷面涂料二遍
11 ZJ001 顶 103	混合砂浆顶棚	①钢筋混凝土板底面清理干净 ②5mm 厚 1:4 水泥石灰砂浆 ③5mm 厚 1:0.5:3 水泥石灰砂浆 ④表面喷刷涂料另选
11 ZJ001 屋 105	钢筋混凝土板屋架空隔热屋面（二）	①35mm 厚 490mm×490mm、C20 预制钢筋混凝土板（φ4 钢筋双向中距 150mm），1:2 水泥砂浆填缝（预制钢筋混凝土板的活载为 1.5kN/m²） ②M5 砂浆砌 120mm×120mm 砖三皮，双向中距 500mm 或顺水方向砌一侧，高 180mm 砖三皮；下垫一皮砖带－平铺带，砖带端部砌 240mm×120mm 砖一皮 ③防水层按屋面说明七 ④20mm 厚 1:2.5 水泥砂浆找平 ⑤20mm 厚（最薄处）1:8 水泥珍珠岩找 2% 坡 ⑥保温层按屋面说明七 ⑦钢筋混凝土屋面板，表面清扫干净
11 ZJ001 屋 108	聚合物水泥防水涂料防水	①10mm 厚 1:3 水泥砂浆抹面压光，分格面积宜为 1m² ②2mm 厚聚合物水泥防水涂料 ③15mm 厚 1:3 水泥砂浆找平 ④钢筋混凝土屋面板，表面清扫干净
11ZJ001 踢 5 A	面砖踢脚	①7mm 厚 1:3 水泥砂浆 ②3～4mm 厚 1:1 水泥砂浆加水 20% 建筑胶镶贴 ③8～10mm 厚面砖，水泥砂浆擦缝

工程名称	办公楼
图名	总说明
图号	建施 0 设计

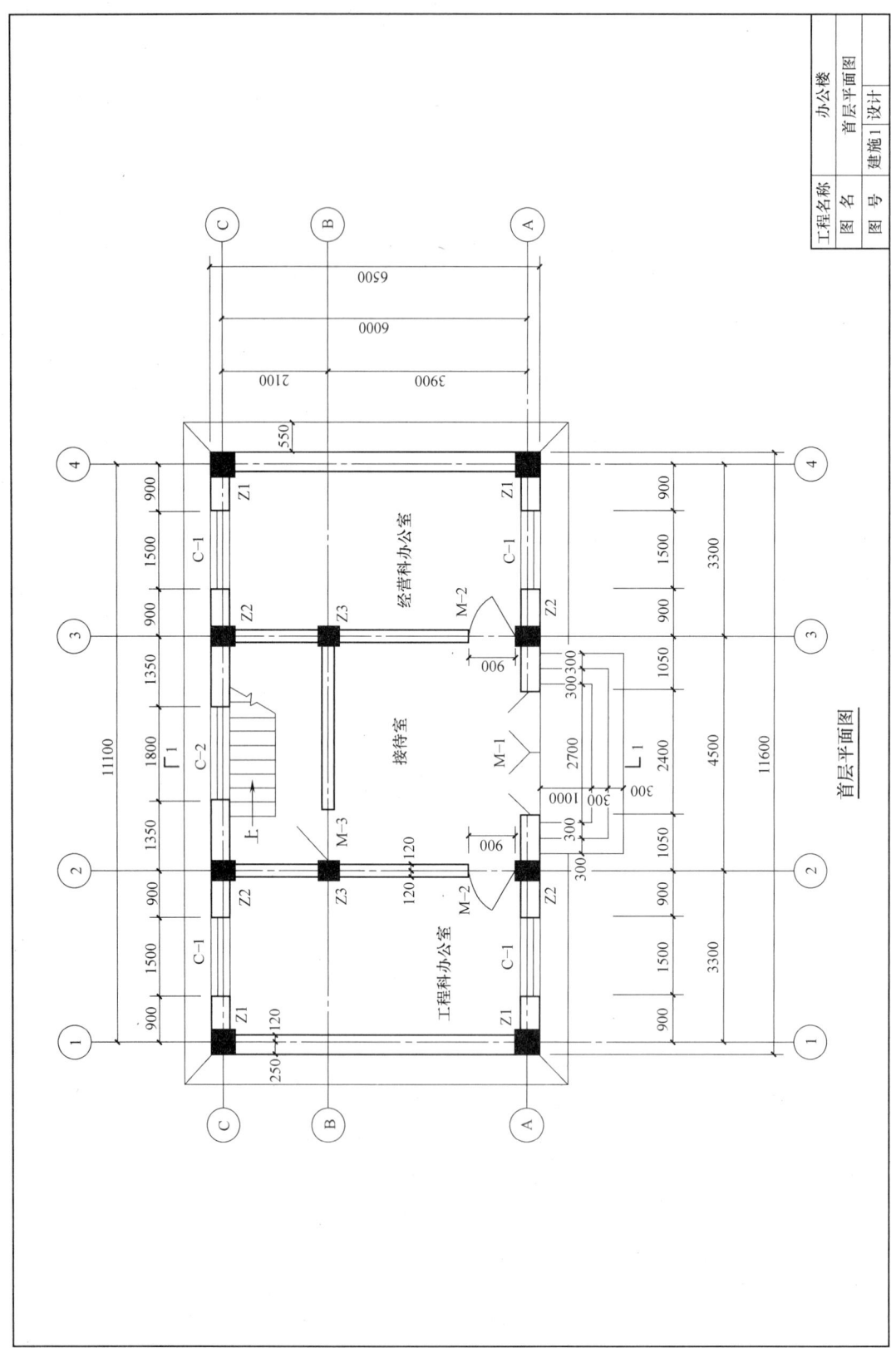

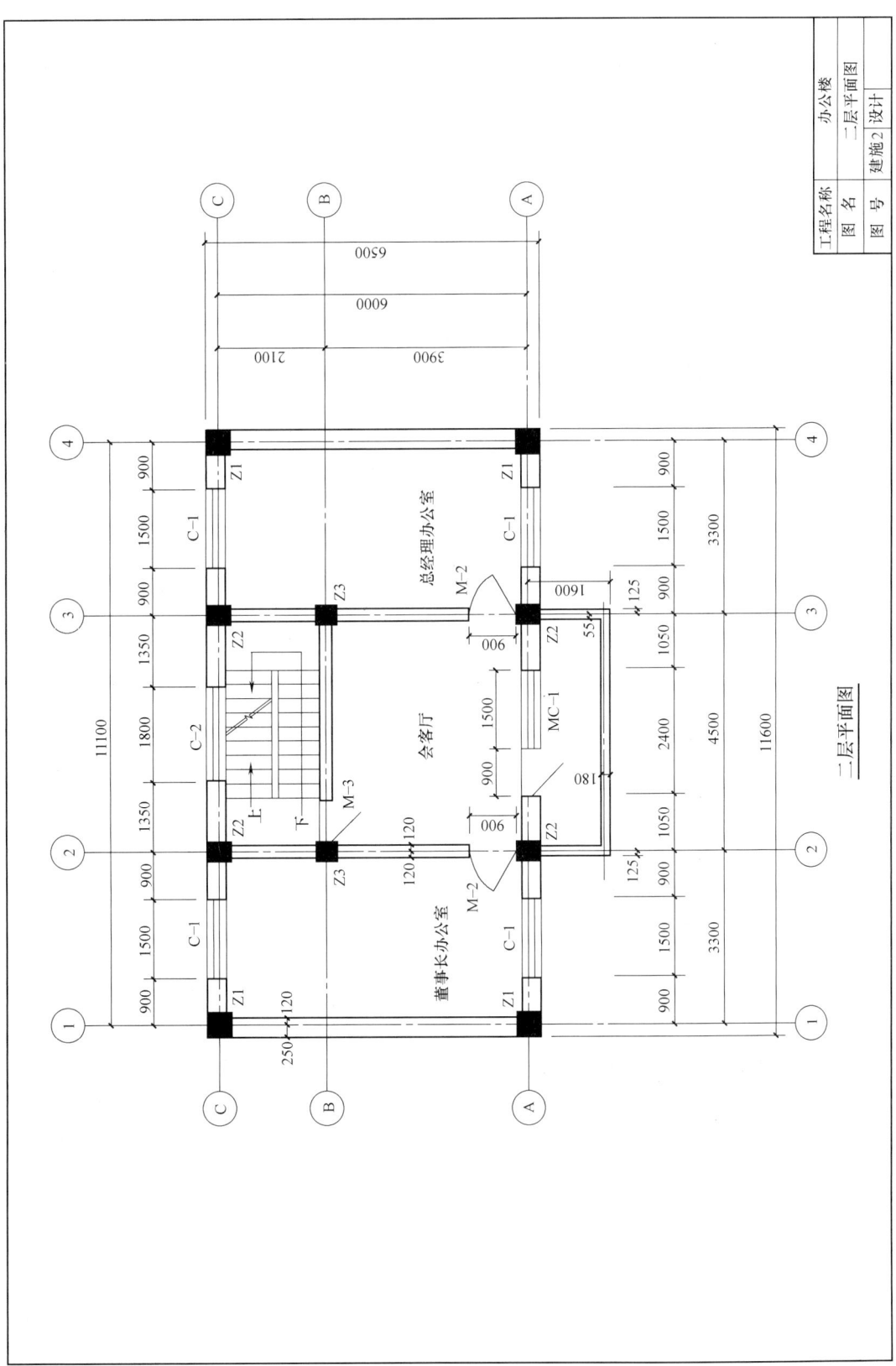

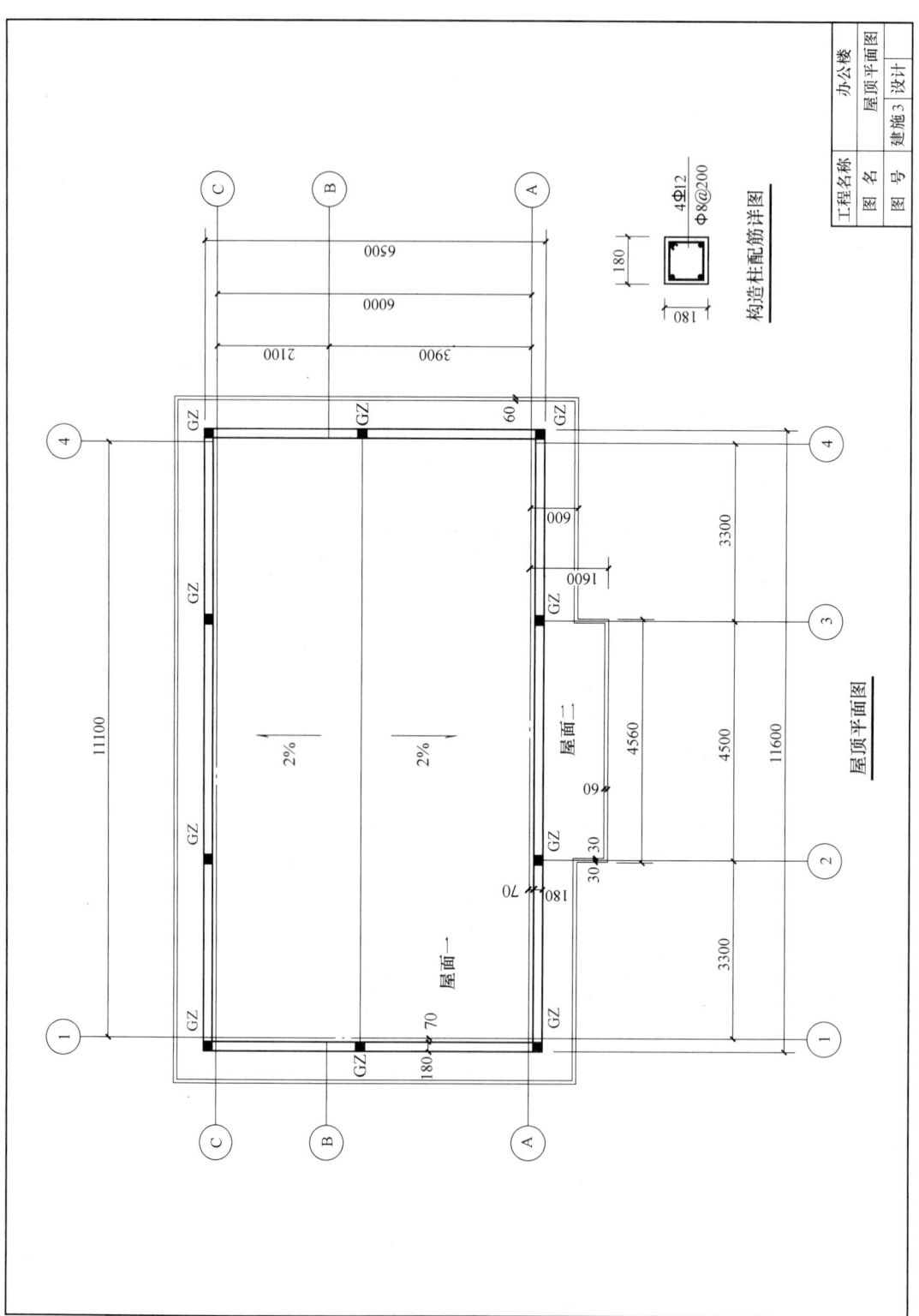

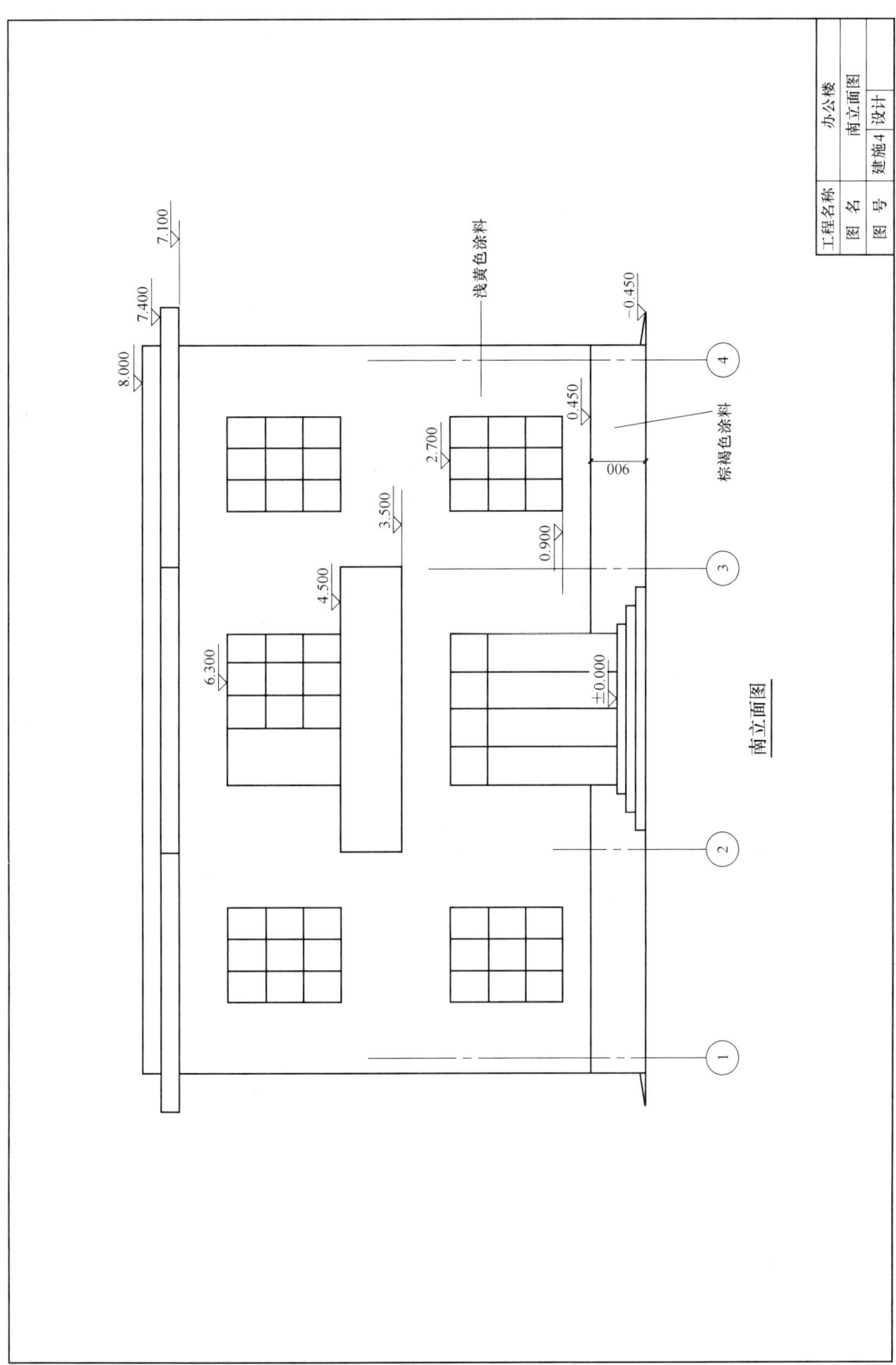

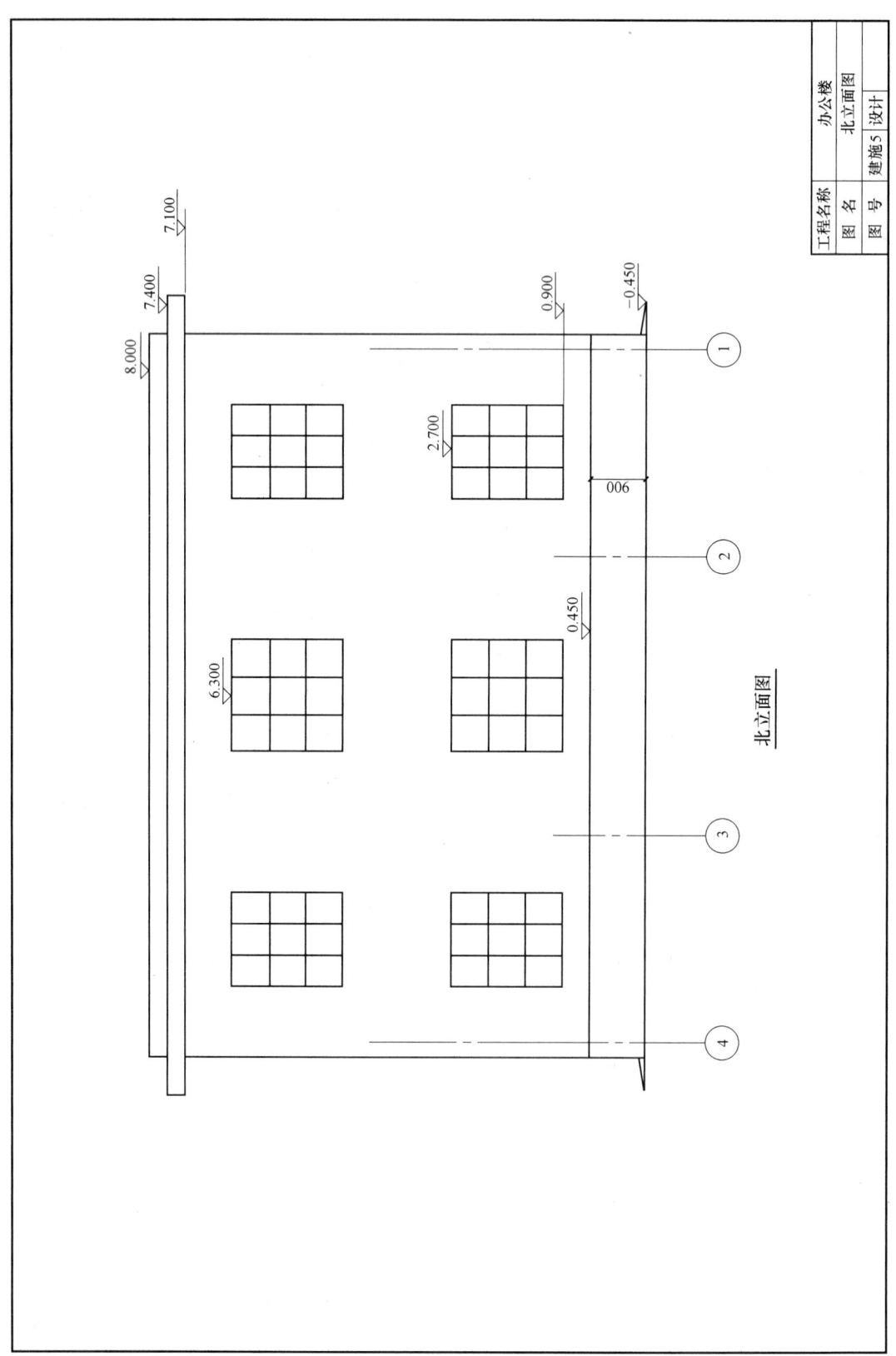

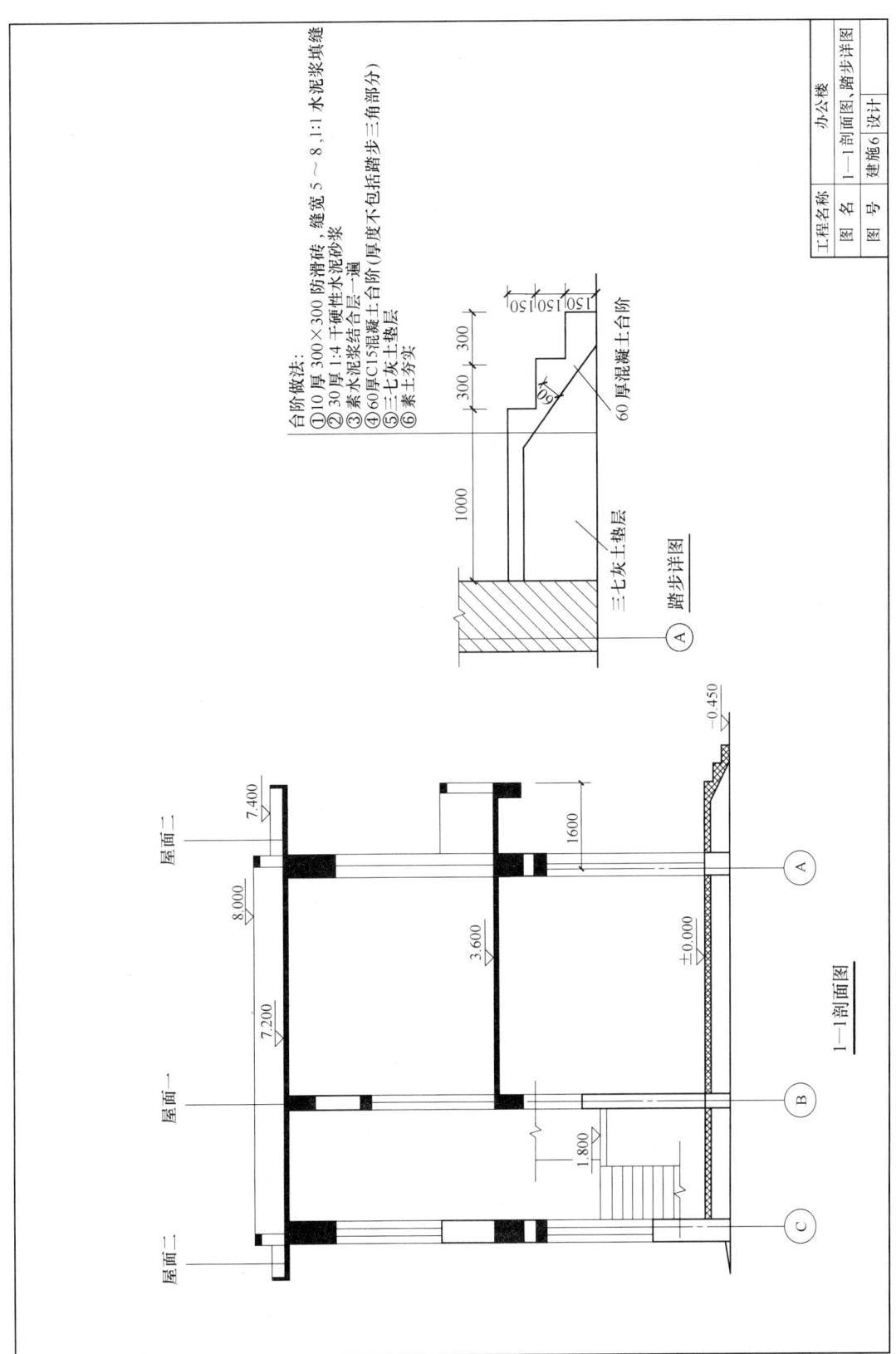

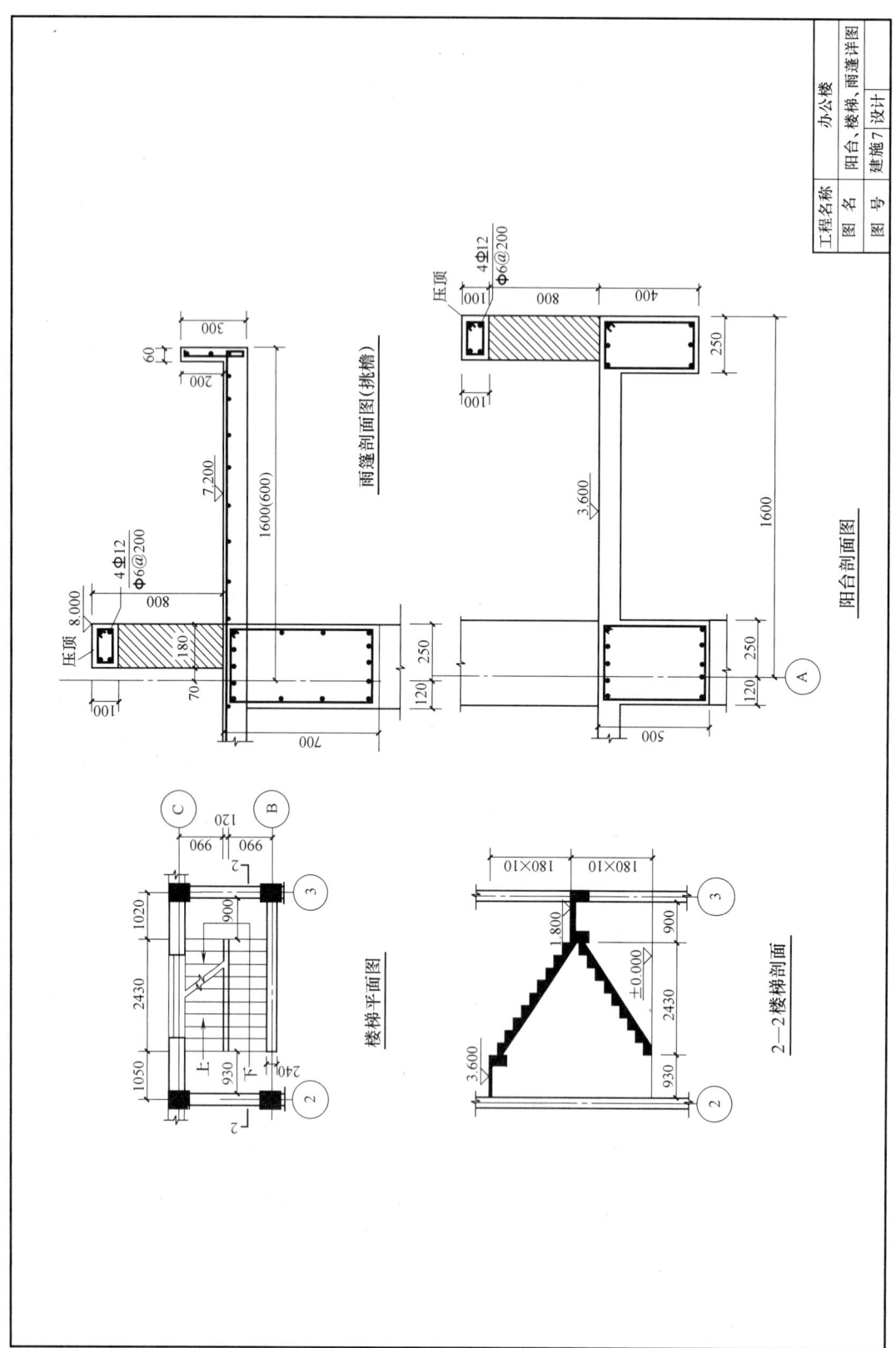

结构设计说明

一、设计原则和标准
1. 结构的设计使用年限：50年。
2. 建筑结构的安全等级：二级。
3. 地震基本烈度六级；设防烈度6度。
4. 建筑类别及设防标准：丙类；抗震等级：四级。
二、基础
C20独立柱基，C25钢筋混凝土基础梁。
三、上部结构
现浇钢筋混凝土框架结构，梁、板、柱、楼梯混凝土标号均为C25。
四、材料及结构说明
1. 受力钢筋的混凝土保护层：基础40mm，±0.000以上板15mm，梁25mm，柱30mm。
2. 所有板底受力方筋为梁中心线长度+100mm（图上未注明的钢筋均为Φ6@200）。
3. 沿框架柱高每隔500mm设2Φ6拉筋，伸入墙内的长度为1000mm。
4. 屋面板末配筋的表面均设置Φ6@200双向温度筋，与板负筋的搭接长度300mm。
5. ±0.000以上砌体墙均用M5混合砂浆砌筑，除阳台、女儿墙采用MU10页岩标准砖外，其余均采用MU10多孔页岩砖。
6. 过梁：门窗洞口均设有钢筋混凝土过梁，过梁高200mm，配4Φ12纵筋Φ6@200箍筋。

柱 表

标号	标高/m	$b \times h$	b_1	b_2	b_1	h_2	全部纵筋	角筋	b边一侧中部筋	h边一侧中部筋	箍筋类型号	箍筋
Z1	-0.8~3.6	500×500	250	250	250	250		4Φ25	3Φ22	3Φ22	(1) 5×5	Φ10-100/200
Z1	3.6~7.2	500×500	250	250	250	250		4Φ25	3Φ22	3Φ22	(1) 5×5	Φ10-100/200
Z2	-0.8~3.6	400×500	200	200	250	250		4Φ25	2Φ22	3Φ22	(2) 4×5	Φ10-100/200
Z2	3.6~7.2	400×500	200	200	250	250		4Φ22	2Φ22	3Φ22	(2) 4×5	Φ10-100/200
Z3	-0.8~3.6	400×400	200	200	200	200		4Φ22	2Φ22	2Φ22	(2) 4×4	Φ8-100/200
Z3	3.6~7.2	400×400	200	200	200	200		4Φ22	2Φ22	2Φ22	(2) 4×4	Φ8-100/200

工程名称	办公楼
图名	总说明
图号	结施0设计

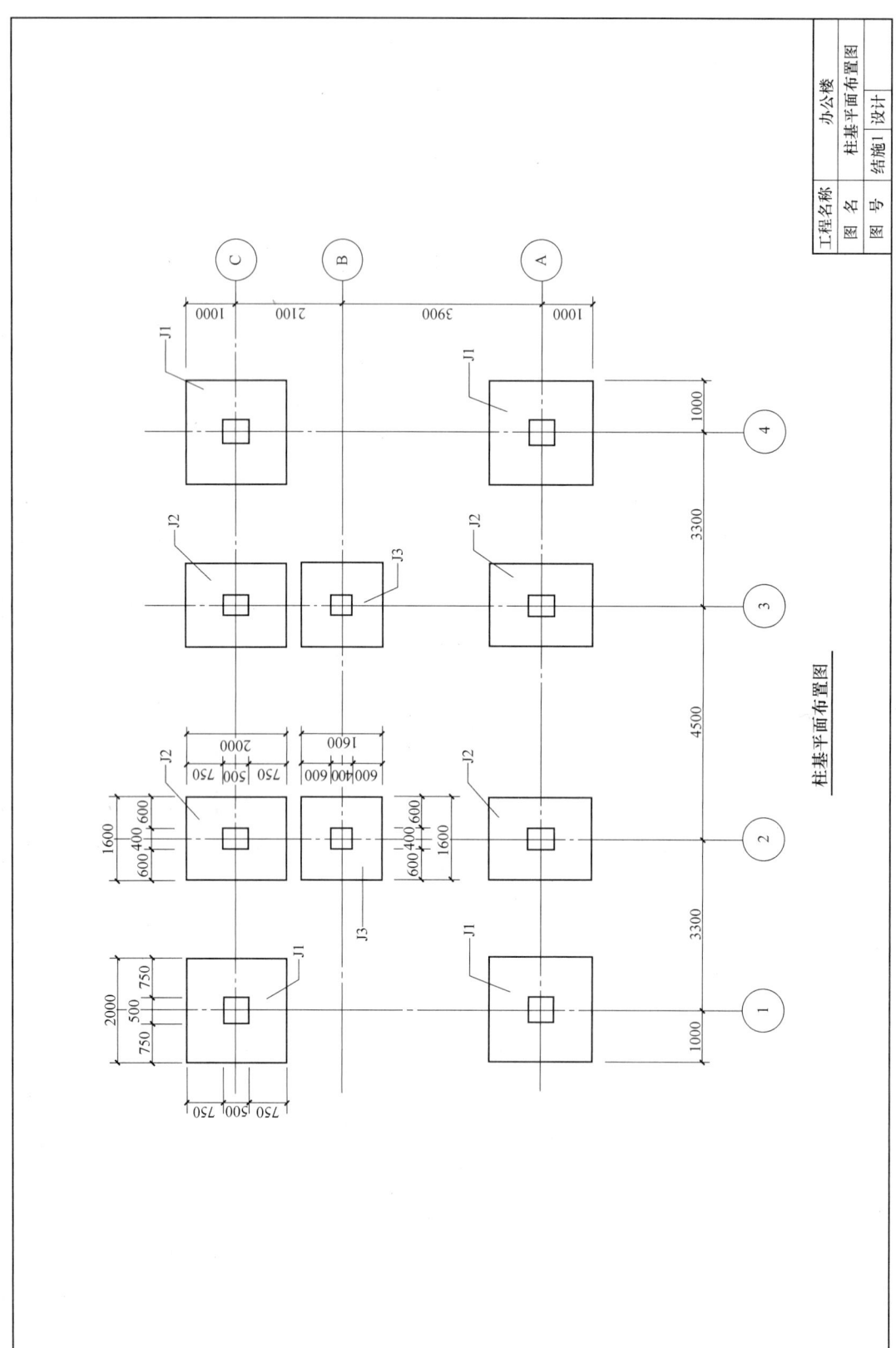

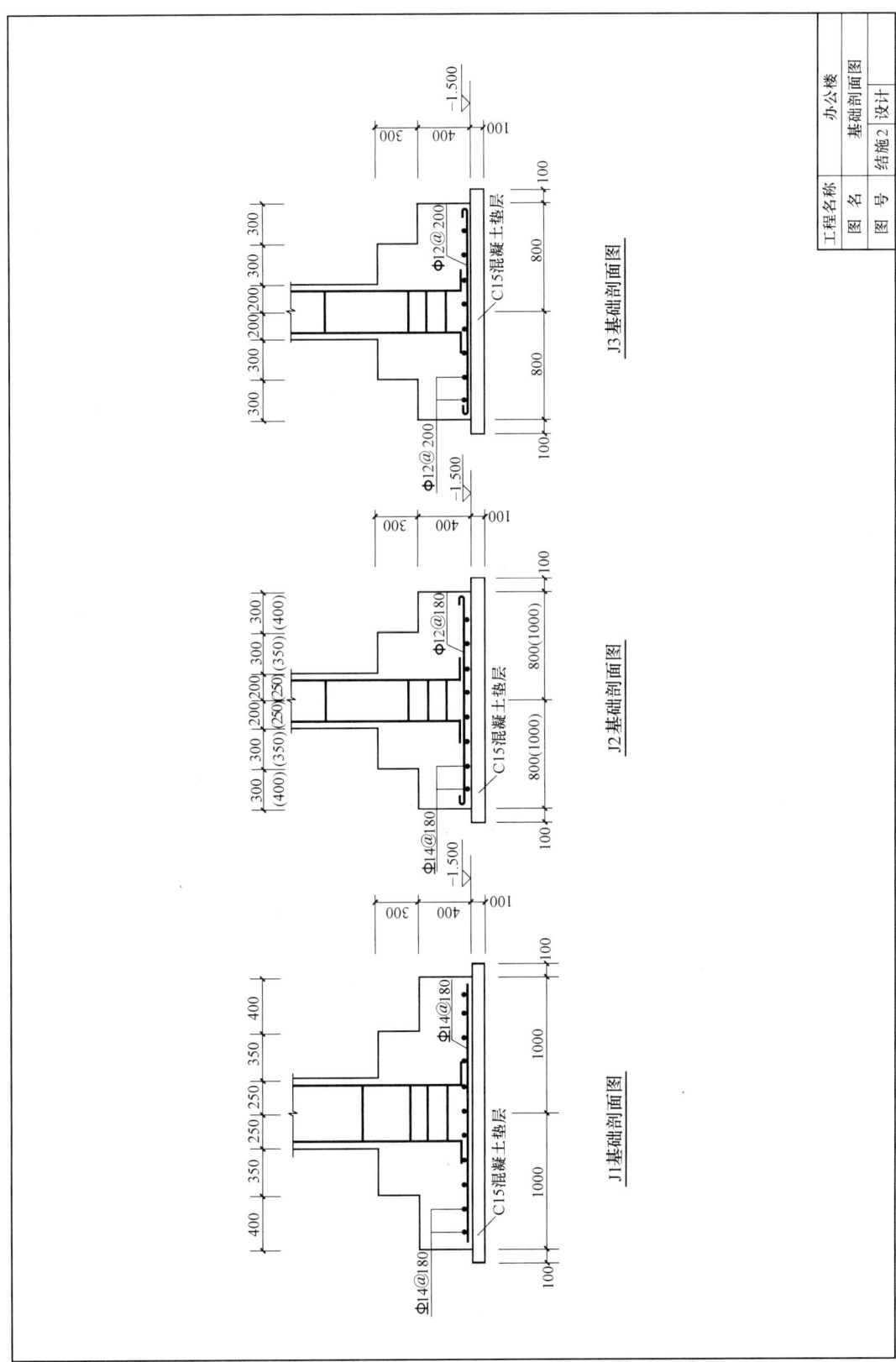

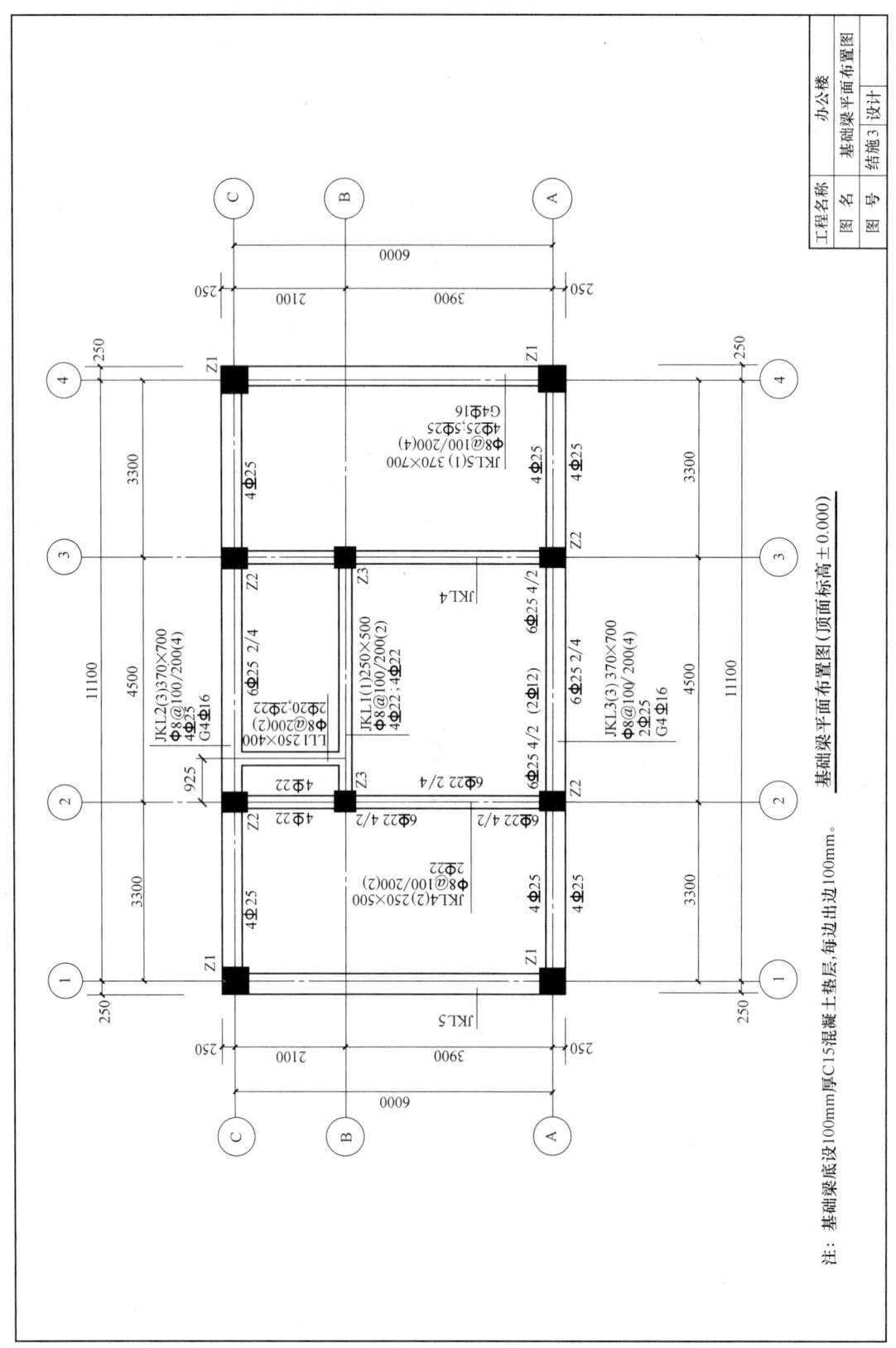

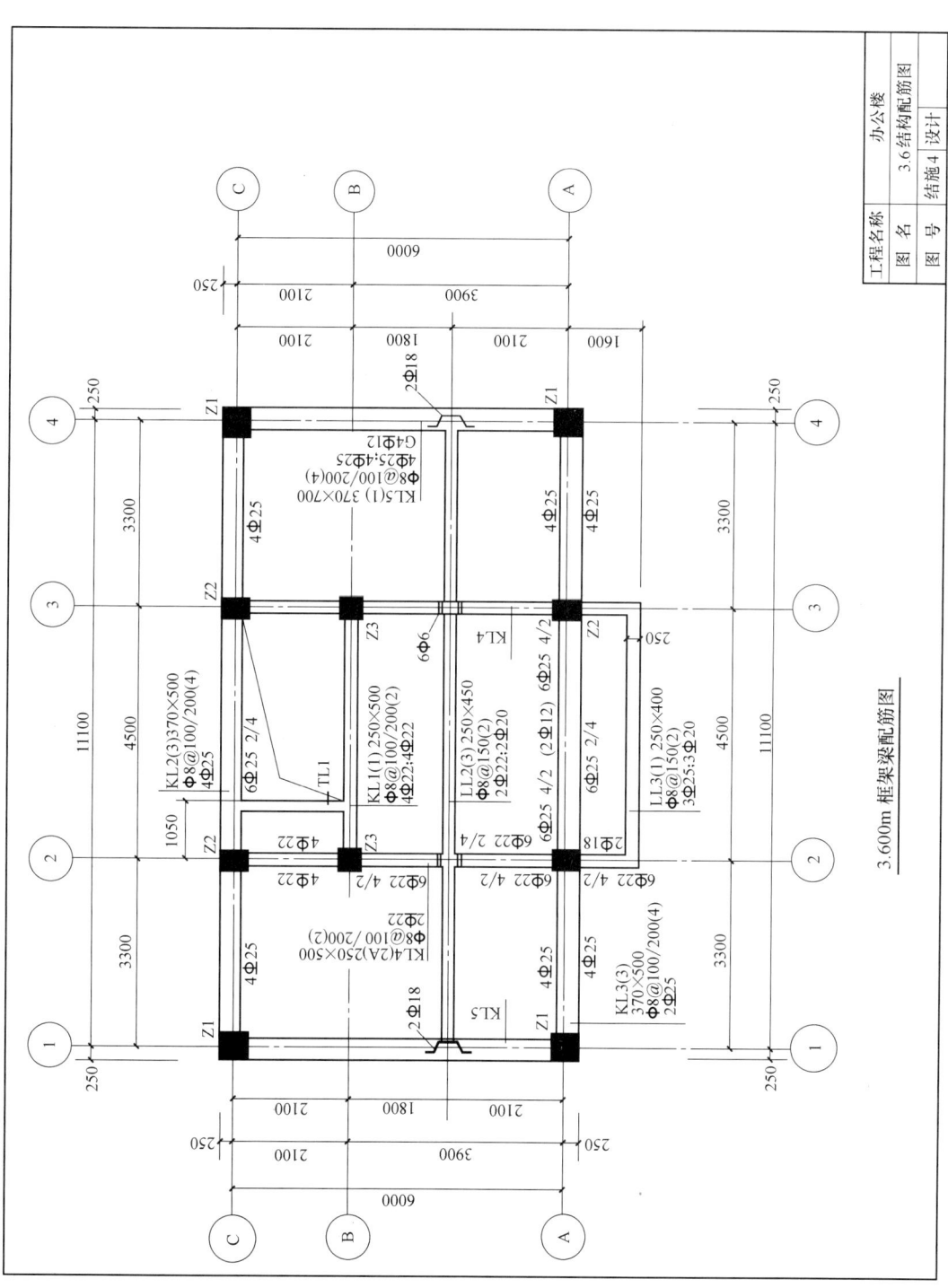

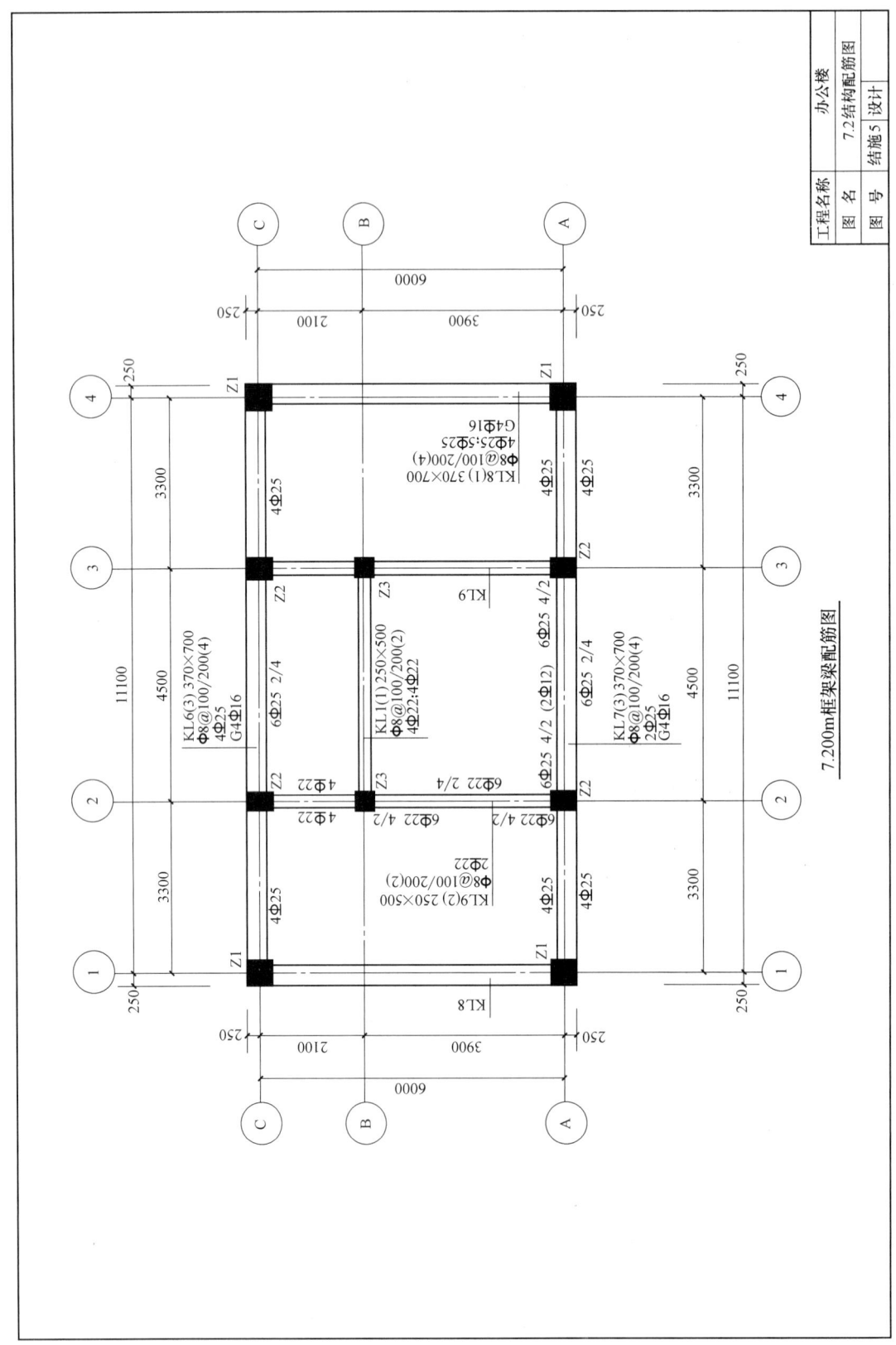

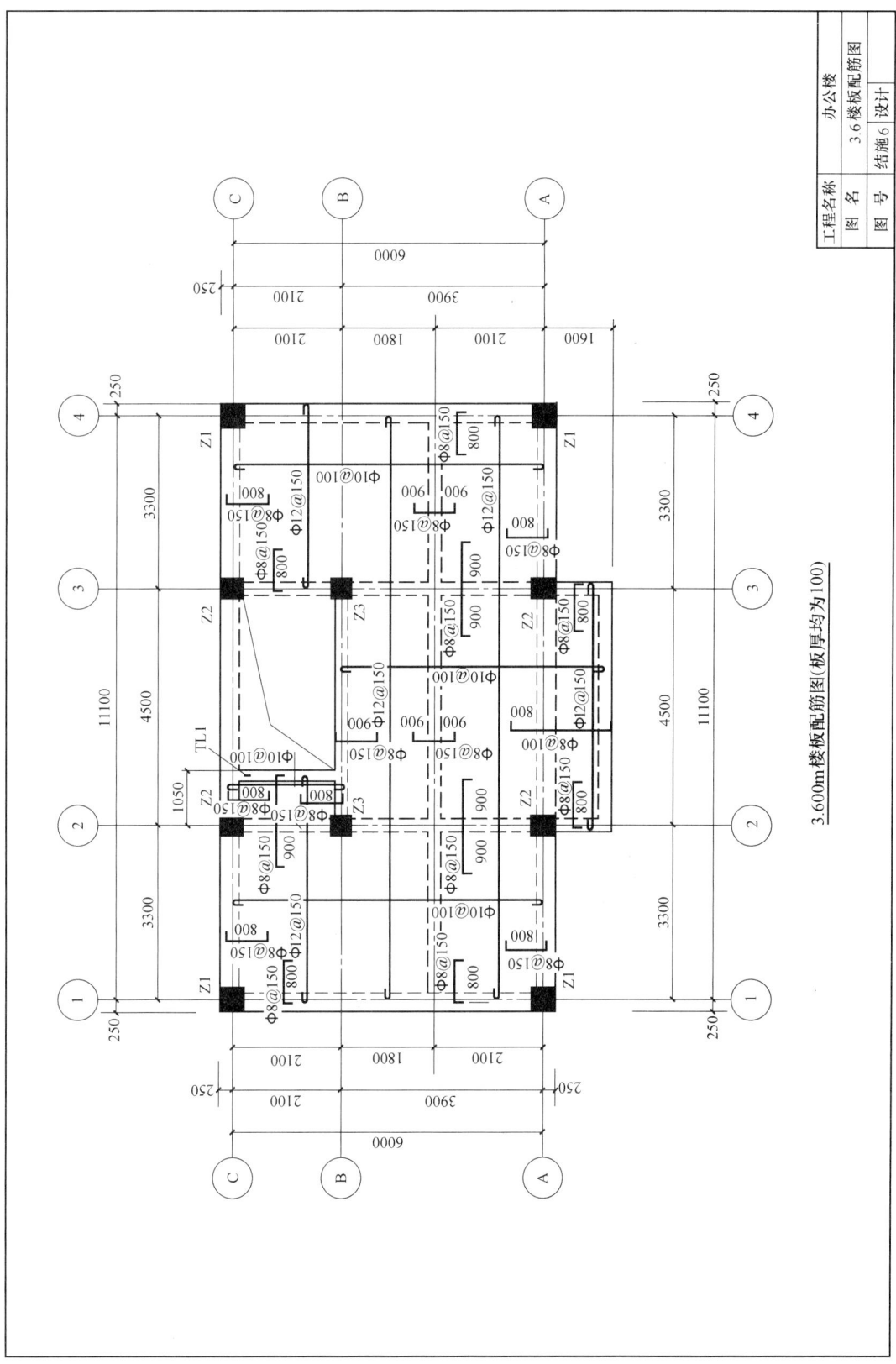

3.600m楼板配筋图(板厚均为100)

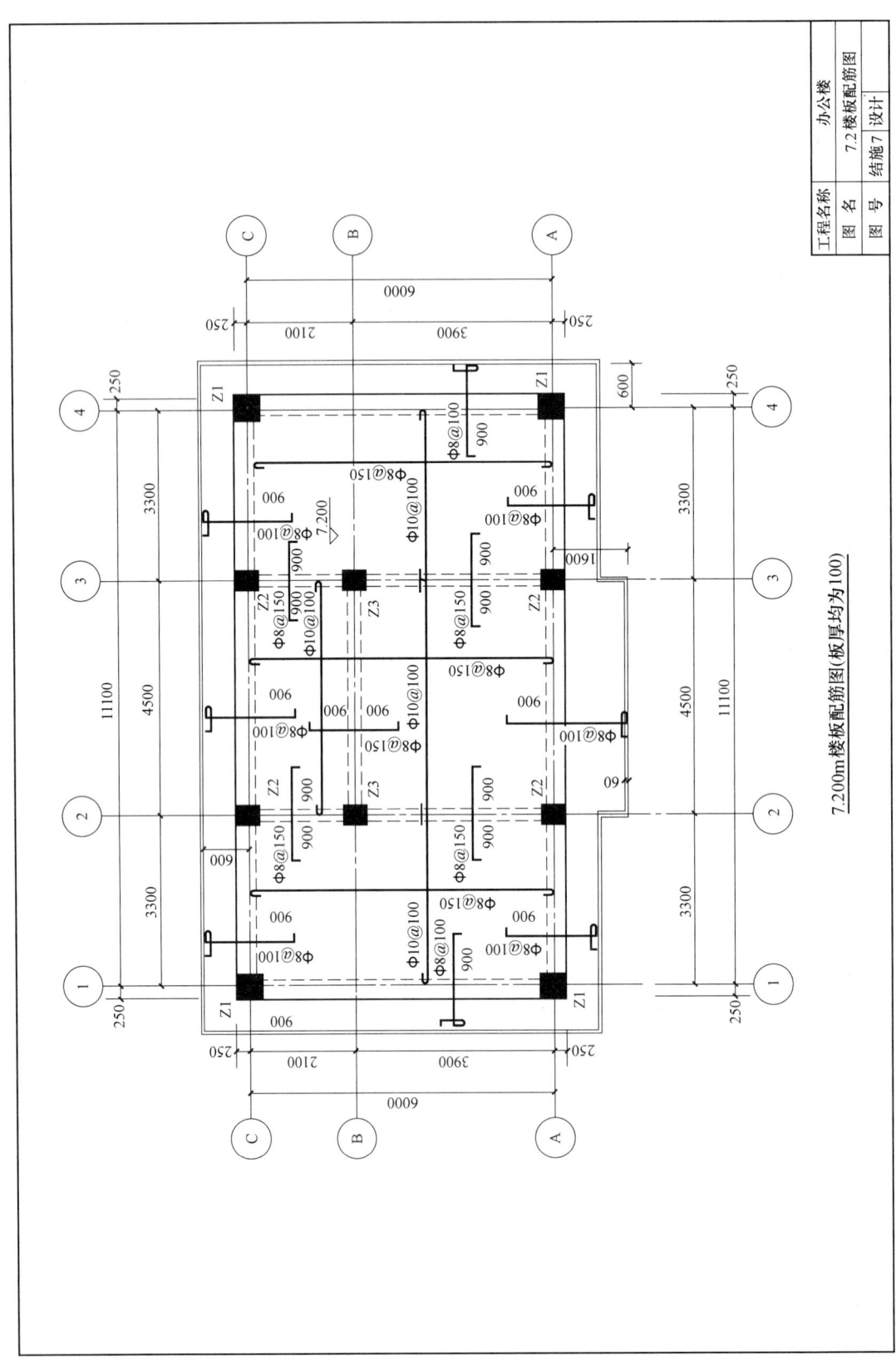

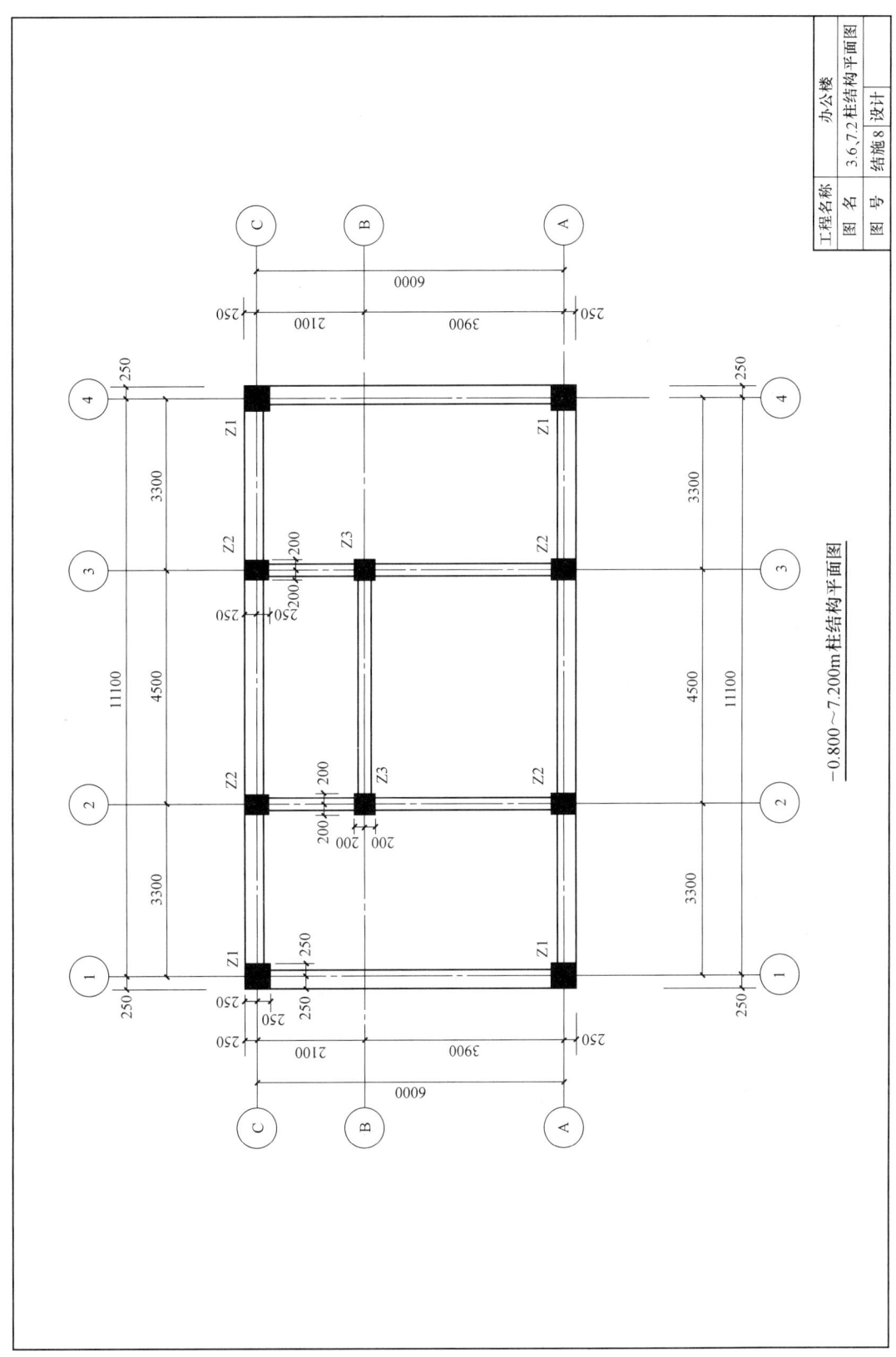

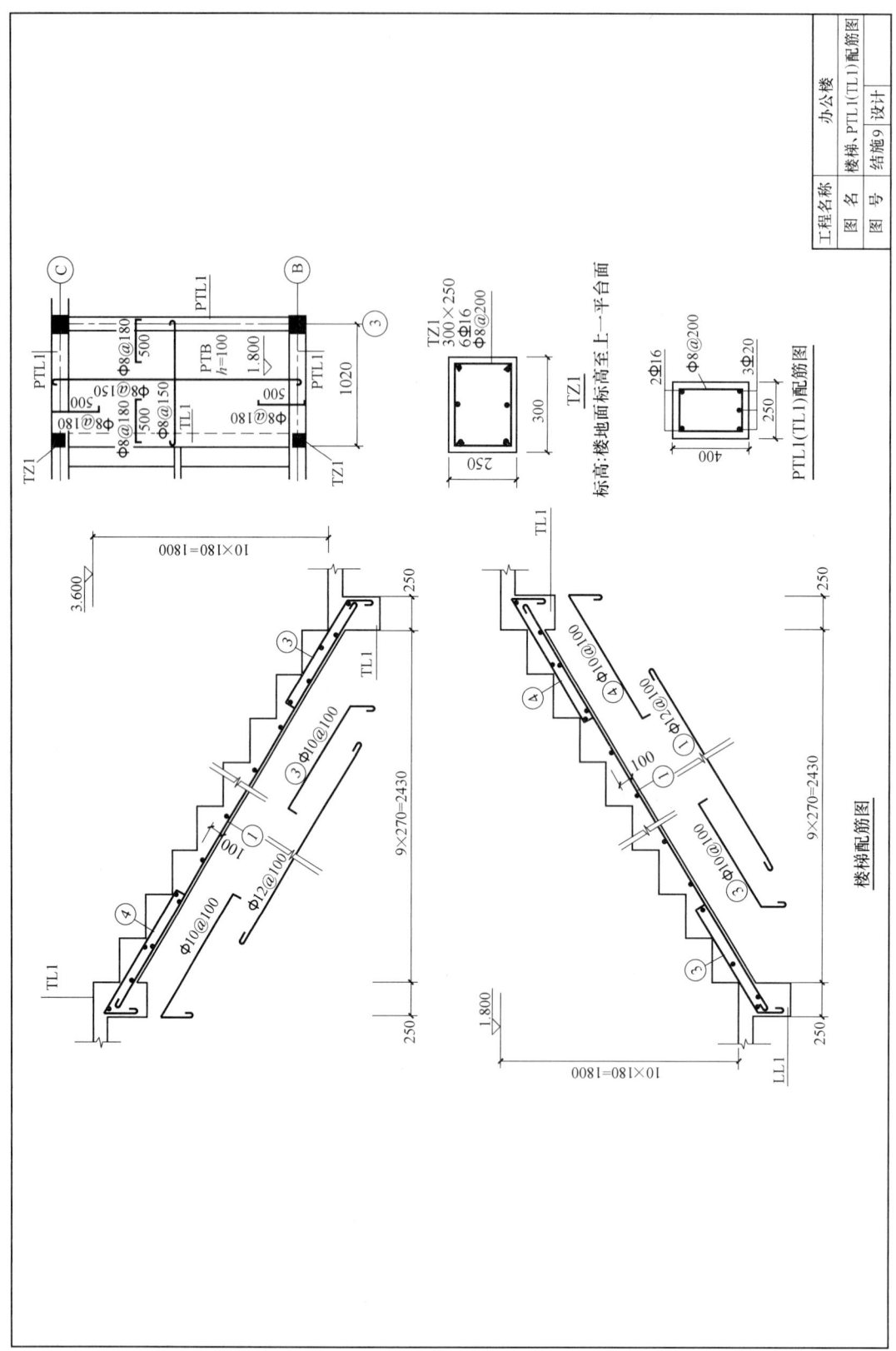

工程预算书

工程名称：办公楼建筑装饰工程

工程造价：441549.19 元

建筑面积：154 m²

单方造价：2867.20 元

编制日期：2015 年 05 月 18 日

编制人证号：45020006

审核人证号：45020008

建设单位：××中学

施工单位：××建筑工程公司

编制单位：××工程造价咨询有限责任公司

审核单位：

编制人：李××

审核人：王××

总 说 明

工程名称：办公楼建筑装饰工程　　　　　　　　　　　　　　　　　　　　第1页　共1页

1. 工程概况：本工程位于南宁市，建筑面积154m²，二层框架结构，独立钢筋混凝土基础。
2. 本预算范围：全部建筑、装饰工程。
3. 本预算的编制依据：

(1) 本预算根据招标文件、施工图进行工程量计算。

"(2) 本预算套用 2013《广西壮族自治区建筑装饰装修工程消耗量定额》及配套的费用定额。

(3) 工料机价价格：《广西壮族自治区建筑装饰装修工程人工材料配合比机械台班参考价》及《南宁建设工程造价信息》2015年第4期，并按桂建标[2015]5号文调增人工费15%。

(4) 本预算中管理费、利润按费率区间中值计取，并按桂建标[2015]5号文乘以0.95系数；安全文明施工费、检验试验配合费、工程定位复测费、工程排污费乘以0.97系数。

(5) 本预算中混凝土构件除混凝土垫层、过梁、压顶、构造柱、台阶、散水采用现场普通混凝土外，其它均采用商品泵送混凝土。

(6) 考虑到施工中设计变更，暂列金额为5万元，专业工程暂估价3万元，总承包服务费按分包专业工程（水电安装工程）10万元的2.5%计算，材料暂估价（乙供）：600×600抛光砖按52元/m²。

单位工程预算汇总表

工程名称：办公楼建筑装饰工程　　　　　　　　　　　　　　　　　　　　　　　　　　　第 1 页　共 1 页

序号	汇总内容	金额/元	备注
1	分部分项工程和单价措施项目费用计价合计	279273.20	
1.1	其中：暂估价	7328.71	
2	总价措施项目费用计价合计	18475.94	
2.1	其中：安全文明施工费	16897.79	
3	其他项目费计价合计	82500.00	
4	税前费用计价合计	23403.59	
5	规费、税金计价合计	37896.46	
5.1	其中：建安劳保费	18779.66	
6	工程总造价＝1＋2＋3＋4＋5	441549.19	

分部分项工程和单价措施项目费用表

工程名称：办公楼建筑装饰工程　　　第1页　共7页

项目编码	项目名称及项目特征描述	单位	工程量	单价（元）	合价（元）	单价分析（元）				其中：暂估价
						人工费	材料费	机械费	管理费	利润
	分部分项工程				233134.97					
	土（石）方及其他工程									
	工程建筑面积	m²	154.006							
	A.1 土（石）方工程				4071.09					
A1-1	人工平整场地	100m²	0.754	433.24	326.66	388.80			34.72	9.72
A1-9	人工挖沟槽（基坑）三类土深2m以内	100m³	0.837	2321.52	1943.11	2078.40		4.99	186.05	52.08
A1-82	人工回填土夯填（基础）	100m³	0.560	1933.13	1082.55	1440.72		294.12	154.92	43.37
A1-82	人工回填土夯填（室内）	100m³	0.200	1933.13	386.63	1440.72		294.12	154.92	43.37
A1-118 换	人工装、自卸汽车运土1km运距以内4.5t自卸汽车[实际值=10]	100m³	0.077	4313.46	332.14	693.31		3177.69	345.68	96.78
	建筑工程				183574.24					
	A.3 砌筑工程				34796.95					
A3-12	混水砖墙 多孔砖240×115×90 墙体厚度36.5cm{水泥石灰砂浆中砂M5}	10m³	4.961	4667.66	23156.26	1065.19	3091.92	33.39	372.79	104.37
A3-11	混水砖墙多孔砖240×115×90 墙体厚度24cm{水泥石灰砂浆中砂M5}	10m³	1.763	4769.07	8407.87	1147.78	3077.77	31.37	400.13	112.02
A3-5	混水砖墙 标准砖240×115×53 墙体厚度17.8cm{水泥石灰砂浆中砂M5}	10m³	0.417	5776.49	2408.80	1366.72	3765.36	35.41	475.80	133.20
A3-37	（阳台栏板）零星砌体 标准砖240×115×53 {水泥石灰砂浆中砂M5}	10m³	0.102	6207.28	633.14	1678.74	3748.61	35.41	581.68	162.84
A3-89	（台阶）灰土垫层{灰土3:7}	10m³	0.097	1967.84	190.88	531.61	1188.06	12.04	184.48	51.65
	A.4 混凝土及钢筋混凝土工程				133151.88					
A4-1	混凝土拌制 搅拌机	10m³	1.686	446.63	753.02	202.55	6.80	104.09	104.06	29.13

分部分项工程和单价措施项目费用表

工程名称：办公楼建筑装饰工程　　　　　　　　　　　　　　　　　　　　　　　　　　　　　　第 2 页　共 7 页

项目编码	项目名称及项目特征描述	单位	工程量	单价（元）	合价（元）	人工费	材料费	机械费	管理费	利润	其中：暂估价
A4-3 换	（地面）混凝土垫层 {换：碎石 GD40 中砂水泥 32.5 C10}	10m³	0.470	3311.78	1556.54	517.91	2555.94	9.05	178.82	50.06	
A4-3 换	（台阶平台）混凝土垫层 {换：碎石 GD40 中砂水泥 32.5 C15}	10m³	0.009	3386.72	30.48	517.91	2630.88	9.05	178.82	50.06	
A4-3 换	（独立基础）混凝土垫层 {换：碎石 GD40 中砂水泥 32.5 C15}	10m³	0.656	3386.72	2221.69	517.91	2630.88	9.05	178.82	50.06	
A4-7	独立基础混凝土 {换：碎石 GD40 商品普通混凝土 C20}	10m³	1.734	4478.46	7765.65	375.60	3926.26	9.39	130.64	36.37	
A4-18 换	混凝土柱 矩形 {换：碎石 GD40 商品普通混凝土 C25}	10m³	1.723	4676.92	8058.33	445.08	4016.84	15.12	156.16	43.72	
A4-20 换	混凝土柱 构造柱 {换：碎石 GD40 中砂水泥 32.5 C25}	10m³	0.035	4156.54	145.48	837.69	2933.32	15.12	289.39	81.02	
A4-21 换	混凝土 基础梁 {换：碎石 GD40 商品普通混凝土 C25}	10m³	0.990	4262.41	4219.79	137.66	4043.09	15.24	51.89	14.53	
A4-22 换	混凝土 单梁、连续梁 {换：碎石 GD40 商品普通混凝土 C25}	10m³	0.065	4377.80	284.56	218.28	4042.86	15.24	79.24	22.18	
A4-31 换	混凝土 有梁板 {换：碎石 GD40 商品普通混凝土 C25}	10m³	3.117	4504.45	14040.37	287.76	4070.34	14.90	102.70	28.75	
A4-37 换	混凝土 天沟、挑檐板 {换：碎石 GD40 商品普通混凝土 C25}	10m³	0.157	5965.40	936.57	1271.67	4106.43	24.38	439.80	123.12	
A4-25 换	混凝土 过梁 {换：碎石 GD40 中砂水泥 32.5 C25}	10m³	0.226	4276.07	966.39	855.39	3027.29	15.24	295.44	82.71	
A4-49 换	混凝土直形楼梯 板厚100mm {换：碎石 GD20 商品普通混凝土 C25}	10m²	0.666	1036.31	690.18	163.88	794.44	4.75	57.22	16.02	

分部分项工程和单价措施项目费用表

工程名称：办公楼建筑装饰工程　　　　　　　　　　　　　　　　　　　　　　　　　　　第 3 页　共 7 页

项目编码	项目名称及项目特征描述	单位	工程量	单价（元）	合价（元）	单价分析（元）				其中：暂估价
						人工费	材料费	机械费	管理费	利润
A4-53 换	混凝土压顶、扶手 {换：碎石 GD40 中砂水泥 32.5 C25}	10m³	0.074	5078.03	375.77	1350.30	3141.24		458.21	128.28
A4-58 换	混凝土台阶 {换：碎石 GD20 中砂水泥 32.5 C15}	10m³	0.068	3889.51	264.49	776.73	2740.44	24.38	271.85	76.11
A4-59 换	散水 混凝土 60mm 厚 水泥砂浆面 20mm {换：碎石 GD40 中砂水泥 32.5 C15}	100m²	0.190	5235.16	994.68	1409.98	3160.53	36.42	490.82	137.41
A3-89	（散水）灰土垫层 [灰土3:7]	10m³	0.285	1967.84	560.83	531.61	1188.06	12.04	184.48	51.65
A4-236	现浇构件圆钢筋制安Φ10 以内	t	5.549	4637.44	25733.15	627.31	3661.49	53.11	230.89	64.64
A4-237	现浇构件圆钢筋制安Φ10 以上	t	0.184	4860.02	894.24	530.30	3956.50	99.62	213.76	59.84
A4-239	现浇构件螺纹钢筋制安Φ10 以上	t	11.951	5034.69	60169.58	418.21	4274.82	111.56	179.77	50.33
A4-318	砖砌体加固钢筋 木绑扎	t	0.216	4750.19	1026.04	776.11	3612.84	16.83	269.08	75.33
A4-319	钢筋电渣压力焊接	10 个	28.800	46.16	1329.41	6.56	9.70	18.86	8.63	2.41
A4-326	铁件 预埋铁件	t	0.015	8975.76	134.64	1737.08	6484.20		589.46	165.02
	A.7 屋面及防水工程				9801.41					
A9-1 换	（屋面）水泥砂浆找平层 混凝土或硬基层上 20mm {换：水泥砂浆 1:2.5}	100m²	0.777	1576.20	1224.71	574.87	746.38	34.40	172.31	48.24
A7-47 换	改性沥青防水卷材热贴屋面 一层满铺 {冷底子油 30:70} [实际值=2]	100m²	0.777	8150.52	6332.95	650.91	7216.89		220.88	61.84
A9-1 换	（挑檐雨蓬屋面）水泥砂浆找平层 混凝土或硬基层上 20mm {水泥砂浆 1:3} [实际值=15]	100m²	0.349	1201.52	419.33	471.30	525.15	25.30	140.45	39.32
A7-78 换	（挑檐雨蓬屋面）聚合物 水泥防水涂料 涂膜 1.5mm 厚 [实际值=2.0]	100m²	0.349	3755.86	1310.80	239.26	3412.68		81.19	22.73

分部分项工程和单价措施项目费用表

工程名称：办公楼建筑装饰工程　　　　　　　　　　　　　　　　　　　　　　　　　　　　第 4 页　共 7 页

项目编码	项目名称及项目特征描述	单位	工程量	单价（元）	合价（元）	人工费	材料费	机械费	管理费	利润	其中：暂估价
A9-10 换	（挑檐雨篷屋面）水泥砂浆整体面层 楼地面 20mm ｛实际值=10｝｛换：水泥砂浆 1:3｝	100m²	0.349	1471.69	513.62	483.10	791.66	16.19	141.21	39.53	
	A.8 防腐、隔热、保温工程				5824.00						
A8-6 换	屋面保温 现浇水泥珍珠岩 1:8 厚度 100mm ｛水泥珍珠岩 1:8｝｛实际值=51｝	100m²	0.690	3052.53	2106.25	319.23	2594.64		108.33	30.33	
A8-29 换	屋面混凝土隔热板铺设 板式架空 砌三皮标准砖 巷道：水泥砂浆 1:2｝	100m²	0.647	5746.13	3717.75	1499.13	3563.94	22.26	516.27	144.53	
	装饰装修工程				49560.73						7328.71
	A.9 楼地面工程				15289.87						7328.71
A9-83 换	抛光砖 600×600×11 楼地面 每块周长（2400mm以内）水泥砂浆 密缝｛水泥砂浆 1:4｝	100m²	1.180	9473.03	11178.18	2330.13	6014.91	208.87	718.08	201.04	5330.00
A9-96 换	防滑砖 300×300×9 楼梯 水泥砂浆｛水泥砂浆 1:4｝	100m²	0.067	15687.66	1051.07	5510.34	7847.52	246.00	1628.01	455.79	
A9-97 换	防滑砖 300×300×9 台阶 水泥砂浆｛水泥砂浆 1:4｝	100m²	0.048	14832.95	711.98	3857.24	9211.49	270.12	1167.30	326.80	
A9-80 换	（台阶平台）防滑砖 300×300×9 楼地面 每块周长（1200mm以内）水泥砂浆 密缝｛水泥砂浆 1:4｝	100m²	0.015	9548.50	143.23	2385.54	6014.91	208.87	733.75	205.43	
A9-99 换	抛光砖 600×600×11 踢脚线 水泥砂浆	100m²	0.181	11254.95	2037.15	3573.37	6141.51	180.99	1061.81	297.27	5304.00
A9-99 换	（楼梯）抛光砖 600×600×11 踢脚线 水泥砂浆	100m²	0.013	12943.22	168.26	4109.38	7062.67	208.20	1221.10	341.87	6099.60
	A.10 墙、柱面工程				20920.91						
A10-24	外墙 水泥砂浆砖墙（12+8）mm ｛水泥砂浆 1:3｝	100m²	2.895	3992.57	11558.49	2338.48	753.81	39.46	672.53	188.29	

分部分项工程和单价措施项目费用表

工程名称：办公楼建筑装饰工程　　　　　　　　　　　　　　　　　　　　　　　　　　　　　　　　第 5 页　共 7 页

项目编码	项目名称及项目特征描述	单位	工程量	单价（元）	合价（元）	人工费	材料费	机械费	管理费	利润	其中：暂估价
A10-7	内墙混合砂浆 砖墙 （15+5） mm ｛混合砂浆1:1:6｝	100m²	3.812	2331.84	8888.97	1169.62	685.08	39.46	341.95	95.73	
A10-20	女儿墙 水泥砂浆砖墙 （15+5） mm ｛水泥砂浆1:3｝	100m²	0.191	2478.79	473.45	1234.13	744.16	39.46	360.20	100.84	
A.11 天棚工程					3299.87						
A11-5 换	混凝土面天棚 混合砂浆 现浇 （7+5） mm ｛混合砂浆1:1:4｝	100m²	1.540	2142.77	3299.87	1124.08	578.70	24.28	324.78	90.93	
A.12 门窗工程					2208.43						
A12-7	胶合板门 单扇有亮 普通 ｛混合砂浆1:0.3:4｝	100m²	0.086	14920.73	1283.18	4079.83	8679.65	502.46	1295.96	362.83	
A12-10	胶合板门 单扇无亮 普通 ｛混合砂浆1:0.3:4｝	100m²	0.038	15646.43	594.56	4117.20	9256.32	574.51	1326.91	371.49	
A12-170	不带纱木门五金配件 有亮 单扇	樘	4.000	43.74	174.96		43.74				
A12-172	不带纱木门五金配件 无亮 单扇	樘	2.000	20.35	40.70		20.35				
A12-168 换	门窗运输 运距1km以内 ［实际值=10］	100m²	0.124	927.63	115.03	152.08		529.00	192.62	53.93	
A.13 油漆、涂料、裱糊工程					6178.79						
A13-1	底油一遍、调和漆二遍 单层木门	100m²	0.124	2424.26	300.61	1373.03	554.19		388.32	108.72	
A13-204	刮熟胶粉腻子 内墙面 两遍	100m²	3.803	1041.04	3959.08	632.25	179.92		178.81	50.06	
A13-204 换	刮熟胶粉腻子 天棚面 两遍	100m²	1.540	1196.04	1841.90	746.05	179.92		211.00	59.07	
A13-136	（楼梯栏杆扶手） 一般钢结构 手工除锈	100m²	0.051	496.89	25.34	296.94	92.46		83.98	23.51	
A13-140	（楼梯栏杆扶手） 红丹防锈漆 金属面 一遍	100m²	0.051	386.39	19.71	192.79	123.81		54.52	15.27	
A13-150	（楼梯栏杆扶手） 和漆 金属面 二遍	100m²	0.051	630.42	32.15	352.94	149.71		99.82	27.95	
A.14 其他装饰工程					1662.86						
A14-140	普通型钢栏杆 钢管	10m	0.731	1491.42	1090.23	353.69	676.55	244.60	169.21	47.37	

分部分项工程和单价措施项目费用表

工程名称：办公楼建筑装饰工程　　第 6 页　共 7 页

项目编码	项目名称及项目特征描述	单位	工程量	单价（元）	合价（元）	人工费	材料费	机械费	管理费	利润	其中：暂估价
A14-145	钢管扶手 φ50 圆管	10m	0.731	404.12	295.41	80.45	262.35	23.64	29.44	8.24	
A14-147	钢管弯头 φ50 圆管	10个	0.400	693.04	277.22	119.16	207.50	237.33	100.82	28.23	
	单价措施项目				42067.14						
	建筑工程				42067.14						
	脚手架工程费				8644.68						
A15-5	扣件式钢管外脚手架 双排 10m 以内	100m²	3.451	2075.37	7162.10	1059.94	471.54	58.22	379.44	106.23	
A15-1	扣件式钢管里脚手架 3.6m 以内	100m²	1.133	517.53	586.36	284.49	79.66	20.79	103.59	29.00	
A15-28 换	钢管现浇混凝土运输道 楼板钢管架	100m²	1.540	525.25	808.89	238.27	128.01	38.68	93.98	26.31	
A15-84	钢管满堂脚手架 基本层 高5.3m	100m²	0.017	1240.56	21.09	724.98	190.82	45.75	217.98	61.03	
A15-84	钢管满堂脚手架 基本层 高4.49m	100m²	0.023	1240.56	28.53	724.98	190.82	45.75	217.98	61.03	
A15-84 换	钢管满堂脚手架 基本层 高3.6m [实际值=6.2]	100m²	0.023	1639.36	37.71	924.26	229.99	58.33	333.43	93.35	
	混凝土、钢筋混凝土模板及支架费				28108.00						
A17-1	混凝土基础垫层 木模板 木支撑	100m²	0.171	2258.12	386.14	795.12	1067.92	34.67	281.58	78.83	
A17-14	独立基础 胶合板模板 木支撑	100m²	0.429	3830.34	1643.22	1897.02	1045.35	44.63	658.88	184.46	
A17-50	矩形柱 胶合板模板 钢支撑	100m²	1.473	3922.11	5777.27	1985.51	966.98	74.76	699.13	195.73	
A17-58	构造柱 胶合板模板 木支撑	100m²	0.048	5040.28	241.93	2432.56	1508.16	29.98	835.64	233.94	
A17-72	（基础）圈梁 直形 胶合板模板 木支撑	100m²	0.586	3778.62	2214.27	1950.77	934.32	32.23	672.91	188.39	
A17-66	单梁、连续梁、框架梁 胶合板模板 钢支撑	100m²	0.048	5064.91	243.12	2418.80	1398.16	137.60	867.49	242.86	
A17-91	有梁板 胶合板模板 钢支撑	100m²	2.604	4954.28	12900.95	2268.03	1526.95	121.45	810.85	227.00	
A17-108	挑檐天沟 木模板木支撑	100m² 投影面积	0.116	6688.43	775.86	3511.51	1509.40	99.23	1225.27	343.02	
A17-76	过梁 胶合板模板 木支撑	100m²	0.221	6599.88	1458.57	3147.71	1978.28	74.40	1093.39	306.10	

分部分项工程和单价措施项目费用表

工程名称：办公楼建筑装饰工程

项目编码	项目名称及项目特征描述	单位	工程量	单价（元）	合价（元）	人工费	材料费	机械费	管理费	利润	其中：暂估价
A17-115	楼梯 直形 胶合板模板 钢支撑	10m² 投影面积	0.666	1309.24	871.95	648.29	303.68	52.77	237.90	66.60	
A17-118	压顶、扶手 木模板 木支撑	100 延长米	0.408	3185.02	1299.49	1565.99	867.80	49.54	548.21	153.48	
A17-123	混凝土散水 60mm 厚 木模板木支撑	100m²	0.190	707.89	134.50	322.51	245.30		109.44	30.64	
A17-122	台阶 木模板木支撑	10m² 投影面积	0.477	336.96	160.73	169.12	88.00	4.45	58.90	16.49	
	垂直运输机械使用费				3786.44						
A16-2	建筑物垂直运输高度 20m 以内 框架结构 卷扬机	100m²	1.540	2458.73	3786.44			2206.53	197.04	55.16	
	混凝土运输及泵送费				1528.02						
A18-3 换	混凝土泵送 泵送车 檐高 60m 以内｛碎石 GD20 商品普通混凝土 C25｝	100m³	0.013	1906.17	24.78	220.80	680.48	879.16	98.23	27.50	
A18-3 换	混凝土泵送 泵送车 檐高 60m 以内｛碎石 GD40 商品普通混凝土 C20｝	100m³	0.176	1891.17	332.85	220.80	665.48	879.16	98.23	27.50	
A18-3 换	混凝土泵送 泵送车 檐高 60m 以内｛碎石 GD40 商品普通混凝土 C20｝	100m³	0.614	1906.17	1170.39	220.80	680.48	879.16	98.23	27.50	
	合计				275202.11						
	Σ人工费				64057.21						
	Σ材料费				173786.15						
	Σ机械费				8803.62						
	Σ管理费				22309.49						
	Σ利润				6245.66						

第 7 页 共 7 页

总价措施费用表

工程名称：办公楼建筑装饰工程

第 1 页 共 1 页

序号	项目名称	计算基础	费率（%）或标准	金额（元）	备注
				18475.94	
1	安全文明施工费	Σ（分部分项人材机+单价措施人材机）（216851.54+33448.96=250300.50）	6.75	16897.79	
2	检验试验配合费		0.10	242.79	
3	雨期施工增加费		0.49	1213.96	
4	工程定位复测费		0.05	121.40	
	合计			18475.94	

注：以项目的总价措施，无"计算基础"和"费率"的数值，可只填"金额"数值，但应在备注栏说明施工方案出处或计算方法。

其他项目计价表

工程名称：办公楼建筑装饰工程　　　　　　　　　　　　　　　　　　　　　　　　　　　　　　　　　第1页　共1页

序号	项目名称	计算公式	金额/元
1	暂列金额	明细详见暂列金额明细表	50000.00
2	材料暂估价		
3	专业工程暂估价	明细详见专业工程暂估价及结算价表	30000.00
4	计日工		2500.00
5	总承包服务费	明细详见总承包服务费计价表	
	合计		82500.00

注：材料（工程设备）暂估单价进入清单项目综合单价，此处不汇总。

暂列金额明细表

工程名称：办公楼建筑装饰工程　　　　　　　　　　　　　　　　　　　　　　　　　　　　　第 1 页 共 1 页

序号	项目名称	计量单位	暂定金额/元	备注
1	暂列金额	项	50000.00	
	合计		50000.00	

注：此表由招标人填写，如不能详列，也可只列暂定金额总额，投标人应将上述暂列金额属计入总价中。

材料（工程设置）暂估单价及调整表

工程名称：办公楼建筑装饰工程　　　　　　　　　　　　　　　　　　　　　第1页 共1页

序号	材料（工程设置）名称、规格、型号	计量单位	数量		暂估/元		确认		差额±		备注
			暂估数量	确认数量	单价	合价	单价	合价	单价	合价	
1	抛光砖 600×600×11	m²	140.937		52.00	7328.72					
2	合　计					7328.72					
3	其中：甲供材										

注：此表由招标人填写"暂估单价"，投标人应将上述材料、工程设备暂估单价计入工程量清单综合单价报价中。如为甲供材需在备注中说明"甲供材"。

专业工程暂估价及结算价表

工程名称：办公楼建筑装饰工程　　　　　　　　　　　　　　　　　　　　　　　　　　　第 1 页 共 1 页

序号	工程名称	工程内容	暂估金额/元	结算金额/元	备注
1	专业工程暂估价		30000.00		
	合计		30000.00		

注：此表"暂估金额"由招标人填写，投标人应将"暂估金额"计入投标总价中。结算时按合同约定结算金额填写。

总承包服务费计价表

工程名称：办公楼建筑装饰工程　　　　　　　　　　　　　　　　　　　　　　　　　　　　　　　　　　第1页 共1页

序号	项目名称	计算基础	服务内容	费率/%	金额/元
1	发包人发包专业工程	100000.00		2.50	2500.00
2	发包人供应材料				
	合计				2500.00

注：此表项目名称、服务内容由招标人填写，编制招标控制价时，费率及金额由招标人按有关计价规定确定；投标时，费率及金额由投标人自主报价，计入投标总价中。此表项目结算时，计算基础按实计取。

税前项目清单与计价表

工程名称：办公楼建筑装饰工程　　　　　　　　　　　　　　　　　　　　　　　　第1页 共1页

序号	项目编号	项目名称及项目特征描述	计量单位	工程量	金额/元	
					单价	合价
		税前项目工程				23403.59
		税前项目分部				23403.59
1	B-	46系列有框地弹门（2.0mm厚）>2m²	m²	6.480	517.00	3350.16
2	B-	80系列塑钢推拉窗	m²	2.700	229.00	618.30
3	B-	80系列塑钢平开门	m²	2.430	254.00	617.22
4	B-	96系列铝合金推拉窗带纱>2m²	m²	28.080	319.00	8957.52
5	B-	外墙涂料（水性哑光国产十年保质）	m²	299.708	32.90	9860.39
		合　计				

注：税前项目包含除税金以外的所有费用。

规费、税金汇总表

工程名称：办公楼建筑装饰工程　　　　　　　　　　　　　　　　　　　　　　　　　　　　　　　　　　　　　第1页 共1页

序号	项目名称	计算基础	计算费率/%	金额/元
一	建筑装饰装修工程			37896.46
1	规费	1.1+1.2+1.3+1.4+1.5		22635.35
1.1	建安劳保费	Σ（分部分项人工费+单价措施人工费） (49191.62+18046.69)	27.93	18779.66
1.2	生育保险费		1.16	779.96
1.3	工伤保险费		1.28	860.65
1.4	住房公积金		1.85	1243.91
1.5	工程排污费	Σ（分部分项人材机+单价措施人材机） (216851.54+33448.96)	0.388	971.17
2	税金	分部分项工程和单价措施项目费+总价措施项目费+其他项目费+税前项目费+规费 279273.2+18475.94+82500+23403.59+22635.35	3.58	15261.11
	合计			37896.46

附　录

承包人提供主要材料和工程设备一览表
（适用造价信息差额调整法）

工程名称：办公楼建筑装饰工程　　　　　　　　　　　　　　　　　　　　　　　　　编号：

序号	名称、规格、型号	单位	数量	风险系数/%	基准单价/元	投标单价/元	确认单价/元	价差/元	合计差价/元
1	螺纹钢筋 HRB335 Φ10 以上（综合）	t	12.489		4018.00				
2	圆钢 HPB300 Φ10 以内（综合）	t	5.880		3542.00				
3	圆钢 HPB300 Φ10 以上（综合）	t	0.192		3718.00				
4	圆钢 HPB300 Φ16	t	0.012		3687.00				
5	扁钢（综合）	t	0.010		4108.00				
6	对接扣件	个	3.11		6.00				
7	回转扣件	个	1.727		6.50				
8	直角扣件	个	15.619		6.80				
9	普通硅酸盐水泥32.5MPa	t	17.781		390.00				
10	白水泥（综合）	t	0.017		700.00				
11	砂（综合）	m³	29.965		119.50				
12	细砂	m³	0.894		123.50				
13	中砂	m³	27.541		125.00				
14	粗砂	m³	0.023		119.00				
15	碎石 5～20mm	m³	0.566		102.00				
16	碎石 5～40mm	m³	13.793		102.00				
17	石灰膏	m³	4.241		305.00				
18	页岩标准砖 240×115×53	千块	4.515		575.00				
19	多孔页岩砖 240×115×90	千块	22.723		750.00				
20	钢筋混凝土隔热板 490×490×35	千块	0.261		3700.00				

注：1. 此表由招标人填写除"投标单价"栏的内容，投标人在投标时自主确定投标单价。
　　2. 招标人应优先采用工程造价管理机构发布的单位作为基础单价，未发布的，通过市场调查确定其基准单价。

承包人提供主要材料和工程设备一览表
(适用造价信息差额调整法)

工程名称：办公楼建筑装饰工程　　　　　　　　　　　　　　　　　　　　　　　　　　　　　　　编号：

序号	名称、规格、型号	单位	数量	风险系数（%）	基准单价/元	投标单价/元	确认单价/元	价差/元	合计差价/元
21	碎石 GD20 商品普通混凝土 C25	m³	1.339		395.00				
22	碎石 GD40 商品普通混凝土 C20	m³	17.864		385.00				
23	碎石 GD40 商品普通混凝土 C25	m³	62.35		395.00				
24	周转枋材	m³	2.366		1020.00				
25	周转板材	m³	0.449		1100.00				
26	周转圆木	m³	0.103		830.00				
27	胶合板 3mm	m²	21.302		15.10				
28	胶合板模板 1830×915×18	m²	84.435		32.00				
29	防滑砖 300×300×9	m²	16.534		52.00				
30	改性沥青防水卷材 SBS-I 型聚酯胎 3.0mm 厚	m²	179.363		27.00				
31	聚合物水泥防水涂料（JS-II）	kg	91.613		13.00				
32	汽油 93#	kg	30.145		10.30				
33	柴油 0#	kg	51.692		8.60				
34	珍珠岩	m³	4.994		300.00				
35	水	m³	92.167		3.40				
36	电	kW·h	1621.17		0.89				

注：1. 此表由招标人填写除"投标单价"栏的内容，投标人在投标时自主确定投标单价。
　　2. 招标人应优先采用工程造价管理机构发布的单位为基础单价，未发布的，通过市场调查确定其基准单价。

附录 B 关于调整建设工程定额人工费及有关费率的通知

桂建标〔2015〕5号

各市住房城乡建设委（局），各有关单位：

为加强对我区建设工程定额人工工资单价的动态管理，合理确定和有效控制工程造价，根据《广西壮族自治区建设工程造价管理办法》（广西壮族自治区人民政府令第43号）和《〈建设工程工程量清单计价规范〉（GB50500—2013）广西壮族自治区实施细则》的规定，结合我区建设工程市场实际情况，现对定额人工费进行调整，具体规定如下：

一、定额人工费调整

（一）2013年以前施行的定额的人工工资单价调整

1. 2005年《广西壮族自治区建筑工程消耗量定额》、《广西壮族自治区装饰装修工程消耗量定额》、2009年《广西壮族自治区建筑装饰装修工程节能消耗量定额》、2011年《广西壮族自治区建筑工程拆除消耗量定额》的定额人工工资单价调整为：

（1）建筑综合工日：一类工56元/工日、二类工66元/工日；

（2）装饰综合工日：一类工66元/工日、二类工76元/工日。

2. 2008年《广西壮族自治区安装工程消耗量定额》的定额人工工资单价调整为：一类工66元/工日、二类工76元/工日。

3. 2007年《广西壮族自治区市政工程消耗量定额》、2009年《广西壮族自治区城镇污水、生活垃圾处理设施补充消耗量定额》、2011年《广西壮族自治区市政设施养护维修工程消耗量及费用定额》的定额人工工资单价调整为：一类工56元/工日、二类工66元/工日、三类工76元/工日。

4. 2005年《广西壮族自治区园林绿化工程消耗量定额》的定额人工工资单价调整为：一类工56元/工日、二类工66元/工日、三类工76元/工日。2010年《广西壮族自治区城市园林绿化养护消耗量定额及费用定额》的绿化综合工日定额人工工资单价调整为56元/工日。

5. 各专业定额机械台班单价中的机械台班工日单价调整为66元/工日。

6. 夜间施工增加费调整为18元/工日；停工窝工人工补贴调整为45元/工日。

（二）2013年以后施行的定额的人工费调整

1. 2013年《广西壮族自治区建筑装饰装修工程消耗量定额》的定额人工费调增15%。

2. 2014年《广西壮族自治区市政工程消耗量定额》的定额人工费调增10%。

3. 2013年《广西壮族自治区安装拆除工程消耗量及费用定额》的定额人工费调增15%。

4. 2013年《广西壮族自治区园林绿化及仿古建筑工程消耗量定额》的定额人工费调增15%。

5. 各专业定额机械台班单价中的机械台班人工费调增15%。

6. 夜间施工增加费调整为18元/工日；停工窝工人工补贴调整为45元/工日。

二、计算规定及费率调整

(一) 2015 年 3 月 1 日起发出招标文件或签订合同的工程

1. 调整后的人工费，按照各专业费用定额的规定，计入基价作为取费基础。
2. 费率调整：

(1) 2013 年《广西壮族自治区建筑装饰装修工程费用定额》：管理费和利润的费率乘以 0.95 系数；安全文明施工费、检验试验配合费、雨季施工增加费、优良工程增加费、工程定位复测费和工程排污费的费率乘以 0.97 系数；其他费率不变。

(2) 安装市政园林绿化及仿古建筑工程管理费、利润、安全文明施工费、检验试验配合费、雨季施工增加费、优良工程增加费、工程定位复测费费率在各专业现行费用定额费率的基础上乘以相应系数：以"人工费"作为计费基数的费率乘以 0.93 系数；以"人工费 + 机械费"作为计算基数的费率乘以 0.95 系数。其他费率不变。

3. 其他规定及计价程序按各专业费用定额执行。

(二) 2015 年 3 月 1 日以前已发出招标文件或已签订合同的工程

1. 调增部分的定额人工费在其他项目中列项计算，并作为规费、税费计算基数。
2. 其他规定及计价程序按各专业费用定额执行。

三、执行时间

本规定自 2014 年 7 月 1 日起执行。原招标文件规定或合同约定可调整或未明确是否可调整的工程，2014 年 7 月 1 日起完成的工程量，按本规定调整；原招标文件规定或合同约定不可调整的工程，若合同双方协商一致，宜按本规定签订补充协议并进行调整；本通知颁发之日前，已办妥结算的工程，不得调整。

各有关单位执行中遇到问题时，请及时反馈，本通知由广西壮族自治区建设工程造价管理总站负责解释。

广西壮族自治区住房和城乡建设厅
2015 年 1 月 22 日

参 考 文 献

[1] 张国栋. 图解建筑工程工程量清单计算手册［M］. 北京：机械工业出版社，2006.
[2] 袁建新. 建筑工程计量与计价［M］. 重庆：重庆大学出版社，2014.
[3] 邱耀，蒋连英. 建筑工程计量与计价［M］. 哈尔滨：哈尔滨工业大学出版社，2012.
[4] 王朝霞. 建筑工程计量与计价［M］. 北京：机械工业出版社，2011.
[5] 北京广联达软件技术有限公司. 建筑工程实例计算和软件应用［M］. 北京：中国建材工业出版社，2007.
[6] 莫良善. 建筑装饰装修工程计量与计价（上、下册）［M］. 北京：中国建材工业出版社，2013.
[7] 范菊雨. 建筑装饰工程预算［M］. 北京：北京大学出版社，2012.
[8] 张国栋. 装饰装修工程工程量清单分部分项计价与预算定额计价对照实例详解［M］. 北京：中国建筑工业出版社，2012.
[9] 本书编写组. 怎样当好建筑工程造价员［M］. 北京：中国建材工业出版社，2013.
[10] 广西壮族自治区建设工程造价管理总站. 广西壮族自治区建筑装饰装修工程消耗量定额（上、下册）［M］. 北京：中国建材工业出版社，2013.
[11] 广西壮族自治区建设工程造价管理总站. 广西壮族自治区建筑装饰装修工程人工材料配合比机械台班基期价［M］. 北京：中国建材工业出版社，2013.
[12] 广西壮族自治区建设工程造价管理总站. 广西壮族自治区建筑装饰装修工程费用定额［M］. 北京：中国建材工业出版社，2013.
[13] 中华人民共和国住房和城乡建设部. GB/T 50353—2013 建筑工程建筑面积计算规范［S］. 北京：中国计划出版社，2014.
[14] 中国建筑标准设计研究院. 11G101 混凝土结构施工图平面整体表示方法制图规则和构造详图［S］. 北京：中国计划出版社，2011.